大数据技术及架构
图解实战派

徐葳◎著

电子工业出版社
Publishing House of Electronics Industry
北京·BEIJING

内 容 简 介

本书提供了学习大数据技术及架构的一站式解决方案,覆盖了大数据生态圈中的完整技术体系,包括数据采集、数据存储、分布式资源管理、数据计算、数据分析、任务调度、数据检索、大数据底层基础技术和大数据集群安装与管理。

本书还介绍了多个企业级大数据应用案例(包括海量数据采集、"双十一"数据大屏、海量数据全文搜索系统等)和大数据平台架构案例(包括离线数据仓库架构、实时数据仓库架构、批流一体化数据仓库架构、数据中台架构、直播大数据平台架构、电商大数据平台架构等),可以帮助读者从全局角度理解大数据。

在本书中,技术内容基本上都是从零讲起的,结合原理和架构,以"图解+实战"的形式帮助读者轻松理解复杂的知识。

本书适合对大数据感兴趣的开发人员。无论读者是否接触过大数据开发,只要具备一定的 Java 开发基础,都可以通过本书快速理解大数据的核心技术栈和典型应用场景,并且掌握海量数据的采集、存储、计算和分析等能力。

未经许可,不得以任何方式复制或抄袭本书之部分或全部内容。
版权所有,侵权必究。

图书在版编目(CIP)数据

大数据技术及架构图解实战派 / 徐葳著. —北京:电子工业出版社,2022.7
ISBN 978-7-121-43774-8

Ⅰ. ①大… Ⅱ. ①徐… Ⅲ. ①数据处理 Ⅳ. ①TP274

中国版本图书馆 CIP 数据核字(2022)第 101334 号

责任编辑:吴宏伟
印　　刷:固安县铭成印刷有限公司
装　　订:固安县铭成印刷有限公司
出版发行:电子工业出版社
　　　　　北京市海淀区万寿路 173 信箱　邮编 100036
开　　本:787×980　1/16　印张:31.25　字数:750 千字
版　　次:2022 年 7 月第 1 版
印　　次:2025 年 1 月第 7 次印刷
定　　价:146.00 元

凡所购买电子工业出版社图书有缺损问题,请向购买书店调换。若书店售缺,请与本社发行部联系,联系及邮购电话:(010)88254888,88258888。
质量投诉请发邮件至 zlts@phei.com.cn,盗版侵权举报请发邮件至 dbqq@phei.com.cn。
本书咨询联系方式:faq@phei.com.cn。

前言

大数据技术在国内真正开始落地大致是在 2014 年，当时由于公司需要，作者开始从 Java 转行大数据。那时只需要掌握 Hadoop 技术就可以进行大数据开发了。随着大数据行业的发展，现在需要掌握 Flume、Kakfa、Hive、HBase、Spark、Flink 等技术了。

作者非常有幸亲身经历了国内大数据行业从零到一的发展历程，因此积累了丰富的实践经验，这便是写作本书的由来。

1. 本书特色

（1）体系完整，内容丰富。

本书覆盖大数据生态圈中的完整技术体系，包括数据采集、存储、计算、分析、检索等全流程解决方案，只需要一本书即可学会大数据技术。

（2）从零起步，循序渐进。

本书是从零开始讲起，循序渐进，帮助读者快速掌握技术组件的原理、架构及实战应用。

（3）大量插图，易于理解。

一图胜千文，书中在涉及原理、架构、流程的地方都尽量配有插图，以便读者有直观的理解。

（4）丰富的实战案例。

本书介绍了大量的实战案例，能让读者"动起来"，在实践中体会功能，而不只是一种概念上的理解。

在讲解每一个知识模块时，我们都在思考：在这个知识模块中，哪些是读者必须实现的"标准动作"（实例）；哪些"标准动作"是可以先完成的，以求让读者能快速有一个感知；哪些"标准动作"是有一定难度，需要放到后面完成的。读者在跟随书中一个个实例实践之后，再去理解那些抽象的概念和原理就水到渠成了。

（5）衔接运维，无须担心大数据集群环境问题。

本书的所有技术框架都有详细的安装步骤，读者可以快速搭建好需要用到的大数据集群环境，再也不用担心没有集群环境进行实操了。

（6）丰富的大数据架构案例。

本书包含了大量的大数据架构案例，结合不同的应用场景将零散的大数据技术组件整合到一起，帮助读者构建大数据的整体架构设计能力。

2. 读者对象

本书既适合大数据初学者，也适合想进一步扩展知识面的大数据初中级人员。

本书读者对象如下：

- 大数据初学者；
- Java 开发工程师；
- 转行大数据的开发者；
- 高等院校大数据专业的老师；
- 培训机构的老师和学员；
- 高等院校计算机相关专业的学生；
- 大数据运维人员；
- 其他对大数据感兴趣的人员；

3. 致谢

感谢电子工业出版社的吴宏伟老师在本书写作期间的帮助和指导。

感谢我的家人，特别是我的妻子丰桂华和儿子徐一铭。由于在本书写作期间，我牺牲了很多陪伴家人的时间，在此感谢他们对我的理解和支持。

最后，尽管作者在本书写作期间尽可能追求严谨，但是仍然难免会有纰漏之处，欢迎广大读者批评指正，感谢大家。

您可以通过以下方式直接联系作者：

- 微信公众号：大数据 1024（回复"bigdata"即可获取本书配套代码）
- 邮箱：xuwei@xuwei.tech

徐葳
2022.03.14

读者服务

微信扫码回复：43774

- 加入本书读者交流群，与更多读者互动
- 获取【百场业界大咖直播合集】（持续更新），仅需 1 元

目录

基础篇

第 1 章　大数据的前世今生 ... 2
1.1　什么是大数据 ... 2
1.2　大数据产生的背景 ... 3
1.3　大数据的 4V 特征 ... 3
1.4　大数据的典型应用场景 ... 4
1.5　大数据生态圈核心技术总览 ... 7

技术篇

第 2 章　海量数据采集 ... 9
2.1　为什么需要数据采集 ... 9
2.2　数据形态 ... 9
2.3　数据来源 ... 11
2.4　数据采集规则 ... 11
2.5　日志数据采集工具 ... 13
2.5.1　对比常见的日志数据采集工具 ... 13
2.5.2　Flume 的原理及架构分析 ... 14
2.5.3　Flume 的应用 ... 17
2.5.3.1　安装 Flume ... 17
2.5.3.2　Hello World ... 17
2.5.3.3　【实战】日志汇总采集 ... 23

2.5.4　Logstash 的原理及架构分析 28
2.5.5　Logstash 的应用 30
  2.5.5.1　安装 Logstash 31
  2.5.5.2　【实战】Hello World 案例 31
  2.5.5.3　【实战】采集异常日志案例 34
2.5.6　Filebeat 的原理及架构分析 38
  2.5.6.1　Filebeat 的由来 38
  2.5.6.2　原理及架构分析 39
2.5.7　Filebeat 的应用 42
  2.5.7.1　安装 Filebeat 42
  2.5.7.2　【实战】采集应用程序日志 43

2.6　数据库数据采集工具 46
2.6.1　对比常见的数据库数据采集工具 46
  2.6.1.1　数据库离线数据采集工具 46
  2.6.1.2　数据库实时数据采集工具 47
2.6.2　Sqoop 的原理及架构分析 49
2.6.3　DataX 的原理及架构分析 53
2.6.4　Sqoop 的应用 55
  2.6.4.1　安装 Sqoop 55
  2.6.4.2　Sqoop 常见参数 57
  2.6.4.3　【实战】导入数据 59
  2.6.4.4　【实战】导出数据 61
  2.6.4.5　【实战】封装 Sqoop 脚本 63
2.6.5　Canal 的原理及架构分析 64
2.6.6　Maxwell 的原理及架构分析 65
2.6.7　Maxwell 的应用 66
  2.6.7.1　安装 Maxwell 66
  2.6.7.2　【实战】采集 MySQL 数据库的实时数据 67

2.7　网页数据采集工具 71
2.7.1　常见的网页数据采集工具 71
2.7.2　网页数据采集工具的原理及架构分析 71

2.8　物联网数据采集工具 73

2.8.1 什么是物联网数据采集 73
2.8.2 如何实现物联网数据采集 73
2.9 消息队列中间件 73
2.9.1 为什么需要消息队列中间件 73
2.9.2 对比常见的消息队列中间件 75
2.9.3 Kafka 原理及架构分析 75
2.9.4 Kafka 的应用 77
2.9.4.1 安装 Zookeeper 集群 77
2.9.4.2 安装 Kafka 集群 79
2.9.4.3 【实战】生产者的使用 81
2.9.4.4 【实战】消费者的使用 82
2.9.5 Filebeat + Flume + Kafka 的典型架构分析 82
2.9.5.1 数据采集聚合层 83
2.9.5.2 数据分发层 83
2.9.5.3 数据落盘层 84

第 3 章 海量数据存储 85
3.1 海量数据存储的演进之路 85
3.2 分布式文件存储之 HDFS 86
3.2.1 HDFS 的前世今生 86
3.2.2 HDFS 的原理及架构分析 87
3.2.3 常见的分布式文件系统 90
3.2.4 安装 Hadoop 集群 91
3.2.5 安装 Hadoop 客户端 102
3.2.6 HDFS 的应用 104
3.2.6.1 HDFS 常用命令的使用 105
3.2.6.2 【实战】统计 HDFS 中的文件 107
3.3 NoSQL 数据库之 HBase 108
3.3.1 HBase 的前世今生 108
3.3.2 HBase 的原理及架构分析 108
3.3.2.1 原理分析 109
3.3.2.2 架构分析 112

3.3.3　HBase 的典型应用场景 115
3.3.4　安装 HBase 集群 116
3.3.5　HBase 的应用 120
　　　3.3.5.1　【实战】使用 Shell 命令行操作 HBase 121
　　　3.3.5.2　【实战】使用 Java API 操作 HBase 132
3.4　NoSQL 数据库之 Redis 136
3.4.1　Redis 的产生背景 136
3.4.2　Redis 的发展历程 137
3.4.3　Redis 的原理及架构分析 137
3.4.4　Redis 的应用 142
　　　3.4.4.1　安装 Redis 142
　　　3.4.4.2　【实战】Redis 常见命令的使用 144
　　　3.4.4.3　【实战】存储一个班的学员信息 154
　　　3.4.4.4　【实战】使用 Java 代码操作 Redis 155

第 4 章　离线数据计算 158
4.1　离线数据计算引擎的发展之路 158
4.2　离线计算引擎 MapReduce 160
4.2.1　MapReduce 的前世今生 160
4.2.2　MapReduce 核心原理及架构分析 161
4.2.3　【实战】MapReduce 离线数据计算——计算文件中每个单词出现的
　　　总次数 170
　　　4.2.3.1　添加 Hadoop 相关的依赖 171
　　　4.2.3.2　开发 Map 阶段的代码 171
　　　4.2.3.3　开发 Reduce 阶段的代码 172
　　　4.2.3.4　组装 MapReduce 任务 172
　　　4.2.3.5　对 MapReduce 任务打 Jar 包 174
　　　4.2.3.6　向集群提交 MapReduce 任务 175
4.3　离线计算引擎 Spark 176
4.3.1　Spark 可以取代 Hadoop 吗 176
4.3.2　Spark 核心原理及架构分析 177
4.3.3　【实战】Spark 离线数据计算——计算文件中每个单词出现的总次数 .. 184

4.3.3.1　离线数据计算 184
4.3.3.2　安装 Spark 客户端提交任务 187
4.3.4　Spark 中核心算子介绍及使用 189
4.3.4.1　Transformation 算子 191
4.3.4.2　Action 算子 201

第 5 章　实时数据计算 207

5.1　从离线数据计算到实时数据计算 207
5.2　实时数据计算引擎的演进之路 208
5.3　实时数据计算引擎的技术选型 209
5.4　实时计算引擎 Storm 211
　　5.4.1　Storm 的原理及架构分析 211
　　　　5.4.1.1　原理分析 211
　　　　5.4.1.2　架构分析 214
　　5.4.2　安装 Storm 集群 216
　　5.4.3　【实战】Storm 实时数据计算 220
　　　　5.4.3.1　实时清洗订单数据（实时 ETL） 220
　　　　5.4.3.2　向 Storm 集群中提交任务 224
　　　　5.4.3.3　停止 Storm 集群中正在运行的任务 226
5.5　实时计算引擎 Spark Streaming 227
　　5.5.1　Spark Streaming 的原理 227
　　5.5.2　对比 Spark Streaming 和 Structured Streaming 229
　　5.5.3　【实战】Spark Streaming 实时数据计算 230
　　　　5.5.3.1　实时单词计数 230
　　　　5.5.3.2　读写 Kafka 233
5.6　新一代实时计算引擎 Flink 237
　　5.6.1　Flink 的原理及架构分析 237
　　5.6.2　Flink 中核心算子的使用 244
　　5.6.3　【实战】Flink 实时数据计算 251
　　　　5.6.3.1　基于 Window 窗口进行聚合统计 252
　　　　5.6.3.2　安装 Flink 客户端提交任务 255
　　5.6.4　【实战】利用 Flink + DataV 实现"双十一"数据大屏 261

5.6.4.1 "双十一"数据大屏整体架构介绍 262
　　5.6.4.2 "双十一"数据大屏核心代码开发 263

第 6 章　OLAP 数据分析 274
　6.1　OLAP 起源及现状 274
　6.2　OLAP 引擎的分类 278
　　6.2.1　从数据建模方式分类 278
　　6.2.2　从数据处理时效分类 279
　6.3　常见 OLAP 引擎的应用场景 280
　6.4　常见离线 OLAP 引擎 282
　　6.4.1　Hive 的原理及架构分析 282
　　6.4.2　Impala 的原理及架构分析 284
　　6.4.3　Kylin 的原理及架构分析 287
　　6.4.4　对比 Hive、Impala 和 Kylin 290
　6.5　常见实时 OLAP 引擎 290
　　6.5.1　Druid 的原理及架构分析 290
　　6.5.2　ClickHouse 的原理及架构分析 297
　　6.5.3　Doris 的原理及架构分析 299
　　6.5.4　对比 Druid、ClickHouse 和 Doris 302
　6.6　Hive 快速上手 303
　　6.6.1　Hive 部署 303
　　6.6.2　Hive 核心功能使用 307
　　　6.2.2.1　Hive 的使用方式 307
　　　6.2.2.2　【实战】Hive 中数据库和表的操作 310
　　　6.2.2.3　【实战】Hive 中的数据类型 314
　　　6.2.2.4　【实战】Hive 中的表类型 318
　　　6.2.2.5　【实战】Hive 中的视图 324
　　　6.2.2.6　【实战】Hive 中的高级函数 324
　　　6.2.2.7　【实战】Hive 中的排序语句 327
　6.7　【实战】Hive 离线数据统计分析 329

6.7.1　需求及架构分析 329
　　　6.7.2　核心步骤实现 330
　　　　　6.7.2.1　开发 Agent 配置文件 331
　　　　　6.7.2.2　启动 Agent，验证结果 332
　　　　　6.7.2.3　在 Hive 中创建外部分区表 332
　　　　　6.7.2.4　向表中关联分区数据 333
　　　　　6.7.2.5　对关联分区的操作封装脚本 333
　　　　　6.7.2.6　创建视图 334

第 7 章　海量数据全文检索引擎ﾞ 336

7.1　大数据时代全文检索引擎的发展之路 336
　　7.1.1　全文检索引擎的发展 337
　　7.1.2　全文检索引擎技术选型 338

7.2　全文检索引擎原理与架构分析 340
　　7.2.1　Lucene 的原理及架构分析 340
　　　　　7.2.1.1　原理分析 340
　　　　　7.2.1.2　架构分析 340
　　7.2.2　Solr 的原理及架构分析 343
　　　　　7.2.2.1　原理分析 343
　　　　　7.2.2.2　架构分析 344
　　7.2.3　Elasticsearch 的原理及架构分析 345
　　　　　7.2.3.1　核心原理及概念 345
　　　　　7.2.3.2　分词原理 348
　　　　　7.2.3.3　架构分析 350

7.3　Elasticsearch 快速上手 351
　　7.3.1　Elasticsearch 集群安装部署 351
　　　　　7.3.1.1　安装 Elasticsearch 集群 351
　　　　　7.3.1.2　安装 Elasticsearch 集群的监控管理工具 356
　　7.3.2　Elasticsearch 核心功能的使用 359
　　　　　7.3.2.1　Elasticsearch 的常见操作 359
　　　　　7.3.2.2　【实战】Elasticsearch 集成中文分词器 371
　　　　　7.3.2.3　【实战】Elasticsearch 自定义词库 379
　　　　　7.3.2.4　【实战】Elasticsearch 查询详解 383

		7.3.2.5 【实战】Elasticsearch SQL 的使用 387

7.4 【实战】基于 Elasticsearch + HBase 构建全文搜索系统 390
7.4.1 全文搜索系统需求分析 390
7.4.2 系统架构流程设计 391
- 7.4.2.1 整体架构流程设计 391
- 7.4.2.2 Elasticsearch 和 HBase 数据同步的 3 种设计方案 392
- 7.4.2.3 底层执行流程 393
7.4.3 开发全文搜索系统 394
- 7.4.3.1 开发流程分析 394
- 7.4.3.2 核心代码实现 395
- 7.4.3.3 运行项目 406

第 8 章 分布式任务调度系统 411
8.1 任务调度系统的作用 411
8.2 传统任务调度系统 Crontab 的痛点 411
8.3 分布式任务调度系统原理与架构分析 412
8.3.1 常见的分布式任务调度系统 413
8.3.2 Azkaban 的原理及架构分析 414
8.3.3 Oozie 的原理及架构分析 417
8.3.4 DolphinScheduler 的原理及架构分析 420
8.4 Azkaban 快速上手 422
8.4.1 安装 Azkaban 422
8.4.2 【实战】配置一个定时执行的独立任务 424
8.4.3 【实战】配置一个带有多级依赖的任务 432
8.5 【实战】Azkaban 在数据仓库中的应用 435
8.5.1 创建 Job 文件并进行压缩 436
8.5.2 在 Azkaban 中创建项目并上传 gmv_calc.zip 441
8.5.3 给 Azkaban 中的任务设置定时执行 441

第 9 章 分布式资源管理 444
9.1 分布式资源管理 444

9.2 YARN 的原理及架构分析 445
9.3 YARN 中的资源调度器 448
9.4 【实战】配置和使用 YARN 多资源队列 450

第 10 章 大数据平台搭建工具 456
10.1 如何快速搭建大数据平台 456
10.2 了解常见的大数据平台工具 457
10.2.1 大数据平台工具 HDP 457
10.2.2 大数据平台工具 CDH 458
10.2.3 大数据平台工具 CDP 460

架 构 篇

第 11 章 数据仓库架构演进之路 463
11.1 什么是数据仓库 463
11.2 为什么需要数据仓库 464
11.3 数据仓库的基础知识 465
11.3.1 事实表和维度表 465
11.3.2 数据库三范式 466
11.3.3 数据仓库建模方式 467
11.3.4 维度建模模型 468
11.4 数据仓库分层 469
11.4.1 数据分层设计 470
11.4.2 数据仓库命名规范 471
11.5 数据仓库架构设计 471
11.5.1 离线数据仓库架构 472
11.5.2 实时数据仓库架构 472

第 12 章 数据中台架构演进之路 475
12.1 什么是中台 475
12.2 什么是数据中台 477

12.3　数据中台演进过程 478
12.4　数据中台架构 479
　　12.4.1　采 480
　　12.4.2　存 480
　　12.4.3　通 481
　　12.4.4　用 481

第 13 章　典型行业大数据架构分析 482
13.1　直播大数据平台架构分析 482
13.2　电商大数据平台架构分析 483
13.3　金融大数据平台架构分析 484
13.4　交通大数据平台架构分析 485
13.5　游戏大数据平台架构分析 486

基础篇

第 1 章 大数据的前世今生

1.1 什么是大数据

"大数据"从字面上可以翻译为"大量、海量的数据",表示无法在一定时间范围内使用常规软件工具进行采集、存储和处理的数据集合。

在 IT 行业,大数据还有另外一层含义——处理海量数据的技术。

单纯解释"大数据"这个名词比较空洞,下面通过举例说明。

例子:假设可以获取小明同学最近一年在商场及网上的购物数据,只要这些数据足够多,那么就可以基于这些数据计算出小明同学的诸多信息,如图 1-1 所示,这就是大数据的作用。

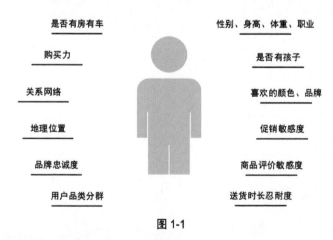

图 1-1

理解了大数据的作用也就理解了什么是大数据。

目前大数据已经不是一个空洞的名词,它已经渗透到各行各业中了,可以和各种场景进行深度整合从而产生新的产物。

1.2 大数据产生的背景

大数据不是突然出现的新事物,而是社会发展的必然产物。随着计算机行业的发展,数据越来越多,从之前的小数据时代逐步进入大数据时代。

总结下来,大数据产生的背景主要包含 3 点,如图 1-2 所示。

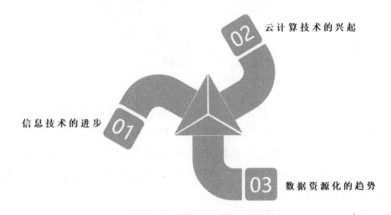

图 1-2

- 信息技术的进步:智能设备的普及、存储设备性能的提高和网络带宽的增加都是信息技术的进步,它们为大数据的存储和流通提供了物质基础。
- 云计算技术的兴起:云计算技术可以将分散的数据集中在数据中心中,使得处理和分析海量数据成为可能。可以说,云计算技术为海量数据存储和访问提供了必要的空间和途径,是大数据诞生的技术基础。
- 数据资源化的趋势:我们将从"科技就是生产力"时代迈向"数据就是生产力"时代。数据逐渐成为现代社会发展的资源,数据资源化的发展趋势是大数据诞生的直接驱动力。

1.3 大数据的 4V 特征

目前,业界对大数据的特征还没有统一的定义,但是大家普遍认为,大数据应该具备 Volume、Velocity、Variety 和 Value 这 4 个特征,简称"4V"特征,即数据体量巨大、数据类型繁多、数据价值密度低和数据速度快，如图 1-3 所示。

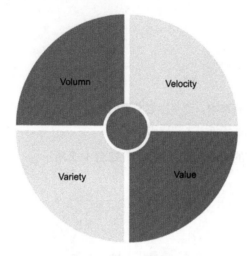

图 1-3

- Volume：数据体量巨大，包括采集、存储和计算的量都非常大。大数据的起始计量单位至少是 PB（等于 1000 个 TB）、EB（等于 100 万个 TB）或 ZB（等于 10 亿个 TB）。
- Velocity：数据速度快，包括增长速度快、处理速度快、时效性要求高。比如，搜索引擎要求几分钟前的新闻能够被用户查询到，个性化推荐算法要求尽可能实时完成推荐。这是大数据区别于传统数据挖掘的显著特征。
- Variety：数据类型繁多，包括结构化、半结构化和非结构化数据，具体表现为网络日志、音频、视频、图片和地理位置信息等。多类型的数据对数据的处理能力提出了更高的要求。
- Value：数据价值密度低，但是这些数据又很珍贵。随着互联网及物联网的广泛应用，信息量大，但价值密度较低。如何结合业务逻辑并通过强大的机器算法来挖掘数据价值，是大数据时代最需要解决的问题。

最近，IBM 提出了大数据"5V"的概念，即在"4V"的基础之上多了一个特征——Veracity，表示数据的准确性和可信赖度（数据的质量）。

1.4 大数据的典型应用场景

大数据目前已经广泛应用在各行各业中，包括金融大数据、医疗大数据、零售大数据、电商大数据、交通大数据、智慧城市大数据等应用场景。

我们平时生活中接触得比较多的大数据应用场景有：

- 淘宝、天猫、京东等购物网站中的"猜你喜欢"功能。
- 百度地图、高德地图中的"实时路况"功能。
- 今日头条、抖音、直播平台中的"推荐"功能。
- 美团、饿了么等外卖平台中的"订单实时分配"功能。

……

下面具体介绍一些我们平时接触比较多且比较典型的大数据应用场景。

（1）"双十一"大屏，如图 1-4 所示。

图 1-4

大屏中的数据是实时统计的，如果等到第 2 天再统计出来就没有意义了，所以这里需要利用大数据技术实现海量数据的实时采集和计算。

（2）智慧停车指挥中心，如图 1-5 所示。

在这里可以统计出实时的停车压力；通过实时监控各个停车场的停车情况实现智能停车，不至于让车主跑了很多个停车场才发现都停满车了。并且，在后期政府规划停车位时，可以根据一段时间内该区域的停车压力进行分析，以决定有没有必要新增车位、增加多少车位合适。

通过数据来支持决策是最合理的，也是最准确的。

图 1-5

（3）公众出行与运营车辆调度，如图 1-6 所示。

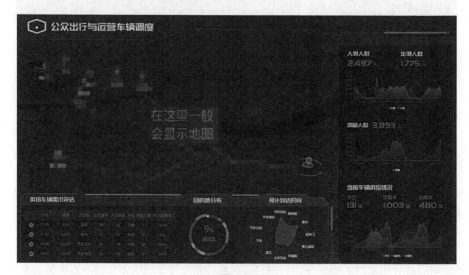

图 1-6

通过系统可以智能调整发车间隔。对于公交车，如果使用传统的定时发车间隔，则会存在一些问题：在高峰时，很多人挤不上车，每一辆车都要等很长时间；而在非高峰时，车辆经常空跑。

通过车辆调度系统，可以实现比较好的按需分配：在高峰时，多发一些车；在其他时间，根据各站点的人流量动态调配车辆。

1.5 大数据生态圈核心技术总览

随着大数据行业的发展，大数据生态圈中相关的技术也在一直迭代进步。图 1-7 中对目前大数据生态圈中的核心技术进行了汇总。

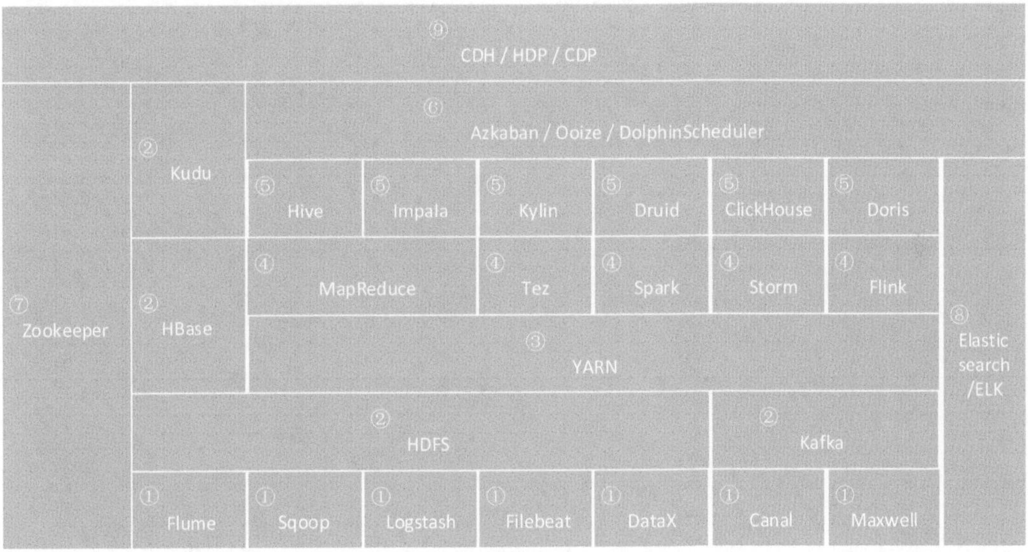

图 1-7

①数据采集技术框架：包括 Flume、Sqoop、Logstash、Filebeat、DataX、Canal、Maxwell 等。

②数据存储技术框架：包括 Kudu、HBase、HDFS、Kafka 等。

③分布式资源管理框架：包括 YARN。

④数据计算技术框架：包括 MapReduce、Tez、Spark、Storm、Flink 等。

⑤数据分析技术框架：包括 Hive、Impala、Kylin、Druid、ClickHouse、Doris 等。

⑥任务调度技术框架：包括 Azkaban、Oozie、DolphinScheduler 等。

⑦大数据底层基础技术框架：包括 Zookeeper。

⑧数据检索技术框架：包括 Elasticsearch、ELK 等。

⑨大数据集群安装管理框架：包括 CDH、HDP、CDP 等。

技术篇

第 2 章 海量数据采集

2.1 为什么需要数据采集

数据采集也被称为数据同步。随着互联网、移动互联网、物联网等技术的兴起,产生了海量数据。这些数据散落在各个地方,我们需要将这些数据融合到一起,然后从这些海量数据中计算出一些有价值的内容。此时第一步需要做的是把数据采集过来。数据采集是大数据的基础,没有数据采集,何谈大数据!

2.2 数据形态

从数据形态上来划分,数据主要分为 3 类,如图 2-1 所示。

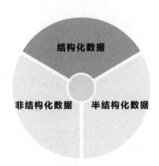

图 2-1

- 结构化数据:数据规则且完整,是由二维表结构来逻辑表达和实现的数据,严格地遵循数据格式与长度规范。常见的结构化数据有关系型数据库中的数据(如图 2-2 所示)、Excel 中的数据等（如图 2-3 所示）。

- 半结构化数据：数据规则且完整，同样严格地遵循数据格式与长度规范，但无法通过二维表结构来表现。常见的半结构化数据有 JSON、XML 等格式表达的复杂结构，如图 2-4、图 2-5 所示。
- 非结构化数据：数据结构不规则或不完整，不方便用二维表结构来表现，需要经过复杂的逻辑处理才能提取其中的信息内容。常见的非结构化数据有网页数据（如图 2-6 所示）、图片、声音和视频（如图 2-7 所示）等。

```
mysql> select * from student;
+----+--------+------------+----------+
| id | name   | birthday   | city     |
+----+--------+------------+----------+
|  1 | 刘德华 | 1961-09-27 | 中国香港 |
|  2 | 张学友 | 1961-07-10 | 中国香港 |
|  3 | 郭富城 | 1965-10-26 | 中国香港 |
|  4 | 黎明   | 1966-12-11 | 中国香港 |
+----+--------+------------+----------+
```

图 2-2

	A	B	C	D
1	id	name	birthday	city
2	1	刘德华	1961-09-27	中国香港
3	2	张学友	1961-07-10	中国香港
4	3	郭富城	1965-10-26	中国香港
5	4	黎明	1966-12-11	中国香港

图 2-3

```
[{
        "id": 1,
        "name": "刘德华",
        "birtyday": "1961-09-27",
        "city": "中国香港"
    },
    {
        "id": 2,
        "name": "张学友",
        "birtyday": "1961-07-10",
        "city": "中国香港"
    },
    {
        "id": 3,
        "name": "郭富城",
        "birtyday": "1965-10-26",
        "city": "中国香港"
    },
    {
        "id": 4,
        "name": "黎明",
        "birtyday": "1966-12-11",
        "city": "中国香港"
    }
]
```

图 2-4

```
<?xml version="1.0" encoding="utf-8"?>
<students>
  <student>
    <id>1</id>
    <name>刘德华</name>
    <birthday>1961-09-27</birthday>
    <city>中国香港</city>
  </student>
  <student>
    <id>2</id>
    <name>张学友</name>
    <birthday>1961-07-10</birthday>
    <city>中国香港</city>
  </student>
  <student>
    <id>3</id>
    <name>郭富城</name>
    <birthday>1965-10-26</birthday>
    <city>中国香港</city>
  </student>
  <student>
    <id>4</id>
    <name>黎明</name>
    <birthday>1966-12-11</birthday>
    <city>中国香港</city>
  </student>
</students>
```

图 2-5

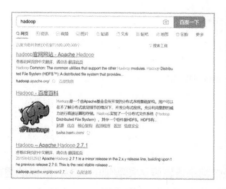

图 2-6

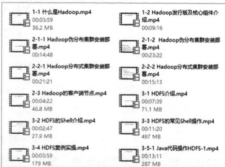

图 2-7

2.3 数据来源

从宏观角度分析,数据来源主要分为 4 类,如图 2-8 所示。

图 2-8

- 日志数据:包括通过客户端埋点、服务端埋点等方式采集的系统日志数据和业务日志数据等。这些数据被采集过来之后可以反哺业务,为后期的运营和决策提供数据支撑。
- 数据库数据:包括业务系统数据、订单数据、用户个人信息数据等。传统的业务数据存储基本上都依赖数据库(MySQL、Oracle 等)进行存储,企业在进行数据转型期间,需要将传统数据库中的数据迁移到大数据平台中。
- 网页数据:包括互联网网页中的新闻、博客等数据。当企业内部信息不足时,可以考虑利用外部互联网数据进行一些"化学反应",即将外部的数据和内部的数据进行有效融合,从而让内部数据在应用上有更多价值。
- 物联网数据:包括通过传感器、摄像头、Wi-Fi 探针等智能硬件采集到的数据。常见的采集方式有 Wi-Fi 信号采集、信令数据采集、图像视频采集,以及传感器探测等。

2.4 数据采集规则

从时效性和应用场景来分,数据采集可以分为离线采集和实时采集两大类,如图 2-9 所示。

- 离线采集:主要用于大批量数据的周期性迁移,对时效性要求不高。典型的应用场景是每天凌晨定时把昨天生成的数据批量采集到指定目的地。
- 实时采集:主要面向低延迟的数据采集场景,对时效性要求比较高,要求数据一旦产生就立刻被采集到指定目的地。典型的应用场景是"双十一"数据大屏中的实时订单数据,用户只要一下单,订单数据就会被实时采集到计算平台中进行计算,然后显示到实时数据大屏中。

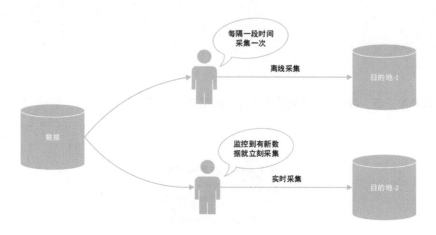

图 2-9

在对数据进行离线采集时，采集方式分为全量采集和增量采集。以离线采集数据库中的数据为例，如图 2-10 所示。

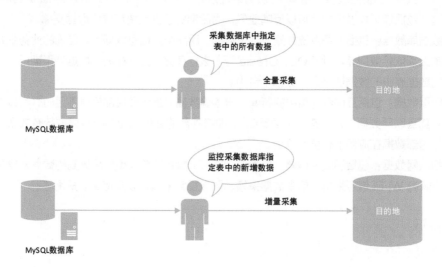

图 2-10

- 全量采集：可以分为表全量采集和库全量采集两种方式。表全量采集表示每次读取表中的全部数据并写入指定目的地；库全量采集表示把数据库中所有表的全部数据分别写入指定目的地。
- 增量采集：按照指定的规则追加采集新增的数据。例如，按照时间字段或者递增的主键字段每隔一段时间采集一次新增的数据。

2.5 日志数据采集工具

2.5.1 对比常见的日志数据采集工具

对于系统运行期间产生的各种类型的日志数据，目前有以下几种常见的采集工具。

- Flume：Apache 开源的日志采集工具，它是一个高可用的、高可靠的、分布式的海量日志采集、聚合和传输的系统。
- Logstash：Elastic 公司旗下的一款日志采集工具，Logstash 属于 ELK（Elasticsearch + Logstash + Kibana）组件中的一员，主要负责日志数据采集。
- Filebeat：Elastic 公司开发的一款轻量级的日志采集工具，只能采集保存在文件中的日志数据。

表 2-1 对 Flume、Logstash 和 Filebeat 的功能进行了综合对比。

表 2-1

对比项	Flume	Logstash	Filebeat
来源	Apache	Elastic	Elastic
开发语言	Java	Jruby	Go
内存消耗	高	高	低
CPU 消耗	高	高	低
容错性	优秀，内部有事务机制	优秀，内部有持久化队列	无
负载均衡	支持	支持	支持
插件	丰富的输入和输出插件	丰富的输入和输出插件	只支持文件数据采集
数据过滤能力	提供了拦截器	强大的过滤能力	有过滤能力，但较弱
二次开发难度	容易，对 Java 程序员友好	难	难
社区活跃度	高	高	高
资料完整度	高	高	高

根据前面的对比，可以看出：

- Flume、Logstash 的功能比较丰富，支持各种常见的数据源及目的地，应用场景比较广泛，但是属于重量级组件，性能消耗相对较高。
- Filebeat 只能采集文件中的数据，但是性能消耗较低。

那么在实际工作中该如何选择日志数据采集工具呢？如图 2-11 所示。

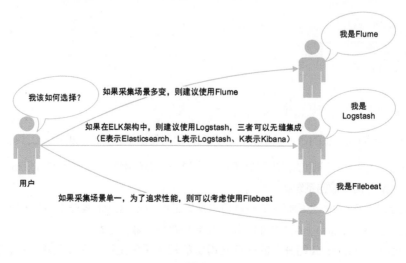

图 2-11

2.5.2　Flume 的原理及架构分析

1. 原理分析

通俗一点来说，Flume 是一个很靠谱、很方便、很强的日志采集工具。它是目前大数据领域最常用的一个数据采集框架，为什么呢？因为使用 Flume 采集数据不需要写代码。

　我们只需要在配置文件中写几行配置，Flume 就会按照我们配置的流程去采集数据。

Flume 具备 3 大特性：

（1）有一个简单、灵活、基于流的数据流结构。

（2）具有负载均衡机制和故障转移机制，能保证数据采集的稳定性和可靠性。

（3）具有一个简单可扩展的数据模型（Source、Channel 和 Sink）。

2. 架构分析

Flume 的架构非常简单，如图 2-12 所示。

图 2-12 中的 Web Server 表示一个 Web 项目，Web 项目会产生日志数据。通过中间的 Agent 把日志数据采集到 HDFS 中。

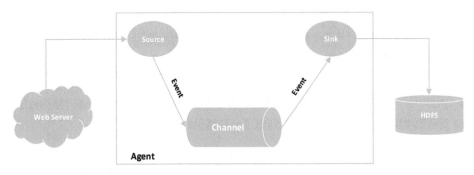

图 2-12

其中，Agent 就是我们使用 Flume 启动的一个代理，它是一个持续传输数据的服务，数据在 Agent 内部组件之间传输的基本单位是 Event。

从图 2-12 中可以看到，Agent 是由 Source、Channel 和 Sink 组成的，这就是 Flume 中的 3 大核心组件。

- Source：数据源。
- Channel：临时存储数据的管道。
- Sink：目的地。

下面来具体分析一下这 3 大核心组件的作用。

（1）Source：通过它可以指定读取哪里的数据，将数据传递给后面的 Channel 组件。Flume 默认支持读取多种数据源，图 2-13 中列出来一些常见的数据源。

图 2-13

- Exec Source：用于文件监控，可以实时监控文件中的新增内容，类似于 Linux 中 tail -F 的效果。需要注意 tail -f 和 tail -F 的区别。
- NetCat TCP/UDP Source：采集指定端口（TCP、UDP）的数据，可以读取流经端口的每一行数据。
- Spooling Directory Source：采集文件夹中新增的文件。
- Kafka Source：从 Kafka 消息队列中采集数据。

在上面分析的这几个数据源中,Exec Source 和 Kafka Source 在实际工作中是最常见的,可以满足大部分的数据采集需求。

(2) Channel:接收 Source 发出的数据。可以把 Channel 理解为一个临时存储数据的管道。Channel 支持的类型有很多,图 2-14 中列出了一些常见的类型。

图 2-14

- Memory Channel:使用内存作为数据的存储介质。优点是效率高,因为不涉及磁盘 I/O;缺点是可能会丢失数据,会存在内存不够用的情况。
- File Channel:使用文件来作为数据的存储介质。优点是数据不会丢失;缺点是相对内存来说其效率有点慢。但是这个慢并没有我们想象的那么慢,所以它也是比较常用的一种 Channel。
- Spillable Memory Channel:使用内存和文件作为数据存储介质,即先把数据存到内存中,如果内存中数据达到阈值则将其存储到文件中。优点是解决了内存不够用的问题;缺点是依然存在数据丢失的风险。

如果在采集数据时需要低延迟,则建议使用 Memory Channel。如果比较关注数据的完整性,则建议使用 File Channel。

(3) Sink:从 Channel 中读取数据并将其存储到指定目的地。Sink 的表现形式有很多,图 2-15 中列出了一些常见的。

图 2-15

- Logger Sink：将数据作为日志处理，可以将其选择打印到控制台或写到文件中。这个主要在测试时使用，比较方便验证效果。
- HDFS Sink：将数据传输到 HDFS 中。这个是比较常见的，主要针对离线计算场景。
- Kafka Sink：将数据传输到 Kafka 消息队列中。这个也是比较常见的，主要针对实时计算场景。其优点是数据不落盘，实时传输。

> Channel 中的数据直到被 Sink 成功写入目的地之后才会被删除，当 Sink 写入目的地失败时，Channel 中的数据不会丢失，这是因为有事务机制提供保证。

2.5.3　Flume 的应用

Flume 的典型应用场景是：采集应用程序运行期间产生的日志数据，并将从多台机器中采集的日志数据汇总输出到指定目的地。

要使用 Flume 采集数据，首先需要安装及配置 Flume。由于 Flume 是用 Java 代码开发的，所以需要依赖 JDK，建议使用 JDK 1.8 版本，需要提前在 Linux 系统中配置好 JAVA_HOME 环境变量。

2.5.3.1　安装 Flume

这里我们使用的是 Flume 1.9.0 版本，在 bigdata04 机器上安装 Flume。

（1）上传 Flume 安装包并解压缩。

```
[root@bigdata04 soft]# ll
-rw-r--r--. 1 root root  67938106 May  1 23:27 apache-flume-1.9.0-bin.tar.gz
[root@bigdata04 soft]# tar -zxvf apache-flume-1.9.0-bin.tar.gz
```

（2）修改 Flume 的环境变量配置文件。

进入 Flume 的 conf 目录下，修改 flume-env.sh.template 文件的名字——去掉后缀"template"。

```
[root@bigdata04 soft]# cd apache-flume-1.9.0-bin/conf
[root@bigdata04 conf]# mv flume-env.sh.template  flume-env.sh
```

这样 Flume 就安装配置好了，此时我们不需要启动任何进程，只有在配置好采集任务之后才需要启动 Flume。

2.5.3.2　Hello World

下面来看一个 Hello World 案例，此案例中的采集任务执行流程如图 2-16 所示。

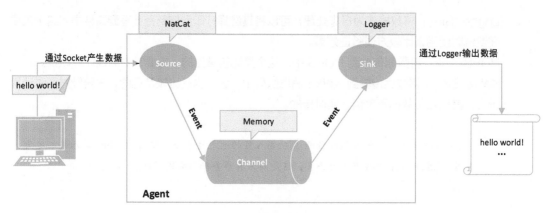

图 2-16

（1）配置 Agent。

启动 Flume 任务其实就是启动一个 Agent。Agent 是由 Source、Channel 和 Sink 组件组成的，这些组件在使用时只需要写几行配置即可，下面来配置这些组件。

```
# 定义 Agent 内部 3 大组件的名称
a1.sources = r1
a1.sinks = k1
a1.channels = c1

# 配置 Source 组件
a1.sources.r1.type = netcat
a1.sources.r1.bind = 0.0.0.0
a1.sources.r1.port = 6666

# 配置 Sink 组件
a1.sinks.k1.type = logger

# 配置 Channel 组件
a1.channels.c1.type = memory
a1.channels.c1.capacity = 1000
a1.channels.c1.transactionCapacity = 100

# 将 Source 组件、Sink 组件和 Channel 组件绑定到一起
a1.sources.r1.channels = c1
a1.sinks.k1.channel = c1
```

（2）Agent 配置流程总结。

在上面代码中，首先定义了 Source、Channel 和 Sink 组件的名称；然后配置了 Source、Channel 和 Sink 组件的相关参数；最后把这 3 个组件连接到了一起，即告诉 Source 需要向哪个

Channel 写入数据，告诉 Sink 需要从哪个 Channel 读取数据，这样 Source、Channel 和 Sink 这 3 个组件就连接起来了。

总结下来，配置 Agent 的主要流程是这样的：①给这 3 个组件起名称；②配置这 3 个组件的相关参数；③把这 3 个组件连接起来。

（3）分析 Agent 中的 Source 组件。

下面来详细分析一下前面代码中 Source、Channel 和 Sink 组件的配置。

Source、Channel 和 Sink 组件中的具体配置参数可以到 Flume 官方文档中查阅，该文档中写得非常详细。

此案例中的 Source 组件使用的是 netcat 类型，其实就是 NetCat TCP/UDP Source，该组件支持的常见参数如下。

- type：指定为 natcat。
- bind：指定当前机器的 IP 地址，使用主机名也可以。
- port：指定当前机器中一个没有被使用的端口。

如果指定了 bind 和 port 参数，则表示开启了监听模式，监听指定 IP 地址和端口中的数据。其实就是开启了一个 Socket 的服务端，等待客户端连接进来并且写入数据。

针对此案例，Agent 的名称为 a1，Source 组件的相关配置如下：

```
a1.sources = r1
a1.channels = c1
a1.sources.r1.type = netcat
a1.sources.r1.bind = 0.0.0.0
a1.sources.r1.port = 6666
a1.sources.r1.channels = c1
```

bind 参数后面指定的 IP 地址是 0.0.0.0，这是当前机器的通用 IP 地址，因为一台机器可以有多个 IP 地址，例如，内网 IP 地址、外网 IP 地址。

如果通过 bind 参数指定了某一个 IP 地址（内网 IP 地址或者外网 IP 地址），则表示只监听通过这个 IP 地址发送过来的数据。这样会有局限性，所以我们将其指定为 0.0.0.0。

（4）分析 Agent 中的 Channel 组件。

此案例中的 Channel 组件使用的是 memory 类型，其实就是基于内存的 Channel。该组件的常见参数就是 type（指定 Channel 组件的类型），其他参数采用默认值即可。

（5）分析 Agent 中的 Sink 组件。

此案例中的 Sink 组件使用的是 logger 类型，其实就是通过日志的形式将数据写出去。该组件的常见参数如下。

- channel：指定 Sink 组件从哪个 Channel 组件读取数据。
- type：指定 Sink 组件的类型。

（6）创建 Agent 配置文件。

之前把此案例中的配置都分析完了。下面把这些配置添加到 example.conf 配置文件中，并把这个配置文件放到 Flume 的 conf 目录下。

```
[root@bigdata04 ~]# cd /data/soft/apache-flume-1.9.0-bin
[root@bigdata04 apache-flume-1.9.0-bin]# cd conf/
[root@bigdata04 conf]# vi example.conf


# 定义 Agent 内部 3 大组件的名称
a1.sources = r1
a1.sinks = k1
a1.channels = c1

# 配置 Source 组件
a1.sources.r1.type = netcat
a1.sources.r1.bind = 0.0.0.0
a1.sources.r1.port = 6666

# 配置 Sink 组件
a1.sinks.k1.type = logger

# 配置 Channel 组件
a1.channels.c1.type = memory
a1.channels.c1.capacity = 1000
a1.channels.c1.transactionCapacity = 100

# 将 Source 组件、Sink 组件和 Channel 组件绑定到一起
a1.sources.r1.channels = c1
a1.sinks.k1.channel = c1
```

（7）启动 Agent。

配置好 Agent 后就可以启动它了，使用 flume-ng 命令启动此 Agent：

```
[root@bigdata04 apache-flume-1.9.0-bin]# bin/flume-ng agent --name a1 --conf
conf --conf-file conf/example.conf -Dflume.root.logger=INFO,console
```

在 flume-ng 命令后可以指定多个参数。

- agent：启动一个 Flume 的 Agent 代理。
- --name：指定 Agent 的名字。
- --conf：指定 Flume 配置文件的根目录。
- --conf-file：指定 Agent 配置文件的位置。
- -D：动态添加一些参数。

-D 后面指定的 "flume.root.logger=INFO,console" 表示在这里指定了 Flume 的日志输出级别和输出位置，INFO 表示日志输出级别，console 表示输出位置（控制台），即默认会把日志数据打印到控制台上，方便查看，一般在学习测试阶段会这样设置。

在启动 Agent 之后如果看到如下信息，则表示它启动成功。启动成功之后，命令行窗口会被一直占用，因为 Agent 会一直运行（Agent 属于一个前台进程）。

```
[INFO - org.apache.flume.source.NetcatSource.start(NetcatSource.java:166)]
Created
serverSocket:sun.nio.ch.ServerSocketChannelImpl[/0:0:0:0:0:0:0:0:6666]
```

如果看到提示 ERROR 级别的日志信息，则需要具体分析了，一般都是文件配置错误所导致的。

（8）启动 Socket 进行验证。

接下来需要通过 telnet 连接到 Socket 服务，模拟产生一条数据 "hello world!"。telnet 后面指定的 IP 地址和端口要和此案例中 Source 组件指定的 bind 和 port 参数的值保持一致。

在此案例中 Source 组件的 bind 参数中指定的是 0.0.0.0，所以在这里使用机器的内网 IP 地址、外网 IP 地址或主机名都可以。

```
[root@bigdata04 ~]# telnet bigdata04 6666
Trying 192.168.182.103...
Connected to bigdata04.
Escape character is '^]'.
hello world!
OK
```

在执行 telnet 命令时，如果提示找不到 telnet 命令，则可以使用 yum 在线安装。

此时，回到 Agent 所在的命令行窗口，可以看到命令行中多了以下这一行日志（就是我们通过 telnet 发送的内容）。

```
[INFO - org.apache.flume.sink.LoggerSink.process(LoggerSink.java:95)] Event:
{ headers:{} body: 68 65 6C 6C 6F 20 77 6F 72 6C 64 21 0D          hello world!. }
```

这说明该 Agent 是可以正常执行的。通过 Source 组件接收 Socket 发送过来的数据，然后通过 Channel 组件进行数据临时存储，最终通过 Sink 组件把数据输出到控制台（命令行窗口）中。

（9）将 Agent 放到后台执行。

此时 Flume 中的 Agent 服务是在前台运行的，这个服务在实际工作中需要一直运行，所以需要将其放到后台运行。

Flume 自身没有提供直接把进程放到后台执行的参数，所以需要用 nohup 和&来实现。

按 Ctrl + C 组合键停掉之前启动的 Agent 进程。然后重新执行，此时就不需要指定 "-Dflume.root.logger=INFO,console" 参数了，在默认情况下 Flume 的日志就会被记录到日志文件中。

```
[root@bigdata04 apache-flume-1.9.0-bin]# nohup bin/flume-ng agent --name a1
--conf conf --conf-file conf/example.conf &
```

启动之后，通过 "jps -m" 命令可以查看到一个 Application 进程，它就是启动的 Agent。

```
[root@bigdata04 apache-flume-1.9.0-bin]# jps -m
9581 Application --name a1 --conf-file conf/example.conf
```

或者使用 ps 命令也可以查看到这个进程。

```
[root@bigdata04 apache-flume-1.9.0-bin]# ps -ef|grep flume
root      9581   1500  0 10:54 pts/0    00:00:00 /data/soft/jdk1.8/bin/java
-Xmx20m -cp
/data/soft/apache-flume-1.9.0-bin/conf:/data/soft/apache-flume-1.9.0-bin/lib
/*:/lib/* -Djava.library.path= org.apache.flume.node.Application --name a1
--conf-file conf/example.conf
```

（10）查看 Agent 的后台执行日志。

通过后台运行这种方式启动 Agent 之后，Agent 中的 Sink 组件会把数据以日志的方式写到

Flume 的日志文件中了。我们在 Linux 命令行中使用 telnet 向 Socket 中写入一条数据：daemon。

```
[root@bigdata04 ~]# telnet bigdata04 6666
Trying 192.168.182.103...
Connected to bigdata04.
Escape character is '^]'.
daemon
OK
```

接下来可以看到在 Flume 的 logs 目录下有一个 flume.log 日志文件。

```
[root@bigdata04 logs]# tail -2 flume.log
02 May 2020 10:54:28,215 INFO  [lifecycleSupervisor-1-4] 
(org.apache.flume.source.NetcatSource.start:166)  - Created 
serverSocket:sun.nio.ch.ServerSocketChannelImpl[/0:0:0:0:0:0:0:0:6666]
02 May 2020 11:00:26,293 INFO  [SinkRunner-PollingRunner-DefaultSinkProcessor] 
(org.apache.flume.sink.LoggerSink.process:95)  - Event: { headers:{} body: 64 
61 65 6D 6F 6E 0D                                daemon. }
```

（11）停止 Agent。

要停止 Agent，则需要使用 kill 命令。

```
[root@bigdata04 logs]# jps
9581 Application
[root@bigdata04 logs]# kill 9581
```

2.5.3.3 【实战】日志汇总采集

接下来看一个复杂的日志汇总采集案例，需求如下：

- 将 A 和 B 两台机器实时产生的日志数据汇总到机器 C 中。
- 通过机器 C 将数据汇总输出到 HDFS 的指定目录下。

HDFS 中的目录是按天生成的，每天一个目录。由于需要用到 HDFS，所以需要安装 Hadoop 集群。Hadoop 集群的详细安装步骤见本书 3.2.4 节。

此案例具体的执行流程如图 2-17 所示。

此案例中用到了 3 个 Agent：

- Agent1 负责采集机器 A 实时产生的日志数据。
- Agent2 负责采集机器 B 实时产生的日志数据。
- Agent3 负责将 Agent1 和 Agent2 汇总过来的数据统一输出到 HDFS 中。

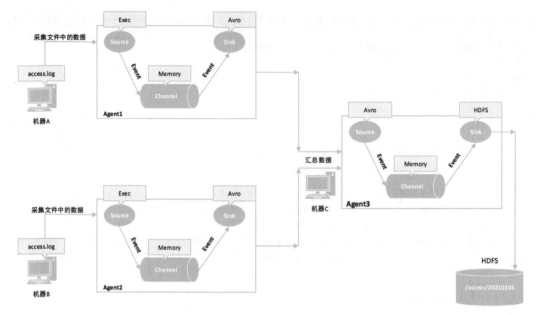

图 2-17

机器 A 的主机名为 bigdata01，机器 B 的主机名为 bigdata02，机器 C 的主机名为 bigdata03。

Agent1 和 Agent2 因为要实时读取文件中的新增数据，所以使用基于文件的 Source：Exec Source。

Channel 组件在这里统一使用基于内存的 Channel——Memory Channel。

由于 Agent1 和 Agent2 采集到的数据需要汇总到 Agent3 中，所以为了快速发送我们可以通过网络直接传输。对于 Agent1 和 Agent2 的 Sink 组件，建议都使用 Avro Sink。

Avro 是一种数据序列化系统，经过它序列化的数据传输起来效率很高，并且与它对应的有一个 Avro Source，Avro Sink 发送出去的数据可以直接被 Avro Source 接收，它们可以无缝衔接。

这样 Agent3 的 Source 也就确定了——使用 Avro Source。Channel 还是基于内存的 Channel，Sink 组件需要使用 Hdfs Sink，因为最终要向 HDFS 中写数据。

（1）创建 Agent 的配置文件。

下面来看一下此案例中所有 Agent 的配置文件。

Agent1 的配置文件是 file-to-avro-A.conf，具体内容如下：

```
[root@bigdata01 conf] vi file-to-avro-A.conf
# Agent 的名称是 a1
# 指定 Source 组件、Channel 组件和 Sink 组件的名称
a1.sources = r1
a1.channels = c1
a1.sinks = k1

# 配置 Source 组件
a1.sources.r1.type = exec
a1.sources.r1.command = tail -F /data/log/access.log


# 配置 Channel 组件
a1.channels.c1.type = memory
a1.channels.c1.capacity = 1000
a1.channels.c1.transactionCapacity = 100


# 配置 Sink 组件
a1.sinks.k1.type = avro
a1.sinks.k1.hostname = 192.168.182.103
a1.sinks.k1.port = 45454


# 把这些组件连接起来
a1.sources.r1.channels = c1
a1.sinks.k1.channel = c1
```

Agent2 的配置文件是 file-to-avro-B.conf，具体内容如下：

```
[root@bigdata02 conf] vi file-to-avro-B.conf
# Agent 的名称是 a1
# 指定 Source 组件、Channel 组件和 Sink 组件的名称
a1.sources = r1
a1.channels = c1
a1.sinks = k1

# 配置 Source 组件
a1.sources.r1.type = exec
a1.sources.r1.command = tail -F /data/log/access.log
```

```
# 配置Channel组件
a1.channels.c1.type = memory
a1.channels.c1.capacity = 1000
a1.channels.c1.transactionCapacity = 100


# 配置Sink组件
a1.sinks.k1.type = avro
a1.sinks.k1.hostname = 192.168.182.103
a1.sinks.k1.port = 45454


# 把这些组件连接起来
a1.sources.r1.channels = c1
a1.sinks.k1.channel = c1
```

Agent3的配置文件是avro-to-hdfs-C.conf，具体内容如下：

```
[root@bigdata03 conf] vi avro-to-hdfs-C.conf
# Agent的名称是a1
# 指定Source组件、Channel组件和Sink组件的名称
a1.sources = r1
a1.channels = c1
a1.sinks = k1

# 配置Source组件
a1.sources.r1.type = avro
a1.sources.r1.bind = 0.0.0.0
a1.sources.r1.port = 45454

# 配置Channel组件
a1.channels.c1.type = memory
a1.channels.c1.capacity = 1000
a1.channels.c1.transactionCapacity = 100


# 配置Sink组件
a1.sinks.k1.type = hdfs
a1.sinks.k1.hdfs.path = hdfs://bigdata01:9000/access/%Y%m%d
a1.sinks.k1.hdfs.filePrefix = access
a1.sinks.k1.hdfs.fileType = DataStream
a1.sinks.k1.hdfs.writeFormat = Text
a1.sinks.k1.hdfs.rollInterval = 3600
a1.sinks.k1.hdfs.rollSize = 134217728
```

```
a1.sinks.k1.hdfs.rollCount = 0
a1.sinks.k1.hdfs.useLocalTimeStamp = true

# 把这些组件连接起来
a1.sources.r1.channels = c1
a1.sinks.k1.channel = c1
```

　　Agent1 和 Agent2 中配置的 a1.sinks.k1.port 参数的值需要和 Agent3 中配置的 a1.sources.r1.port 参数的值一样，这样 Agent3 才可以接收到 Agent1 和 Agent2 发送过来的数据。

（2）生成测试数据。

在 Agent1 和 Agent2 所在的机器上创建一个生成模拟数据的脚本 generate_log.sh，执行此脚本即可一直在文件中生成新数据，此脚本内容如下：

```
#!/bin/bash
# 在文件中循环生成数据
while [ "1" = "1" ]
do
        # 获取当前时间戳
        curr_time=`date +%s`
        # 获取当前主机名
        name=`hostname`
        echo ${name}_${curr_time} >> /data/log/access.log
        # 暂停1s
        sleep 1
done
```

（3）启动 3 个 Agent。

分别启动 3 个 Agent，启动时需要注意先后顺序：先启动 Agent3，再启动 Agent1 和 Agent2。否则可能会丢失一部分数据。

启动 Agent3：

```
[root@bigdata03 apache-flume-1.9.0-bin]# bin/flume-ng agent --name a1 --conf conf --conf-file conf/avro-to-hdfs.conf -Dflume.root.logger=INFO,console
```

启动 Agent1：

```
[root@bigdata01 apache-flume-1.9.0-bin]# bin/flume-ng agent --name a1 --conf conf --conf-file conf/file-to-avro-101.conf -Dflume.root.logger=INFO,console
```

启动 Agent2：

```
[root@bigdata02 apache-flume-1.9.0-bin]# bin/flume-ng agent --name a1 --conf
conf --conf-file conf/file-to-avro-102.conf -Dflume.root.logger=INFO,console
```

(4)验证结果。

最后到 HDFS 上验证结果,见下方代码。如果能查到数据,则说明整个流程是通的。

如果发现没有数据,则需要确认 generate_log.sh 脚本是否启动。

```
[root@bigdata01 soft]# hdfs dfs -ls /access/20210502
access.1588426157482.tmp
[root@bigdata01 soft]# hdfs dfs -cat /access/20210502/access.1588426157482.tmp
bigdata01_1588426253
bigdata01_1588426254
bigdata01_1588426255
bigdata02_1588426256
bigdata02_1588426257
bigdata02_1588426258
...
```

这些是 Flume 的典型应用场景。在实际工作中,Flume 其实还可以和消息中间件(例如 Kafka)深度结合使用,在 2.9.5 节中会详细介绍。

2.5.4 Logstash 的原理及架构分析

1. 原理分析

Logstash 是 Elastic 公司开源的收集、解析和转换日志的工具,可以方便地把分散的、多样化的日志收集起来,然后进行自定义处理,最后将其传输到指定的目的地。Logstash 是由 JRuby 语言编写的,使用基于消息的简单架构,在 JVM 上运行。

Logstash 常被用于在日志关系系统中作为日志采集设备,最常被用于在 ELK(Elasticsearch + Logstash + Kibana)中作为日志收集器。

2. 架构分析

Logstash 的架构非常简单,类似于 Flume,主要由 Input、Filter 和 Output 组成。Logstash 收集日志的基本流程是:Input→Filter→Output,如图 2-18 所示。

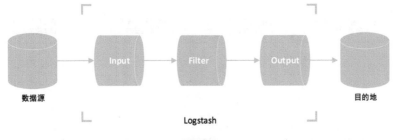

图 2-18

- Input：输入数据源。
- Filter：数据处理。
- Output：输出目的地。

 Filter 组件是可选项，Input 组件和 Output 组件是不能缺少的。

下面来看一下 Input、Filter 和 Output 组件中常见的插件。

（1）Input：用于指定数据源获取数据，常见的插件有 stdin、file、syslog、kafka 等，如图 2-19 所示。

图 2-19

- stdin：从标准输入（默认是键盘）读取数据，一次读取一行数据。
- file：监控指定目录下的文件，采集文件中的新增数据。
- syslog：采集 Syslog 日志服务器中的日志数据。
- kafka：采集 Kafka 消息队列中的数据。

（2）Filter：用于处理数据，例如格式转换、数据派生等。常见的插件有 grok、mutate、drop、geoip 等，如图 2-20 所示。

图 2-20

- grok：支持 120 多种内置的表达式，在解析 Syslog 日志、Apache 日志、MySQL 日志等格式的数据上表现是非常完美的。它也支持自定义正则表达式对数据进行处理。
- mutate：此过滤器可以修改指定字段的内容，支持 convert()、rename()、replace()、split() 等函数。
- drop：过滤掉不需要的日志。例如：Java 程序中会产生大量的日志，包括 DEBUG、INFO、WARN 和 ERROR 级别的日志，如果只想保留部分级别的日志，那 drop 可以帮助你。
- geoip：从日志中的 IP 字段获取用户访问时的所在地。

（3）Output：用于指定数据输出目的地，常见的插件有 stdout、elasticsearch、kafka、webhdfs 等，如图 2-21 所示。

图 2-21

- stdout：将数据输出到标准输出（默认是控制台）。
- elasticsearch：将数据输出到 Elasticsearch 的指定 Index 中。
- kafka：将数据输出到 Kafka 的指定 Topic 中。
- webhdfs：将数据输出到 HDFS 的指定目录下。

 Logstash 中的 Input、Filter 和 Output 都是以插件的形式存在的。

2.5.5 Logstash 的应用

Logstash 的典型应用场景是和 ELK 结合在一起使用，其可以采集服务器运行期间产生的日志数据和应用程序产生的异常日志数据。

由于 Logstash 是在 JVM 平台上运行的，所以也需要依赖 Java 环境，Logstash 从 7.x 版本开始内置了 OpenJDK，位于 Logstash 下的 jdk 目录下，也可以使用机器中已有的 JDK。

2.5.5.1 安装 Logstash

下面开始安装 Logstash，我们使用的是 Logstash 7.10.2 版本，在 bigdata04 机器上安装。

（1）上传 Logstash 安装包。

```
[root@bigdata04 soft]# ll
-rw-r--r--. 1 root root 351170815 Feb 18  2021
logstash-7.10.2-linux-x86_64.tar.gz
```

（2）解压缩 Logstash 安装包。

```
[root@bigdata04 soft]# tar -zxvf logstash-7.10.2-linux-x86_64.tar.gz
```

这样就安装好了。Logstash 可以实现零配置安装，使用起来非常方便，此时我们不需要启动任何进程，只有在配置好采集任务之后才需要启动 Logstash。

2.5.5.2 【实战】Hello World 案例

下面来看一个 Hello World 案例。Input 使用 stdin 插件，Output 使用 stdout 插件，这样就可以接收键盘输入的数据，然后将其直接输出到控制台上，如图 2-22 所示。

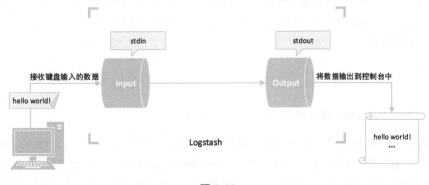

图 2-22

1. 快速实现案例

要实现此案例，最快速的方式就是使用 Logstash 安装目录下的"bin/logstash"脚本，之后通过 -e 参数指定使用的插件配置信息。针对 stdin 和 stdout 插件，这里使用最精简的配置即可。

```
[root@bigdata04 logstash-7.10.2]# bin/logstash -e 'input { stdin { } } output { stdout {} }'
```

说明如下。

- input { } 内部指定了 stdin 插件。对于 stdin 插件可以添加一些内置支持的参数，把需要添加的参数放在 stdin 后面的括号内即可。
- output { } 内部指定了 stdout 插件。对于 stdout 插件可以添加一些内置支持的参数，把需要添加的参数放在 stdout 后面的括号内即可。

此命令执行之后需要稍等片刻，如果看到控制台中输出一批日志信息，则说明 Logstash 程序启动成功了。

启动成功之后就可以直接在命令行中输入"hello world!"，然后按 Enter 键，即可看到输出的结果信息。

```
hello world!
{
    "@timestamp" => 2021-08-05T08:32:11.150Z,
      "@version" => "1",
       "message" => "hello world!",
          "host" => "bigdata04"
}
```

此时我们会发现输出的数据是 JSON 格式的，其中包含 4 个字段，我们输入的数据保存在 message 字段中，其余几个字段是 Logstash 默认产生的，这就是 Logstash 默认的数据输出格式。

2. 分析 stdin 插件参数

在使用 stdin 和 stdout 插件时还可以添加一些参数。

首先来看一下 stdin 插件。stdin 插件支持的参数包括 add_field、codec、enable_metric、id、tags 和 type。这些参数都不是必填参数，我们在使用时可以省略它们。add_field 参数表示可以向原始数据中添加一个字段，该参数的值是 hash 类型的。查阅官网资料可知，hash 类型其实就是 key→value 这种格式的数据。

下面以 add_field 参数为例来演示一下插件中参数的使用。需求是向原始数据中添加一个字段 data_type，值为 video，表示 Logstash 采集的这份数据是视频数据。

```
[root@bigdata04 logstash-7.10.2]# bin/logstash -e 'input { stdin {add_field=>
{"data_type"=>"video"} } } output { stdout { } }'
```

在 Logstash 启动之后输入"hello logstash!"，查看输出的数据，发现其中多了一个 data_type 字段，值为 video。

```
hello logstash!
{
    "data_type" => "video",
   "@timestamp" => 2021-08-05T09:55:13.172Z,
     "@version" => "1",
         "host" => "bigdata04",
      "message" => "hello logstash!"
}
```

如果配置比较多、比较复杂，那全部写在一起不是很清晰，也很容易出错，能不能像 Flume 一样把这些配置保存到配置文件中呢？

答案是可以的。Logstash 支持把这些配置保存到一个配置文件中，然后在"bin/logstash"脚本后面通过 -f 参数指定这个配置文件的位置。

```
[root@bigdata04 logstash-7.10.2]# vi stdin-stdout.conf
input{
    stdin{
        add_field=>{"data_type"=>"video"}
    }
}

output{
    stdout{ }
}
[root@bigdata04 logstash-7.10.2]# bin/logstash -f stdin-stdout.conf
hehe
{
    "data_type" => "video",
         "host" => "bigdata04",
      "message" => "hehe",
     "@version" => "1",
   "@timestamp" => 2021-08-05T10:07:02.466Z
}
```

3. 分析 stdout 插件参数

下面来分析一下 stdout 插件。stdout 插件支持的参数包括 codec、enable_metric 和 id。

这些参数也都不是必填参数。其中的 codec 参数可以对数据进行格式化，主要用来编码、解码事件，所以它常用在 Input 组件和 Output 组件中。

下面来演示一下 stdout 插件中 codec 参数的使用，以 plain 为例。

plain 主要用于输出普通的纯文本数据。

例如：Logstash 中默认的 codec 参数为 JSON 格式，如果我们想把采集的原始数据保存到第三方存储介质中，则需要修改 codec 参数的值，否则向第三方存储介质中存储的就是一个 JSON 字符串，包含默认的 host、message、@version 和@timestamp 字段信息。

可以在 plain 中设置 format 参数，以解析接收到的字符串中的 message 字段的值。

```
[root@bigdata04 logstash-7.10.2]# vi stdin-stdout-codec.conf
input{
   stdin{}
}

output{
   stdout{
      codec=> plain{
         format=>"%{message}"
      }
   }
}
```

此时，启动 Logstash，输入"hello logstash!"，会发现输出的结果还是"hello logstash!"。

```
[root@bigdata04 logstash-7.10.2]# bin/logstash -f stdin-stdout-codec.conf
hello logstash!
hello logstash!
```

2.5.5.3 【实战】采集异常日志案例

Codec 还支持多种数据格式，其中有一个 multiline 格式大家需要关注一下。multiline 格式一般用在 Input 组件中，用于在采集日志数据时合并多行日志数据。

例如：应用程序在运行时会产生一些异常日志信息，每一条异常日志信息都会有多行。如果使用传统的采集思路一行行地采集，那么后期是无法查看某一条异常日志的详细堆栈信息的。multiline 格式可以解决这个问题，它可以根据一定的规则把多行日志信息保存到一行中。

下面来看一个案例：通过 Logstash 采集服务器中应用程序运行期间产生的日志信息，特别是异常日志信息，采集到之后将其存储到 Elasticsearch（简称 ES）中，对外提供异常日志检索服务。整个采集流程如图 2-23 所示。

Elasticsearch 的介绍及详细安装步骤见本书 7.2.2 节。

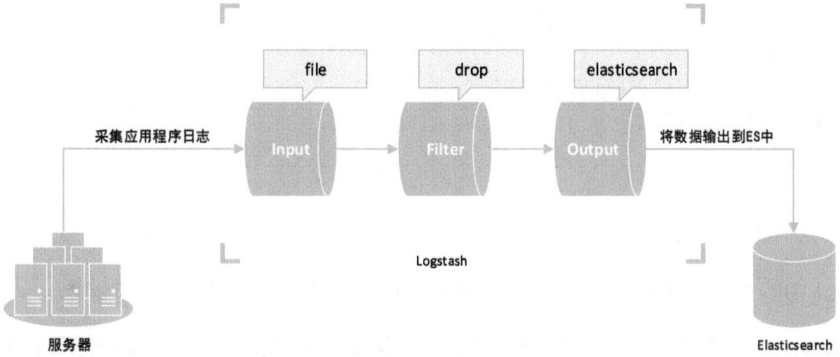

图 2-23

对于此案例，Input 使用 file 插件，采集指定日志文件中的新增日志数据；Filter 使用 drop 插件，过滤掉 DEBUG 和 INFO 级别的日志数据；Output 使用 elasticsearch 插件，将采集到的数据保存到 ES 中。

在使用 file 插件采集日志文件数据时，需要将属于同一个异常的多行日志数据整合到一行中，以便于后期查询分析异常日志。

1. 开发配置文件

根据此案例中指定的插件信息开发对应的配置文件 file-drop-es.conf。

```
[root@bigdata04 logstash-7.10.2]# vi file-drop-es.conf
input{
    file{
        path=>"/data/log/proj1.log"
        start_position=>"beginning"
        codec=>multiline{
            pattern=>"^%{TIMESTAMP_ISO8601}"
            negate=>true
            what => "previous"
        }
    }
}
filter{
    if [message] =~ "DEBUG" {
        drop{}
    } else if [message] =~ "INFO" {
        drop{}
    }
}
```

```
output{
    elasticsearch{
        hosts=>["bigdata04:9200"]
        index=>"proj1"
    }
}
```

2. 配置文件核心参数分析

在 input 中的 file 插件中指定了 codec→multiline，其中指定了以下 3 个参数。

- pattern：必填参数，设置要匹配数据的正则表达式，这里面用到了 TIMESTAMP_ISO8601 这个时间变量，再加上^，表示匹配每一行前面不是以时间开头的日志数据，因为异常日志的详细堆栈信息都不是以日期开头的。
- negate：可选参数，值为 true 或者 false，默认值为 false。true 表示不满足 pattern 中指定规则的数据将被保留下来，被下面的 what 参数应用。
- what：必填参数，值为 previous 或者 next。如果 pattern 中指定的规则与数据匹配，当值为 previous 时，表示指定将匹配到的那一行数据与前一行数据合并；当值为 next 时，表示指定将匹配到的那一行数据与后一行数据合并。

通过这 3 个参数的配合，可以将任何不以时间戳开头的日志数据与前一行数据进行合并，这样即可将同一个异常日志的多行堆栈信息都整合到一行。

在 filter 中用到了 drop 插件，使用 if 和 else if，通过 "=~" 实现模式匹配，将 DEBUG 和 INFO 级别的日志数据过滤掉。

在 output 中用到了 elasticsearch 插件，配置了 Elasticsearch 集群的地址信息和索引库的名称。

3. 启动 Logstash

在启动 Logstash 之前，需要先确保 bigdata04 机器上的 Elasticsearch 服务是正常运行的。在浏览器中访问 "http://bigdata04:9200" 即可确认 Elasticsearch 服务是否正常运行。

首先，启动 Logstash 执行此采集任务。

```
[root@bigdata04 logstash-7.10.2]# bin/logstash -f file-drop-es.conf
```

然后，向 "/data/log/proj1.log" 日志文件中模拟产生异常日志数据，即通过 vi 命令向文件中添加数据并保存文件。

```
[root@bigdata04 log]# vi proj1.log
2021-08-24 12:15:54,985 [main] [xuwei.applog.LogPruducer] [DEBUG] - 初始化链接
成功!
2021-08-24 12:15:55,985 [main] [xuwei.applog.LogPruducer] [INFO] - 开始执行计算
操作!
2021-08-24 12:15:56,985 [main] [xuwei.applog.LogPruducer] [ERROR] - 除零异常。
java.lang.ArithmeticException: / by zero
    at xuwei.applog.LogPruducer.main(LogPruducer.java:12)
2021-08-24 12:15:57,988 [main] [xuwei.applog.LogPruducer] [ERROR] - 计算执行失
败!
2021-08-24 12:15:58,985 [main] [xuwei.applog.LogPruducer] [DEBUG] - 释放链接!
```

接着,到 Elasticsearch 中确认是否有数据,以及数据的格式是否正确。在浏览器中访问 "http://bigdata04:9200/_search?pretty" 即可查询目前 Elasticsearch 中的所有数据。此链接返回的数据内容如下。

```
{
  "took" : 56,
  "timed_out" : false,
  "_shards" : {
    "total" : 1,
    "successful" : 1,
    "skipped" : 0,
    "failed" : 0
  },
  "hits" : {
    "total" : {
      "value" : 2,
      "relation" : "eq"
    },
    "max_score" : 1.0,
    "hits" : [
      {
        "_index" : "proj1",
        "_type" : "_doc",
        "_id" : "LB8U058Br06QgzMf3CmG",
        "_score" : 1.0,
        "_source" : {
          "host" : "bigdata04",
          "tags" : [
            "multiline"
          ],
          "@timestamp" : "2026-08-05T17:59:46.398Z",
          "@version" : "1",
```

```
          "message" : "2021-08-24 12:15:56,985 [main] [xuwei.applog.LogPruducer]
[ERROR] - 除零异常。\njava.lang.ArithmeticException: / by zero\n\tat
xuwei.applog.LogPruducer.main(LogPruducer.java:12)",
          "path" : "/data/log/proj1.log"
        }
      },
      {
        "_index" : "proj1",
        "_type" : "_doc",
        "_id" : "LR8U058Br06QgzMf3CmH",
        "_score" : 1.0,
        "_source" : {
          "@timestamp" : "2026-08-05T17:59:46.410Z",
          "@version" : "1",
          "host" : "bigdata04",
          "message" : "2021-08-24 12:15:57,988 [main] [xuwei.applog.LogPruducer]
[ERROR] - 计算执行失败！",
          "path" : "/data/log/proj1.log"
        }
      }
    ]
  }
}
```

最后，查看此链接返回数据中的 message 字段，可以看到 ERROR 级别的多行异常日志数据被整合到了一行，并且过滤掉了 DEBUG 和 INFO 级别的日志数据。这就是在企业中使用 Logstash 采集异常日志数据的流程。

2.5.6　Filebeat 的原理及架构分析

在介绍 Filebeat 之前，先介绍一下 Beats。Beats 是一个家族的统称，Beats 家族有 8 个成员，早期的 ELK 架构中使用 Logstash 收集、解析日志，但是 Logstash 对内存、CPU 及 I/O 等资源的消耗比较高。相比 Logstash，Beats 所占用的系统 CPU 和内存几乎可以忽略不计。

2.5.6.1　Filebeat 的由来

目前 Beats 家族中有 8 个成员，如图 2-24 所示。

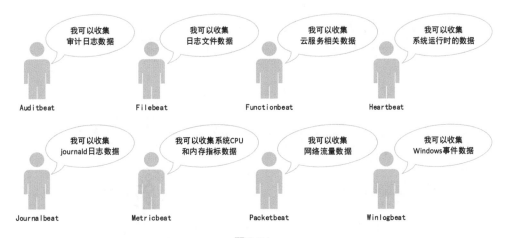

图 2-24

Filebeat 是日志文件的轻量级采集工具。Filebeat 监视你指定的日志文件或位置，收集日志事件，并将它们转发给 Elasticsearch 或 Logstash。

Filebeat 和 Logstash 的性能对比如图 2-25 所示。

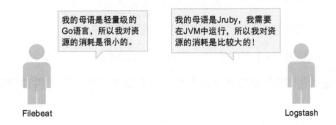

图 2-25

Filebeat 和 Logstash 是有一定渊源的。Logstash 是在 JVM 中运行的，资源消耗比较大，所以 Logstash 的作者后来又用 Go 语言写了一个功能较少但是资源消耗也较小的轻量级工具 Logstash-forwarder。Logstash 的作者只有一个人，后来他加入了 Elastic 公司，Elastic 公司有一个专门的 Go 语言团队正在开发一个开源项目 Packetbeat。参考 Packetbeat 项目的命名格式，Logstash 的作者将 Logstash-forwarder 重命名为 Filebeat。

2.5.6.2 原理及架构分析

1. 原理分析

Filebeat 的工作原理如图 2-26 所示。

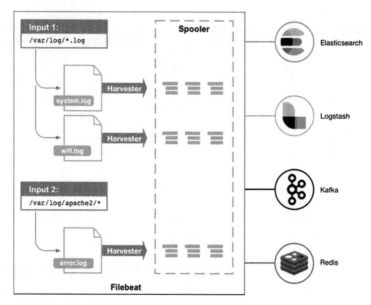

图 2-26

（1）在启动 Filebeat 时会启动一个或多个 Input（输入）。

（2）这些 Input 将在指定的目录下查找满足条件的日志文件。

（3）对于 Input 所找到的每个日志文件，Filebeat 都会启动一个 Harvester（收集器）。

（4）每个 Harvester 都会读取单个日志文件以获取新日志数据，并将新日志数据聚集（缓存）起来。

（5）当满足指定条件时，Filebeat 会将聚集的日志数据发送到输出介质中。

2. 架构分析

Filebeat 主要由 Input 和 Output 这两个组件组成。

没有 Filter 组件，那是不是就意味着 Filebeat 在采集日志数据时无法对数据进行处理了？不用担心，Filebeat 虽然不支持 Filter 组件，但是它提供了 Processor 组件，通过 Processor 组件仍可以对采集到的数据进行处理。不过，Processor 组件没有 Logstash 中的 Filter 组件那么强大。Filebeat 的架构如图 2-27 所示。

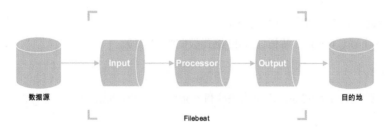

图 2-27

下面来看一下 Input、Processor 和 Output 组件中的常见插件。

（1）Input。

它用于指定数据源获取数据，常见的插件有 stdin、log、syslog、kafka 等，如图 2-28 所示。

- stdin：从标准输入（默认是键盘）读取数据，一次读取一行数据。
- log：监控指定目录下的日志文件，采集日志文件中的新增数据。
- syslog：采集 Syslog 日志服务器中的日志数据。
- kafka：采集 Kafka 消息队列中的数据。

图 2-28

（2）Processor。

它用于处理数据，常见的插件有 add_fields、drop_fields、drop_event、decode_json_fields 等，如图 2-29 所示。

图 2-29

- add_fields：向数据中添加字段。
- drop_fields：从数据中删除字段。

- drop_event：过滤满足条件的数据。
- decode_json_fields：解析 JSON 格式数据中的字段。

（3）Output。

它用于指定数据输出目的地，常见的插件有 console、elasticsearch、logstash、kafka 等，如图 2-30 所示。

- console：将数据输出到控制台。
- elasticsearch：将数据输出到 Elasticsearch 的指定 Index 中。
- logstash：将数据输出到 Logstash 中。
- kafka：将数据输出到 Kafka 的指定 Topic 中。

图 2-30

2.5.7 Filebeat 的应用

Filebeat 的典型应用场景是采集日志文件中的数据，主要应用在对数据采集工具性能消耗要求比较低的场景中。

Filebeat 是使用 Go 语言开发的，不需要依赖任何环境，直接在 Linux 环境中安装部署即可使用。

2.5.7.1 安装 Filebeat

下面开始安装 Filebeat，使用的是 Filebeat 7.10.2 版本，在 bigdata04 机器上安装。

（1）上传 Filebeat 安装包。

```
[root@bigdata04 soft]# ll
-rw-r--r--. 1 root root 34059708 Feb 18  2021
filebeat-7.10.2-linux-x86_64.tar.gz
```

（2）解压缩 Filebeat 安装包。

```
[root@bigdata04 soft]# tar -zxvf filebeat-7.10.2-linux-x86_64.tar.gz
```

这样就安装好了，Filebeat 可以实现零配置安装，使用起来非常方便。此时我们不需要启动任何进程，只有在配置好采集任务之后才需要启动 Filebeat。

2.5.7.2 【实战】采集应用程序日志

Filebeat 在工作中的典型应用场景有以下几种：

- Filebeat → Elasticsearch。
- Filebeat → Logstash。
- Filebeat → Kafka。
- Filebeat → Redis。

接下来使用 Filebeat 实现一个日志数据采集案例：通过 Filebeat 采集应用程序产生的日志数据，然后将日志数据输出到 Elasticsearch 中，如图 2-31 所示。

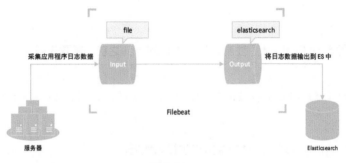

图 2-31

1. 修改配置文件

Filebeat 中的 Input 和 Output 组件的参数信息需要配置在 Filebeat 安装目录下的 filebeat.yml 文件中，主要需要修改里面的 filebeat.inputs 和 output.elasticsearch 模块中的配置。

 filebeat.yml 是一个 YAML 格式的配置文件，在修改时需要满足 YAML 格式的语法。
filebeat.inputs 模块修改后的配置如下：

```
filebeat.inputs:

# 配置 log 插件

- type: log

  # 设置为 true 表示启用 log 插件
  enabled: true

  # 指定要监控采集的日志文件，可以指定多个规则
  paths:
```

```
  - /data/log/*.log
```

修改 output.elasticsearch 模块后的配置如下：

```
output.elasticsearch:
  # 指定 ES 集群的节点信息，可以指定多个，用逗号隔开即可
  hosts: ["bigdata04:9200"]
  # 在这里可以不指定 ES 的 index 名称，Filebeat 会自动生成 index 名称
```

在 filebeat.yml 文件中会发现，在 filebeat.inputs 配置模块中有 Multiline 的相关配置，但默认被注释掉了。如果要实现异常日志数据合并采集，那利用 Filebeat 也是可以实现的。

2. 启动 Filebeat

使用以下命令启动 Filebeat。注意，在启动 Filebeat 之前，需要先确保 Elasticsearch 已经成功启动。

```
[root@bigdata04 filebeat-7.10.2-linux-x86_64]# ./filebeat -c filebeat.yml
```

3. 模拟产生日志数据

在"/data/log/proj1.log"文件中模拟产生日志数据。

```
[root@bigdata04 log]# vi proj1.log
2021-08-24 12:15:54,985 [main] [xuwei.applog.LogPruducer] [DEBUG] - 初始化链接成功!
2021-08-24 12:15:55,985 [main] [xuwei.applog.LogPruducer] [INFO] - 开始执行计算操作!
2021-08-24 12:15:56,985 [main] [xuwei.applog.LogPruducer] [INFO] - 计算结束!
2021-08-24 12:15:57,985 [main] [xuwei.applog.LogPruducer] [DEBUG] - 释放链接!
```

4. 验证结果

在浏览器中访问"http://bigdata04:9200/_search?pretty"，可以看到 Elasticsearch 返回的结果信息。

```
{
  "took" : 25,
  "timed_out" : false,
  "_shards" : {
    "total" : 1,
    "successful" : 1,
    "skipped" : 0,
    "failed" : 0
  },
  "hits" : {
```

```
        "total" : {
          "value" : 4,
          "relation" : "eq"
        },
        "max_score" : 1.0,
        "hits" : [
          {
            "_index" : "filebeat-7.10.2-2026.08.05-000001",
            "_type" : "_doc",
            "_id" : "c2oS1J8BvNIljWhMfEHr",
            "_score" : 1.0,
            "_source" : {
              "@timestamp" : "2026-08-05T22:36:43.993Z",
              "message" : "2020-08-24 12:15:54,985 [main] [xuwei.applog.LogPruducer] [DEBUG] - 初始化链接成功！",
              "input" : {
                "type" : "log"
              },
              "ecs" : {
                "version" : "1.6.0"
              },
              "host" : {
                "containerized" : false,
                "name" : "bigdata04",
                "ip" : [
                  "192.168.182.103",
                  "fe80::2fd2:9c5:7db3:aa0b"
                ],
                "mac" : [
                  "00:0c:29:e8:c1:30"
                ],
                "hostname" : "bigdata04",
                "architecture" : "x86_64",
                "os" : {
                  "platform" : "centos",
                  "version" : "7 (Core)",
                  "family" : "redhat",
                  "name" : "CentOS Linux",
                  "kernel" : "3.10.0-1062.el7.x86_64",
                  "codename" : "Core"
                },
                "id" : "05f7a9bc0c0a4083984bdb7ec5306ca4"
              },
              "agent" : {
                "ephemeral_id" : "6070684c-4d1d-4699-a820-b0b53ce8fdc9",
                "id" : "9740b415-68d2-4527-9194-0d217594d830",
```

```
        "name" : "bigdata04",
        "type" : "filebeat",
        "version" : "7.10.2",
        "hostname" : "bigdata04"
      },
      "log" : {
        "offset" : 0,
        "file" : {
          "path" : "/data/log/proj1.log"
        }
      }
    }
  ...
}
```

查看 Elasticsearch 中返回的结果，发现采集的原始日志数据被保存到 message 字段中了，并且还多了很多额外的字段，这些字段是 Filebeat 默认产生的。如果只需要保存原始日志数据，则需要在 output.elasticsearch 模块中配置 codec 参数。

```
output.elasticsearch:
  hosts: ["bigdata04:9200"]
  codec.format:
    string: '%{[message]}'
```

2.6 数据库数据采集工具

2.6.1 对比常见的数据库数据采集工具

数据库数据采集分为离线数据采集和实时数据采集。

2.6.1.1 数据库离线数据采集工具

数据库常见的离线数据采集工具有 Sqoop、DataX 等。

- Sqoop：由 Apache 开源的一个可以将 Hadoop 和关系型数据库中的数据相互转移的工具，可以将关系型数据库（例如 MySQL、Oracle 等）中的数据导入 Hadoop，也可以将 Hadoop 中的数据导出到关系型数据库中。
- DataX：由阿里巴巴开源的一个异构数据源离线同步工具，用于实现包括关系型数据库（例如 MySQL、Oracle）、HDFS、Hive、HBase、FTP 等各种异构数据源之间稳定且高效的数据同步。

由于不同版本的特性相差较大，所以这里 Sqoop 的版本以 1.4.7 为基准，DataX 的版本以 3.0 为基准。

表 2-2 对 Sqoop 和 DataX 进行了对比。

表 2-2

对比项	Sqoop	DataX
来源	Apache	阿里巴巴
开发语言	Java	Java
运行模式	MapReduce	单进程多线程
分布式	支持	不支持
执行效率	高	中
数据源类型	仅支持关系型数据库和 Hadoop 相关存储系统	支持 20 多种
扩展性	一般	较好（提供了插件机制）
社区活跃度	活跃	活跃
资料完整度	完整	完整

对于这两个数据库离线数据采集工具，在实际工作中该如何选择呢？如图 2-32 所示。

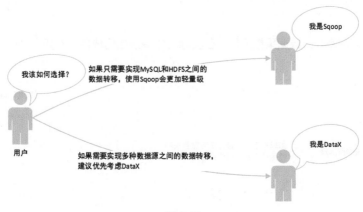

图 2-32

2.6.1.2 数据库实时数据采集工具

数据库常见的实时数据采集工具有 Canal、Maxwell 等。

- Canal：由阿里巴巴开源的一个基于 MySQL 数据库的增量日志（Binary Log）解析工具，可以提供增量数据订阅和消费，支持将 MySQL 中的增量数据采集到 Kafka、RabbitMQ、

Elasticsearch 及 HBase 中。
- Maxwell：由 Zendesk 开源的一个基于 MySQL 数据库的增量日志（Binary Log）解析工具，可以将 MySQL 中的增量数据以 JSON 格式写入 Kafka、Kinesis、RabbitMQ 及 Redis 中。

表 2-3 对 Canal 和 Maxwell 进行了对比。

表 2-3

对比项	Canal	Maxwell
来源	阿里巴巴	Zendesk
开发语言	Java	Java
数据格式	格式自由	JSON 格式（固定格式）
HA	支持	支持（从 1.29.1 版本开始）
Bootstrap 功能	不支持	支持
分区	支持	支持
随机读	支持	支持
社区活跃度	活跃	活跃
资料完整度	完整	完整

bootstrap 功能可以导出数据库表的完整历史数据用于初始化。

对于这两个数据库实时数据采集工具，在实际工作中该如何选择呢？如图 2-33 所示。

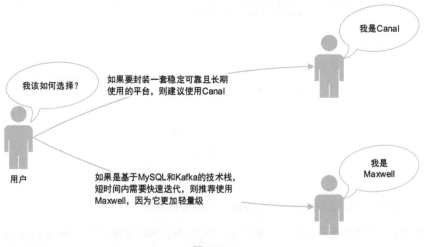

图 2-33

2.6.2 Sqoop 的原理及架构分析

1. Sqoop 的原理分析

企业在从传统数据处理转向大数据处理时，免不了要进行数据迁移，需要将传统数据按照大数据的规则进行转换，这就需要一个转换工具，因此有了 Sqoop 这样的工具。Sqoop 不仅可以将关系型数据库（例如 MySQL、Oracle 等）数据导入 Hadoop 中，还可以将 Hadoop 中的数据导出到关系数据库中。

Sqoop 目前有两个版本，完全不兼容。可以从版本号进行区分：1.4.x 为 Sqoop 1，1.99.x 为 Sqoop 2。

- 在 Sqoop 1 中，Sqoop 只是一个客户端工具，负责将用户提交的命令转换为 MapReduce 任务去执行，从而实现关系型数据库和 Hadoop 的相互导入/导出。
- 在 Sqoop 2 中，引入了 Sqoop 服务端，对 Connector 实现了集中的管理，完善了权限管理机制，支持多种交互方式：命令行、Web UI 和 REST API。

相对来说，Sqoop 1 更加简洁，轻量级。但是在安全性能方面 Sqoop 1 不如 Sqoop 2。

- 在 Sqoop 1 中，经常用脚本的方式将 Hadoop 中的数据导入 MySQL，或者将 MySQL 数据导入 Hadoop。此时在脚本中要显式指定 MySQL 数据库的用户名和密码，安全性不是太完善。
- 在 Sqoop 2 中，如果通过命令行方式进行访问，则有一个输入密码的交互过程，输入的密码信息不会直接暴露出来。

不过一般使用 Sqoop 1 也没有什么问题，因为在生产环境下访问 MySQL 时，是需要申请访问权限的，就算你知道 MySQL 的用户名和密码，但是你没有权限访问 MySQL 的那台机器，所以这样也是安全的，只要运维人员把权限控制到位就可以了。

在实际使用过程中发现，Sqoop 1 的稳定性要优于 Sqoop 2，Sqoop 2 中有很多未知的问题。所以建议大家在使用时优先选择 Sqoop 1，如图 2-34 所示。

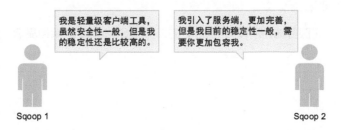

图 2-34

2. Sqoop 的架构分析

由于 Sqoop 1 和 Sqoop 2 的架构差别比较大，所以下面做一下对比。

（1）Sqoop 1 架构分析。

Sqoop 1 的架构非常简单，因为 Sqoop 1 仅使用了一个 Sqoop 客户端，属于 Hadoop 生态系统中架构最简单的框架了，如图 2-35 所示。

Sqoop 1 中产生的 Mapreduce 任务只有 Map 阶段没有 Reduce 阶段，因为数据读取和数据转换都在 Map 阶段执行。

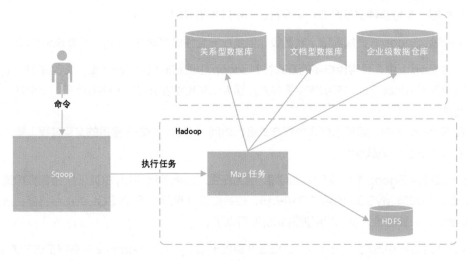

图 2-35

（2）Sqoop 2 架构分析。

Sqoop 2 中引入了服务端，所以 Sqoop 2 的架构比 Sqoop 1 的架构复杂，如图 2-36 所示。

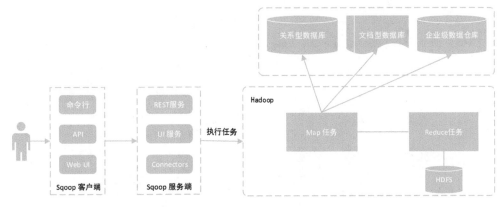

图 2-36

Sqoop 2 中产生的 Mapreduce 任务既有 Map 阶段也有 Reduce 阶段,数据读取在 Map 阶段执行,数据转换在 Reduce 阶段执行,这样便于扩展。

(3) Sqoop 核心功能架构分析。

下面基于 Sqoop 1 版本对 Sqoop 的核心功能架构进行分析。

Sqoop 中的两大核心功能是导入和导出,如图 2-37 所示。

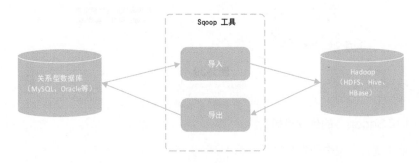

图 2-37

- 导入:从关系型数据库将数据导入 Hadoop 中。
- 导出:从 Hadoop 中将数据导出到关系型数据库中。

Sqoop 导入功能的流程如图 2-38 所示。

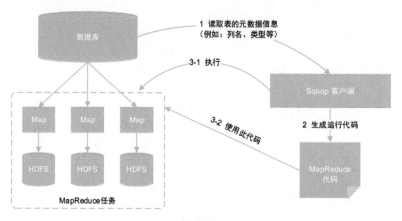

图 2-38

Sqoop 导出功能的流程如图 2-39 所示。

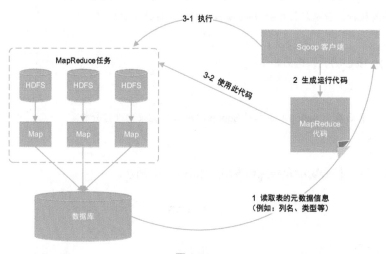

图 2-39

（4）总结。

Sqoop 1 和 Sqoop 2 的优缺点如下。

- Sqoop 1 优点：架构非常简单。
- Sqoop 1 缺点：命令行方式需要配置过多的参数，容易出错，格式紧耦合，安全机制不够完善。
- Sqoop 2 优点：支持多种交互方式（命令行、Web UI、REST API），Conncetor 集中化管理，所有的链接被安装在 Sqoop 服务端上，拥有完善权限管理机制。
- Sqoop 2 缺点：架构稍复杂，配置较烦琐。

2.6.3 DataX 的原理及架构分析

1. DataX 的原理分析

 这里基于 DataX 3.0 版本进行分析。

DataX 作为数据同步框架,将不同数据源的同步抽象为从源头数据源读取数据的 Reader 插件,以及向目标端写入数据的 Writer 插件,理论上可以支持任意数据源类型的数据同步。另外,DataX 插件体系作为一套生态系统,在每接入一个新数据源时,新加入的数据源则即可实现和现有的数据源的互通。

端与端的数据源类型种类繁多,在没有 DataX 之前,端与端的链路会组成一个复杂的网状结构,非常零散,无法将数据同步的核心逻辑抽象出来。

DataX 将复杂的网型同步链路变成了星型数据链路,它作为中间传输载体负责连接各种数据源。当需要接入一个新的数据源时,只需要将此数据源对接到 DataX,便能跟已有的数据源做到无缝的数据同步,如图 2-40 所示。

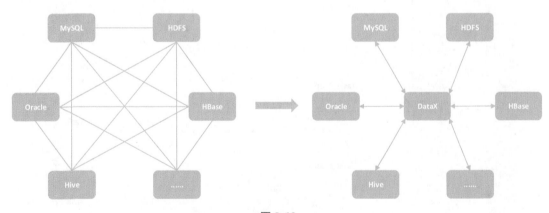

图 2-40

目前 DataX 在阿里巴巴集团内被广泛使用。

2. DataX 的架构分析

DataX 采用 "Framework + Plugin" 架构构建,会将数据源读取和写入抽象为 Reader/Writer 插件,并将其纳入整个同步框架中。

下面以 MySQL 数据同步到 HDFS 为例来分析 DataX 的架构,如图 2-41 所示。

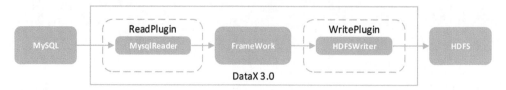

图 2-41

- ReaderPlugin：数据读取模块，负责读取数据源的数据，并将数据发送给 Framework。
- WriterPlugin：数据写入模块，负责不断从 Framework 读取数据，并将数据写入目的地。
- Framework：用于连接 ReaderPlugin 和 WriterPlugin，作为两者的数据传输通道，并处理缓冲、流控、并发、数据转换等核心技术问题。

 可以把 Framework 理解为 Flume 中的 Channel 组件，负责 ReaderPlugin 和 WriterPlugin 数据的临时缓冲存储。

DataX 3.0 开源版本支持以单机多线程模式完成同步作业运行。图 2-42 是一个 DataX 作业生命周期的时序图，利用它可以从整体架构设计层面简要说明 DataX 各个模块的关系。

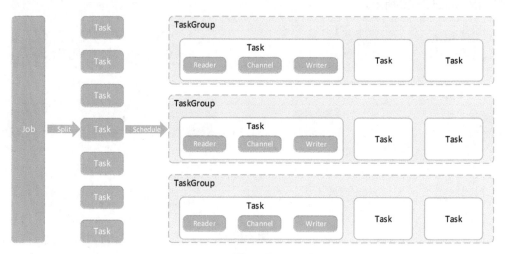

图 2-42

核心模块介绍如下。

- DataX 的单个数据同步作业被称为 Job。DataX 在接收到一个 Job 后，会启动一个进程来完成整个作业同步过程。Job 模块是单个作业的中枢管理节点，承担数据清理、子任务切分（将单一作业计算切分为多个子 Task）、TaskGroup 管理等功能。
- Job 在启动后，会根据不同的源端切分策略被切分为多个小的 Task（子任务），以便于并发执行。Task 是 DataX 作业的最小单元，每一个 Task 负责一部分数据的同步工作。
- 被切分为多个 Task 之后，Job 会调用 Scheduler 模块，根据配置的并发数据量，将拆分的 Task 重新组装成 TaskGroup（任务组）。每一个 TaskGroup 负责以一定的并发数量运行分配好的所有 Task，默认单个 TaskGroup 的并发数量为 5。
- 每一个 Task 都由 TaskGroup 负责启动。Task 在启动后，会固定启动 Reader→Channel→Writer 的线程来完成任务同步工作。
- 在 DataX 作业运行起来后，Job 监控并等待多个 TaskGroup 模块任务完成。等待所有 TaskGroup 任务完成后，Job 成功退出。否则，Job 异常退出，进程退出值非 0。

2.6.4 Sqoop 的应用

Sqoop 的主要应用场景是实现 MySQL 到 HDFS 的数据导入，以及 HDFS 到 MySQL 的数据导出。

要使用 Sqoop，除需要 JDK（建议使用 JDK 1.8 版本）外，还需要保证 Sqoop 所在的机器能正常操作 Hadoop 集群，因为 Sqoop 底层会将命令转换为 MapReduce 代码，然后将其提交到 Hadoop 集群中去执行。

简单来说，Sqoop 可以部署在 Hadoop 集群或 Hadoop 客户端机器中。

> 这里使用 Sqoop 1 这个版本，由于 Sqoop 1 只是一个客户端，所以需要在哪台机器上使用 Sqoop 时再去安装即可。

2.6.4.1 安装 Sqoop

下面开始安装 Sqoop，使用的是 Sqoop 1.4.7 版本，在 bigdata04 机器上安装。

> 在 bigdata04 机器上需要安装 Hadoop 客户端，否则 Sqoop 无法识别 Hadoop 集群，具体的安装步骤见本书 3.2.5 节。当然也可以直接把 Sqoop 安装在 Hadoop 集群中的某一台机器上。

（1）上传 Sqoop 安装包并解压缩。

```
[root@bigdata04 soft]# ll sqoop-1.4.7.bin__hadoop-2.6.0.tar.gz
-rw-r--r--. 1 root root 17953604 Sep  9  2018 sqoop-1.4.7.bin__hadoop-2.6.0.tar.gz
[root@bigdata04 soft]# tar -zxvf sqoop-1.4.7.bin__hadoop-2.6.0.tar.gz
```

（2）修改配置文件的名称。

```
[root@bigdata04 soft]# cd sqoop-1.4.7.bin__hadoop-2.6.0/conf
[root@bigdata04 conf]# mv sqoop-env-template.sh  sqoop-env.sh
```

（3）配置 SQOOP_HOME 环境变量。

```
[root@bigdata04 conf]# vi /etc/profile
...
export SQOOP_HOME=/data/soft/sqoop-1.4.7.bin__hadoop-2.6.0
export PATH=...$SQOOP_HOME/bin:$PATH
```

上面代码表示将"$SQOOP_HOME/bin"添加到 PATH 中，上面代码中的...表示省略的其他环境变量。

（4）添加 MySQL 的驱动程序 Jar 包。

由于我们需要使用 Sqoop 操作 MySQL，所以需要把 MySQL 的驱动程序 Jar 包添加到 Sqoop 的 lib 目录下。

验证是否成功添加 MySQL 的驱动程序 Jar 包。

```
[root@bigdata04 sqoop-1.4.7.bin__hadoop-2.6.0]# ll lib/mysql-connector-java-8.0.16.jar
-rw-r--r--. 1 root root 2293144 Mar 20  2019 lib/mysql-connector-java-8.0.16.jar
```

这里使用的是 MySQL 8.0.16，所以添加的 MySQL 驱动程序 Jar 包也是这个版本。

在使用 Hadoop 3.2.0 版本时，需要在 Sqoop 的 lib 目录下增加 commons-lang-2.6.jar。

验证是否成功添加 commons-lang-2.6.jar。

```
[root@bigdata04 sqoop-1.4.7.bin__hadoop-2.6.0]# ll lib/commons-lang-2.6.jar
-rw-r--r--. 1 root root 284220 Nov 10  2015 lib/commons-lang-2.6.jar
```

（5）开放 MySQL 的远程访问权限。

开放 MySQL 的远程访问权限后，Hadoop 集群中的机器才可以连接远程机器上的 MySQL 服务。

```
C:\Users\xuwei>mysql -uroot -padmin
mysql> USE mysql;
mysql> CREATE USER 'root'@'%' IDENTIFIED BY 'admin';
```

```
mysql> GRANT ALL ON *.* TO 'root'@'%';
mysql> ALTER USER 'root'@'%' IDENTIFIED WITH mysql_native_password BY 'admin';
mysql> FLUSH PRIVILEGES;
```
至此，Sqoop 安装配置成功。

2.6.4.2 Sqoop 常见参数

1. 通用参数。

Sqoop 中的通用参数见表 2-4。

表 2-4

参　　数	解　　释
--connect <jdbc-uri>	指定 JDBC 连接字符串
--connection-manager <class-name>	指定要使用的连接管理器类
--driver <class-name>	指定要使用的 JDBC 驱动类
--hadoop-mapred-home <dir>	指定 HADOOP_MAPRED_HOME 路径
--help	帮助
--password-file	设置用于存放认证的密码信息文件的路径
-P	从控制台读取输入的密码
--password <password>	设置认证密码
--username <username>	设置认证用户名
--verbose	打印详细的运行信息
--connection-param-file <filename>	指定存储数据库连接参数的属性文件

2. 数据导入相关参数

Sqoop 中针对数据导入功能的参数见表 2-5。

表 2-5

参　　数	解　　释
--append	将数据追加到 HDFS 上一个已存在的数据集中
--as-avrodatafile	将数据导入 Avro 数据文件
--as-sequencefile	将数据导入 SequenceFile
--as-textfile	将数据导入普通文本文件（默认）
--boundary-query <statement>	边界查询，用于创建分片（InputSplit）
--columns <col,col,col…>	从表中导出指定的一组列的数据
--delete-target-dir	如果指定目录存在，则先将其删除
--direct	使用直接导入模式（优化导入速度）
--direct-split-size <n>	指定切分输入数据的大小（在直接导入模式下）

续表

参　数	解　释
--fetch-size <n>	从数据库中批量读取记录数
--inline-lob-limit <n>	设置内联的 LOB 对象的大小
-m,--num-mappers <n>	使用 n 个 map 任务并行导入数据
-e,--query <statement>	导入的查询语句
--split-by <column-name>	指定按照哪个列去切分数据
--table <table-name>	导入的源表表名
--target-dir <dir>	导入 HDFS 的目标路径
--warehouse-dir <dir>	HDFS 存放表的根路径
--where <where clause>	指定导出时所使用的查询条件
-z,--compress	启用压缩
--compression-codec <c>	指定 Hadoop 的压缩方式（默认为 Gzip）
--null-string <null-string>	使用指定字符串，替换字符串类型值为 null 的列
--null-non-string <null-string>	使用指定字符串，替换非字符串类型值为 null 的列

3. 数据导出相关参数

Sqoop 中针对数据导出功能的参数见表 2-6。

表 2-6

参　数	解　释
--direct	使用直接导出模式（优化速度）
--export-dir <dir>	导出过程中 HDFS 的源路径
--m,--num-mappers <n>	使用 n 个 map 任务并行导出
--table <table-name>	导出的目的表名称
--call <stored-proc-name>	导出数据调用的指定存储过程名
--update-key <col-name>	更新参考的列名称，多个列名之间使用逗号分隔
--update-mode <mode>	指定更新策略，包括 updateonly（默认）、allowinsert
--input-null-string <null-string>	使用指定字符串，替换字符串类型值为 null 的列
--input-null-non-string <null-string>	使用指定字符串，替换非字符串类型值为 null 的列
--staging-table <staging-table-name>	在数据导出到数据库之前，数据临时存放的表名称
--clear-staging-table	清除工作区中临时存放的数据
--batch	使用批量模式导出

2.6.4.3 【实战】导入数据

下面来看一个 Sqoop 数据导入的案例——将 MySQL 中指定表的数据导入 HDFS 中，如图 2-43 所示。

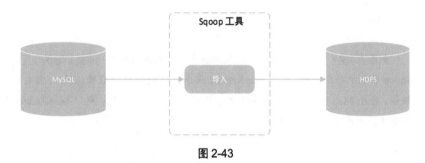

图 2-43

数据导入可以分为全表导入和查询导入。

- 全表导入：把数据库中一个表的所有数据全部导入 HDFS 中。
- 查询导入：使用 SQL 语句查询表中满足条件的数据并将其导入 HDFS 中。

（1）全表导入。

先在 MySQL 中创建数据库和表。

```
C:\Users\xuwei>mysql -uroot -padmin
mysql> create database data;
Query OK, 1 row affected (0.09 sec)
mysql> use data;
Database changed
mysql> create table user(id int(10),name varchar(64));
Query OK, 0 rows affected (0.60 sec)

mysql> insert into table user(id,name) values(1,'jack');
Query OK, 1 row affected (0.16 sec)

mysql> insert into table user(id,name) values(2,'tom');
Query OK, 1 row affected (0.08 sec)

mysql> insert into table user(id,name) values(3,'mike');
Query OK, 1 row affected (0.05 sec)
```

使用 Sqoop 将表 user 中的数据导入 HDFS 中。

```
[root@bigdata04 ~]# sqoop import \
--connect jdbc:mysql://192.168.182.1:3306/data?serverTimezone=UTC \
--username root \
```

```
--password admin \
--table user \
--target-dir /out1 \
--delete-target-dir \
--num-mappers 1 \
--fields-terminated-by '\t'
```

> 如果表 user 中没有主键,并且 Sqoop 命令中也没有设置--num-mappers 1,则上面的 Sqoop 命令执行会报错,因为 MapReduce 任务中的 Map 任务数默认是 4,需要分 4 个 Map 任务,每个 Map 任务计算一部分数据,但是表 user 没有主键,所以 MapReduce 不知道以哪个字段为基准来拆分数据。

解决办法可以选择下面其中一种:

- 在表中设置主键,默认根据主键字段拆分数据。
- 使用--num-mappers 1,表示将 Map 任务个数设置为 1,这样就不需要拆分数据了。
- 使用--split-by,后面指定一个数字类型的列,MapReduce 会根据这个列拆分数据。

(2)查询导入。

使用 Sqoop 将表 user 中满足条件的数据导入 HDFS 中。

```
[root@bigdata04 ~]# sqoop import \
--connect jdbc:mysql://192.168.182.1:3306/data?serverTimezone=UTC \
--username root \
--password admin \
--target-dir /out2 \
--delete-target-dir \
--num-mappers 1 \
--fields-terminated-by '\t' \
--query 'select id,name from user where id >1 and $CONDITIONS;'
```

> 在使用--query 指定 SQL 语句时,其中必须包含$CONDITIONS。
> --query 和--table 这两个参数不能在一个 Sqoop 命令中同时指定。

(3)数据导入时的 NULL 值问题。

Sqoop 在做数据导入时对于 NULL 值是如何处理的?

在默认情况下,MySQL 中的 NULL 值(无论字段类型是字符串类型还是数字类型)在使用 Sqoop 导入 HDFS 后会显示为字符串 NULL。

- 对于字符串的 NULL 类型：通过--null-string '*' 来指定。在单引号中指定字符串，这个字符串不能是--，因为--是保留关键字。
- 对于非字符串的 NULL 类型：通过--null-non-string '=' 来指定。在单引号中指定字符串，这个字符串不能是--，因为--是保留关键字。

这两个参数可以同时设置，这样在做数据导入时，空值字段会被替换为指定的字符串内容。

例如：可以使用"\N"，因为把数据导入 HDFS 后最终是希望在 Hive 中进行查询的，Hive 对于 NULL 值在底层数据文件中是使用"\N"存储的。

```
[root@bigdata04 ~]# sqoop import \
--connect jdbc:mysql://192.168.182.1:3306/data?serverTimezone=UTC \
--username root \
--password admin \
--target-dir /out2 \
--delete-target-dir \
--num-mappers 1 \
--fields-terminated-by '\t' \
--query 'select id,name from user where id >1 and $CONDITIONS;' \
--null-string '\\N' \
--null-non-string '\\N'
```

在--null-string 和 --null-non-string 后面指定字符串时不能使用双引号，只能使用单引号，否则执行会报错，Sqoop 对引号是比较敏感的。

2.6.4.4 【实战】导出数据

下面来看一个 Sqoop 数据导出的案例——将 2.6.4.3 节中导入 HDFS 的数据再导出到 MySQL 中，如图 2-44 所示。

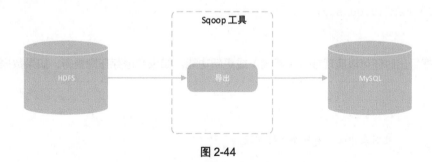

图 2-44

1. 数据导出

先在 MySQL 中创建一个新表，其结构和数据导入案例中表 user 的结构一样。

```
C:\Users\xuwei>mysql -uroot -padmin
mysql> use data;
Database changed
mysql> create table user2(id int(10),name varchar(64));
Query OK, 0 rows affected (0.24 sec)
```

使用 Sqoop 将 HDFS 中的数据导出到表 user2 中。

```
[root@bigdata04 ~]# sqoop export \
--connect jdbc:mysql://192.168.182.1:3306/data?serverTimezone=UTC \
--username root \
--password admin \
--table user2 \
--export-dir /out2 \
--input-fields-terminated-by '\t'
```

上面代码中的--table 参数指定的表名需要手动创建，Sqoop 不会自动创建此表。

验证结果，查询 MySQL 中表 user2 的数据。

```
mysql> select * from user2;
+------+------+
| id   | name |
+------+------+
|    3 | mike |
|    2 | tom  |
+------+------+
2 rows in set (0.00 sec)
```

2. 插入（新增）或更新功能

在数据导出时还可以实现插入（新增）或更新功能。如果数据存在则更新，如果数据不存在则插入。

此时表中必须有一个主键字段。

将表 user2 中的 id 字段设置为主键，然后修改表 user2 中 id 为 2 的那条数据，将 name 字段的值手动修改为 xiaoming，并删除 id 为 3 的那条数据。

修改之后表 user2 中的数据如下：

```
mysql> select * from user2;
+----+---------+
| id | name    |
+----+---------+
|  2 | xiaoming|
+----+---------+
1 row in set (0.00 sec)
```

执行 Sqoop 语句实现插入（新增）或更新功能。

```
[root@bigdata04 ~]# sqoop export \
--connect jdbc:mysql://192.168.182.1:3306/data?serverTimezone=UTC \
--username root \
--password admin \
--table user2 \
--export-dir /out2 \
--input-fields-terminated-by '\t' \
--update-key id \
--update-mode allowinsert
```

验证一下结果，会发现对于表中已有的数据实现了更新操作，对于表中没有的数据实现了新增操作。

```
mysql> select * from user2;
+------+------+
| id   | name |
+------+------+
|    3 | mike |
|    2 | tom  |
+------+------+
2 rows in set (0.00 sec)
```

2.6.4.5 【实战】封装 Sqoop 脚本

在工作中使用 Sqoop 时，建议将 Sqoop 的命令写在 Shell 脚本中，否则无法实现命令重用，并且调用也不方便。

封装一个 Sqoop 脚本 sqoop-ex-user.sh。

```
[root@bigdata04 soft]# vi sqoop-ex-user.sh
#!/bin/bash
sqoop export \
--connect jdbc:mysql://192.168.182.1:3306/data?serverTimezone=UTC \
--username root \
```

```
--password admin \
--table user2 \
--export-dir /out2 \
--input-fields-terminated-by '\t'
```

2.6.5　Canal 的原理及架构分析

1. Canal 的原理分析

Canal 的中文翻译为水道或者管道，主要用途是基于 MySQL 数据库的增量日志（Binary Log）解析功能提供增量数据订阅和消费，可以将 MySQL 中的增量数据采集到多种第三方存储介质中，如图 2-45 所示。

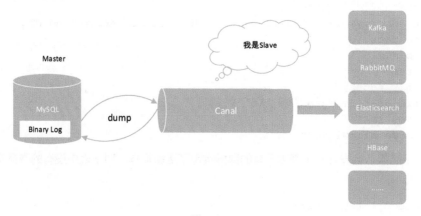

图 2-45

Canal 的工作原理如下：

（1）Canal 模拟 MySQL Slave 的交互协议，伪装自己是一个 MySQL Slave 节点，向 MySQL Master 节点发送 dump 协议。

（2）MySQL Master 收到 Canal 发送过来的 dump 请求，开始推送增量日志（Binary Log）给 Canal。

（3）Canal 解析增量日志（Binary Log），再将其发送到指定目的地，例如 MySQL、Kafka、Elasticsearch 等。

2. Canal 的架构分析

Canal 的架构如图 2-46 所示。

- Server：一个 Canal 运行实例，对应于一个 JVM。

- Instance：一个数据队列。一个数据队列由 EventParser、EventSink、EventStore 和 MetaManager 组成。
- EventParser：接入数据源，并模拟 MySQL Slave 的交互协议和 MySQL Master 节点进行交互，解析协议。
- EventSink：Parser 和 Store 的链接器，进行数据过滤、加工和分发工作。
- EventStore：存储数据。支持存储到内存、本地文件及 Zookeeper 中。
- MetaManager：增量订阅/消费信息管理器。

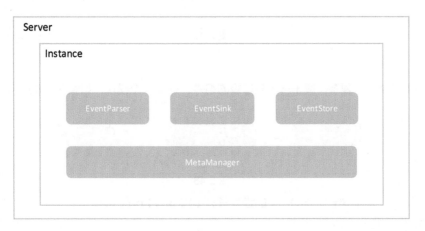

图 2-46

2.6.6 Maxwell 的原理及架构分析

1. Maxwell 的原理分析

Maxwell 能实时读取 MySQL 增量日志（Binary Log），并生成 JSON 格式的数据，之后作为生产者将数据发送给 Kafka、Kinesis、RabbitMQ、Redis 或其他平台的应用程序。

Maxwell 主要提供了以下功能：

- 支持以 "SELECT * FROM Table" 的方式实现全量表数据初始化。
- 支持在主库发生故障后自动恢复增量日志（Binary Log）的位置（GTID）。
- 支持对数据进行分区，可以解决数据倾斜问题，发送到 Kafka 的数据支持 Database、Table、Column 等级别的数据分区。

Maxwell 的工作原理也是将自己伪装为 MySQL Slave 节点，接收增量日志（Binary Log）数据并生成 JSON 格式的数据，如图 2-47 所示。

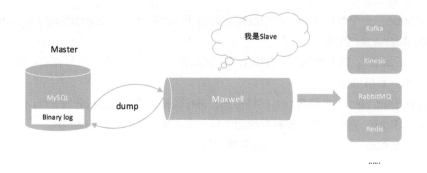

图 2-47

2. Maxwell 的架构分析

Maxwell 的架构不复杂，属于一个轻量级的组件，共有 3 个模块，如图 2-48 所示。

图 2-48

- MySQL：监控指定 MySQL 中的增量日志（Binary Log）数据。
- Filter：支持对库和表的过滤。
- Producer：一个生产者，负责将读取的数据发送到指定的目的地。

2.6.7 Maxwell 的应用

Maxwell 的典型应用场景是实现 MySQL 到 Kafka 的实时数据采集。

Maxwell 是基于 Java 语言开发的，所以需要依赖 JDK 环境。

2.6.7.1 安装 Maxwell

下面开始安装 Maxwell，使用的是 Maxwell 1.29.2 版本，在 bigdata04 机器上安装。

 Maxwell 从 1.30 版本开始支持 JDK 11，不支持 JDK 8。1.29.2 版本是支持 JDK 1.8 的。

（1）上传 Maxwell 安装包并解压缩。

```
[root@bigdata04 soft]# ll maxwell-1.29.2.tar.gz
-rw-r--r--. 1 root root 70821481 Mar  9 2021 maxwell-1.29.2.tar.gz
[root@bigdata04 soft]# tar -zxvf maxwell-1.29.2.tar.gz
```

（2）修改 Maxwell 的配置文件（可选）。

Maxwell 运行期间需要的参数信息，可以在 Maxwell 安装目录下的 config.properties 文件中配置，也可以在运行期间动态指定。动态指定的方式比较灵活，所以这里暂时不修改配置文件。

2.6.7.2 【实战】采集 MySQL 数据库的实时数据

下面使用 Maxwell 将 MySQL 数据库的实时数据采集到 Kafka 中，如图 2-49 所示。

图 2-49

 在 MySQL 的实时数据（Binary Log）进入 Kafka 后，可以在 Kafka 后对接一个消费者程序，判断收到的数据类型是 INSERT、DELETE，还是 UPDATE，这样就可以在第三方应用中实时维护 MySQL 数据了。

此案例的执行需要依赖 MySQL 和 Kafka 这两个组件，所以需要提前把它们安装并配置好。

1. 安装 MySQL（MariaDB）

 对于 MySQL，建议直接使用 Centos 7 系统中默认支持的 MariaDB，这样安装起来比较方便。MariaDB 属于 MySQL 的开源版本，使用方式和 MySQL 是一样的。

MariaDB 可以直接使用 YUM 方式进行安装，简单快捷。

```
[root@bigdata04 ~]# yum install mariadb-server
```

开启 MariaDB 服务。

```
[root@bigdata04 ~]# systemctl start mariadb
```

将 MariaDB 设置为开机自启动服务。

```
[root@bigdata04 ~]# systemctl enable mariadb
```

首次安装 MariaDB 需要进行数据库的配置，其命令和 MySQL 的一样。

```
[root@bigdata04 ~]# mysql_secure_installation
Enter current password for root (enter for none):   # 输入数据库 root 用户的密码，
第一次进入还没有设置密码时直接按 Enter 键即可

Set root password? [Y/n]   # 设置密码，输入 Y

New password:   # 输入新密码：admin。
Re-enter new password:   # 再次输入新密码：admin。

Remove anonymous users? [Y/n]   # 移除匿名用户，输入 Y

Disallow root login remotely? [Y/n]   # 是否拒绝 root 用户远程登录，输入 N。注意：实际
上不管输入 Y 还是 N 都会拒绝 root 远程登录，需要后期手动开启远程登录功能

Remove test database and access to it? [Y/n]   # 删除 test 数据库，输入 Y。Y：删除，
N：不删除。数据库中会有一个 test 数据库，一般不需要，直接删除即可

Reload privilege tables now? [Y/n]   # 重新加载权限表，输入 Y
```

至此，MariaDB 就安装好了。如果要在其他机器上远程访问此数据库，则需要关闭当前机器的防火墙（保证 3306 端口可以正常访问），并手动开启数据库的远程登录功能。

2. 开启 MySQL 的 Binlog 功能

在默认情况下，Binlog 功能是没有开启的。执行以下命令查看目前 Binlog 的状态，如果返回的是 OFF，则说明 Binlog 没有开启，如果返回的是 ON，则说明 Binlog 已开启。

```
MariaDB [(none)]> show global variables like 'log_bin';
+---------------+-------+
| Variable_name | Value |
+---------------+-------+
| log_bin       | OFF   |
+---------------+-------+
1 row in set (0.00 sec)
```

修改 MySQL 的"/etc/my.cnf"文件，在[mysqld]参数下添加以下配置：

```
[root@bigdata04 ~]# vi /etc/my.cnf
[mysqld]
server_id=1
log-bin=master
binlog_format=row
log_bin=/var/lib/mysql/bin-log
log_bin_index=/var/lib/mysql/mysql-bin.index
```

重启数据库。

```
[root@bigdata04 ~]# systemctl restart mariadb
```

此时看到的 Binlog 状态如下：

```
MariaDB [(none)]> show global variables like 'log_bin';
+---------------+-------+
| Variable_name | Value |
+---------------+-------+
| log_bin       | ON    |
+---------------+-------+
1 row in set (0.00 sec)
```

3. 在 MySQL 中添加 Maxwell 用户

由于 Maxwell 需要权限来伪装自己为 MySQL 的 Slave 节点，并且还需要向 Maxwell 数据库中写入数据，所以需要单独在 MySQL 中创建一个用户，并配置一定的权限。

Maxwell 程序在启动时会自动在 MySQL 中创建一个数据库，数据库的名称是 Maxwell。

```
MariaDB [(none)]> CREATE USER 'maxwell'@'%' IDENTIFIED BY 'admin';
MariaDB [(none)]> GRANT ALL ON maxwell.* TO 'maxwell'@'%';
MariaDB [(none)]> GRANT SELECT, REPLICATION CLIENT, REPLICATION SLAVE ON *.* TO 'maxwell'@'%';
```

（4）安装 Kafka。

Kafka 在这里使用的是 3 台机器的分布式集群，用到了 bigdata01、bigdata02 和 bigdata03。

Kafka 的详细安装部署步骤见本书 2.9.4 节。

（5）在 Kafka 中创建 Topic。

创建一个 Topic，名称为 test。

```
[root@bigdata01 kafka_2.12-2.4.1]# bin/kafka-topics.sh --create --zookeeper localhost:2181 --partitions 5 --replication-factor 1 --topic test
```

（6）开启 Kafka 消费者。

开启一个基于控制台的消费者，便于观察数据。

```
[root@bigdata01 kafka_2.12-2.4.1]# bin/kafka-console-consumer.sh
--bootstrap-server localhost:9092 --topic test
```

（7）在 MySQL 中创建数据库和表。

- 创建数据库。

```
MariaDB [(none)]> create database xuwei;
Query OK, 1 row affected (0.00 sec)
```

- 创建表。

```
MariaDB [(none)]> use xuwei;
Database changed
MariaDB [xuwei]> create table t1(id int(10),name varchar(100));
Query OK, 0 rows affected (0.00 sec)
```

（8）启动 Maxwell。

在启动 Maxwell 时动态指定 MySQL 和 Kafka 的地址信息。

```
[root@bigdata04 maxwell-1.29.2]# bin/maxwell --user='maxwell'
--password='admin' --host='bigdata04' --producer=kafka
--kafka.bootstrap.servers=bigdata01:9092,bigdata02:9092,bigdata03:9092
--kafka_topic=test
```

（9）在 MySQL 中插入数据。

- 插入数据。

```
MariaDB [xuwei]> insert into t1 values(1,'java');
Query OK, 1 row affected (0.00 sec)
```

- 删除数据。

```
MariaDB [xuwei]> delete from t1 where id = 1;
Query OK, 1 row affected (0.01 sec)
```

（10）查看 Kafka 消费者。

通过 Kafka 消费者观察 Kafka 中的数据变化，以此来确认 Maxwell 是否正常工作。

```
[root@bigdata01 kafka_2.12-2.4.1]# bin/kafka-console-consumer.sh
--bootstrap-server localhost:9092 --topic test
{"database":"xuwei","table":"t1","type":"insert","ts":1787545091,"xid":702,"commit":true,"data":{"id":1,"name":"java"}}
{"database":"xuwei","table":"t1","type":"delete","ts":1787551674,"xid":8592,"commit":true,"data":{"id":1,"name":"java"}}
```

Kakfa 中接收到的数据库变更数据是 JSON 格式的，其中的字段说明如下。

- database：数据库名称。
- table：表名称。
- type：数据变更类型。
- ts：数据变更时间。
- xid：事务 ID。
- commit：是否提交。
- data：变更的数据内容。

2.7 网页数据采集工具

2.7.1 常见的网页数据采集工具

当我们想从互联网上采集数据时需要用到网页数据采集工具。网页数据采集工具又被称为"网络爬虫"。

网页数据采集工具有商业收费版的，也有开源免费版的。

国内常见的商业收费版的有火车采集器、八爪鱼采集器等，开源免费版的有 Web Scraper、Nutch、Webmagic 等。

这些网页数据采集工具可以满足工作中的大部分互联网数据采集需求。

2.7.2 网页数据采集工具的原理及架构分析

1. 原理分析

网页数据采集工具根据采集功能可以分为两类。

- 全网采集：类似百度这种搜索引擎后台的数据采集工具属于全网采集类型，会采集互联网上的所有数据，供用户检索查询。
- 垂直采集：针对特定行业的数据采集属于垂直采集，其只关注某一些固定的行业网站数据。

以垂直采集为例，假设某电商企业想关注竞争对手网站的一些商品数据，则需要先分析竞争对手网站的目录结构，然后按照网站的目录结构一层层地采集商品数据，具体的采集流程如图 2-50 所示。

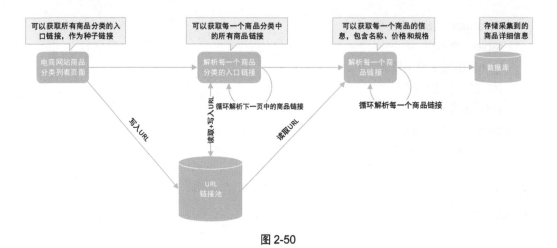

图 2-50

2. 架构分析

如果目前已有的网页数据采集工具不能很好地匹配企业的需求,则需要考虑自研一套网页数据采集工具。

以垂直采集为例,典型的网页数据采集工具至少要具备数据下载功能、数据解析功能、数据存储功能和 URL 链接管理功能。另外,可以考虑增加系统监控层,以监控采集工具的各项运行指标,如图 2-51 所示。

- 数据下载层:负责从互联网上下载网页内容,以便后续处理。
- 数据解析层:负责解析网页内容,抽取有用信息,以及发现新的链接。
- 数据存储层:负责持久化从解析层抽取出来的结果,可以保存到数据库或者文件中。
- URL 链接管理:负责管理待抓取的 URL。
- 系统监控层:负责监控程序的运行状态。

图 2-51

2.8 物联网数据采集工具

2.8.1 什么是物联网数据采集

物联网数据采集，顾名思义，所有的数据都是从设备采集的。采集设备包括传感器和智能设备。

不管是传感器，还是智能设备，采集方式一般分为两种。

- 报文方式：根据设置的采集频率（比如每分钟一次）进行数据上报，一般会通过网络传输到第三方存储介质中（例如数据库中）。
- 文件方式，设备不停地发送数据，形成一个文件或者多个文件。

2.8.2 如何实现物联网数据采集

物联网数据的常见采集方式包括报文方式和文件方式。其实这两种方式在采集形式上类似于数据库采集和文件采集。

- 报文方式：设备定时向数据库中上报数据，可以参考数据库实时数据的采集方案。
- 文件方式：设备向文件中写数据，可以定时将文件上传到指定服务器中，可以参考日志文件数据采集方案。

2.9 消息队列中间件

2.9.1 为什么需要消息队列中间件

消息队列（MQ）是一种先进先出的数据结构。在工作中，为什么要引入消息队列中间件呢？主要有以下 3 个方面原因。

1. 应用解耦

系统的耦合性越高，维护性和扩展性就越低。使用消息队列中间件解耦后，系统的维护性和扩展性就会提高，如图 2-52 所示。

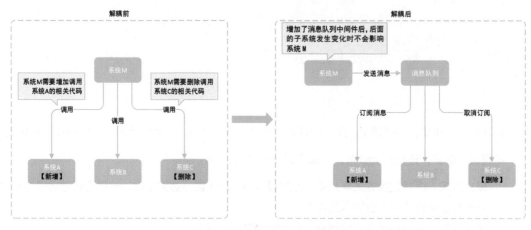

图 2-52

2. 异步执行

对于一些没有前后依赖关系的业务计算逻辑，不要使用同步的方式执行，这样太浪费时间。可以考虑使用异步的方式执行，加快响应速度，如图 2-53 所示。

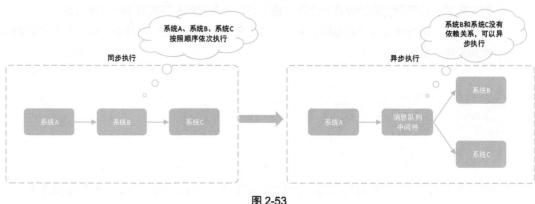

图 2-53

3. 流量削峰

系统遇到用户请求流量的瞬间峰值，有可能会被压垮。使用消息队列中间件可以将大量用户请求缓存起来，系统可以根据自身的最大处理能力从消息队列中间件中主动消费数据进行处理，这样可以大大提高系统的稳定性，如图 2-54 所示。

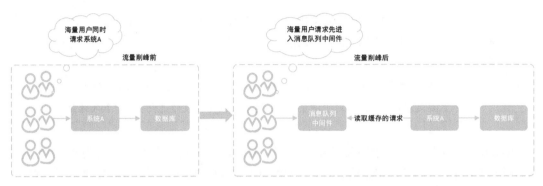

图 2-54

2.9.2 对比常见的消息队列中间件

常见的消息队列中间件有很多,包括 Kafka、ActiveMQ、RabbitMQ、RocketMQ 等。表 2-7 中对这几个常见的消息队列中间件进行了对比。

表 2-7

对比项	Kafka	ActiveMQ	RabbitMQ	RocketMQ
来源	Apache	Apache	RabbitMQ	阿里巴巴捐赠给 Apache
开发语言	Scala	Java	Erlang	Java
架构	分布式	主从	主从	分布式
吞吐量	百万级别	万级	万级	十万级别
时效性	ms 级以内	ms 级	us 级	ms 级
稳定性	非常高	高	高	非常高
社区活跃度	高	中	高	中
资料完整度	高	高	高	高
功能特点	只支持主要的 MQ 功能,最重要的特点是吞吐量高,主要应用在大数据场景中	成熟的产品,应用比较多,对各种协议的支持比较好	并发能力很强,性能极好,延时很低,管理界面较丰富	功能比较全,扩展性佳

对大数据应用场景,主要考虑的是消息的高吞吐量和稳定性,所以 Kafka 是最合适的。

2.9.3 Kafka 原理及架构分析

1. 原理分析

Kafka 是一个高吞吐量、持久性的分布式发布/订阅消息系统。其有以下特点。

- 高吞吐量:可以满足每秒百万级别消息的生产和消费。

- 持久性：有一套完善的消息存储机制，可以确保数据高效、安全地持久化。
- 分布式：基于分布式架构，安全，稳定。

 Kafka 的数据是存储在磁盘中的，为什么可以满足每秒百万级别消息的生产和消费？主要是因为 Kafka 用到了磁盘顺序，所以其读写速度超过内存随机读写速度。

Kafka 主要应用在实时数据计算领域。利用 Flume 实时采集日志文件中的新增数据，然后将其存储到 Kafka 中，最后在 Kafka 后对接实时计算程序。这其实是一个典型的实时数据计算流程。

2. 架构分析

Kafka 中包含 Broker、Topic、Partition、Message、Producer 和 Consumer 等组件，如图 2-55 所示。

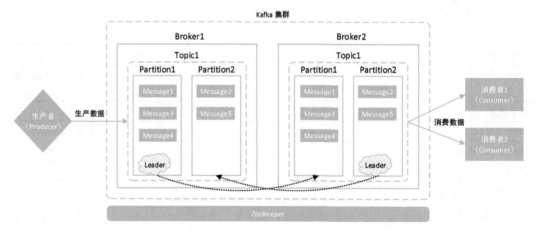

图 2-55

- Broker：消息的代理。Kafka 集群中的节点（机器）被称为 Broker。
- Topic：主题。这是一个逻辑概念，负责存储 Kafka 中的数据，相同类型的数据一般会存储到同一个 Topic 中。可以把 Topic 认为是数据库中的表。
- Partition：Topic 物理上的分组。1 个 Topic 在 Broker 中被分为 1 个或者多个 Partition。分区是在创建 Topic 时指定的，每个 Topic 都是有分区的，至少 1 个。Kafka 中的数据实际上存储在 Partition 中。
- Message：消息，是数据通信的基本单位。每个消息都属于 1 个 Partition。
- Producer：消息和数据的生产者，向 Kafka 的 Topic 生产数据。
- Consumer：消息和数据的消费者，从 Kafka 的 Topic 消费数据。

Zookeeper 并不属于 Kafka 的组件,但是 Kafka 的运行需要依赖 Zookeeper。

2.9.4 Kafka 的应用

由于 Kafka 需要依赖 Zookeeper,所以需要先安装 Zookeeper。在这里使用 bigdata01、bigdata02 和 bigdata03 这 3 台机器,安装 Zookeeper 集群和 Kafka 集群。具体的集群规划情况如图 2-56 所示。

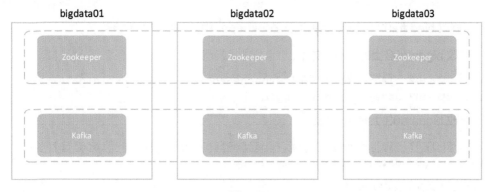

图 2-56

2.9.4.1 安装 Zookeeper 集群

下面开始安装 Zookeeper 集群,使用的是 Zookeeper 3.5.8 版本,在 bigdata01、bigdata02 和 bigdata03 机器上安装。

(1)将 Zookeeper 安装包上传到 bigdata01 机器上并解压缩。

```
[root@bigdata01 soft]# ll apache-zookeeper-3.5.8-bin.tar.gz
-rw-r--r--. 1 root root 9394700 Jun  2 2020 apache-zookeeper-3.5.8-bin.tar.gz
[root@bigdata01 soft]# tar -zxvf apache-zookeeper-3.5.8-bin.tar.gz
```

(2)修改 Zookeeper 的配置文件。

```
[root@bigdata01 soft]# cd apache-zookeeper-3.5.8-bin/conf/
[root@bigdata01 conf]# mv zoo_sample.cfg  zoo.cfg
[root@bigdata01 conf]# vi zoo.cfg
dataDir=/data/soft/apache-zookeeper-3.5.8-bin/data
server.0=bigdata01:2888:3888
server.1=bigdata02:2888:3888
server.2=bigdata03:2888:3888
```

（3）在 Zookeeper 中创建 data 目录以保存 myid 文件。

myid 文件中的内容和 zoo.cfg 配置文件中在 server 参数后面指定的编号是一一对应的，编号 0 对应的是 bigdata01 这台机器，所以这里将 myid 文件中的内容指定为 0。

```
[root@bigdata01 conf]#cd /data/soft/apache-zookeeper-3.5.8-bin
[root@bigdata01 apache-zookeeper-3.5.8-bin]# mkdir data
[root@bigdata01 apache-zookeeper-3.5.8-bin]# cd data
[root@bigdata01 data]# echo 0 > myid
```

（4）把 bigdata01 机器上修改好配置的 Zookeeper 安装包复制到另外两台机器中。

```
[root@bigdata01 soft]# scp -rq apache-zookeeper-3.5.8-bin bigdata02:/data/soft/
[root@bigdata01 soft]# scp -rq apache-zookeeper-3.5.8-bin bigdata03:/data/soft/
```

（5）修改 bigdata02 和 bigdata03 上 Zookeeper 中 myid 文件的内容。

- 修改 bigdata02 上的 myid 文件。

```
[root@bigdata02 ~]# cd /data/soft/apache-zookeeper-3.5.8-bin/data/
[root@bigdata02 data]# echo 1 > myid
```

- 修改 bigdata03 上的 myid 文件。

```
[root@bigdata03 ~]# cd /data/soft/apache-zookeeper-3.5.8-bin/data/
[root@bigdata03 data]# echo 2 > myid
```

（6）启动 Zookeeper 集群。

分别在 bigdata01、bigdata02 和 bigdata03 上启动 Zookeeper 进程。

- 在 bigdata01 上启动。

```
[root@bigdata01 apache-zookeeper-3.5.8-bin]# bin/zkServer.sh start
ZooKeeper JMX enabled by default
Using config: /data/soft/apache-zookeeper-3.5.8-bin/bin/../conf/zoo.cfg
Starting zookeeper ... STARTED
```

- 在 bigdata02 上启动。

```
[root@bigdata02 apache-zookeeper-3.5.8-bin]# bin/zkServer.sh start
ZooKeeper JMX enabled by default
Using config: /data/soft/apache-zookeeper-3.5.8-bin/bin/../conf/zoo.cfg
Starting zookeeper ... STARTED
```

- 在 bigdata03 上启动。

```
[root@bigdata03 apache-zookeeper-3.5.8-bin]# bin/zkServer.sh start
ZooKeeper JMX enabled by default
Using config: /data/soft/apache-zookeeper-3.5.8-bin/bin/../conf/zoo.cfg
Starting zookeeper ... STARTED
```

（7）验证 Zookeeper 集群运行状态。

分别在 bigdata01、bigdata02 和 bigdata03 上执行 jps 命令，以验证是否有 QuorumPeerMain 进程。如果都有则说明 Zookeeper 集群启动成功了，否则需要到对应机器中 Zookeeper 的 logs 目录下查看 zookeeper*-*.out 日志文件中的报错信息。

- 在 bigdata01 上执行 jps 命令。

```
[root@bigdata01 apache-zookeeper-3.5.8-bin]# jps
1701 QuorumPeerMain
```

- 在 bigdata02 上执行 jps 命令。

```
[root@bigdata02 apache-zookeeper-3.5.8-bin]# jps
2780 QuorumPeerMain
```

- 在 bigdata03 上执行 jps 命令。

```
[root@bigdata03 apache-zookeeper-3.5.8-bin]# jps
1981 QuorumPeerMain
```

2.9.4.2　安装 Kafka 集群

下面安装 Kafka 集群，使用的是 Kafka 2.4.1 版本，在 bigdata01、bigdata02 和 bigdata03 机器上安装。

（1）将 Kafka 安装包上传到 bigdata01 机器上并解压缩。

```
[root@bigdata01 soft]# ll kafka_2.12-2.4.1.tgz
-rw-r--r--. 1 root root 62358954 Jun  2 2020 kafka_2.12-2.4.1.tgz
[root@bigdata01 soft]# tar -zxvf kafka_2.12-2.4.1.tgz
```

（2）修改 Kafka 的配置文件。

 主要修改 server.properties 配置文件中的 broker.id、log.dirs 和 zookeeper.connect 参数。

```
[root@bigdata01 soft]# cd kafka_2.12-2.4.1/config/
[root@bigdata01 config]# vi server.properties
broker.id=0
log.dirs=/data/kafka-logs
zookeeper.connect=bigdata01:2181,bigdata02:2181,bigdata03:2181
```

说明如下。

- broker.id：Kafka 集群中 Broker 的编号，默认是从 0 开始的，所以 bigdata01 机器中的 broker.id 值为 0。

- log.dirs：Kafka 中的数据存储目录。建议指定到存储空间比较大的磁盘中，因为在实际工作中 Kafka 中会存储很多数据。
- zookeeper.connect：Zookeeper 集群的地址，多个地址之间使用逗号分隔。

（3）把 bigdata01 机器上修改好配置的 Kafka 安装包复制到另外两台机器中。

```
[root@bigdata01 soft]# scp -rq kafka_2.12-2.4.1 bigdata02:/data/soft/
[root@bigdata01 soft]# scp -rq kafka_2.12-2.4.1 bigdata03:/data/soft/
```

（4）修改 bigdata02 和 bigdata03 上 kafka 中 broker.id 参数的值。

- 修改 bigdata02 上的 broker.id 的值为 1。

```
[root@bigdata02 ~]# cd /data/soft/kafka_2.12-2.4.1/config/
[root@bigdata02 config]# vi server.properties
broker.id=1
```

- 修改 bigdata03 上的 broker.id 的值为 2。

```
[root@bigdata03 ~]# cd /data/soft/kafka_2.12-2.4.1/config/
[root@bigdata03 config]# vi server.properties
broker.id=2
```

（5）启动 Kafka 集群。

分别在 bigdata01、bigdata02 和 bigdata03 上启动 Kafka 进程。

- 在 bigdata01 上启动。

```
[root@bigdata01 kafka_2.12-2.4.1]# bin/kafka-server-start.sh -daemon
config/server.properties
```

- 在 bigdata02 上启动。

```
[root@bigdata02 kafka_2.12-2.4.1]# bin/kafka-server-start.sh -daemon
config/server.properties
```

- 在 bigdata03 上启动。

```
[root@bigdata03 kafka_2.12-2.4.1]# bin/kafka-server-start.sh -daemon
config/server.properties
```

（6）验证 Kafka 集群的运行状态。

分别在 bigdata01、bigdata02 和 bigdata03 上执行 jps 命令验证是否有 Kafka 进程，如果都有则说明 Kafka 集群启动成功了，否则需要到对应的机器上查看 Kafka 的日志信息。

- 在 bigdata01 上执行 jps 命令。

```
[root@bigdata01 apache-zookeeper-3.5.8-bin]# jps
1701 QuorumPeerMain
```

```
3117 Kafka
```

- 在 bigdata02 上执行 jps 命令。

```
[root@bigdata02 apache-zookeeper-3.5.8-bin]# jps
2780 QuorumPeerMain
2917 Kafka
```

- 在 bigdata03 上执行 jps 命令。

```
[root@bigdata03 apache-zookeeper-3.5.8-bin]# jps
1981 QuorumPeerMain
3218 Kafka
```

2.9.4.3 【实战】生产者的使用

1. 创建 Topic

在安装好 Kafka 集群之后，还需要先在 Kafka 中创建 Topic，之后就可以基于 Kafka 生产和消费数据了。

```
[root@bigdata01 kafka_2.12-2.4.1]# bin/kafka-topics.sh --create --zookeeper bigdata01:2181 --partitions 5 --replication-factor 2 --topic hello
Created topic hello.
```

说明如下。

- --create：创建 Topic。
- --zookeeper：指定 Kafka 集群使用的 Zookeeper 集群地址，指定 1 个或者多个都可以，多个用逗号分隔。
- --partitions：指定 Topic 中的分区数量。
- --replication-factor：指定 Topic 中分区的副本因子，这个参数的值需要小于或等于 Kafka 集群中 Broker 的数量。
- --topic：指定 Topic 的名称。

2. 启动基于控制台的生产者并向指定 Topic 中生产数据

Kafka 默认提供了基于控制台的生产者，直接使用 Kafka 的 bin 目录下的 kafka-console-producer.sh 即可，方便测试。

启动基于控制台的生产者之后，生产测试数据：hehe。

```
root@bigdata01 kafka_2.12-2.4.1]# bin/kafka-console-producer.sh --broker-list bigdata01:9092 --topic hello
>hehe
```

说明如下。

- broker-list：指定 Kafka 集群的地址，指定 1 个或者多个都可以，指定多个时用逗号隔开。
- topic：指定要生产数据的 Topic 名称。

2.9.4.4 【实战】消费者的使用

kafka 默认提供了基于控制台的消费者，直接使用 Kafka 的 bin 目录下的 kafka-console-consumer.sh 即可，方便测试。

```
[root@bigdata01 kafka_2.12-2.4.1]# bin/kafka-console-consumer.sh --bootstrap-server bigdata01:9092 --topic hello
```

说明如下。

- bootstrap-server：指定 Kafka 集群的地址，指定 1 个或者多个都可以，指定多个时用逗号分隔。
- topic：指定要消费数据的 Topic 名称。

启动消费者之后发现消费不到数据，为什么呢？

因为 Kafka 消费者默认是消费最新生产的数据，如果想消费之前生产的数据，则需要添加参数 --from-beginning，表示从头消费。

```
[root@bigdata01 kafka_2.12-2.4.1]# bin/kafka-console-consumer.sh --bootstrap-server localhost:9092 --topic hello --from-beginning
hehe
```

这样就实现了基于 Kafka 控制台的生产者和消费者了。

> Kafka 的生产者和消费者也可以使用 Java 代码来实现。不过在实际工作中并不会经常这么用，因为和 Kafka 经常对接使用的技术框架（例如 Flume）已经内置了对应的消费者和生产者代码，在使用时只需要进行简单的配置即可。

2.9.5 Filebeat + Flume + Kafka 的典型架构分析

在实际工作中，Flume 和 Kafka 会深度结合使用，从而实现数据采集聚合、数据分发和数据落盘功能，如图 2-57 所示。

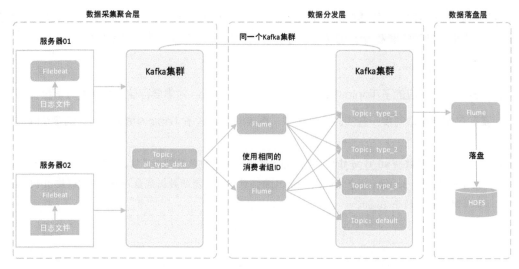

图 2-57

2.9.5.1 数据采集聚合层

为了保证采集程序的通用性（不至于每新增一个业务指标的日志数据，就要重新增加一个采集进程或者修改采集程序的配置文件），可以提前约定一个规则，让所有的日志数据都保存在服务器的一个特定目录下，让 Filebeat 监控这个目录下的所有日志文件。如果后期有新增业务日志，则会在这个目录下新增一种日志文件，Filebeat 是可以自动识别这个日志文件的。

但是这时会有一个问题：Filebeat 的输出只有一个，多种类型的日志数据会被 Filebeat 输出到 Kafka 的同一个 Topic 中。如果各种类型的日志数据混到一块，则会导致在后期处理数据时比较麻烦：本来只需要计算一种类型的数据，但这时则需要读取全部类型的数据进行计算，非常影响计算效率，也间接地浪费了计算资源。

对于这个问题还需要定义一个规则：所有的日志数据全部使用 JSON 格式，并且在 JSON 格式中增加 type 字段以标识数据的类型。这样每一条数据都有自己的类型标识，全部汇聚到 Kafka 的一个 Topic（all_type_data）中之后也是可以区分出来的。

2.9.5.2 数据分发层

为了后面使用方便，我们需要把 all_type_data 这个 Topic 中的数据根据业务类型进行拆分——把不同类型的数据分发到不同的子 Topic 中。

这里使用 Flume 对 Kafka 中的数据进行分发，利用 Flume 中的拦截器解析数据中 type 字段的值，把 type 字段的值作为输出的子 Topic 名称，这样就可以把相同类型的数据分发到同一个 Topic 中了。当然，这些子 Topic 是需要提前创建的。

在进行数据分发时，如果要提高数据分发能力，则可以启动多个 Flume 进程，只需要保证在多个 Flume 中指定相同的消费者组 ID（group.id），这样即可并行执行数据分发操作。

2.9.5.3 数据落盘层

把数据分发到对应的子 Topic 中之后，就可以使用 Flume 对需要存储的数据进行落盘存储了。

其实在这里还可以对接一些实时计算程序，直接消费这些子 Topic 中的数据进行实时计算。

> 如果要将 all_type_data 这个 Topic 中所有类型的数据落盘存储，则建议直接使用 Flume 对接 all_type_data 这个 Topic。如果只需将对个别类型的数据落盘存储，则建议使用 Flume 对接对应的子 Topic。

第 3 章 海量数据存储

3.1 海量数据存储的演进之路

海量数据存储系统的演进之路如下。

1. 单机存储

传统的数据存储只支持单机存储模式，存储能力有限。

2. HDFS

数据的快速增长推动了技术的发展，涌现出了一批优秀的、支持分布式的存储系统。其中比较优秀的是 Hadoop 中的 HDFS（Hadoop Distributed File System，分布式文件系统），它可以解决海量数据存储的问题，但是其最大的缺点是不支持单条数据的修改操作，因为它毕竟不是数据库。

3. HBase

随着业务的发展，企业对海量数据的修改需求越来越多，此时急需一个可以支撑海量数据修改需求的存储系统。

HBase 应运而生，它是一个基于 HDFS 的分布式 NoSQL 数据库。这意味着，HBase 可以利用 HDFS 的海量数据存储能力，并支持修改操作。但 HBase 并不是关系型数据库，所以它无法支持传统的 SQL 语法。

4. Kudu

随着业务的继续发展，在数据修改的基础上，企业还希望能够拥有基于 SQL 的统计分析功能。

- HDFS 不支持单条数据的修改操作，随机读写性能差，适合离线统计分析，在获取大批量数据时性能比较高。
- HBase 支持数据修改操作，随机读写能力强，不支持基于 SQL 的统计分析，在获取大批量数据时性能较差。

这时 Kudu 出现了，它介于 HDFS 和 HBase 之间，支持数据修改，也支持基于 SQL 的统计分析。

Kudu 不及 HDFS 批处理速度快，也不及 HBase 随机读写能力强。

但是，在 SQL 统计分析场景下，Kudu 比 HBase 的批处理速度快；在实时写入或更新的场景下，Kudu 比 HDFS 的随机读写能力强。Kudu 的定位如图 3-1 所示。

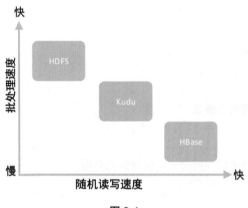

图 3-1

目前 Kudu 的定位比较尴尬，属于一个折中的方案，在实际工作中应用有限，因此在本书中不再详细介绍。

5. Redis

在大数据存储中，还有一个不得不提的基于内存的 NoSQL 数据库——Redis。它支持分布式集群，可以实现海量数据存储。其最大的特点是可以支持 100 000 次/s 的随机读写能力，常用于大数据的实时计算场景中。

3.2 分布式文件存储之 HDFS

3.2.1 HDFS 的前世今生

HDFS 源于 Google 在 2003 年 10 月份发表的论文 *The Google File System（GFS）*，它其

实就是 GFS 的一个开源简化版本。

HDFS 属于 Hadoop 项目中的核心组件，主要负责海量数据存储。

2006 年 2 月，Hadoop 项目正式启动，以支持 MapReduce 和 HDFS 的独立发展。

2008 年 1 月，Hadoop 项目成为 Apache 的顶级项目。

Hadoop 重要版本的发展历程如图 3-2 所示。

图 3-2

目前在企业中常用的版本是 2.x 和 3.x。

3.2.2　HDFS 的原理及架构分析

数据越来越多，无法在一个操作系统管辖范围内存储了，此时就需要存储到由多个操作系统管理的磁盘中，但是不方便管理和维护。因此迫切需要一种系统来管理多台机器上的文件，这就是分布式文件系统。

1. 原理分析

HDFS 是一种允许文件通过网络在多台主机上分享的分布式文件系统，可以让多台机器上的多个用户分享文件和存储空间。

HDFS 的典型使用场景是"一次写入，多次读取"。一个文件被创建、写入及关闭之后，其中的内容就不会改变了。

分布式文件系统有很多，HDFS 只是其中的一种。

为什么会存在多种分布式文件系统呢？这样不是重复造轮子吗？不是的。因为，不同分布式文件系统的特点是不一样的，HDFS 只是一种适合大文件存储的分布式文件系统，它不适合存储小文件。

什么是小文件？

例如：5KB、10MB 之类的文件可以被认为是小文件。

在向 HDFS 中存储文件时，客户端负责将文件切分成 Block（数据块）。Block 的大小默认是 128MB（在 Hadoop 1.x 版本中默认是 64MB，在 Hadoop 2.x 和 3.x 版本中默认是 128MB）。即在向 HDFS 中存储文件时，只要文件大小超过 128MB，就会被切分成多个 Block；如果一个文件不够 128MB，默认只产生 1 个 Block，如图 3-3 所示。

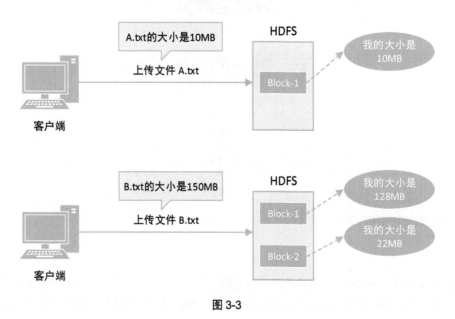

图 3-3

如果 1 个文件只有 10MB，最终只会产生 1 个 Block，这个 Block 并不会占用 128MB 的磁盘空间，它会根据自身的实际大小占用相应的磁盘空间。

HDFS 分布式文件系统具备以下优点。

- 通透性：通过网络访问文件的动作，在程序与用户看来就像是在访问本地磁盘。
- 高容错性：即使系统中某些节点宕机，整体来说系统仍然可以持续运作而不会丢失数据。因为 HDFS 中的数据会保存多个副本（默认 3 份），且提供了容错机制，副本丢失也可以自动恢复。
- 性价比高：可以运行在大量的廉价机器上，节约成本。

HDFS 分布式文件系统具备以下缺点。

- 不适合低延时数据访问：数据延时比较高，无法支持"毫秒"级别的数据存储。
- 不适合小文件存储：HDFS 的主节点（NameNode）的内存是有限的，每个 Block 对应的元数据信息都会在 NameNode 中占用 150 byte 的内存空间。1 个 1MB 的文件对应 1 个 Block，会占用 150 byte。1 个 128MB 的文件也对应 1 个 Block，也只会占用 150 byte。所以，存储大量小文件就没有意义了，这违背了 HDFS 的设计理念。
- 不支持文件并发写入和随机修改：1 个文件同时只能有 1 个线程执行写操作，不允许多个线程同时执行写操作。只支持对文件执行追加操作，不支持对文件执行随机修改操作。

2. 架构分析

HDFS 是 Hadoop 中的组件。Hadoop 目前有多个版本，不同版本的特性和架构有一些区别，下面以 Hadoop 3.x 版本为基准进行分析。

HDFS 集群支持主从结构，包括主节点和从节点。

- 主节点上运行的是 NameNode 进程。一般把主节点称为 NameNode 节点。HDFS 集群中支持 1 个或者多个 NameNode 节点。
- 从节点上运行的是 DataNode 进程。一般把从节点称为 DataNode 节点。HDFS 集群中支持 1 个或者多个 DataNode 节点。
- HDFS 集群中还包含 1 个 SecondaryNameNode 进程，从字面意思上来理解它是"第 2 个 NameNode"的意思，其实并不是。

这 3 种角色（进程）的工作职责如下。

- NameNode：文件系统的管理节点，它主要维护整个文件系统的元数据，包括文件目录树、文件/目录的信息，以及每个文件对应的 Block 列表等。
- SecondaryNameNode：辅助 NameNode 工作，定期合并 NameNode 的元数据信息（Fsimage 和 Edits），然后推送给 NameNode。
- DataNode：文件系统的数据节点，提供真实文件数据（Block）的存储服务。

图 3-4 所示为 HDFS 的体系架构。

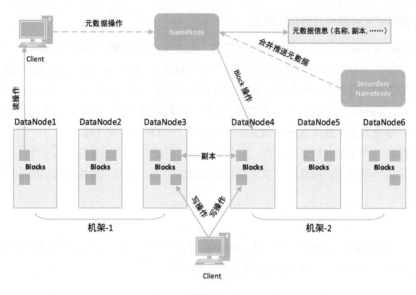

图 3-4

对于图 3-4 中的 NameNode、SecondaryNameNode、DataNode 和 Client 这 4 个角色，可以按照图 3-5 这样来简单理解。

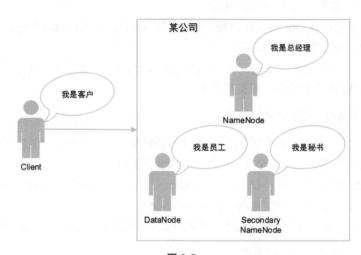

图 3-5

3.2.3　常见的分布式文件系统

目前行业内除 HDFS 这个分布式文件系统外，还有 GFS、TFS、S3 等分布式文件系统，如图 3-6 所示。

图 3-6

这些分布式文件系统具备不同的特点，适用于不同的应用场景。

- GFS：全称是 Google File System，是 Google 公司为了存储海量搜索数据而设计的专用文件系统。它适合存储海量大文件，支持多客户端并发写入同一个文件。
- HDFS：全称是 Hadoop Distributed File System，属于 Hadoop 的组件，Apache 的顶级开源项目。HDFS 的设计参考了 GFS，可以认为它是 GFS 的简化开源版本。它适合存储海量大文件，不支持多客户端并发写入同一个文件。
- TFS：全称是 Taobao File Systerm，是淘宝团队开源的分布式文件系统。它作为淘宝内部使用的分布式文件系统，对于海量小文件的随机读写访问性能做了特殊优化，适合存储海量小文件。
- S3：全称是 Simple Storage Service（简单存储服务），是亚马逊提供的云存储解决方案。它是收费的，可以实现海量数据存储。

3.2.4　安装 Hadoop 集群

由于 HDFS 是 Hadoop 中的组件，所以，要使用 HDFS 则需要先安装 Hadoop 集群。下面以 Hadoop 3.2.0 版本为例进行安装。

Hadoop 集群规划：使用 3 台机器实现"1 主 2 从"架构的 Hadoop 集群，如图 3-7 所示。

图 3-7

3 台机器的地址信息见表 3-1。

表 3-1

节点类型	节点主机名	节点 IP 地址
主节点	bigdata01	192.168.182.100
从节点	bigdata02	192.168.182.101
从节点	bigdata03	192.168.182.102

默认这 3 台机器的静态 IP 地址已经配置好。

1. 配置主机名

在配置主机名时，需要同时设置临时主机名和永久主机名，以避免机器重启之后主机名失效。

（1）登录 192.168.182.100 机器，配置主机名为 bigdata01。

```
[root@bigdata01 ~]# hostname bigdata01
[root@bigdata01 ~]# vi /etc/hostname
bigdata01
```

（2）登录 192.168.182.101 机器，配置主机名为 bigdata02。

```
[root@bigdata02 ~]# hostname bigdata02
[root@bigdata02 ~]# vi /etc/hostname
bigdata02
```

（3）登录 192.168.182.102 机器，配置主机名为 bigdata03。

```
[root@bigdata03 ~]# hostname bigdata03
[root@bigdata03 ~]# vi /etc/hostname
bigdata03
```

2. 修改"/etc/hosts"文件

在启动集群时，主节点需要通过主机名远程访问从节点，所以需要让主节点能够识别从节点的主机名。此时，需要在主节点的"/etc/hosts"文件中配置所有从节点的 IP 地址和主机名的映射关系。

为了便于使用，建议在所有节点的"/etc/hosts"文件中都配置集群内所有节点的 IP 地址和主机名的映射关系。

（1）在 bigdata01 上修改"/etc/hosts"文件，增加所有节点的 IP 地址和主机名的映射关系。

```
[root@bigdata01 ~]# vi /etc/hosts
192.168.182.100 bigdata01
192.168.182.101 bigdata02
192.168.182.102 bigdata03
```

（2）在 bigdata02 上修改"/etc/hosts"文件，增加所有节点的 IP 地址和主机名的映射关系。

```
[root@bigdata02 ~]# vi /etc/hosts
192.168.182.100 bigdata01
192.168.182.101 bigdata02
192.168.182.102 bigdata03
```

（3）在 bigdata03 上修改"/etc/hosts"文件，增加所有节点的 IP 地址和主机名的映射关系。

```
[root@bigdata03 ~]# vi /etc/hosts
192.168.182.100 bigdata01
192.168.182.101 bigdata02
192.168.182.102 bigdata03
```

3. 配置免密码登录

由于在启动集群时，主节点需要通过 SSH 远程登录从节点以启动从节点中的进程，所以需要配置主节点到所有从节点的免密码登录。

主节点在启动自身节点上的进程时也是通过 SSH 远程登录的，所以主节点也需要免密码登录自己。

在 bigdata01、bigdata02 和 bigdata03 上分别执行以下命令，生成公钥和秘钥文件。

在执行命令之后，需要连续按 4 次 Enter 键最终回到 Linux 命令行中才表示这个操作执行结束。在按 Enter 键时不需要输入任何内容。

在 bigdata01 上执行。

```
[root@bigdata01 ~]# ssh-keygen -t rsa
Generating public/private rsa key pair.
Enter file in which to save the key (/root/.ssh/id_rsa):
Enter passphrase (empty for no passphrase):
Enter same passphrase again:
Your identification has been saved in /root/.ssh/id_rsa.
Your public key has been saved in /root/.ssh/id_rsa.pub.
```

```
The key fingerprint is:
SHA256:I8J8RDun4bklmx9T45SRsKAu7FvP2HqtriYUqUqF1q4 root@bigdata01
The key's randomart image is:
+---[RSA 2048]---- +
|      o .         |
|     o o o .      |
|  o.. = o o       |
| +o* o * o        |
|..=.= B S =       |
|.o.o o B = .      |
|o.o . +.o .       |
|.E.o.=...o        |
|  .o+=*..         |
+----[SHA256]----- +
```

在 bigdata02 上执行。

```
[root@bigdata02 ~]# ssh-keygen -t rsa
Generating public/private rsa key pair.
Enter file in which to save the key (/root/.ssh/id_rsa):
Enter passphrase (empty for no passphrase):
Enter same passphrase again:
Your identification has been saved in /root/.ssh/id_rsa.
Your public key has been saved in /root/.ssh/id_rsa.pub.
The key fingerprint is:
SHA256:I8J8RDun4bklmx9T45SRsKAu7FvP2HqtriYUqUqF1q4 root@bigdata02
The key's randomart image is:
+---[RSA 2048]--- +
|      o .        |
|     o o o .     |
|  o.. = o o      |
| +o* o * o       |
|..=.= B S =      |
|.o.o o B = .     |
|o.o . +.o .      |
|.E.o.=...o       |
|  .o+=*..        |
+----[SHA256]----- +
```

在 bigdata03 上执行。

```
[root@bigdata03 ~]# ssh-keygen -t rsa
Generating public/private rsa key pair.
Enter file in which to save the key (/root/.ssh/id_rsa):
Enter passphrase (empty for no passphrase):
Enter same passphrase again:
```

```
Your identification has been saved in /root/.ssh/id_rsa.
Your public key has been saved in /root/.ssh/id_rsa.pub.
The key fingerprint is:
SHA256:I8J8RDun4bklmx9T45SRsKAu7FvP2HqtriYUqUqF1q4 root@bigdata03
The key's randomart image is:
+---[RSA 2048]----+
|      o.         |
|     o o o .     |
|   o.. = o o     |
|   +o* o * o     |
|  ..=.= B S =    |
|  .o.o o B = .   |
| o.o . +.o .     |
| .E.o.=...o      |
|  .o+=*..        |
+----[SHA256]-----+
```

公钥和秘钥文件默认会生成在当前用户目录下的.ssh目录下。

下面以bigdata01为例进行查看。

```
[root@bigdata01 ~]# ll ~/.ssh/
total 12
-rw-------. 1 root root 1679 Apr  7 16:39 id_rsa
-rw-r--r--. 1 root root  396 Apr  7 16:39 id_rsa.pub
```

然后，把公钥复制到需要免密码登录的节点（包括自己）中。

```
[root@bigdata01 ~]# cat ~/.ssh/id_rsa.pub >> ~/.ssh/authorized_keys
[root@bigdata01 ~]# scp ~/.ssh/authorized_keys bigdata02:~/
The authenticity of host 'bigdata02 (192.168.182.101)' can't be established.
ECDSA key fingerprint is SHA256:uUG2QrWRlzXcwfv6GUot9DVs9c+iFugZ7FhR89m2S00.
ECDSA key fingerprint is MD5:82:9d:01:51:06:a7:14:24:a9:16:3d:a1:5e:6d:0d:16.
Are you sure you want to continue connecting (yes/no)? yes
Warning: Permanently added 'bigdata02,192.168.182.101' (ECDSA) to the list of
known hosts.
root@bigdata02's password:
authorized_keys                    100%  396   506.3KB/s   00:00
[root@bigdata01 ~]# scp ~/.ssh/authorized_keys bigdata03:~/
The authenticity of host 'bigdata03 (192.168.182.102)' can't be established.
ECDSA key fingerprint is SHA256:uUG2QrWRlzXcwfv6GUot9DVs9c+iFugZ7FhR89m2S00.
ECDSA key fingerprint is MD5:82:9d:01:51:06:a7:14:24:a9:16:3d:a1:5e:6d:0d:16.
Are you sure you want to continue connecting (yes/no)? yes
Warning: Permanently added 'bigdata03,192.168.182.102' (ECDSA) to the list of
known hosts.
root@bigdata03's password:
```

```
authorized_keys                                100%  396   606.1KB/s   00:00
```

接着,在 bigdata02 和 bigdata03 上分别执行以下命令。

在 bigdata02 上执行。

```
[root@bigdata02 ~]# cat ~/authorized_keys >> ~/.ssh/authorized_keys
```

在 bigdata03 上执行。

```
[root@bigdata03 ~]# cat ~/authorized_keys >> ~/.ssh/authorized_keys
```

最后,验证一下效果:在 bigdata01 节点上使用 SSH 远程登录从节点,如果不需要输入密码则表示免密码登录配置是成功的。

```
[root@bigdata01 ~]# ssh bigdata02
Last login: Tue Apr  7 21:33:58 2021 from bigdata01
[root@bigdata02 ~]# exit
logout
Connection to bigdata02 closed.
[root@bigdata01 ~]# ssh bigdata03
Last login: Tue Apr  7 21:17:30 2021 from 192.168.182.1
[root@bigdata03 ~]# exit
logout
Connection to bigdata03 closed.
```

问:有没有必要实现集群内所有节点之间的互相免密码登录?

答:没有必要。因为在启动集群时只有主节点需要远程登录其他节点。

4. 关闭防火墙

在实际工作中防火墙是不需要关闭的,需要运维人员开放对应端口的权限。但是在学习阶段,建议关闭防火墙,避免遇到一些不必要的权限问题。在关闭防火墙时需要同时设置临时关闭和永久关闭,这样才可以立刻且永久生效。

(1)关闭 bigdata01 上的防火墙,临时关闭+永久关闭。

```
[root@bigdata01 ~]# systemctl stop firewalld
[root@bigdata01 ~]# systemctl disable firewalld
```

(2)关闭 bigdata02 上的防火墙,临时关闭+永久关闭。

```
[root@bigdata02 ~]# systemctl stop firewalld
[root@bigdata02 ~]# systemctl disable firewalld
```

（3）关闭 bigdata03 上的防火墙，临时关闭+永久关闭。

```
[root@bigdata03 ~]# systemctl stop firewalld
[root@bigdata03 ~]# systemctl disable firewalld
```

5. 配置时间同步

只要集群涉及多个节点，就需要对这些节点做时间同步。如果节点之间时间不同步且相差太大，则会影响集群的稳定性，甚至导致集群出问题。

（1）在 bigdata01 上配置时间同步。这里使用 ntpdate 命令实现时间同步。默认情况下执行可能会提示找不到 ntpdata 命令，报错信息如下：

```
[root@bigdata01 ~]# ntpdate -u ntp.sjtu.edu.cn
-bash: ntpdate: command not found
```

此时建议使用 yum 命令进行在线安装，执行下面命令：

```
[root@bigdata01 ~]# yum install -y ntpdate
```

（2）执行 "ntpdate –u ntp.sjtu.edu.cn" 命令，确认是否可以正常执行。

```
[root@bigdata01 ~]# ntpdate -u ntp.sjtu.edu.cn
 7 Apr 21:21:01 ntpdate[5447]: step time server 185.255.55.20 offset 6.252298 sec
```

建议把这个同步时间的操作添加到 Linux 的 Crontab 定时器中，每分钟执行一次，这样就可以保证时间一直是同步的了。

```
[root@bigdata01 ~]# vi /etc/crontab
* * * * * root /usr/sbin/ntpdate -u ntp.sjtu.edu.cn
```

（3）在 bigdata02 上配置时间同步。

```
[root@bigdata02 ~]# yum install -y ntpdate
[root@bigdata02 ~]# vi /etc/crontab
* * * * * root /usr/sbin/ntpdate -u ntp.sjtu.edu.cn
```

（4）在 bigdata03 上配置时间同步。

```
[root@bigdata03 ~]# yum install -y ntpdate
[root@bigdata03 ~]# vi /etc/crontab
* * * * * root /usr/sbin/ntpdate -u ntp.sjtu.edu.cn
```

6. 安装配置 JDK

需要在集群中的所有节点上安装配置 JDK，建议使用企业中常用的 JDK 1.8 版本，版本太高会有问题。在这以 bigdata01 为例演示 JDK 的安装步骤。

按照正常工作中的开发流程，建议把软件安装包全部都放在"/data/soft"目录下（当然也可以在其他目录下），如果此目录不存在，手工创建即可：

```
[root@bigdata01 ~]# mkdir -p /data/soft
```

把 JDK 的安装包上传到"/data/soft/"目录下，解压缩并重命名。

```
[root@bigdata01 soft]# ll
-rw-r--r--. 1 root root 194042837 Apr  6 23:14 jdk-8u202-linux-x64.tar.gz
[root@bigdata01 soft]# tar -zxvf jdk-8u202-linux-x64.tar.gz
[root@bigdata01 soft]# mv jdk1.8.0_202 jdk1.8
```

在"/etc/profile"中配置环境变量 JAVA_HOME。

```
[root@bigdata01 soft]# vi /etc/profile
...
export JAVA_HOME=/data/soft/jdk1.8
export PATH=.:$JAVA_HOME/bin:$PATH
```

验证 JDK 的安装配置是否成功。如果能看到输出的 JDK 版本信息，则说明安装配置成功了。

```
[root@bigdata01 soft]# source /etc/profile
[root@bigdata01 soft]# java -version
java version "1.8.0_202"
Java(TM) SE Runtime Environment (build 1.8.0_202-b08)
Java HotSpot(TM) 64-Bit Server VM (build 25.202-b08, mixed mode)
```

7. 上传并且解压缩 Hadoop

```
[root@bigdata01 soft]# ll
-rw-r--r--. 1 root root 345625475 Jul 19  2019 hadoop-3.2.0.tar.gz
[root@bigdata01 soft]# tar -zxvf hadoop-3.2.0.tar.gz
```

8. 配置 HADOOP_HOME 环境变量

Hadoop 目录下面有两个重要的目录：bin 目录和 sbin 目录。要操作 Hadoop，则需要用到这两个目录下的一些脚本。为了后期使用方便，建议配置 HADOOP_HOME 环境变量，并将 bin 目录和 sbin 目录添加到 PATH 环境变量中。

```
[root@bigdata01 hadoop-3.2.0]# vi /etc/profile
...
export JAVA_HOME=/data/soft/jdk1.8
export HADOOP_HOME=/data/soft/hadoop-3.2.0
export PATH=.:$JAVA_HOME/bin:$HADOOP_HOME/sbin:$HADOOP_HOME/bin:$PATH
[root@bigdata01 hadoop-3.2.0]# source /etc/profile
```

9. 修改 Hadoop 的配置文件

Hadoop 的相关配置文件都在 Hadoop 安装目录下的"etc/Hadoop"目录下，主要修改以下配置文件。

- hadoop-env.sh：Hadoop 的环境变量配置文件。
- core-site.xml：Hadoop 的扩展配置文件。
- hdfs-site.xml：HDFS 的扩展配置文件。
- mapred-site.xml：MapReduce 的扩展配置文件。
- yarn-site.xml：YARN 的扩展配置文件。
- workers：从节点的配置文件。

（1）修改 hadoop-env.sh 文件。增加 JAVA_HOME 和 HADOOP_LOG_DIR 环境变量，添加到 hadoop-env.sh 文件的末尾。

```
[root@bigdata01 hadoop]# vi hadoop-env.sh
...
export JAVA_HOME=/data/soft/jdk1.8
export HADOOP_LOG_DIR=/data/hadoop_repo/logs/hadoop
```

（2）修改 core-site.xml 文件。

```
[root@bigdata01 hadoop]# vi core-site.xml
<configuration>
    <property>
        <name>fs.defaultFS</name>
        <value>hdfs://bigdata01:9000</value>
    </property>
    <property>
        <name>hadoop.tmp.dir</name>
        <value>/data/hadoop_repo</value>
    </property>
</configuration>
```

（3）修改 hdfs-site.xml 文件。

```
[root@bigdata01 hadoop]# vi hdfs-site.xml
<configuration>
    <property>
        <name>dfs.replication</name>
        <value>2</value>
    </property>
    <property>
        <name>dfs.namenode.secondary.http-address</name>
        <value>bigdata01:50090</value>
    </property>
</configuration>
```

（4）修改 mapred-site.xml 文件。

```
[root@bigdata01 hadoop]# vi mapred-site.xml
<configuration>
   <property>
      <name>mapreduce.framework.name</name>
      <value>yarn</value>
   </property>
</configuration>
```

(5) 修改 yarn-site.xml 文件。

```
[root@bigdata01 hadoop]# vi yarn-site.xml
<configuration>
   <property>
      <name>yarn.nodemanager.aux-services</name>
      <value>mapreduce_shuffle</value>
   </property>
   <property>
      <name>yarn.nodemanager.env-whitelist</name>
      <value>JAVA_HOME,HADOOP_COMMON_HOME,HADOOP_HDFS_HOME,HADOOP_CONF_DIR,
CLASSPATH_PREPEND_DISTCACHE,HADOOP_YARN_HOME,HADOOP_MAPRED_HOME</value>
   </property>
    <property>
        <name>yarn.resourcemanager.hostname</name>
        <value>bigdata01</value>
    </property>
</configuration>
```

(6) 修改 workers 文件。

```
[root@bigdata01 hadoop]# vi workers
bigdata02
bigdata03
```

10. 修改 Hadoop 启动脚本

(1) 修改 Hadoop 安装目录下 sbin 目录下的 start-dfs.sh 和 stop-dfs.sh 脚本文件。

```
[root@bigdata01 hadoop]# cd /data/soft/hadoop-3.2.0/sbin
[root@bigdata01 sbin]# vi start-dfs.sh
HDFS_DATANODE_USER=root
HDFS_DATANODE_SECURE_USER=hdfs
HDFS_NAMENODE_USER=root
HDFS_SECONDARYNAMENODE_USER=root
[root@bigdata01 sbin]# vi stop-dfs.sh
HDFS_DATANODE_USER=root
HDFS_DATANODE_SECURE_USER=hdfs
HDFS_NAMENODE_USER=root
HDFS_SECONDARYNAMENODE_USER=root
```

（2）修改 Hadoop 安装目录下 sbin 目录下的 start-yarn.sh 和 stop-yarn.sh 脚本文件。

```
[root@bigdata01 sbin]# vi start-yarn.sh
YARN_RESOURCEMANAGER_USER=root
HADOOP_SECURE_DN_USER=yarn
YARN_NODEMANAGER_USER=root
[root@bigdata01 sbin]# vi stop-yarn.sh
YARN_RESOURCEMANAGER_USER=root
HADOOP_SECURE_DN_USER=yarn
YARN_NODEMANAGER_USER=root
```

11. 把修改好配置的 Hadoop 安装包复制到所有从节点

把 bigdata01 上修改完配置的 Hadoop 安装包复制到 bigdata02 和 bigdata03 上。

```
[root@bigdata01 sbin]# cd /data/soft/
[root@bigdata01 soft]# scp -rq hadoop-3.2.0 bigdata02:/data/soft/
[root@bigdata01 soft]# scp -rq hadoop-3.2.0 bigdata03:/data/soft/
```

12. 格式化 NameNode

```
[root@bigdata01 soft]# cd /data/soft/hadoop-3.2.0
[root@bigdata01 hadoop-3.2.0]# bin/hdfs namenode -format
```

如果在日志信息中能看到以下内容，则说明 NameNode 格式化成功了。

```
Storage directory /data/hadoop_repo/dfs/name has been successfully formatted.
```

格式化操作只需要在新安装 Hadoop 集群时执行 1 次即可，不能重复执行。如果要重复执行，则需要先清空集群所有节点中 hadoop.tmp.dir 属性对应的目录。

13. 启动集群

在 bigdata01 上执行启动集群命令。

```
[root@bigdata01 hadoop-3.2.0]# sbin/start-all.sh
Starting namenodes on [bigdata01]
Last login: Tue Apr  7 21:03:21 CST 2021 from 192.168.182.1 on pts/2
Starting datanodes
Last login: Tue Apr  7 22:15:51 CST 2021 on pts/1
bigdata02: WARNING: /data/hadoop_repo/logs/hadoop does not exist. Creating.
bigdata03: WARNING: /data/hadoop_repo/logs/hadoop does not exist. Creating.
Starting secondary namenodes [bigdata01]
Last login: Tue Apr  7 22:15:53 CST 2021 on pts/1
Starting resourcemanager
Last login: Tue Apr  7 22:15:58 CST 2021 on pts/1
Starting nodemanagers
```

```
Last login: Tue Apr  7 22:16:04 CST 2021 on pts/1
```

14. 验证集群

在 bigdata01 节点执行 jps 命令,可以看到如下进程信息:

```
[root@bigdata01 hadoop-3.2.0]# jps
6128 NameNode
6621 ResourceManager
6382 SecondaryNameNode
```

在 bigdata02 节点执行 jps 命令,可以看到如下进程信息:

```
[root@bigdata02 ~]# jps
2385 NodeManager
2276 DataNode
```

在 bigdata03 节点执行 jps 命令,可以看到如下进程信息:

```
[root@bigdata03 ~]# jps
2326 NodeManager
2217 DataNode
```

至此,Hadoop 分布式集群安装成功。

15. 停止集群

如果要停止集群,则需要在 bigdata01 上执行 stop-all.sh 文件。

```
[root@bigdata01 hadoop-3.2.0]# sbin/stop-all.sh
Stopping namenodes on [bigdata01]
Last login: Tue Apr  7 22:21:16 CST 2021 on pts/1
Stopping datanodes
Last login: Tue Apr  7 22:22:42 CST 2021 on pts/1
Stopping secondary namenodes [bigdata01]
Last login: Tue Apr  7 22:22:44 CST 2021 on pts/1
Stopping nodemanagers
Last login: Tue Apr  7 22:22:46 CST 2021 on pts/1
Stopping resourcemanager
Last login: Tue Apr  7 22:22:50 CST 2021 on pts/1
```

3.2.5 安装 Hadoop 客户端

如果是在实际工作中,则不建议直接登录集群中的节点来操作集群,因为把集群中节点的访问权限暴露给普通开发人员是不安全的。

建议在业务机器上安装 Hadoop 客户端:只需要保证业务机器上安装的 Hadoop 客户端的配置和集群中的配置一致即可。这样就可以在业务机器上操作 Hadoop 集群了,此机器可以被看作 Hadoop 的客户端节点。

Hadoop 的客户端节点可能会有多个，理论上我们想要在哪台机器上操作 Hadoop 集群，就把这台机器配置为 Hadoop 的客户端节点。

Hadoop 客户端节点和 Hadoop 集群的关系如图 3-8 所示。

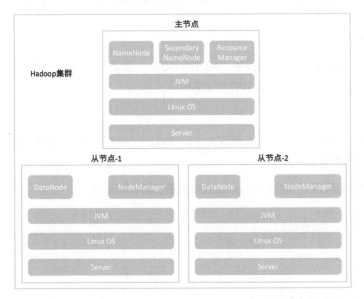

图 3-8

Hadoop 客户端节点最简单的安装方式是：把集群中修改好配置的 Hadoop 安装包直接复制过来。

下面在 bigdata04 机器上安装 Hadoop 客户端节点。

bigdata04 机器的基础环境需要提前配置好，包括主机名的配置、关闭防火墙和安装 JDK。

（1）将 bigdata01 上的"/data/soft/hadoop-3.2.0"目录复制到 bigdata04 上。

bigdata04 机器的 IP 地址为：192.168.182.103。

```
[root@bigdata01 soft]# scp -rq hadoop-3.2.0 192.168.182.103:/data/soft/
The authenticity of host '192.168.182.103 (192.168.182.103)' can't be
established.
ECDSA key fingerprint is SHA256:SnzVynyweeRcPIorakoDQRxFhugZp6PNIPV3agX/bZM.
ECDSA key fingerprint is MD5:f6:1a:48:78:64:77:89:52:c4:ad:63:82:a5:d5:57:92.
Are you sure you want to continue connecting (yes/no)? yes
root@192.168.182.103's password:
```

> 由于 bigdata01 不认识 bigdata04 这个主机名,所以在使用 scp 命令执行远程复制时需要使用 IP 地址。
>
> 由于 bigdata01 和 bigdata04 没有做免密码登录,所以在使用 scp 命令执行远程复制时需要输入密码。

执行这个复制操作,最核心的就是把 Hadoop 集群中"etc/hadooop"目录下的核心配置文件都复制到 bigdata04 上,保证 bigdata04 可以获取集群的地址信息。

(2)修改"/etc/hosts"文件。

为了方便在 bigdata04 上操作 Hadoop 集群,建议修改 bigdata04 的"/etc/hosts"文件,增加集群中所有节点的主机名和 IP 地址的映射关系。

为了方便操作自己,建议增加当前机器 IP 地址和 bigdata04 主机名的映射关系。

```
[root@bigdata04 ~]# vi /etc/hosts
192.168.182.100 bigdata01
192.168.182.101 bigdata02
192.168.182.102 bigdata03
192.168.182.103 bigdata04
```

(3)配置 HADOOP_HOME 环境变量。

```
[root@bigdata04 hadoop-3.2.0]# vi /etc/profile
...
export JAVA_HOME=/data/soft/jdk1.8
export HADOOP_HOME=/data/soft/hadoop-3.2.0
export PATH=.:$JAVA_HOME/bin:$HADOOP_HOME/sbin:$HADOOP_HOME/bin:$PATH
[root@bigdata01 hadoop-3.2.0]# source /etc/profile
```

这样 Hadoop 客户端节点就安装配置好了,以后就可以在这个节点上操作 Hadoop 集群了。

3.2.6 HDFS 的应用

在 Linux 的 Shell 命令行中操作 HDFS 类似于操作 Linux 中的文件,但是具体的命令格式有一些区别。

操作 HDFS 的格式如下。

```
hdfs dfs -xxx schema://authority/path
```

说明如下。

- hdfs:使用 Hadoop 安装目录下 bin 目录下的 hdfs 脚本进行操作。

- dfs：全称是 Distributed File System，表示操作分布式文件系统。
- -xxx：xxx 是占位符，需要替换为具体的命令名称。
- schema：针对 HDFS 这个分布式文件系统，它的 schema 是 HDFS。
- authority：Hadoop 集群中主节点的 IP 地址和对应的 PORT（端口号默认为 9000），格式为 IP:PORT。
- path：要操作的文件或者目录的路径信息。

> path 前面的 "/" 表示的是 HDFS 文件系统的根目录。
> schema://authority 对应的是 Hadoop 集群 core-site.xml 配置文件中 fs.defaultFS 属性的值，代表的是 HDFS 文件系统的前缀信息。

3.2.6.1 HDFS 常用命令的使用

下面介绍 HDFS 中的常用命令。

- -put：从本地上传文件。

将 Hadoop 安装目录下的 README.txt 文件上传到 HDFS 的根目录下。

```
[root@bigdata01 hadoop-3.2.0]# hdfs dfs -put README.txt  hdfs://bigdata01:9000/
```

在上传成功之后，没有提示就是最好的结果。

- -ls：查询指定路径信息。

查询 HDFS 根目录下的文件信息。

```
[root@bigdata01 hadoop-3.2.0]# hdfs dfs -ls hdfs://bigdata01:9000/
Found 1 items
-rw-r--r--   2 root supergroup       1361 2021-04-08 15:34 hdfs://bigdata01:9000/README.txt
```

HDFS 路径的前缀在使用时是可以被省略的，因为 HDFS 在执行时会根据 HDOOP_HOME 这个环境变量自动识别 core-site.xml 配置文件中的 fs.defaultFS 属性的值。所以，以下这种简写方式也是可以的。

```
[root@bigdata01 hadoop-3.2.0]# hdfs dfs -ls /
Found 1 items
-rw-r--r--   2 root supergroup       1361 2021-04-08 15:34 /README.txt
```

- -cat：查看 HDFS 文件的内容。

查看 HDFS 根目录下的 README.txt 文件的内容。

```
[root@bigdata01 hadoop-3.2.0]# hdfs dfs -cat /README.txt
```

```
For the latest information about Hadoop, please visit our website at:

  http://hadoop.apache.org/

and our wiki, at:

  http://wiki.apache.org/hadoop/
...
```

- -get：下载文件到本地。

如果想把 HDFS 中的文件下载到本地 Linux 文件系统中，则使用 get 命令。

将 HDFS 根目录下的 README.txt 文件下载到本地。

```
[root@bigdata01 hadoop-3.2.0]# hdfs dfs -get /README.txt .
get: `README.txt': File exists
```

此时会报错，提示文件已存在，原因是当前目录下确实已经存在这个文件。要解决这个问题，需要在下载时将文件重命名。

```
[root@bigdata01 hadoop-3.2.0]# hdfs dfs -get /README.txt README.txt.bak
[root@bigdata01 hadoop-3.2.0]# ll
total 188
drwxr-xr-x. 2 1001 1002    203 Jan  8  2019 bin
drwxr-xr-x. 3 1001 1002     20 Jan  8  2019 etc
drwxr-xr-x. 2 1001 1002    106 Jan  8  2019 include
drwxr-xr-x. 3 1001 1002     20 Jan  8  2019 lib
drwxr-xr-x. 4 1001 1002   4096 Jan  8  2019 libexec
-rw-rw-r--. 1 1001 1002 150569 Oct 19  2018 LICENSE.txt
-rw-rw-r--. 1 1001 1002  22125 Oct 19  2018 NOTICE.txt
-rw-rw-r--. 1 1001 1002   1361 Oct 19  2018 README.txt
-rw-r--r--. 1 root root   1361 Apr  8 15:41 README.txt.bak
drwxr-xr-x. 3 1001 1002   4096 Apr  7 22:08 sbin
drwxr-xr-x. 4 1001 1002     31 Jan  8  2019 share
```

- -mkdir [-p]：创建文件夹。

如果要在 HDFS 中维护很多文件，则需要创建文件夹来进行分类管理。使用 mkdir 命令可以在 HDFS 中创建文件夹：

```
[root@bigdata01 hadoop-3.2.0]# hdfs dfs -mkdir /test
[root@bigdata01 hadoop-3.2.0]# hdfs dfs -ls /
Found 2 items
-rw-r--r--   2 root supergroup       1361 2021-04-08 15:34 /README.txt
drwxr-xr-x   - root supergroup          0 2021-04-08 15:43 /test
```

如果要递归创建多级目录，则还需要指定-p 参数：

```
[root@bigdata01 hadoop-3.2.0]# hdfs dfs -mkdir -p /abc/xyz
[root@bigdata01 hadoop-3.2.0]# hdfs dfs -ls /
Found 3 items
-rw-r--r--   2 root supergroup        1361 2021-04-08 15:34 /README.txt
drwxr-xr-x   - root supergroup           0 2021-04-08 15:44 /abc
drwxr-xr-x   - root supergroup           0 2021-04-08 15:43 /test
```

如果要递归显示所有目录的信息，则需要在 ls 后面添加-R 参数：

```
[root@bigdata01 hadoop-3.2.0]# hdfs dfs -ls -R /
-rw-r--r--   2 root supergroup        1361 2021-04-08 15:34 /README.txt
drwxr-xr-x   - root supergroup           0 2021-04-08 15:44 /abc
drwxr-xr-x   - root supergroup           0 2021-04-08 15:44 /abc/xyz
drwxr-xr-x   - root supergroup           0 2021-04-08 15:43 /test
```

- -rm [-r]：删除文件/文件夹。

如果要删除 HDFS 中的文件或者目录，则使用 rm 命令。

删除文件：

```
[root@bigdata01 hadoop-3.2.0]# hdfs dfs -rm /README.txt
Deleted /README.txt
```

删除目录（需要指定-r 参数）：

```
[root@bigdata01 hadoop-3.2.0]# hdfs dfs -rm /test
rm: `/test': Is a directory
[root@bigdata01 hadoop-3.2.0]# hdfs dfs -rm -r /test
Deleted /test
```

如果是多级目录，则通过-r 参数可以实现递归删除。

```
[root@bigdata01 hadoop-3.2.0]# hdfs dfs -rm -r /abc
Deleted /abc
```

3.2.6.2 【实战】统计 HDFS 中的文件

需求：统计 HDFS 中根目录下文件的个数和每个文件的大小。

（1）把 Hadoop 安装目录下的几个文件上传到 HDFS 的根目录下。

```
[root@bigdata01 hadoop-3.2.0]# hdfs dfs -put LICENSE.txt /
[root@bigdata01 hadoop-3.2.0]# hdfs dfs -put NOTICE.txt /
[root@bigdata01 hadoop-3.2.0]# hdfs dfs -put README.txt /
```

（2）统计 HDFS 根目录下文件的个数。

```
[root@bigdata01 hadoop-3.2.0]# hdfs dfs -ls / |grep /| wc -l
3
```

（3）统计 HDFS 根目录下每个文件的大小，把文件名称和大小输出到控制台上。

```
[root@bigdata01 hadoop-3.2.0]# hdfs dfs -ls / |grep / | awk '{print $8,$5}'
/LICENSE.txt 150569
/NOTICE.txt 22125
/README.txt 1361
```

3.3 NoSQL 数据库之 HBase

3.3.1 HBase 的前世今生

HBase 源于 Google 在 2006 年 12 月发表的论文 *A Distributed Storage System for Structured Data*。

2007 年 02 月，作为 Hadoop 项目的分支，HBase 的第一个版本诞生。

2008 年 01 月，Hadoop 成为 Apache 的顶级项目，HBase 为其子项目。

2010 年 5 月，HBase 脱离 Hadoop 项目，晋升为 Apache 的顶级项目。

HBase 重要版本的发展历程如图 3-9 所示。

图 3-9

HBase 作为一个非关系型的、面向列存储的分布式数据库，目前在企业中得到了广泛的应用，目前企业中常用的版本是 1.x 和 2.x。

3.3.2 HBase 的原理及架构分析

HBase 的全称是 Hadoop Database。它是一个高可靠、高性能、面向列、可伸缩的 NoSQL

分布式存储数据库。

- 高可靠：HBase 的数据是非常安全的，其集群的稳定性也是非常高的。
- 高性能：HBase 可以存储上亿条甚至十亿条数据，并且可以实现"毫秒"级别的查询。
- 面向列：HBase 数据是按"列"存储的。
- 可伸缩：HBase 集群可以很方便地添加/删除节点。

HBase 可以支持对海量数据的增删改查，支持实时数据读写。其底层数据存储在 HDFS 中。

3.3.2.1 原理分析

HBase 属于列式存储数据库。列式存储是相对于行式存储而言的。传统的关系型数据库（如 MySQL、Oracle 等）都采用的是行式存储。

1. 对比"行式存储"和"列式存储"

在行式存储数据库中，数据是以"行"为基础逻辑存储单元进行存储的，行中的数据在存储介质中是以连续存储形式存在的。

在列式存储数据库中，数据是以"列"为基础逻辑存储单元进行存储的，列中的数据在存储介质中是以连续存储形式存在的。

绝大多数关系型数据库都采用行式存储，因为按行存储时查询效率比较高，并且能一次性查询出所有列，以及按范围查询。其缺点是不适合查询少量列的情况：就算只需要查询 1 列的数据，底层也需要读取这 1 行数据的所有列，最后只过滤出需要的那 1 列。这是由其底层数据结构决定的。

行式数据库在做列分析时，必须将所有列的信息都读取出来，而列式数据库由于是按列存取的，因此只需在特定列做 I/O 即可完成查询与分析，效率大大提升。

列式存储数据库在每列上还设有专门的列压缩算法，以进一步提高数据库的性能，这是行式数据库所不具备的。

2. HBase 中的名词解释

- 命名空间（Namespace）：类似于 MySQL 中"数据库"的概念。
- 表（Table）：类似于 MySQL 中"表"的概念。
- 行（Row）：类似于 MySQL 中"行"的概念。
- 行键（Rowkey）：类似于 MySQL 中"主键"的概念。在 MySQL 中，主键不是必需的，但在 HBase 中，行键是必需的。HBase 号称可以对上亿条数据实现"毫秒"级查询。如果涉及其他列的组合查询，则 HBase 的查询效率是比较低的，因为需要全表扫描。
- 列族（Column Family）：在 MySQL 中没有"列族"的概念。在 HBase 中，列族是一批列的集合。在定义表时必须指定列族。
- 列（Column）：类似于 MySQL 中"列"的概念。在 HBaes 中定义表时，无法提前定义列。在向表的列族中添加数据时，才可以动态指定列。

- 时间戳（Timestamp）：在 HBase 中默认插入的数据就有"时间戳"的概念，它是 HBase 自带的，不需要在定义表时指定。时间戳和列值是一一对应的，时间戳的类型是 64 位整型，时间戳可以由 HBase 自动赋值，也可以由用户显式赋值。
- 数据类型（DataType）：在 HBase 中，数据类型只有 1 种——byte[]。
- 区域（Region）：在 HBase 中，1 个表中的数据按照行被划分为很多的区域。每个区域是按照存储数据的最小 Rowkey 和最大 Rowkey 来指定的，使用区间 [start key , end key) 表示。随着表中的数据越来越多，区域会越来越大，那么区域就会自动分裂，目的是保证每个区域不会太大。

Region 和 Table 的关系如图 3-10 所示。

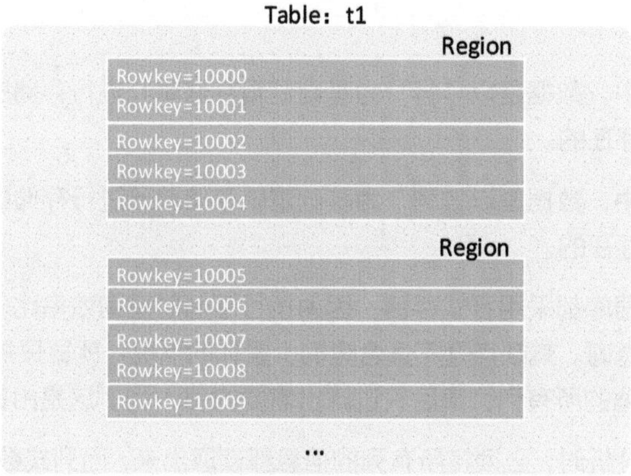

图 3-10

Region 和 Column Family（列族）的关系如图 3-11 所示。

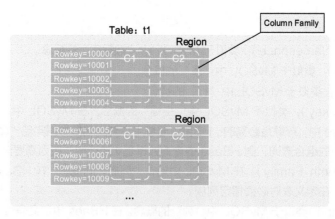

图 3-11

3. 逻辑存储模型

什么是逻辑存储模型？简单来说就是操作 HBase 数据库时能够直观看到的内容。

下面通过 HBase 的逻辑存储模型，来分析 HBase 数据库中数据的存储格式，见表 3-2。

表 3-2

Rowkey	列族（c1）		列族（c2）			
	Column（age）	Timestamp	Column（car）	Timestamp	Column（house）	Timestamp
小明同学	20	T4	没车	T7	有房	T6
	19	T3	有车	T4	-	-
	18	T2	-	-	-	-
	17	T1	-	-	-	-

由表 3-2 可知，此时 HBase 的表中只有 1 条数据，Rowkey 是"小明同学"。这条数据有 2 个列族，分别是 c1 和 c2。其中，列族 c1 里只有 age 这 1 个列，列族 c2 里有 car 和 house 这 2 个列。

在这里可以看到，某些列的数据是有多个历史版本的。例如 age 列有 4 个历史版本，不同版本的数据对应的是不同的 Timestamp，这里的 T1、T2、T3 和 T4 就是具体的 Timestamp。

> Timestamp 的值默认是以 ms 为单位的数值。这里为了对比起来更加清晰，所以使用了 T1、T2 之类的数值。

在 HBase 中定位某个列的值的流程是：Namespace → Table → Rowkey → Column Family → Column → Timestamp。

对于某个列的值，多个历史版本的数据会按照 Timestamp 倒序排序，最新的数据排在最前面。在查询 HBase 时将默认返回最新版本的数据。

如果要达到表 3-2 中的效果，则需要以下步骤：

- 第 1 次向 HBase 中添加数据，指定 Rowkey 为"小明同学"，指定列族 c1 中的 age 列，值为 17。此时 age 列会对应产生时间戳 T1。
- 第 2 次向 HBase 中添加数据，指定 Rowkey 为"小明同学"，指定列族 c1 中的 age 列，值为 18。此时 age 列会对应产生时间戳 T2。
- 第 3 次向 HBase 中添加数据，指定 Rowkey 为"小明同学"，指定列族 c1 中的 age 列，值为 19。此时 age 列会对应产生时间戳 T3。
- 第 4 次向 HBase 中添加数据，指定 Rowkey 为"小明同学"，指定列族 c2 中的 car 列，值为"有车"。此时 car 列会对应产生时间戳 T4。

- 第 5 次向 HBase 中添加数据，指定 Rowkey 为"小明同学"，指定列族 c1 中的 age 列，值为 20。此时 age 列会对应产生时间戳 T5。
- 第 6 次向 HBase 中添加数据，指定 Rowkey 为"小明同学"，指定列族 c2 中的 house 列，值为"有房"。此时 house 列会对应产生时间戳 T6。
- 第 7 次向 HBase 中添加数据，指定 Rowkey 为"小明同学"，指定列族 c2 中的 car 列，值为"没车"（小明同学把车卖了）。此时 car 列会对应产生时间戳 T7。

经过这些步骤后，HBase 中的数据就和表 3-2 的效果一样了。

3.3.2.2 架构分析

  HBase 目前有多个版本，不同版本的特性和架构会有一些区别，这里以 HBase 2.x 版本为基准进行分析。

1. 集群架构分析

HBase 集群支持主从架构，包括主节点和从节点，如图 3-12 所示。

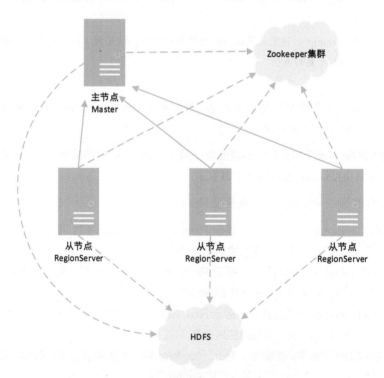

图 3-12

说明如下。

- 从节点 RegionServer：其上运行的是 HRegionServer 进程。HBase 集群支持 1 个或者多个 RegionServer 节点。RegionServer 是 HBase 的数据处理和计算单元，主要负责数据路由、数据读写、数据持久化，以及 Region 的分裂。建议把 RegionServer 和 HDFS 的 DataNode 节点部署在一起，这样可以提高数据读写效率。Region 和 RegionServer 的关系如图 3-13 所示。
- 主节点 Master：其上运行的是 HMaster 进程。HBase 集群中支持 1 个或者多个 Master，可以避免单点故障。Master 主要负责管理 HBase 中的 Table 和 Region，包括 Table 的增删改查、RegionServer 的负载均衡、Region 的分布调整、Region 的分裂，以及分裂后的 Region 分配、RegionServer 失效后的 Region 迁移等。
- Zookeeper 集群：HBase 集群的运行需要依赖 Zookeeper。ZooKeeper 可以为 HBase 集群提供协调服务，负责管理 Master 和 RegionServer 的状态。RegionServer 会主动向 Zookeeper 注册，这样 Master 可以随时感知各个 RegionServer 的健康状态。ZooKeeper 还可以管理多个 Master，避免 Master 的单点故障，实现高可用（HA）。
- HDFS：HBase 中的数据最终存储在 HDFS 集群中。

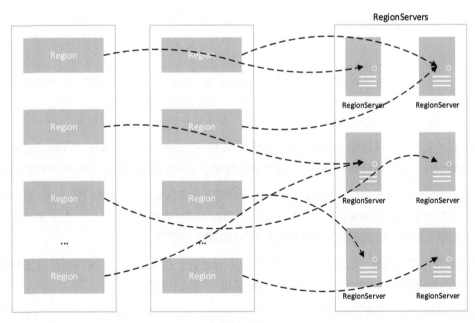

图 3-13

2. 全局详细架构分析

下面从整体到局部详细分析一下 HBase 的底层架构，如图 3-14 所示。

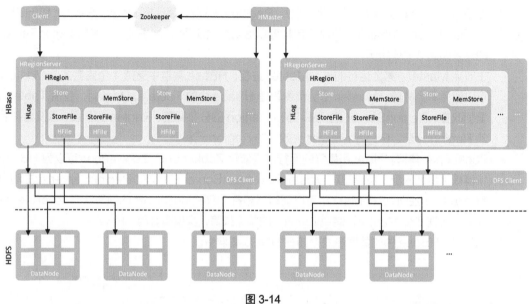

图 3-14

 图 3-14 中的 HMaster、HRegionServer 和 HRegion 对应的就是前面分析的 Master、RegionServer 和 Region。

Client（客户端）在连接 HBase 时，需要先连接 Zookeeper，然后在 Zookeeper 中找到 "/hbase/meta-region-server" 节点，该节点中存储了 meta 表和 Reginserver 节点的信息。

Clinet 会把 meta 表的信息加载到缓存中，这样就不用每次都去重新加载了。meta 表中存储了 HBase 中所有普通表的相关信息，如果都加载到内存则可能会存不下。所以，客户端并不会加载 meta 表的所有数据，只会把当前需要的相关表信息加载到内存中。

meta 表中存储的有 HBase 表所在的 Regionserver 信息，所以，客户端可以先获取对应 Regionserver 节点的 IP 地址和端口信息，然后通过 RPC 进行远程通信。

HRegionServer 中包含两块内容：HLog 和 HRegion。HLog 只有 1 个，HRegion 有多个。

- HLog 用于负责记录操作日志，会记录 Regionserver 中的所有写操作，包括 Put、Delete 等操作。只要是会对数据产生变化的操作，都会被记录到日志中。在写数据时，会先把具体操作记录到这个日志中，再把数据写到对应的 HRegion 中。

- HRegion 中有多个 Store，每个 Store 对应 1 个列族。所以，1 个 Region 里面可能会有多个 Store。

客户端在写数据时，先写入 HLog，再写入 HRegion。在写入 HRegion 时，会根据指定的列族信息写入不同的 Store 中。所以，在写数据时表名及列族名称都必须指定。

数据在写入 Store 时，会先写入 MemStore（基于内存的 Store）。当 MemStore 写满后，再把数据 Flush 到 StoreFile 文件中。每一次内存满时，做 Flush 时会生成 1 个 HFile 文件。

最终，HLog 和 HFile 都会被 DFS Client（HDFS 的客户端）写入对应的 DataNode 中。

3.3.3　HBase 的典型应用场景

HBase 主要适合应用在以下需求对应的场景中。

1. 半结构化或非结构化数据

对于数据结构字段不够确定，或杂乱无章很难按一个概念去进行抽取的数据，适合使用 HBase 进行存储。例如文章的 Tag（标签）信息，它会不断地增加/删除。

> 每个文章的 Tag 信息是不一样的，并且 Tag 信息会经常变化，用户可能随时会对文章的 Tag 信息进行修改。

2. 记录非常稀疏

RDBMS（关系型数据库）的每一行有多少列是固定的，值为 NULL 的列浪费了存储空间。

HBase 中值为 NULL 的列不会被存储，这样既节省了空间，又提高了读性能。

3. 多版本数据

HBase 中的列可以存储多个版本的值，因此，对于需要存储历史变动记录的数据，使用 HBase 就非常方便了。

> 在 MySQL 中，如果要保存某个列的多个历史版本数据，则只能存储多行记录。

4. 超大数据量

当数据量越来越大，RDBMS（关系型数据库）"撑不住"了，就出现了读写分离策略。Master 专门负责写操作，多个 Slave 负责读操作，这样会造成服务器成本倍增。

随着数据量增加，Master 可能会"撑不住"，这时就要分库，把关联不大的数据分开存储。此时一些 JOIN 查询就不能用了，需要借助中间层。

随着数据量的进一步增加，一个表的记录越来越大，查询会变得很慢，于是要分表，减少单个表的记录数。

这个过程是非常麻烦的，采用 HBase 就简单了：随着数据量的增加，只需要动态扩容 HBase 集群的机器即可，HBase 集群会自动水平切分，不需要人工干预。

3.3.4 安装 HBase 集群

HBase 集群需要依赖 JDK、Hadoop 和 Zookeeper。在安装 HBase 集群之前，需要先确认 JDK 的版本和 Hadoop 的版本，它们和 HBase 版本有着对应关系。

（1）HBase 和 JDK 版本的对应关系见表 3-3。

表 3-3

比较项	HBase 1.4+	HBase 2.2+	HBase 2.3+
JDK 7	支持	不支持	不支持
JDK 8	支持	支持	支持
JDK 11	不支持	不支持	未知

（2）HBase 和 Hadoop 版本的对应关系见表 3-4。

表 3-4

比较项	HBase 1.4.x	HBase 1.6.x	HBase 2.2.x	HBase 2.3.x
Hadoop-2.7.0	不支持	不支持	不支持	不支持
Hadoop-2.7.1+	支持	不支持	不支持	不支持
Hadoop-2.8.[0-2]	不支持	不支持	不支持	不支持
Hadoop-2.8.[3-4]	未知	不支持	不支持	不支持
Hadoop-2.8.5+	未知	支持	支持	不支持
Hadoop-2.9.[0-1]	不支持	不支持	不支持	不支持
Hadoop-2.9.2+	未知	支持	支持	不支持
Hadoop-2.10.0	未知	支持	未知	支持
Hadoop-3.1.0	不支持	不支持	不支持	不支持
Hadoop-3.1.1+	不支持	不支持	支持	支持
Hadoop-3.2.x	不支持	不支持	支持	支持

由于本书中使用的是 JDK 8 和 Hadoop 3.2.0，所以 HBase 的版本可以选择 HBase 2.2.x 或者 HBase 2.3.x。一般不建议选择最新版本，这里选择的是 HBase 2.2.6 版本。

HBase 对 Zookeeper 的版本没有什么特殊要求。

如果使用 bigdata01、bigdata02 和 bigdata03 这 3 台机器搭建 HBase 集群，则建议把 HBase 集群的从节点和 Hadoop 集群的从节点部署在相同的机器上，这样可以最大化利用数据本地化特性。

最终 HBase 集群的节点规划见表 3-5。

表 3-5

节点类型	节点主机名	节点 IP 地址
主节点（Master）	bigdata01	192.168.182.100
从节点（RegionServer）	bigdata02	192.168.182.101
从节点（RegionServer）	bigdata03	192.168.182.102

Zookeeper 集群已经在本书 2.9.4 节中安装配置完毕，这里可以直接复用。
Hadoop 集群已经在本书 3.2.4 节中安装配置完毕，这里可以直接复用。

（1）将 HBase 安装包上传到 bigdata01 机器上并解压缩。

```
[root@bigdata01 soft]# ll
-rw-r--r--. 1 root root 220469021 Oct 31  2021 hbase-2.2.6-bin.tar.gz
[root@bigdata01 soft]# tar -zxvf hbase-2.2.6-bin.tar.gz
```

（2）修改配置文件。

首先，在 hbase-env.sh 文件的末尾添加以下配置。

```
[root@bigdata01 soft]# cd hbase-2.2.6/conf
[root@bigdata01 conf]# vi hbase-env.sh
...
export JAVA_HOME=/data/soft/jdk1.8
export HADOOP_HOME=/data/soft/hadoop-3.2.0
export HBASE_MANAGES_ZK=false
export HBASE_LOG_DIR=/data/hbase/logs
```

然后，修改 hbase-site.xml 文件中 hbase.cluster.distributed、hbase.tmp.dir 和 hbase.unsafe.stream.capability.enforce 这 3 个参数的值。

```
[root@bigdata01 conf]# vi hbase-site.xml
<!--是否为分布式模式部署，true表示分布式部署-->
<property>
```

```xml
    <name>hbase.cluster.distributed</name>
    <value>true</value>
</property>
<!-- 本地文件系统tmp目录-->
<property>
    <name>hbase.tmp.dir</name>
    <value>/data/hbase/tmp</value>
</property>
<!-- 在分布式情况下一定设置为false -->
<property>
    <name>hbase.unsafe.stream.capability.enforce</name>
    <value>false</value>
</property>
```

接着，在 hbase-site.xml 文件末尾添加以下配置。

```
[root@bigdata01 conf]# vi hbase-site.xml
...
<!--设置HBase表数据,即HBase数据在HDFS上的存储根目录-->
<property>
    <name>hbase.rootdir</name>
    <value>hdfs://bigdata01:9000/hbase</value>
</property>
<!--Zookeeper集群的URL配置,多个host之间用逗号隔开-->
<property>
    <name>hbase.zookeeper.quorum</name>
    <value>bigdata01,bigdata02,bigdata03</value>
</property>
<!--HBase在Zookeeper上数据的根目录znode节点-->
<property>
    <name>zookeeper.znode.parent</name>
    <value>/hbase</value>
</property>
<!--设置Zookeeper通信端口,不配置也可以,Zookeeper默认就采用2181端口-->
<property>
    <name>hbase.zookeeper.property.clientPort</name>
    <value>2181</value>
</property>
```

最后，修改 regionservers 文件，在其中添加 HBase 集群从节点的 IP 地址或者主机名。

```
[root@bigdata01 conf]# vi regionservers
bigdata02
bigdata03
```

（3）把 bigdata01 机器上修改好配置的 HBase 安装包复制到到另外两台机器中。

```
[root@bigdata01 soft]# scp -rq hbase-2.2.6 bigdata02:/data/soft/
[root@bigdata01 soft]# scp -rq hbase-2.2.6 bigdata03:/data/soft/
```

(4)启动 HBase 集群。

在启动 HBase 集群之前,一定要确保 Hadoop 集群和 Zookeeper 集群已经正常启动。

首先,启动 Hadoop 集群。

```
[root@bigdata01 hadoop-3.2.0]# sbin/start-all.sh
```

然后,启动 Zookeeper 集群。

- 在 bigdata01 上启动。

```
[root@bigdata01 apache-zookeeper-3.5.8-bin]# bin/zkServer.sh start
```

- 在 bigdata02 上启动。

```
[root@bigdata02 apache-zookeeper-3.5.8-bin]# bin/zkServer.sh start
```

- 在 bigdata03 上启动。

```
[root@bigdata03 apache-zookeeper-3.5.8-bin]# bin/zkServer.sh start
```

最后,在 bigdata01 上启动 HBase 集群。

```
[root@bigdata01 hbase-2.2.6]# bin/start-hbase.sh
```

(5)验证 HBase 集群。

在 bigdata01 上执行 jps 命令,会发现多了 1 个 HMaster 进程,这个就是 HBase 集群主节点中的进程。

```
[root@bigdata01 hbase-2.2.6]# jps
3826 NameNode
5528 QuorumPeerMain
5736 HMaster
4093 SecondaryNameNode
4334 ResourceManager
```

在 bigdata02 上执行 jps 命令,会发现多了 1 个 HRegionServer 进程,这个就是 HBase 集群从节点中的进程。

```
[root@bigdata02 ~]# jps
2631 QuorumPeerMain
2249 NodeManager
2139 DataNode
```

2715 HRegionServer

在 bigdata03 上执行 jps 命令，会发现多了 1 个 HRegionServer 进程，这个就是 HBase 集群从节点中的进程。

```
[root@bigdata03 ~]# jps
2625 QuorumPeerMain
2250 NodeManager
2140 DataNode
2702 HRegionServer
```

如果发现 HMaster 进程和 HRegionServer 进程都在，则说明 HBase 进程成功启动了。

HBase 提供了 Web 界面，可以通过浏览器访问该 Web 界面确认集群是否正常启动：访问"HBase 集群的主节点加上默认端口号端口 16010"，即"http://bigdata01:16010"，页面如图 3-15 所示。

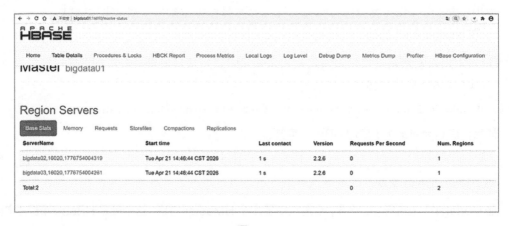

图 3-15

（6）停止 HBase 集群。

如果要停止 HBase 集群，则需要在 bigdata01 上执行 stop-hbase.sh。

```
[root@bigdata01 hbase-2.2.6]# bin/stop-hbase.sh
```

在停止 HBase 集群时，需要保证 Zookeeper 集群是正常的，否则 HBase 停止程序会一直卡住不动。

3.3.5　HBase 的应用

在企业中，HBase 的应用主要分为两种：

- 在开发和调试阶段，通过 HBase 自带的 Shell 命令行进行操作。可以执行创建表、添加数据、修改数据等操作，比较方便。
- 在程序上线运行阶段，通过代码与 HBase 数据库进行交互，HBase 提供了 Java API 供使用。

3.3.5.1 【实战】使用 Shell 命令行操作 HBase

如何进入 HBase 的 Shell 命令行？执行"hbase shell"命令即可。

```
[root@bigdata01 hbase-2.2.6]# bin/hbase shell
HBase Shell
Use "help" to get list of supported commands.
Use "exit" to quit this interactive shell.
For Reference, please visit: http://hbase.apache.org/2.0/book.html#shell
Version 2.2.6, r88c9a386176e2c2b5fd9915d0e9d3ce17d0e456e, Tue Sep 15 17:36:14 CST 2020
Took 0.0020 seconds
hbase(main):001:0>
```

HBase 的 Shell 命令行中的命令大致可以分为 3 种：基础命令、DDL 命令和增删改查命令。

HBase 的 Shell 命令行中的所有命令后面都不需要添加分号（;）。

1. 基础命令

基础命令见表 3-6。

表 3-6

命　令	解　释
status	查看集群状态
version	查看 HBase 集群的版本
whoami	查看当前登录的用户

命令执行结果如下：

```
hbase(main):001:0> status
1 active master, 0 backup masters, 2 servers, 0 dead, 1.0000 average load
Took 0.7793 seconds
hbase(main):002:0> version
2.2.6, r88c9a386176e2c2b5fd9915d0e9d3ce17d0e456e, Tue Sep 15 17:36:14 CST 2020
Took 0.0002 seconds
hbase(main):003:0> whoami
```

```
root (auth:SIMPLE)
    groups: root
Took 0.0084 seconds
```

2．创建表、修改表、删除表命令

相关命令见表 3-7。

表 3-7

命　　令	解　　释
create	创建表
list	列出所有表
disable/is_disabled	禁用表/验证表是否被禁用
enable/is_enabled	启用表/验证表是否已启用
describe（简写为：desc）	查看表的详细信息
alter	修改表结构
exists	验证表是否存在
drop	删除表
truncate	清空表（删除重建）

- 创建表：create。

格式：create '表名', '列族1', '列族2', '列族N'

单引号不能少。只能使用单引号，不能使用双引号。

例子：create 'student', 'info', 'level'

创建一张名为 student 的表，表中有两个列族：info 和 level。

create 命令后面的第 1 个参数是表名，后面的都是列族的名称。

在创建表时，不能指定列，只能指定列族。列可以无限扩展，而列族不能。

```
hbase(main):004:0> create 'student','info','level'
Created table student
Took 1.5172 seconds
=> Hbase::Table - student
```

- 列出所有表：list。

列出 HBase 中的所有表。

```
hbase(main):005:0> list
TABLE
student
1 row(s)
Took 0.0300 seconds
=> ["student"]
```

- 禁用表 / 验证表是否被禁用。

①禁用表：disable。

格式：disable '表名'

```
hbase(main):006:0> disable 'student'
Took 1.1489 seconds
```

②验证表是否被禁用：is_disabled。

格式：is_disabled '表名'

该命令返回 true 表示此表被禁用，此时这个表不能被操作。因为表中的数据是存在 Region 中的，当 Region 中的数据达到一定量级时会进行分裂，会分到其他节点上，此时数据是不能被操作的，所以会有 disabled 这个功能。

```
hbase(main):008:0> is_disabled 'student'
true
Took 0.0145 seconds
=> 1
```

- 启用表 / 验证表是否已启用。

①启用表：enable。

格式：enable '表名'

当表被手工禁用之后，要恢复使用则需要先启用表。

```
hbase(main):009:0> enable 'student'
Took 0.8177 seconds
```

②验证表是否已启用：is_enabled。

格式：is_enabled '表名'

该命令返回 true 表示表已启用。默认情况下，创建的新表都是启用状态。

```
hbase(main):010:0> is_enabled 'student'
```

```
true
Took 0.0212 seconds
=> true
```

- 查看表的详细信息：describe / desc。

格式：describe '表名'   或者   desc '表名'

```
hbase(main):013:0> desc 'student'
Table student is ENABLED
student
COLUMN FAMILIES DESCRIPTION
{NAME => 'info', VERSIONS => '1', EVICT_BLOCKS_ON_CLOSE => 'false', NE
W_VERSION_BEHAVIOR => 'false', KEEP_DELETED_CELLS => 'FALSE', CACHE_DA
TA_ON_WRITE => 'false', DATA_BLOCK_ENCODING => 'NONE', TTL => 'FOREVER
', MIN_VERSIONS => '0', REPLICATION_SCOPE => '0', BLOOMFILTER => 'ROW'
, CACHE_INDEX_ON_WRITE => 'false', IN_MEMORY => 'false', CACHE_BLOOMS_
ON_WRITE => 'false', PREFETCH_BLOCKS_ON_OPEN => 'false', COMPRESSION =
> 'NONE', BLOCKCACHE => 'true', BLOCKSIZE => '65536'}

{NAME => 'level', VERSIONS => '1', EVICT_BLOCKS_ON_CLOSE => 'false', N
EW_VERSION_BEHAVIOR => 'false', KEEP_DELETED_CELLS => 'FALSE', CACHE_D
ATA_ON_WRITE => 'false', DATA_BLOCK_ENCODING => 'NONE', TTL => 'FOREVE
R', MIN_VERSIONS => '0', REPLICATION_SCOPE => '0', BLOOMFILTER => 'ROW
', CACHE_INDEX_ON_WRITE => 'false', IN_MEMORY => 'false', CACHE_BLOOMS
_ON_WRITE => 'false', PREFETCH_BLOCKS_ON_OPEN => 'false', COMPRESSION
=> 'NONE', BLOCKCACHE => 'true', BLOCKSIZE => '65536'}

2 row(s)

QUOTAS
0 row(s)
Took 0.0815 seconds
```

- 修改表结构：alter。

使用 alter 命令可以完成更改列族参数信息、增加列族、删除列族、更改表的相关设置等操作。

在这里主要演示一下增加、修改和删除列族操作。

首先，修改 student 表中列族的参数信息，例如：修改列族的版本数。

然后，通过 desc 命令可以看到，student 表中列族的版本数都是 1，这说明只能保存列族中数据的最新结果。

```
hbase(main):015:0> desc 'student'
Table student is ENABLED
```

```
student
COLUMN FAMILIES DESCRIPTION
{NAME => 'info', VERSIONS => '1', EVICT_BLOCKS_ON_CLOSE => 'false', NE
W_VERSION_BEHAVIOR => 'false', KEEP_DELETED_CELLS => 'FALSE', CACHE_DA
TA_ON_WRITE => 'false', DATA_BLOCK_ENCODING => 'NONE', TTL => 'FOREVER
', MIN_VERSIONS => '0', REPLICATION_SCOPE => '0', BLOOMFILTER => 'ROW'
, CACHE_INDEX_ON_WRITE => 'false', IN_MEMORY => 'false', CACHE_BLOOMS_
ON_WRITE => 'false', PREFETCH_BLOCKS_ON_OPEN => 'false', COMPRESSION =
> 'NONE', BLOCKCACHE => 'true', BLOCKSIZE => '65536'}

{NAME => 'level', VERSIONS => '1', EVICT_BLOCKS_ON_CLOSE => 'false', N
EW_VERSION_BEHAVIOR => 'false', KEEP_DELETED_CELLS => 'FALSE', CACHE_D
ATA_ON_WRITE => 'false', DATA_BLOCK_ENCODING => 'NONE', TTL => 'FOREVE
R', MIN_VERSIONS => '0', REPLICATION_SCOPE => '0', BLOOMFILTER => 'ROW
', CACHE_INDEX_ON_WRITE => 'false', IN_MEMORY => 'false', CACHE_BLOOMS
_ON_WRITE => 'false', PREFETCH_BLOCKS_ON_OPEN => 'false', COMPRESSION
=> 'NONE', BLOCKCACHE => 'true', BLOCKSIZE => '65536'}

2 row(s)

QUOTAS
0 row(s)
Took 0.0590 seconds
```

如果要保存 level 列族中数据的最近 3 个历史版本，则执行如下操作：

```
hbase(main):014:0> alter 'student',{NAME=>'level',VERSIONS=>3}
Updating all regions with the new schema...
1/1 regions updated.
Done.
Took 2.5768 seconds
```

此时再查看 student 表中列族的信息，会发现 level 这个列族的版本数变成了 3。

```
hbase(main):015:0> desc 'student'
Table student is ENABLED
student
COLUMN FAMILIES DESCRIPTION
{NAME => 'info', VERSIONS => '1', EVICT_BLOCKS_ON_CLOSE => 'false', NE
W_VERSION_BEHAVIOR => 'false', KEEP_DELETED_CELLS => 'FALSE', CACHE_DA
TA_ON_WRITE => 'false', DATA_BLOCK_ENCODING => 'NONE', TTL => 'FOREVER
', MIN_VERSIONS => '0', REPLICATION_SCOPE => '0', BLOOMFILTER => 'ROW'
, CACHE_INDEX_ON_WRITE => 'false', IN_MEMORY => 'false', CACHE_BLOOMS_
ON_WRITE => 'false', PREFETCH_BLOCKS_ON_OPEN => 'false', COMPRESSION =
> 'NONE', BLOCKCACHE => 'true', BLOCKSIZE => '65536'}
```

```
{NAME => 'level', VERSIONS => '3', EVICT_BLOCKS_ON_CLOSE => 'false', N
EW_VERSION_BEHAVIOR => 'false', KEEP_DELETED_CELLS => 'FALSE', CACHE_D
ATA_ON_WRITE => 'false', DATA_BLOCK_ENCODING => 'NONE', TTL => 'FOREVE
R', MIN_VERSIONS => '0', REPLICATION_SCOPE => '0', BLOOMFILTER => 'ROW
', CACHE_INDEX_ON_WRITE => 'false', IN_MEMORY => 'false', CACHE_BLOOMS
_ON_WRITE => 'false', PREFETCH_BLOCKS_ON_OPEN => 'false', COMPRESSION
=> 'NONE', BLOCKCACHE => 'true', BLOCKSIZE => '65536'}

2 row(s)

QUOTAS
0 row(s)
Took 0.0590 seconds
```

在修改已存有数据的列族属性时,HBase 需要对列族里所有的数据进行修改,如果数据量很大,则修改操作可能要消耗很长时间。

然后,在 student 表中增加一个列族:about。

```
hbase(main):016:0> alter 'student','about'
Updating all regions with the new schema...
1/1 regions updated.
Done.
Took 2.3725 seconds
```

此时查看 student 表中的列族信息,会发现有 3 个列族——多了 1 个 about 列族。

```
hbase(main):018:0> desc 'student'
Table student is ENABLED
student
COLUMN FAMILIES DESCRIPTION
{NAME => 'about', VERSIONS => '1', EVICT_BLOCKS_ON_CLOSE => 'false', N
EW_VERSION_BEHAVIOR => 'false', KEEP_DELETED_CELLS => 'FALSE', CACHE_D
ATA_ON_WRITE => 'false', DATA_BLOCK_ENCODING => 'NONE', TTL => 'FOREVE
R', MIN_VERSIONS => '0', REPLICATION_SCOPE => '0', BLOOMFILTER => 'ROW
', CACHE_INDEX_ON_WRITE => 'false', IN_MEMORY => 'false', CACHE_BLOOMS
_ON_WRITE => 'false', PREFETCH_BLOCKS_ON_OPEN => 'false', COMPRESSION
=> 'NONE', BLOCKCACHE => 'true', BLOCKSIZE => '65536'}

{NAME => 'info', VERSIONS => '1', EVICT_BLOCKS_ON_CLOSE => 'false', NE
W_VERSION_BEHAVIOR => 'false', KEEP_DELETED_CELLS => 'FALSE', CACHE_DA
TA_ON_WRITE => 'false', DATA_BLOCK_ENCODING => 'NONE', TTL => 'FOREVER
', MIN_VERSIONS => '0', REPLICATION_SCOPE => '0', BLOOMFILTER => 'ROW'
, CACHE_INDEX_ON_WRITE => 'false', IN_MEMORY => 'false', CACHE_BLOOMS_
```

```
ON_WRITE => 'false', PREFETCH_BLOCKS_ON_OPEN => 'false', COMPRESSION =
> 'NONE', BLOCKCACHE => 'true', BLOCKSIZE => '65536'}

{NAME => 'level', VERSIONS => '3', EVICT_BLOCKS_ON_CLOSE => 'false', N
EW_VERSION_BEHAVIOR => 'false', KEEP_DELETED_CELLS => 'FALSE', CACHE_D
ATA_ON_WRITE => 'false', DATA_BLOCK_ENCODING => 'NONE', TTL => 'FOREVE
R', MIN_VERSIONS => '0', REPLICATION_SCOPE => '0', BLOOMFILTER => 'ROW
', CACHE_INDEX_ON_WRITE => 'false', IN_MEMORY => 'false', CACHE_BLOOMS
_ON_WRITE => 'false', PREFETCH_BLOCKS_ON_OPEN => 'false', COMPRESSION
=> 'NONE', BLOCKCACHE => 'true', BLOCKSIZE => '65536'}

3 row(s)

QUOTAS
0 row(s)
Took 0.0712 seconds
```

接着，删除 student 表中已有的列族：about。

```
hbase(main):020:0> alter 'student',{NAME=>'about',METHOD=>'delete'}
Updating all regions with the new schema...
1/1 regions updated.
Done.
Took 2.3361 seconds
```

此时再查看 student 中的列族信息，会发现就只有 2 个列族——info 和 level。

```
hbase(main):021:0> desc 'student'
Table student is ENABLED
student
COLUMN FAMILIES DESCRIPTION
{NAME => 'info', VERSIONS => '1', EVICT_BLOCKS_ON_CLOSE => 'false', NE
W_VERSION_BEHAVIOR => 'false', KEEP_DELETED_CELLS => 'FALSE', CACHE_DA
TA_ON_WRITE => 'false', DATA_BLOCK_ENCODING => 'NONE', TTL => 'FOREVER
', MIN_VERSIONS => '0', REPLICATION_SCOPE => '0', BLOOMFILTER => 'ROW'
, CACHE_INDEX_ON_WRITE => 'false', IN_MEMORY => 'false', CACHE_BLOOMS_
ON_WRITE => 'false', PREFETCH_BLOCKS_ON_OPEN => 'false', COMPRESSION =
> 'NONE', BLOCKCACHE => 'true', BLOCKSIZE => '65536'}

{NAME => 'level', VERSIONS => '3', EVICT_BLOCKS_ON_CLOSE => 'false', N
EW_VERSION_BEHAVIOR => 'false', KEEP_DELETED_CELLS => 'FALSE', CACHE_D
ATA_ON_WRITE => 'false', DATA_BLOCK_ENCODING => 'NONE', TTL => 'FOREVE
R', MIN_VERSIONS => '0', REPLICATION_SCOPE => '0', BLOOMFILTER => 'ROW
', CACHE_INDEX_ON_WRITE => 'false', IN_MEMORY => 'false', CACHE_BLOOMS
_ON_WRITE => 'false', PREFETCH_BLOCKS_ON_OPEN => 'false', COMPRESSION
=> 'NONE', BLOCKCACHE => 'true', BLOCKSIZE => '65536'}
```

```
2 row(s)

QUOTAS
0 row(s)
Took 0.1049 seconds
```

 HBase 中的表至少要包含 1 个列族，因此当表中只有 1 个列族时无法将其删除。

- 验证表是否存在：exists。

  格式：`exists '表名'`

  表存在时返回 true，否则返回 false。

```
hbase(main):030:0> exists 'student'
Table student does exist
Took 0.0066 seconds
=> true
hbase(main):031:0> exists 'aaaa'
Table aaaa does not exist
Took 0.0112 seconds
=> false
```

- 删除表：drop。

  格式：`drop '表名'`

  首先创建表 t1，包含 1 个列族 info。

```
hbase(main):032:0> create 't1','info'
Created table t1
Took 1.2597 seconds
=> Hbase::Table - t1
```

然后删除表 t1。

```
hbase(main):033:0> drop 't1'
ERROR: Table t1 is enabled. Disable it first.
For usage try 'help "drop"'
Took 0.0142 seconds
```

这里提示删除表失败了，如果要删除表，则需要先禁用表。

首先禁用表 t1。

```
hbase(main):034:0> disable 't1'
Took 0.7576 seconds
```

然后重新删除表 t1 就成功了。

```
hbase(main):035:0> drop 't1'
Took 0.4671 seconds
```

- 清空表：truncate。

清空表其实包含了两步：删除和重建。

格式：truncate '表名'

首先创建表 t2，包含 1 个列族 info。

```
hbase(main):037:0> create 't2','info'
Created table t2
Took 1.2576 seconds
=> Hbase::Table - t2
```

然后清空表 t2。

```
hbase(main):038:0> truncate 't2'
Truncating 't2' table (it may take a while):
Disabling table...
Truncating table...
Took 3.0259 seconds
```

在清空表时会自动先禁用表。

3. 添加、查看、删改命令

相关命令见表 3-8。

表 3-8

命 令	解 释
put	添加数据或者修改数据
get	查看数据
count	查看表中数据总条数
scan	扫描表中的数据
delete/deleteall	删除数据

- 添加数据 / 修改数据：put。

HBase 中没有 insert 命令，它是 Key-Value 类型的数据库，类似于 Java 中的 HashMap 结构，所以它提供了 put 命令用来添加数据。

格式：put `'表名'`,`'Rowkey'`,`'列族:列'`,`'value'`

添加 2 条数据，Rowkey 分别为：jack 和 tom。

```
hbase(main):001:0> put 'student','jack','info:sex','man'
Took 0.8415 seconds
hbase(main):002:0> put 'student','jack','info:age','22'
Took 0.0295 seconds
hbase(main):003:0> put 'student','jack','level:class','A'
Took 0.0300 seconds
hbase(main):004:0> put 'student','tom','info:sex','woman'
Took 0.0286 seconds
hbase(main):005:0> put 'student','tom','info:age','20'
Took 0.0275 seconds
hbase(main):006:0> put 'student','tom','level:class','B'
Took 0.0228 seconds
```

HBase 中没有提供 update 命令，重复执行 put 命令即可实现修改功能。所以在执行 put 命令时，如果指定 Rowkey 的数据已经存在，则进行更新。

- 查看数据：get。

HBase 中查看数据有下面这几种用法：

格式 1：get `'表名'`,`'Rowkey'`

格式 2：get `'表名'`,`'Rowkey'`,`'列族'`

格式 3：get `'表名'`,`'Rowkey'`,`'列族:列'`

查询 student 表中 Rowkey 等于 jack 的所有列族中的数据。

```
hbase(main):007:0> get 'student','jack'
COLUMN              CELL
 info:age           timestamp=1776767046323, value=22
 info:sex           timestamp=1776767042049, value=man
 level:class        timestamp=1776767049721, value=A
1 row(s)
Took 0.0800 seconds
```

查询 student 表中 Rowkey 等于 jack 的 info 列族中的数据。

```
hbase(main):008:0> get 'student','jack','info'
COLUMN              CELL
 info:age           timestamp=1776767046323, value=22
```

```
 info:sex            timestamp=1776767042049, value=man
1 row(s)
Took 0.0158 seconds
```

查询 student 表中 Rowkey 等于 jack 的 info 列族中 age 列的数据。

```
hbase(main):009:0> get 'student','jack','info:age'
COLUMN              CELL
 info:age            timestamp=1776767046323, value=22
1 row(s)
Took 0.0332 seconds
```

- 查看表中数据总条数:count。

格式:count '表名'

统计 student 表中的数据总数。

```
hbase(main):010:0> count 'student'
2 row(s)
Took 0.1515 seconds
=> 2
```

- 扫描表中的数据:scan。

格式:scan '表名'

扫描 student 表中的所有数据。

```
hbase(main):011:0> scan 'student'
ROW                 COLUMN+CELL
 jack               column=info:age, timestamp=1776767046323, value=22
 jack               column=info:sex, timestamp=1776767042049, value=man
 jack               column=level:class, timestamp=1776767049721, value=A
 tom                column=info:age, timestamp=1776767056816, value=20
 tom                column=info:sex, timestamp=1776767053359, value=woman
 tom                column=level:class, timestamp=1776767060140, value=B
2 row(s)
Took 0.0791 seconds
```

scan 后面可以添加过滤条件,以扫描满足条件的数据。

- 删除数据:delete。

delete 有下面这几种用法:

格式 1:delete '表名','Rowkey','列族'

格式 2:delete '表名','Rowkey','列族:列'

格式 3：delete '表名'，'Rowkey'，'列族'，'时间戳'

删除 student 表中指定 Rowkey 指定列族的所有数据。

```
hbase(main):013:0> delete 'student','jack','info'
Took 0.0295 seconds
```

delete 命令并不会马上删除数据，只会给对应的数据打上删除标识，当 HBase 合并 Region 时数据才会被真正删除。

删除 student 表中指定 Rowkey 指定列族指定列的数据。

```
hbase(main):017:0> delete 'student','jack','info:age'
Took 0.0161 seconds
```

删除 student 表中指定 Rowkey 指定列族指定列中时间戳小于 2 的数据。

```
hbase(main):018:0> delete 'student','jack','info:age',2
Took 0.0180 seconds
```

delete 命令不能跨列族，如果要删除表中某一条数据所有列族上的数据（删除表中的一个逻辑行），则使用 deleteall 命令，此时不需要指定列族和列的名称。

```
hbase(main):019:0> deleteall 'student','jack'
Took 0.0182 seconds
```

3.3.5.2 【实战】使用 Java API 操作 HBase

HBase 对外提供多种语言的 API 交互方式，在这以 Java API 为例进行分析。

首先，创建 Maven 项目，在 pom.xml 中添加 hbase-client 及日志相关依赖。

```
<dependency>
    <groupId>org.apache.hbase</groupId>
    <artifactId>hbase-client</artifactId>
    <version>2.2.6</version>
</dependency>
<dependency>
    <groupId>org.slf4j</groupId>
    <artifactId>slf4j-api</artifactId>
    <version>1.7.10</version>
</dependency>
<dependency>
    <groupId>org.slf4j</groupId>
    <artifactId>slf4j-log4j12</artifactId>
    <version>1.7.10</version>
</dependency>
```

然后，在项目的 resources 目录下添加 log4j.properties 文件，文件内容如下：

```
log4j.rootLogger=info,stdout
log4j.appender.stdout = org.apache.log4j.ConsoleAppender
log4j.appender.stdout.Target = System.out
log4j.appender.stdout.layout=org.apache.log4j.PatternLayout
log4j.appender.stdout.layout.ConversionPattern=%d{yyyy-MM-dd HH:mm:ss,SSS}
[%t] [%c] [%p] - %m%n
```

接下来通过 Java API 操作 HBase 数据库中的数据及表。

（1）对表中的数据进行增删改查操作。

要通过 Java 代码操作 HBase 数据库，则需要先建立与 HBase 数据库的连接，代码如下：

```
//获取配置
Configuration conf = HBaseConfiguration.create();
//指定 HBase 使用的 Zookeeper 的地址，如果有多个地址则用逗号隔开
conf.set("hbase.zookeeper.quorum",
"bigdata01:2181,bigdata02:2181,bigdata03:2181");
//指定 HBase 在 HDFS 上的根目录
conf.set("hbase.rootdir","hdfs://bigdata01:9000/hbase");
//创建 HBase 连接，负责对 HBase 中数据的增删改查（DML 操作）
Connection conn = ConnectionFactory.createConnection(conf);
```

在执行 HBase Java API 代码的机器上，一定要在 hosts 文件中配置 HBase 集群所有节点的主机名和 IP 地址的映射关系。

在使用 HBase Java API 连接 HBase 集群时，在代码中指定的是 Zookeeper 集群的地址信息，所以会通过 Zookeeper 查找 HBase 集群节点信息。HBase 在 Zookeeper 中存储的是所有节点的主机名，没有存储 IP 地址，所以，如果在执行代码的机器上没有配置主机名和 IP 地址的映射关系，则无法找到 HBase 集群对应的节点。

- 添加数据。

```
//获取 Table 对象，指定要操作的表名，表需要提前创建好
Table table = conn.getTable(TableName.valueOf("student"));
//指定 Rowkey，返回 put 对象
Put put = new Put(Bytes.toBytes("laowang"));
//向 put 对象中指定列族、列、值
//put 'student','laowang','info:age','18'
put.addColumn(Bytes.toBytes("info"),Bytes.toBytes("age"),Bytes.toBytes("18")
);
//put 'student','laowang','info:sex','man'
```

```java
put.addColumn(Bytes.toBytes("info"),Bytes.toBytes("sex"),Bytes.toBytes("man"
));
//put 'student','laowang','level:class','A'
put.addColumn(Bytes.toBytes("level"),Bytes.toBytes("class"),Bytes.toBytes("A
"));
//向表中添加数据
table.put(put);
//关闭table连接
table.close();
```

- 查询数据。

```java
//获取Table对象,指定要操作的表名,表需要提前创建好
Table table = conn.getTable(TableName.valueOf("student"));
//指定Rowkey,返回Get对象
Get get = new Get(Bytes.toBytes("laowang"));
//【可选】可以在这里指定要查询指定Rowkey数据哪些列族中的列
// 如果不指定,则默认查询指定Rowkey所有列的内容
//get.addColumn(Bytes.toBytes("info"),Bytes.toBytes("age"));
//get.addColumn(Bytes.toBytes("info"),Bytes.toBytes("sex"));

Result result = table.get(get);
//如果不清楚HBase中到底有哪些列族和列,则可以使用listCells()方法获取所有cell(单元格),
cell对应的是某一个列的数据
List<Cell> cells = result.listCells();
for (Cell cell: cells) {
    //提示:下面获取的信息都是字节类型的,可以通过new String(bytes)方法将其转为字符串
    //列族
    byte[] famaily_bytes = CellUtil.cloneFamily(cell);
    //列
    byte[] column_bytes = CellUtil.cloneQualifier(cell);
    //值
    byte[] value_bytes = CellUtil.cloneValue(cell);
    System.out.println("列族: "+new String(famaily_bytes)+",列: "+new
String(column_bytes)+",值: "+new String(value_bytes));
}
System.out.println("=================================================");
//如果明确知道HBase中有哪些列族和列,则可以使用getValue(family, qualifier)方法直接获
取指定列族中指定列的数据
byte[] age_bytes =
result.getValue(Bytes.toBytes("info"),Bytes.toBytes("age"));
System.out.println("age列的值: "+new String(age_bytes));
//关闭table连接
table.close();
```

- 查询多版本数据。

```java
//获取Table对象，指定要操作的表名，表需要提前创建好
Table table = conn.getTable(TableName.valueOf("student"));
//指定Rowkey,返回Get对象
Get get = new Get(Bytes.toBytes("laowang"));
//读取cell中的所有历史版本数据,不设置此配置时默认读取最新版本的数据
//可以通过get.readVersions()来指定获取多少个历史版本的数据
get.readAllVersions();

Result result = table.get(get);

//获取指定列族中指定列的所有历史版本数据,前提是要设置get.readAllVersions()或者
get.readVersions(),否则只会获取最新数据
List<Cell> columnCells = result.getColumnCells(Bytes.toBytes("info"),
Bytes.toBytes("age"));
for (Cell cell :columnCells) {
    //其实获取Cell中的value也可以使用
    byte[] value_bytes = CellUtil.cloneValue(cell);
    long timestamp = cell.getTimestamp();
    System.out.println("值为: "+new String(value_bytes)+",时间戳: "+timestamp);
}
//关闭table连接
table.close();
```

- 删除数据。

```java
//获取Table对象，指定要操作的表名，表需要提前创建好
Table table = conn.getTable(TableName.valueOf("student"));
//指定Rowkey,返回Delete对象
Delete delete = new Delete(Bytes.toBytes("laowang"));
//【可选】可以在这里指定要删除指定Rowkey数据哪些列族中的列
//delete.addColumn(Bytes.toBytes("info"),Bytes.toBytes("age"));

table.delete(delete);
//关闭table连接
table.close();
```

以上代码在Windows中执行时会产生警告信息，提示缺少winutils.exe文件。

[WARN] - Did not find winutils.exe: java.io.FileNotFoundException:
java.io.FileNotFoundException: HADOOP_HOME and hadoop.home.dir are unset.

这个警告信息不影响代码执行，在Windows中执行有这个提示属于正常。把代码打包提交到Linux服务器上执行时就不会提示这个警告信息了，所以可以不用处理。

（2）创建和删除表。

要操作表（即执行 DDL 操作），则需要获取管理员权限，代码如下：

```
//获取管理权限，负责对 HBase 中的表进行操作（DDL 操作）
Admin admin = conn.getAdmin();
```

- 创建表。

```
//指定列族信息
ColumnFamilyDescriptor familyDesc1 = ColumnFamilyDescriptorBuilder
      .newBuilder(Bytes.toBytes("info"))
      //在这里可以给列族设置一些属性
      .setMaxVersions(3)    //指定最多存储 3 个历史版本数据
      .build();
ColumnFamilyDescriptor familyDesc2 = ColumnFamilyDescriptorBuilder
      .newBuilder(Bytes.toBytes("level"))
      //在这里可以给列族设置一些属性
      .setMaxVersions(2)    //指定最多存储 2 个历史版本数据
      .build();
ArrayList<ColumnFamilyDescriptor> f = new ArrayList<ColumnFamilyDescriptor>();
f.add(familyDesc1);
f.add(familyDesc2);

//获取 TableDescriptor 对象
TableDescriptor desc = TableDescriptorBuilder
      .newBuilder(TableName.valueOf("test"))   //指定表名
      .setColumnFamilies(f)    //指定列族
      .build();
//创建表
admin.createTable(desc);
```

- 删除表。

```
//删除表，先禁用表
admin.disableTable(TableName.valueOf("test"));
admin.deleteTable(TableName.valueOf("test"));
```

3.4 NoSQL 数据库之 Redis

3.4.1 Redis 的产生背景

Redis 是意大利人 antirez 发明的，起初是为了解决网站的负载问题。作者当初运营了一个访客信息网站，存储访客的浏览记录，通过列表的形式进行维护。

当时网站的数据存储使用的是 MySQL，随着用户越来越多，需要维护的列表数量也越来越多，要执行的入栈和出栈操作也越来越多。使用 MySQL 执行入栈和出栈操作是需要硬盘读写操作的，所以程序的性能严重受制于硬盘的 I/O。

作者希望在不改变硬件的基础上，通过提升列表的性能来解决负载问题。于是决定自己写一个具有列表结构的内存数据库原型，最重要的是将数据存储于内存而不是磁盘，这样程序的性能就不会受制于磁盘 I/O。

当时发现这样确实解决了问题，所以作者使用 C 语言重写了这个内存数据库原型，并增加了持久化等功能。这样 Redis 就诞生了。

3.4.2 Redis 的发展历程

2009 年，antirez 开发了 Redis 数据库。

截至目前，Redis 经历了 6 个大版本，如图 3-16 所示。

图 3-16

Redis 从 3.0 版本时开始支持集群，填补了 Redis 官方没有分布式实现的空白。

3.4.3 Redis 的原理及架构分析

Redis 是一种面向键值对（Key-Value）数据类型的 NoSQL 内存数据库，可以满足对海量数据的快速读写需求。

1. 原理分析

Redis 中的 Key 都是 String 类型，Value 支持多种数据类型，如图 3-17 所示。

- String：字符串。
- Hash：哈希。类似于 Java 中的 HashMap 数据结构。
- List：字符串列表。
- Set：字符串集合。元素不重复，无序。
- Sorted set：有序集合。元素不重复。

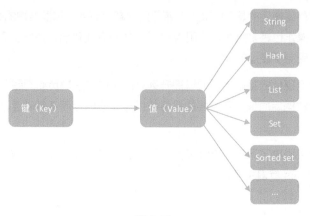

图 3-17

Hash、List、Set、Sorted set 这种复合数据类型中只能存储字符串，不支持复合数据类型的嵌套。

Redis 数据库具备以下特点。

- 高性能：Redis 读的速度是 110 000 次/ s，写的速度是 81 000 次/ s。
- 原子性：保证数据的准确性。
- 持久存储：支持 RDB 和 AOF 这两种方式的持久化，可以把内存中的数据持久化到磁盘中。
- 支持主从：支持主从架构以实现负载均衡及高可用。
- 支持集群：从 3.0 版本开始支持。

Redis 是一个单线程的服务。作者之所以这么设计，主要是为了保证 Redis 的快速和高效。如果涉及多线程，则需要使用锁机制来解决并发问题，这样执行效率反而会打折扣。

Redis 主要应用在高并发和实时请求的场景，例如新浪微博。

- 使用 Hash 数据类型实现关注列表及"粉丝"列表数据的存储。
- 使用 String 实现微博数及"粉丝"数的存储，避免使用类似于 SELECT COUNT(*) FROM t1 这种查询语法。

2. 架构分析

Redis 不同版本的特性和架构有一些区别，这里以 Redis 5.x 版本为基准进行分析。随着业务的需求和版本的迭代，Redis 的架构也随之发生了很大的变化。

（1）单机架构。

Redis 默认支持单机架构，如图 3-18 所示。

图 3-18

单机架构安装部署比较简单，但是存在单点故障及性能问题。

（2）主从复制架构。

为了解决性能问题，Redis 提供了主从复制架构，如图 3-19 所示。

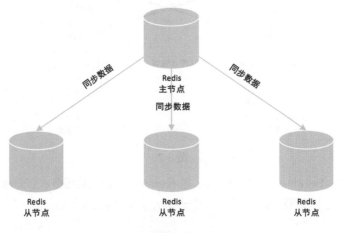

图 3-19

主从复制架构可以实现读写分离，提高服务器的负载能力。

在图 3-19 中，Redis 主节点主要负责写操作。3 个 Redis 从节点负责读操作。

当客户端把数据写入主节点后，主节点会把数据同步给 3 个从节点。

在主从复制架构中主节点只有一个，主节点宕机后，从节点无法自动切换为主节点，此时 Redis 只能读数据，不能写数据。

（3）Sentinel（哨兵）架构。

主从复制架构只解决了性能问题，没有解决单点故障问题，所以 Redis 在主从复制架构的基础上增加了 Sentinel。

Sentinel 可以监控主从复制架构中所有节点的状态，当发现主节点宕机后，会选择一个从节点升级为主节点，实现自动切换，保证主从架构的稳定性和可用性，如图 3-20 所示。

Sentinel 架构主要提供了以下功能。

- 监控：Sentinel 实时监控主节点和从节点的运行状态。
- 提醒：当被监控的某个节点出现问题时，Sentinel 可以向系统管理员发送通知，也可以通过 API 向其他程序发送通知。
- 自动故障转移：当主节点不能正常工作时，Sentinel 可以将一个从节点升级为主节点，并对其他从节点进行配置，让它们使用新的主节点。

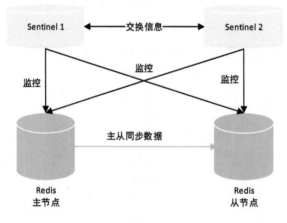

图 3-20

在图 3-20 中，Sentine1 和 Sentinel2 是 Redis 启动的哨兵服务。它们两个可以监控主从架构中的节点，当发现主节点宕机后，会把其中一个从节点切换为主节点。

 为了保证哨兵服务自身的可靠性，哨兵服务可以启动多个。

在这里涉及以下两个概念。

- 主观下线状态：单个 Sentinel 服务对某个节点（主节点或者从节点）做出的下线判断。
- 客观下线状态：多个 Sentinel 服务对主节点做出的下线判断。

主节点具有主观下线状态和客观下线状态。

在这个架构中，如果 Sentinel 1 认为主节点宕机，则主节点被标识为主观下线状态。此时并不会进行故障转移，因为有可能是 Sentinel 1 误判。

如果 Sentinel 2 也认为主节点宕机，则此时主节点被标识为客观下线状态，因为这时是多个 Sentinel 认为它宕机了。

当主节点被标识为客观下线状态后，此时 Sentinel 就会进行故障转移，将其中一个从节点切换为主节点。

从节点只有主观下线状态，就算是误判也没有什么影响。

Sentinel 架构虽然解决了单点故障的问题，但是还存在一个问题：对于这种架构，无论使用多少台机器，Redis 的最终存储能力都受制于单台机器的内存。

（4）集群架构。

要让 Redis 实现海量数据存储能力，"主从复制架构 + Sentinel 架构"是无法实现的。基于此，Redis 从 3.0 版本开始提供了集群架构，如图 3-21 所示。

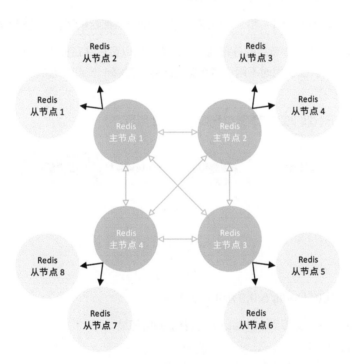

图 3-21

Redis 集群是一个无中心的分布式存储架构，可以实现多个节点之间的数据共享，解决了 Redis 高可用、可扩展等问题。

一个 Redis 集群中包含 16 384 个 Hash Slot（哈希槽），集群中的每个节点负责维护管理一部分哈希槽。

集群中的数据会存储在这些哈希槽中，通过公式"CRC16(key)÷16384"来计算数据应该属于哪个哈希槽。

集群中的每个主节点都有 1 个或 N 个复制品。如果主节点下线了，则集群会把这个主节点的一个从节点设置为新的主节点，继续工作。

> 如果集群中某一个主节点和它所有的从节点都下线了，则此时集群就不完整了，会停止工作。

在图 3-21 中有 4 个主节点，此时 Redis 集群的存储能力就是这 4 个主节点内存的总和。

针对集群中的每个主节点，在这里都配置了两个从节点，在主节点宕机后，对应的从节点会自动切换为主节点，从而保证集群的稳定性和可用性。

如果"主节点 1""从节点 1"和"从节点 2"这 3 个节点都宕机了，则此时集群就无法使用了。

Redis 集群是一个无中心节点的分布式存储架构，所以客户端在操作集群时，可以连接到集群的任意一个节点去操作。在使用时不用在意数据到底存储在哪个节点的哈希槽中，这个是由 Redis 底层去处理的。

最后总结一下，Redis 的架构演变过程如图 3-22 所示。

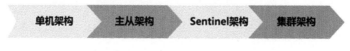

图 3-22

3.4.4　Redis 的应用

3.4.4.1　安装 Redis

使用目前比较稳定的 Redis 5.0.9 版本进行安装。

（1）将 Redis 安装包上传到 bigdata01 机器上并解压缩。

```
[root@bigdata04 soft]# ll redis-5.0.9.tar.gz
-rw-r--r--. 1 root root 1986574 Aug  1  2021 redis-5.0.9.tar.gz
```

（2）编译安装。

```
[root@bigdata04 soft]# cd redis-5.0.9
[root@bigdata04 redis-5.0.9]# make
[root@bigdata04 redis-5.0.9]# make install
```

只要不报错则说明编译安装成功。

> Redis 的编译需要依赖 C 语言环境，如果使用的是精简版 Centos，则会缺失 C 语言环境，需要安装 C 语言环境才可以编译成功。如果使用的是完整版 Centos，则其中是包含 C 语言环境的。

（3）修改 redis.conf 配置文件。

```
[root@bigdata04 redis-5.0.9]# vi redis.conf
daemonize yes
logfile /data/soft/redis-5.0.9/log
bind 127.0.0.1 192.168.182.103
```

说明如下。

- daemonize：默认为 no，表示在前台启动 Redis。Redis 是一个数据库服务，正常情况下是需要把它放到后台运行的，所以将参数的值改为 yes。
- logfile：默认为空，表示 Redis 会将日志输出到"/dev/null"中——直接丢弃。建议设置日志文件路径记录 Redis 的日志信息，便于后期排查问题。
- bind：设置 Redis 服务绑定的 IP 地址，这样就可以通过绑定的 IP 地址访问 Redis 服务了。可以在这里指定当前机器的本地回环地址（127.0.0.1）和内网 IP 地址（192.168.182.103）。

> 指定本地回环地址是为了在本机自己连自己比较方便。
> 指定内网 IP 地址是为了保证在公司局域网内其他机器上也能连接这个 Redis。

（4）启动 Redis。

在启动时，指定 Redis 的配置文件。

```
[root@bigdata04 redis-5.0.9]# redis-server redis.conf
```

（5）验证。

如果能查看 redis-server 这个进程，则说明 Redis 启动成功了。

```
[root@bigdata04 redis-5.0.9]# ps -ef|grep redis
root       5828     1  0 16:12 ?        00:00:00 redis-server 127.0.0.1:6379
```

> Redis 不是 Java 程序，所以使用 jps 命令查不到 Redis 进程，需要使用 ps 命令来查看。

（6）连接 Redis 数据库。

使用 redis-cli 客户端可以直接连接本地 Redis 数据库。

```
[root@bigdata04 redis-5.0.9]# redis-cli
127.0.0.1:6379>
```

其实在 redis-cli 后面省略了"-h 127.0.0.1"和"-p 6379"。

此时使用内网 IP 地址也是可以连接 Redis 数据库的，这样就可以在其他安装了 redis-cli 客户端的机器上远程连接这个 Redis 数据库了。

```
[root@bigdata04 redis-5.0.9]# redis-cli -h 192.168.182.103 -p 6379
192.168.182.103:6379>
```

（7）停止 Redis 数据库。

如果要停止 Redis 数据库，暴力停止的方式是：使用 kill 命令直接"杀掉"Redis 的进程。不过 Redis 也提供了停止命令。

```
[root@bigdata04 redis-5.0.9]# redis-cli
127.0.0.1:6379> shutdown
not connected>
```

以下这样也是可以的。

```
[root@bigdata04 redis-5.0.9]# redis-cli shutdown
```

3.4.4.2 【实战】Redis 常见命令的使用

Redis 属于 NoSQL 类型的数据库，所以是不支持传统关系型数据库的 SQL 语法的，而是单独提供了一批命令。

下面具体分析一下 Redis 中的基础命令，以及常见数据类型对应的命令。

Redis 的命令不区分大小写，但是 key 的名称需要区分大小写。

首先，使用 redis-cli 客户端连接 Redis 数据库。

```
[root@bigdata04 redis-5.0.9]# redis-cli
127.0.0.1:6379>
```

（1）基础命令见表 3-9。

表 3-9

命令	格式	解释
keys	keys 正则表达式	获得符合规则的 key
exists	exists key	判断 key 是否存在
del	del key	删除 key
type	type key	获取 key 值的类型
quit/exit	quit/exit	退出 Redis 客户端

- 获得符合规则的 key：keys。

在 keys 命令后面可以指定正则表达式，支持以下用法：

```
127.0.0.1:6379> keys *
(empty list or set)
127.0.0.1:6379> set a 1
OK
127.0.0.1:6379> keys *
"a"
127.0.0.1:6379> keys a*
1) "a"
127.0.0.1:6379> keys a+
(empty list or set)
```

在生产环境下建议禁用 keys 命令，因为这个命令会查询过滤 Redis 中的所有数据（类似于全表扫描），可能会造成服务阻塞，影响 Redis 的执行效率。

如果有类似的查询过滤需求，则建议使用 Scan 命令，Scan 命令用于迭代当前数据库中的 key 集合。它是一个基于游标的迭代器，支持增量式迭代，每次执行只会返回少量元素（类似于分页返回）。所以它可以用于生产环境，不会出现像 keys 命令那样可能会阻塞服务器的问题。

- 判断 key 是否存在：exists。

判断 a 和 b 这两个 key 是否存在。

```
127.0.0.1:6379> exists a
(integer) 1
127.0.0.1:6379> exists b
(integer) 0
```

- 删除 key：del。

删除 a 这个 key。

```
127.0.0.1:6379> del a
(integer) 1
```

- 获取 key 值的类型:type。

type 命令可以快速识别某个 key 中存储的数据是什么类型的,因为对于不同的数据类型,操作的命令是不一样的。

type 命令的返回值可能是 string、hash、list、set、zset(Sorted set 类型)等。

获取 a 这个 key 的值属于什么类型。

```
127.0.0.1:6379> set a 1
OK
127.0.0.1:6379> type a
string
```

- 退出 Redis 客户端:quit / exit。

```
127.0.0.1:6379> quit
```

直接在控制台中按 Ctrl+C 组合键也可以退出 Redis 客户端。

(2) String 数据类型的常见命令见表 3-10。

表 3-10

命令	格式	解释
set	set key value	给 key 设置一个值(字符串类型)
get	get key	获取 key 的值
incr	incr key	对 key 的值递加 1
decr	decr key	对 key 的值递减 1
strlen	strlen key	获取 key 的值的长度

String 类型是 Redis 中最基本的数据类型,它适合存储类型单一的数据。它能存储任何形式的内容,包含二进制数据。

- 给 key 设置一个值(添加数据):set。

```
127.0.0.1:6379> set str a
OK
```

如果 key 已经存在,那重复执行可以实现修改操作。

如果要一次添加多条数据,则使用 mset 命令。

- 获取 key 的值：get。

```
127.0.0.1:6379> get str
"a"
```

如果要一次查询多条数据，则使用 mget 命令。

- 对 key 的值递加 1：incr。

```
127.0.0.1:6379> set num 1
OK
127.0.0.1:6379> incr num
(integer) 2
127.0.0.1:6379> get num
"2"
```

如果要递增指定数值，则使用 incyby 命令。在 incr 和 incrby 命令后面只能指定整数类型，不能指定小数类型，如果要指定小数类型则使用 incrbyfloat 命令。

- 对 key 的值递减 1：decr。

```
127.0.0.1:6379> decr num
(integer) 1
127.0.0.1:6379> get num
"1"
```

如果要实现递减指定数值，则使用 decrby 命令。

- 获取 key 的值的长度。

```
127.0.0.1:6379> get str
"a"
127.0.0.1:6379> strlen str
(integer) 1
127.0.0.1:6379> set str abcd
OK
127.0.0.1:6379> strlen str
(integer) 4
```

(3) Hash 类型的常见命令见表 3-11。

表 3-11

命 令	格 式	解 释
hset	hset key field value	向 Hash 类型中添加字段和值
hget	hget key field	获取 Hash 类型中指定字段的值
hgetall	hgetall key	获取 Hash 类型中所有的字段和值
hexists	hexists key field	判断 Hash 类型中是否包含指定字段
hincrby	hincrby key field num	将 Hash 类型中指定字段的值递增
hdel	hdel key field	删除 Hash 类型中指定的字段
hkeys	hkeys key	获取 Hash 类型中所有字段
hvals	hvals key	获取 Hash 类型中所有字段的值
hlen	hlen key	获取 Hash 类型中所有字段的数量

Hash 类型存储了字段和字段值的映射。字段和字段值只能是字符串，不能是其他数据类型。

Hash 类型比较适合存储对象，因为对象是有属性和值的，所以可以把这些属性和值存储到 Hash 类型中作为字段和字段值。

- 向 Hash 类型中添加字段和值：hset。

key 的名称为 user:1，value 是 Hash 类型。向 Hash 类型中添加字段 name，值为 zs。

```
127.0.0.1:6379> hset user:1 name zs
(integer) 1
```

如果 key 和字段已经存在，重复执行则可以实现修改操作。

> 如果要向 Hash 类型中一次添加多个字段和值，则使用 hmset 命令。

- 获取 Hash 类型中指定字段的值：hget。

获取 user:1 的值中 name 字段的值。

```
127.0.0.1:6379> hget user:1 name
"zs"
```

> 如果要从 Hash 类型中一次查询多个字段的值，则使用 hmget 命令。

- 获取 Hash 类型中所有的字段和值：hgetall。

```
127.0.0.1:6379> hmset user:2 name lisi age 18
127.0.0.1:6379> hgetall user:2
1) "name"
2) "lisi"
3) "age"
4) "18"
```

- 判断 Hash 类型中是否包含指定字段：hexists。

hexists 返回值为 0 或 1：0 表示不包含，1 表示包含。

```
127.0.0.1:6379> hexists user:2 name
(integer) 1
127.0.0.1:6379> hexists user:2 city
(integer) 0
```

- 递增 Hash 类型中指定字段的值：hincrby。

```
127.0.0.1:6379> hincrby user:2 age 1
(integer) 19
127.0.0.1:6379> hget user:2 age
"19"
```

- 删除 Hash 类型中指定的字段：hdel。

```
127.0.0.1:6379> hset user:2 city beijing
(integer) 1
127.0.0.1:6379> hdel user:2 city
(integer) 1
```

- 获取 Hash 类型中所有的字段：hkeys。

```
127.0.0.1:6379> hkeys user:2
1) "name"
2) "age"
```

- 获取 Hash 类型中所有的字段值：hvals。

```
127.0.0.1:6379> hvals user:2
1) "lisi"
2) "19"
```

- 获取 Hash 类型中所有字段的数量：hlen。

```
127.0.0.1:6379> hlen user:2
(integer) 2
```

（4）List 类型的常见命令见表 3-12。

表 3-12

命 令	格 式	解 释
lpush	lpush key value	从列表（List 类型）左侧添加元素
rpush	rpush key value	从列表右侧添加元素
lpop	lpop key	从列表左侧弹出元素
rpop	rpop key	从列表右侧弹出元素
llen	llen key	获取列表的长度
lrange	lrange key start stop	获取列表中指定区间的元素
lindex	lindex key index	获取列表中指定角标的元素
lset	lset key index value	修改列表中指定角标的元素

List 是一个有序的字符串列表，其内部是使用双向链表（Linked list）实现的。

List 比较适合作为队列使用，通过 lpush 和 rpop 命令可以实现先进先出的队列。

- 从列表左侧添加元素：lpush。

向列表 list1 中添加元素 a 和 b。

```
127.0.0.1:6379> lpush list1 a
(integer) 1
127.0.0.1:6379> lpush list1 b
(integer) 2
```

- 从列表左侧弹出元素：lpop。

```
127.0.0.1:6379> lpop list1
"b"
127.0.0.1:6379> lpop list1
"a"
127.0.0.1:6379> lpop list1
(nil)
```

- 从列表右侧添加元素：rpush。

```
127.0.0.1:6379> rpush list2 x
(integer) 1
127.0.0.1:6379> rpush list2 y
(integer) 2
```

- 从列表右侧弹出元：rpop。

```
127.0.0.1:6379> rpop list2
"y"
127.0.0.1:6379> rpop list2
"x"
```

- 获取列表的长度：llen。

```
127.0.0.1:6379> lpush list3 a b c d
(integer) 4
127.0.0.1:6379> llen list3
(integer) 4
```

- 获取列表中指定区间的元素：lrange。

```
127.0.0.1:6379> lrange list3 0 -1
1) "d"
2) "c"
3) "b"
4) "a"
```

- 获取列表中指定角标的元素：lindex。

```
127.0.0.1:6379> lindex list3 1
"c"
```

- 修改列表中指定角标的元素：lset。

```
127.0.0.1:6379> lset list3 1 m
OK
127.0.0.1:6379> lrange list3 0 -1
1) "d"
2) "m"
3) "b"
4) "a"
```

（5）Set 类型的常见命令见表 3-13。

表 3-13

命 令	格 式	解 释
sadd	sadd key value	向集合（Set 类型）中添加元素
smembers	smembers key	获取集合中的所有元素
srem	srem key value	从集合中删除指定元素
sismember	sismember key value	判断集合中是否包含指定元素
sdiff	sdiff key1 key2	获取两个集合的差集
sinter	sinter key1 key2	获取两个集合的交集
sunion	sunion key1 key2	获取两个集合的并集
scard	scard key	获取集合中元素的数量

Set 是一个集合，其中的元素都是不重复的、无序的。

Set 比较适合用在去重场景中，因为它里面的元素是都不重复的。

- 向集合中添加元素：sadd。

  向集合 set1 中添加元素 a 和 b。

```
127.0.0.1:6379> sadd set1 a
(integer) 1
127.0.0.1:6379> sadd set1 b
(integer) 1
```

- 获取集合中的所有元素：smembers。

```
127.0.0.1:6379> smembers set1
1) "b"
2) "a"
```

- 从集合中删除指定元素：srem。

```
127.0.0.1:6379> srem set1 a
(integer) 1
```

- 判断集合中是否包含指定元素：sismember。

  Sismember 的返回值为 0 或 1：0 表示不包含，1 表示包含。

```
127.0.0.1:6379> sismember set1 b
(integer) 1
127.0.0.1:6379> sismember set1 a
(integer) 0
```

- 获取两个集合的差集：sdiff。

```
127.0.0.1:6379> sadd set2 a b c
(integer) 3
127.0.0.1:6379> sadd set3 a b x
(integer) 3
127.0.0.1:6379> sdiff set2 set3
1) "c"
127.0.0.1:6379> sdiff set3 set2
1) "x"
```

- 获取两个集合的交集：sinter。

```
127.0.0.1:6379> sinter set2 set3
1) "b"
2) "a"
```

- 获取两个集合的并集：sunion。

```
127.0.0.1:6379> sunion set2 set3
1) "c"
2) "a"
```

```
3) "x"
4) "b"
```

- 获取集合中元素的数量:scard。

```
127.0.0.1:6379> scard set3
(integer) 3
```

(6) Sorted set 类型的常见命令见表 3-14。

表 3-14

命 令	格 式	解 释
zadd	zadd key value	向集合(Sorted set 类型)中添加元素
zscore	zscore key value	获取集合中指定元素的分值
zrange	zrange key value	获取集合指定元素的排名(正序)
zrevrange	zrevrange key value	获取集合指定元素的排名(倒序)
zincrby	zincrby key num value	给集合中指定元素增加分数
zcard	zcard key	获取集合中元素的数量
zrem	zrem key value	从集合中删除指定元素

Sorted set 是一个有序集合,它在集合类型的基础上为集合中的每个元素都关联了一个分数,根据分数进行排序,这样就实现了有序。

Sorted Set 比较适合用在获取 TopN 的场景中,因为它里面的数据默认是有序的。

- 向集合中添加元素:zadd。

向集合 zset1 中添加元素 a、b 和 c。指定元素 a 的分数是 5,元素 b 的分数是 3,元素 c 的分数是 4。

```
127.0.0.1:6379> zadd zset1 5 a
(integer) 1
127.0.0.1:6379> zadd zset1 3 b
(integer) 1
127.0.0.1:6379> zadd zset1 4 c
(integer) 1
```

- 获取集合中指定元素的分值:zscore。

```
127.0.0.1:6379> zscore zset1 a
"5"
```

- 获取集合指定元素的排名(正序):zrange。

```
127.0.0.1:6379> zrange zset1 0 -1
1) "b"
2) "c"
```

3) "a"

- 获取集合指定元素的排名（倒序）：zrevrange。

```
127.0.0.1:6379> zrevrange zset1 0 -1
1) "a"
2) "c"
3) "b"
```

- 给集合中指定元素增加分数：zincrby。

```
127.0.0.1:6379> zincrby zset1 3 a
"8"
127.0.0.1:6379> zscore zset1 a
"8"
```

- 获取集合中元素的数量：zcard。

```
127.0.0.1:6379> zcard zset1
(integer) 3
```

- 从集合中删除指定元素：zrem。

```
127.0.0.1:6379> zrem zset1 a
(integer) 1
127.0.0.1:6379> zrange zset1 0 -1
1) "b"
2) "c"
```

+inf 表示正无穷，-inf 表示负无穷。在给 Set 集合中的元素设置分数时，可以使用这两个特殊数值。

总结：针对上面分析的这些常见数据类型的命令，String 类型的命令前缀没有规律，List 类型的命令基本上都是以 l 开头的，Hash 类型的命令基本上都是以 h 开头的，Set 类型的命令基本上都是以 s 开头的，Sorted set 类型的命令基本上都是以 z 开头的。

正常情况下，不同数据类型的命令不能混用，否则会报错。但是 set 命令有点特殊，在使用时需要特别留意：如果 key 持有其他类型的值（假设是 List 类型），则 set 命令会强制覆盖旧值，无视类型。

3.4.4.3 【实战】存储一个班的学员信息

需求：将学员的姓名、年龄、性别和住址信息保存到 Redis 中。

在这里可以把学员认为是一个对象,学员对象具备多个属性信息:姓名、年龄、性别和住址信息。

学员的属性信息非常适合使用 Hash 类型进行存储。

可以给学员生成一个递增或者随机的编号拼接到 key 中。例如:stu:1。

- stu:student 的简写,尽量不要写太多字符,否则会占用过多的内存空间。
- ":1":这个学员的编号是 1。后期如果想获取所有学员的 Key,则可以使用正则表达式进行过滤。

通过以下命令可以实现学员信息存储及查询需求。

```
127.0.0.1:6379> hmset stu:1 name xiaoming age 18 sex 0 address beijing
OK
127.0.0.1:6379> hgetall stu:1
1) "name"
2) "xiaoming"
3) "age"
4) "18"
5) "sex"
6) "0"
7) "address"
8) "beijing"
127.0.0.1:6379> hget user:1 age
"18"
```

3.4.4.4 【实战】使用 Java 代码操作 Redis

在工作中,如果有一批数据需要初始化,最方便的方法是使用代码操作 Redis 进行初始化。Redis 提供了多种语言的 API 交互方式,这里以 Java 代码为例进行分析。

使用 Java 代码操作 Redis 需要借助于 Jedis,所以需要先在 Maven 项目的 pom.xml 文件中添加 Jedis 依赖。

```xml
<dependency>
    <groupId>redis.clients</groupId>
    <artifactId>jedis</artifactId>
    <version>3.3.0</version>
</dependency>
```

Jedis 的版本号和 Redis 的版本号不是一一对应的。

1. 单连接方式

使用单连接方式操作 Redis，代码如下：

```java
public class RedisSingle {
    /**
     * 提示：此代码能够正常执行的前提是：
     * 1. Redis 所在服务器的防火墙已关闭
     * 2. redis.conf 中的 bind 参数被指定为 192.168.182.103
     * @param args
     */
    public static void main(String[] args) {
        //获取 Jedis 连接
        Jedis jedis = new Jedis("192.168.182.103",6379);
        //向 Redis 中添加数据，key=xuwei, value=hello bigdata!
        jedis.set("xuwei","hello bigdata!");
        //从 Redis 中查询 key=xuwei 的值
        String value = jedis.get("xuwei");

        System.out.println(value);

        //关闭 Jedis 连接
        jedis.close();

    }
}
```

2. 连接池方式

使用连接池方式操作 Redis，代码如下：

```java
public class RedisPool {
    public static void main(String[] args) {
        //创建连接池配置对象
        JedisPoolConfig poolConfig = new JedisPoolConfig();
        //连接池中最大空闲连接数
        poolConfig.setMaxIdle(10);
        //连接池中创建的最大连接数
        poolConfig.setMaxTotal(100);
        //创建连接的超时时间
        poolConfig.setMaxWaitMillis(2000);
        //从连接池中获取连接时会先测试一下连接是否可用，这样可以保证取出的连接都是可用的
        poolConfig.setTestOnBorrow(true);

        //获取 Jedis 连接池
```

```
        JedisPool jedisPool = new JedisPool(poolConfig, "192.168.182.103", 6379);

        //从Jedis连接池中取出一个连接
        Jedis jedis = jedisPool.getResource();
        String value = jedis.get("xuwei");
        System.out.println(value);
        //提示：此处的close()方法有两层含义：
        //1. 如果Jedis是直接创建的单连接，则直接关闭这个连接
        //2. 如果Jedis是从连接池中获取的连接，则把这个连接返给连接池
        jedis.close();

        //关闭Jedis连接池
        jedisPool.close();
    }
}
```

Jedis对象中提供的方法名和Redis中提供的操作命令名称基本上是一致的，可以直接进行对应。

第 4 章 离线数据计算

离线数据计算也被称为批处理。离线数据计算是指，在计算开始前已经知道所有输入数据，并且输入数据在计算过程中不会发生变化。

典型的离线数据计算场景是企业中的数据报表计算，比如每天凌晨计算昨天的数据。

传统的离线数据计算是指使用单机程序对指定的数据进行计算。但是，当数据量达到一定规模后，再使用传统的单机计算方式效率就太低了。目前大数据中的离线数据计算是使用分布式的计算思想来实现的——利用多台 PC 计算资源并行计算，提高计算效率。

这样，离线数据计算就从传统的"单机计算"演变成了"大数据中的分布式计算"。

4.1 离线数据计算引擎的发展之路

大数据中的离线数据计算引擎经过十几年的发展，到目前为止主要发生了 3 次大的变更，如图 4-1 所示。

图 4-1

1. MapReduce

MapReduce 可以称得上是大数据行业的第一代离线数据计算引擎，主要用于解决大规模数据集的分布式并行计算。MapReduce 计算引擎的核心思想是，将计算逻辑抽象成 Map 和 Reduce

两个阶段进行处理。

2. Tez

Tez 是大数据行业的第二代离线数据计算引擎，主要是为了提高 MapReduce 的计算性能。Tez 直接源于 MapReduce 框架，其核心思想是将 Map 和 Reduce 两个阶段进一步拆分，即 Map 阶段被拆分成 Input、Processor、Sort、Merge 和 Output 操作，Reduce 阶段被拆分成 Input、Shuffle、Sort、Merge、Processor 和 Output 操作。这些分解后的元操作可以任意灵活组合，产生新的操作，这些操作经过控制程序组装后可以形成一个大的 DAG 作业。

对于比较复杂的计算逻辑，可能需要多个 MapReduce 来实现，这样中间结果数据就需要多次写入 HDFS。Tez 可以将多个有依赖关系的作业转换为一个作业，这样只需要最终写一次 HDFS 即可，并且中间节点较少，从而大大提高 DAG 作业的性能，如图 4-2 所示。

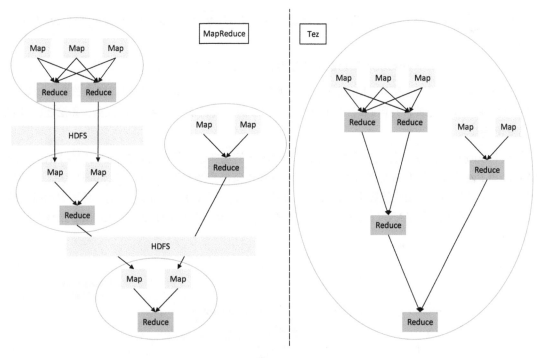

图 4-2

Tez 计算引擎在大数据技术生态圈中的存在感较弱，实际工作中很少会单独使用 Tez 去开发计算程序，最常见的应用场景是将 Tez 集成到 Hive 中，替换掉 Hive 中默认的 MapReduce 计算引擎。本书后面就不单独介绍 Tez 了，Hive 的介绍在本书第 6 章中。

3. Spark

随着企业中数据的快速增长，以及对数据计算速度的要求越来越高，MapReduce、Tez 都无法满足海量数据下的快速计算需求，所以 Spark 应运而生。

Spark 最大的特点就是内存计算：任务执行阶段的中间结果全部被放在内存中，不需要读写磁盘，极大地提高了数据的计算性能。Spark 提供了大量高阶函数（也可以称之为算子），可以实现各种复杂逻辑的迭代计算，非常适合应用在海量数据的快速且复杂计算需求中。

4.2 离线计算引擎 MapReduce

4.2.1 MapReduce 的前世今生

MapReduce 源于 Google 在 2004 年发表的论文 *Simplified Data Processing on Large Clusters*。

MapReduce 属于 Hadoop 项目的核心组件，主要负责海量数据的分布式计算。

在 Hadoop 1.x 版本中，MapReduce 需要负责分布式数据计算和集群资源管理，这导致 MapReduce 比较臃肿，并且此时在 Hadoop 集群中只能运行 MapReduce 任务，无法运行其他类型的任务。

从 Hadoop 2.x 版本开始，官方将 MapReduce 的功能进行了拆分，并引入了 YARN。此时 MapReduce 只需要负责分布式数据计算，YARN 负责集群资源管理和分配。这样拆分之后，YARN 就成了一个公共的集群资源管理平台，在它上面不仅可以运行 MapReduce 任务，还可以运行其他类型的任务（只要满足 YARN 的规则即可），如图 4-3 所示。笔者认为，这是 Hadoop 最伟大且英明的决策。

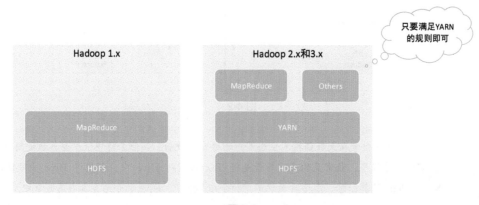

图 4-3

> 由于 Hadoop 起步比较早，属于大数据的开拓者，引入 YARN 之后，它变成了一个平台提供者，这样可以更好地发展基于 Hadoop 的生态圈。后来兴起的 Spark 和 Flink 这些计算引擎都可以在 YARN 上执行，这就更加巩固了 Hadoop 在大数据生态圈中的地位。

4.2.2　MapReduce 核心原理及架构分析

MapReduce 是一种分布式计算框架，可以稳定、可靠地并行处理 TB、PB 级别的海量数据，主要用于搜索领域。

> MapReduce 在不同 Hadoop 版本中的特性和架构有一些区别，本书在分析 MapReduce 原理及架构时是以 Hadoop 3.x 版本为基准进行分析的。

1. 原理分析

（1）MapReduce 介绍。

MapReduce 是分布式运行的，由 Map 和 Reduce 两个阶段组成。

- Map 阶段是一个独立的程序，可以在多个节点同时运行，每个节点处理一部分数据。
- Reduce 阶段也是一个独立的程序，可以在一个或多个节点同时运行，每个节点处理一部分数据。

> 如果是全局聚合需求，则 Reduce 阶段只会在一个节点上运行。

通俗来说，Map 阶段就是对海量数据进行并行局部汇总，Reduce 阶段就是对局部汇总的数据进行全局汇总。

举个例子：计算一摞扑克牌中黑桃的个数。

最直接的方式是，一张张检查并且统计出有多少张黑桃。但是这种方式的效率比较低。如果这一摞扑克牌只有几十张也就无所谓了，但如果这一摞扑克牌有上千张、上万张呢？这时可以考虑使用 MapReduce 的计算思想。

第一步：把这摞扑克牌分配给在座的所有玩家。

第二步：让每个玩家检查自己手中的扑克牌有多少张黑桃，然后把这个数字汇报给你。

第三步：你把所有玩家告诉你的数字加起来，得到最终的结果。

之前是一张张地串行计算，现在是把数据分配给多个人，并行计算，每个人获得一个局部聚合的临时结果，最终再进行全局汇总，这样可以快速得到答案。这就是 MapReduce 的计算思想——分而治之。

（2）移动计算。

MapReduce 在计算海量数据时，还会用到一个比较重要的思想——移动计算。

传统的计算方式是，把需要计算的数据通过网络传输到计算程序所在的节点上。如果需要计算的数据量比较大，则这种方式效率就比较低了，因为需要通过网络传输大量的数据，会受制于磁盘 I/O 和网络 I/O（网络 I/O 是最消耗时间的）。这种计算方式可以被称为移动数据，如图 4-4 所示。

图 4-4

如果把计算程序移动到数据所在的节点，即计算程序和数据在同一个节点上，则可以节省网络 I/O。这种方式可以被称为移动计算，如图 4-5 所示。

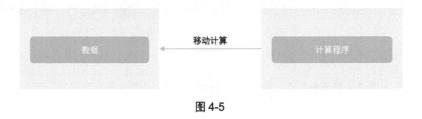

图 4-5

 计算程序是很小的，一般也就几十 KB 或几百 KB，通过网络复制计算程序不会消耗多少时间，几乎可以忽略不计。

假设需要对 HDFS 上 PB 级别的数据进行汇总计算，这份数据肯定会有多个 Block，多个 Block 会存储在多个节点中，这时可以把计算程序复制到数据所在的多个节点上并行执行，这样就可以利用数据本地化的特性，节省网络 I/O，提高计算效率。

但是计算程序只能计算当前节点上的数据，无法获取全局的结果，所以还需要有一个汇总程序，这样每个数据节点上计算的临时结果就可以通过汇总程序得到最终的结果，如图 4-6 所示。

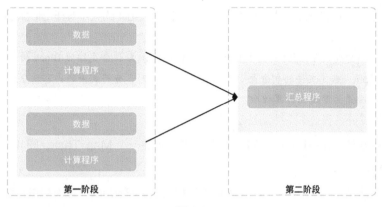

图 4-6

（3）MapReduce 执行原理分析。

MapReduce 详细的执行原理如图 4-7 所示。

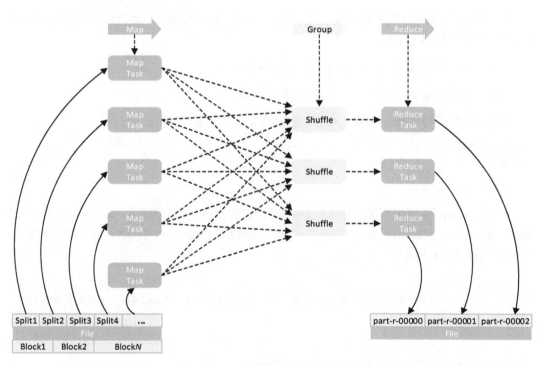

图 4-7

图 4-7 中左下角是一个 File（文件），这个文件表示输入数据源。文件下面是多个 Block，说明这个文件被切分成了多个 Block。文件上面是一些 Split，Split 表示 File 的切片，这里的切片是逻

辑切分，不会对 Block 数据进行真正的切分，默认情况下 Split 的大小等于 Block 的大小。

特殊情况下 Split 的大小会大于 Block 的大小。默认会先按照 Block 的大小将文件切分为 Split，当（文件的剩余大小/128MB）≤ 1.1 时，会将剩余的内容划分到一个 Split 中，这主要是为了提高计算效率。

MapReduce 任务在执行时，针对每个 Split 都会产生一个 Map Task。图 4-7 中一共产生了 5 个 Map Task。

Map Task 计算的中间结果会通过 Shuffle 远程复制到 Reduce Task 中进行汇总计算。

图 4-7 中一共有 3 个 Reduce Task，每个 Reduce Task 负责处理一部分数据。3 个 Reduce Task 最终会在结果目录下产生 3 个文件：part-r-00000、part-r-00001 和 part-r-00002。

（4）MapReduce 之 Map 阶段。

MapReduce 主要分为两大步骤：Map 和 Reduce。Map 和 Reduce 在代码层面分别对应的是 Mapper 类和 Reducer 类。

接下来通过一个案例详细分析这两个阶段的具体步骤。

需求：统计 hello.txt 文件中每个单词出现的总次数。

假设文件中有两行内容，单词之间使用空格分隔，文件内容如下：

```
hello you
hello me
```

首先是 Map 阶段。

第一步：MapReduce 框架会把输入文件划分为很多 Split。默认情况下，每个 Block 对应一个 Split。通过 RecordReader 类，把每个 Split 对应的数据解析成一个个的<k1,v1>。默认情况下，每一行数据都会被解析成一个<k1,v1>。

<k1,v1>表示键值对类型的数据。后面还会出现<k2,v2>和<k3,v3>，分别代表数据的不同阶段。

k1 表示每一行的起始偏移量，v1 表示那一行内容。

所以，hello.txt 文件中的数据经过第一步处理之后的结果如下：

```
<0, hello you>
<10, hello me>
```

第 1 次执行此步骤会产生<0,hello you>，第 2 次执行此步骤会产生<10,hello me>。并不是执行一次就获取这两行结果，因为框架每次只会读取一行数据，这里只是把两次执行的最终结果一起列出来了。

第二步：MapReduce 框架调用 Mapper 类中的 map()函数。map()函数的输入是<k1,v1>，输出是<k2,v2>。一个 Split 对应一个 Map Task，程序员需要自己覆盖 Mapper 类中的 map()函数，实现具体的业务逻辑。

因为需要统计文件中每个单词出现的总次数，所以需要先把每一行内容中的单词切开，然后记录每个单词出现次数为 1，这个逻辑需要在 map()函数中实现。

对于<0,hello you>，执行 map()函数中的逻辑之后结果为：

```
<hello,1>
<you,1>
```

对于<10,hello me>，执行 map()函数中的逻辑之后结果为：

```
<hello,1>
<me,1>
```

第三步：MapReduce 框架对 map()函数输出的<k2,v2>数据进行分区，不同分区中的<k2,v2>由不同的 Reduce Task 处理。默认只有 1 个分区，所以所有的数据都会被分到 1 个分区中，最后只产生一个 Reduce Task。

经过这个步骤之后，数据没什么变化。如果有多个分区，则需要将这些数据根据指定的分区规则分开。

```
<hello,1>
<you,1>
<hello,1>
<me,1>
```

第四步：MapReduce 框架将每个分区中的数据都按照 k2 进行排序和分组。分组表示把相同 k2 的 v2 分到一个组。

按照 k2 进行排序：

```
<hello,1>
<hello,1>
<me,1>
<you,1>
```

按照 k2 进行分组：

```
<hello,{1,1}>
<me,{1}>
<you,{1}>
```

第五步：在 Map 阶段，MapReduce 框架选择执行 Combiner 过程。

Combiner 可以被翻译为"规约"。规约是什么意思？

在这个例子中，最终是要在 Reduce 阶段汇总每个单词出现的总次数，所以可以在 Map 阶段提前执行 Reduce 阶段的计算逻辑，即在 Map 阶段对单词出现的次数进行局部汇总，这样就可以减少 Map 阶段到 Reduce 阶段的数据传输量——这就是规约的好处。

并不是所有场景都可以使用规约。对于求平均值之类的操作就不能使用规约了，否则最终计算的结果就不准确了。

Combiner 过程是可选的，默认这个过程是不执行的。

第六步：MapReduce 框架会把 Map Task 输出的<k2,v2>写入 Linux 系统的本地磁盘文件中。

写入 Linux 系统本地磁盘文件的内容大致如下：

```
<hello,{1,1}>
<me,{1}>
<you,{1}>
```

至此，整个 Map 阶段执行结束。

MapReduce 程序是由 Map 和 Reduce 这两个阶段组成的，但是 Reduce 阶段并不是必需的。如果某个需求不需要最终的汇总聚合操作，则只需要对数据进行清洗处理，即数据经过 Map 阶段处理完就结束了，Map 阶段可以直接将结果数据输出到 HDFS 中。

（5）MapReduce 之 Reduce 阶段。

第一步：MapReduce 框架对多个 Map Task 的输出，按照不同的分区，通过网络复制到不同的 Reduce Task 中。这个过程被称为 Shuffle。

此需求只涉及 1 个分区，所以把数据复制到 Reduce Task 之后不会发生变化。

```
<hello,{1,1}>
<me,{1}>
<you,{1}>
```

第二步：MapReduce 框架对 Reduce Task 接收到的相同分区的<k2,v2>数据进行合并、排序和分组。

Reduce Task 接收到的是多个 Map Task 的输出，所以需要对多个 Map Task 中相同分区的数据进行合并、排序和分组。

此需求只涉及 1 个 Map Task、1 个分区，所以执行合并、排序和分组之后数据是不变的。

```
<hello,{1,1}>
<me,{1}>
<you,{1}>
```

第三步：MapReduce 框架调用 Reducer 类中的 reduce()函数。reduce()函数的输入是<k2,{v2...}>，输出是<k3,v3>。

每个<k2,{v2...}>会调用一次 reduce()函数，程序员需要覆盖 reduce()函数实现具体的业务逻辑。

这里需要先在 reduce()函数中实现最终的聚合计算逻辑，将相同 k2 的{v2...}累加求和，然后转换为<k3,v3>写出去。

此需求中会调用 3 次 reduce()函数，最终的结果如下所示：

```
<hello,2>
<me,1>
<you,1>
```

第四步：MapReduce 框架把 Reduce Task 的输出结果保存到 HDFS 中。

结果文件内容如下：

```
hello   2
me      1
you     1
```

至此，整个 Reduce 阶段执行结束。

（6）图解单词计数案例的执行流程——单文件。

下面通过单文件方式描述单词计数案例的执行流程，如图 4-8 所示。

（7）图解单词计数案例的执行流程——多文件。

在单文件的执行流程中，有一些阶段数据的变化不是很清晰。下面通过多文件的方式进行分析。多文件肯定会有多个 Block，这样就会产生多个 Split，进而产生多个 Map Task，如图 4-9 所示。

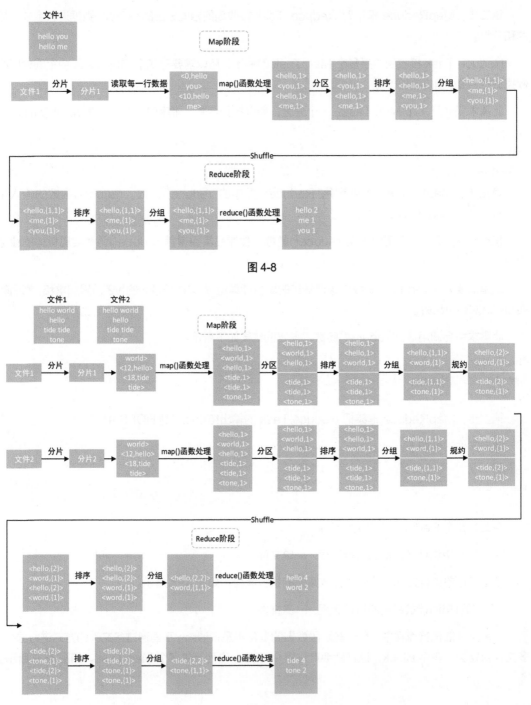

图 4-8

图 4-9

在图 4-9 中使用自定义分区将数据分为两个分区，并且使用了可选的 Combiner（规约）在 Map 端提前对数据进行了局部聚合，这样可以减少 Shuffle 过程传输的数据量，提高任务的执行效率。

2. 架构分析

在 Hadoop 3.x 中，MapReduce 是在 YARN 中执行的。下面分析一下 MapReduce 在 YARN 上的运行架构，如图 4-10 所示。

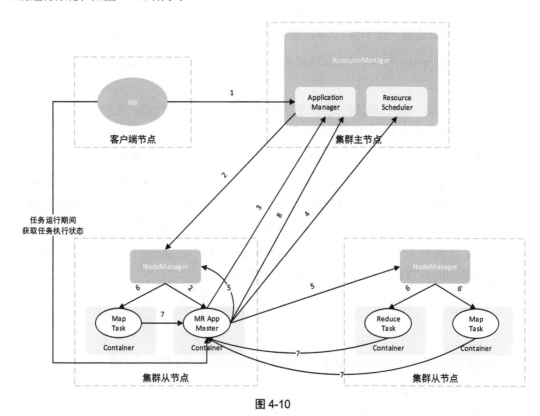

图 4-10

MapReduce 在 YARN 上的运行架构，大致可以分为两个阶段。

- 第 1 个阶段：ResourceManager（实际是 ResourceManager 中的 ApplicationManager）启动 MR AppMaster 进程。MR AppMaster 是 MapReduce ApplicationMaster 的简写，主要负责管理 MapReduce 任务的生命周期。对于每一个 MapReduce 任务都会启动一个 AppMaster 进程。
- 第 2 个阶段：MR AppMaster 创建应用程序，申请资源，并且监控应用程序的运行过程。

图 4-10 中的详细执行流程如下：

（1）用户通过客户端节点向集群提交任务，该任务首先会找到 ResourceManager 中的

ApplicationManager。

（2）ApplicationManager 在接收到任务后，会在集群中找一个 NodeManager，并在该 NodeManager 所在的节点上分配一个 Container（Container 是 YARN 动态分配的资源容器，包括一定的内存和 CPU），在这个 Container 中启动此任务对应的 MR AppMaster 进程，该进程用于进行任务的划分和任务的监控。

（3）MR AppMaster 在启动之后，会向 ResourceManager 中的 ApplicationManager 注册其信息，目的是与之通信。这样用户就可以通过 ResourceManager 查询作业的运行状态了。

（4）MR AppMaster 向 ResourceManager 中的 ResourceScheduler 申请计算任务所需要的资源。

（5）MR AppMaster 在申请到资源之后，会与对应的 NodeManager 通信，要求它们启动应用程序所需的任务（Map Task 和 Reduce Task）。

（6）各个 NodeManager 启动对应的 Container 来执行 Map Task 和 Reduce Task。

（7）各个任务（Map Task 和 Reduce Task）会向 MR AppMaster 汇报自己的执行进度和执行状况，以便让 MR AppMaster 随时掌握各个任务的运行状态，在某个任务出了问题之后重启执行该任务。在任务运行期间，用户可以通过 MR AppMaster 查询任务当前的运行状态。

（8）在任务执行完成之后，MR AppMaster 向 ApplicationManager 汇报，让 ApplicationManager 注销并关闭自己，释放并回收资源。

4.2.3 【实战】MapReduce 离线数据计算——计算文件中每个单词出现的总次数

需求：读取 HDFS 上的 hello.txt 文件，计算文件中每个单词出现的总次数。

hello.txt 文件内容如下：

```
hello you
hello me
```

MapReduce 代码开发流程如下：

（1）开发 Map 阶段代码。

（2）开发 Reduce 阶段代码。

（3）组装 MapReduce 任务。

（4）对 MapReduce 任务打 Jar 包。

（5）向集群提交 MapReduce 任务。

下面开始具体操作。

4.2.3.1 添加 Hadoop 相关的依赖

在 Maven 项目的 pom.xml 文件中添加 Hadoop 相关的依赖。

```xml
<dependency>
    <groupId>org.apache.hadoop</groupId>
    <artifactId>hadoop-client</artifactId>
    <version>3.2.0</version>
    <scope>provided</scope>
</dependency>
```

此处需要在 hadoop-client 依赖中增加 scope 属性，值为 provided，表示只在编译时使用该依赖，在执行及打包时都不使用。因为 hadoop-client 依赖在 Hadoop 集群中已经存在了，所以在打 Jar 包时就不需要将其打包进去了。

如果我们使用了集群中没有的第三方依赖包，则需要将其打进 Jar 包里。

4.2.3.2 开发 Map 阶段的代码

自定义一个 MyMapper 类，它继承 MapReduce 框架中的 Mapper 抽象类，代码如下：

```java
public static class MyMapper extends Mapper<LongWritable,Text,Text,LongWritable>{
    /**
     * 需要实现map函数
     * map函数接收的是<k1,v1>，输出的是<k2,v2>
     * @param k1
     * @param v1
     * @param context
     * @throws IOException
     * @throws InterruptedException
     */
    @Override
    protected void map(LongWritable k1, Text v1, Context context)
            throws IOException, InterruptedException {
        // k1: 每一行数据的行首偏移量
        // v1: 每一行数据
        // 在这里对获取到的每一行数据进行拆分，把单词拆分出来
        String[] words = v1.toString().split(" ");
        // 迭代拆分出来的单词数据
        for (String word:words) {
            // 把迭代后的单词封装成<k2,v2>的形式
            Text k2 = new Text(word);
```

```
            LongWritable v2 = new LongWritable(1L);
            // 把<k2,v2>写出去
            context.write(k2,v2);
        }
    }
}
```

4.2.3.3　开发 Reduce 阶段的代码

自定义一个 MyReducer 类，它继承 MapReduce 框架中的 Reducer 抽象类，代码如下：

```
public static class MyReducer extends Reducer<Text,LongWritable,Text,
LongWritable>{
    /**
     * 针对v2s（多个v2）数据进行累加求和，并最终把数据转换为<k3,v3>写出去
     * @param k2
     * @param v2s
     * @param context
     * @throws IOException
     * @throws InterruptedException
     */
    @Override
    protected void reduce(Text k2, Iterable<LongWritable> v2s, Context 
context)
            throws IOException, InterruptedException {
        // 创建一个 sum 变量，保存v2s 的和
        long sum = 0L;
        for (LongWritable v2 : v2s) {
            sum += v2.get();
        }
        // 组装<k3,v3>
        Text k3 = k2;
        LongWritable v3 = new LongWritable(sum);
        // 把结果写出去
        context.write(k3,v3);
    }
}
```

4.2.3.4　组装 MapReduce 任务

将 MyMapper 类和 MyReducer 类组装起来，构建 MapReduce 任务。

前面自定义 MyMapper 类和 MyReducer 类时用到了静态内部类的形式，主要是为了把它们一起定义在 WordCountJob 类中，以便于查看。

```
public class WordCountJob {
/**
```

```java
 * 组装Job = Map + Reduce
 * @param args
 */
public static void main(String[] args) {
    try {
        if(args.length!=2){
            // 如果传递的参数不够,则程序直接退出
            System.exit(100);
        }
        // Job需要的配置参数
        Configuration conf = new Configuration();
        // 创建一个Job
        Job job = Job.getInstance(conf);

        // 这一行必须设置,否则在集群中执行找不到WordCountJob这个类
        job.setJarByClass(WordCountJob.class);

        // 指定输入路径(可以是文件,也可以是目录)
        FileInputFormat.setInputPaths(job,new Path(args[0]));
        // 指定输出路径(只能指定一个不存在的目录)
        FileOutputFormat.setOutputPath(job,new Path(args[1]));

        // 指定Map相关的代码
        job.setMapperClass(MyMapper.class);
        // 指定k2的类型
        job.setMapOutputKeyClass(Text.class);
        // 指定v2的类型
        job.setMapOutputValueClass(LongWritable.class);

        // 指定Reduce相关的代码
        job.setReducerClass(MyReducer.class);
        // 指定k3的类型
        job.setOutputKeyClass(Text.class);
        // 指定v3的类型
        job.setOutputValueClass(LongWritable.class);

        // 提交Job
        job.waitForCompletion(true);
    }catch (Exception e){
        e.printStackTrace();
    }
}
}
```

4.2.3.5 对 MapReduce 任务打 Jar 包

如果 MapReduce 代码开完毕后想要执行，则需要将其打为 Jar 包。此时需要在此项目对应的 pom.xml 文件中添加 Maven 的编译打包插件配置。

```xml
<build>
    <plugins>
        <!-- compiler 插件，设定 JDK 版本 -->
        <plugin>
            <groupId>org.apache.maven.plugins</groupId>
            <artifactId>maven-compiler-plugin</artifactId>
            <version>2.3.2</version>
            <configuration>
                <encoding>UTF-8</encoding>
                <source>1.8</source>
                <target>1.8</target>
                <showWarnings>true</showWarnings>
            </configuration>
        </plugin>
        <plugin>
            <artifactId>maven-assembly-plugin</artifactId>
            <configuration>
                <descriptorRefs>
                    <descriptorRef>jar-with-dependencies</descriptorRef>
                </descriptorRefs>
                <archive>
                    <manifest>
                        <mainClass></mainClass>
                    </manifest>
                </archive>
            </configuration>
            <executions>
                <execution>
                    <id>make-assembly</id>
                    <phase>package</phase>
                    <goals>
                        <goal>single</goal>
                    </goals>
                </execution>
            </executions>
        </plugin>
    </plugins>
</build>
```

在执行打 Jar 包的操作后，可以在项目的 target 目录下看到生成的 XXX-jar-with-dependencies.jar 文件。

4.2.3.6 向集群提交 MapReduce 任务

首先，准备测试数据。

```
[root@bigdata01 hadoop-3.2.0]# vi hello.txt
hello you
hello me
```

然后，把测试数据上传至 HDFS。

```
[root@bigdata01 hadoop-3.2.0]# hdfs dfs -put hello.txt /
```

最后，将生成的 Jar 包上传至 Hadoop 集群的任意一台机器上，或者 Hadoop 客户端机器上，并且向集群提交 Jar 包。

```
[root@bigdata01 hadoop-3.2.0]# hadoop jar XXX-jar-with-dependencies.jar WordCountJob /hello.txt /out
```

 MapReduce 任务中指定的输出目录（/out）必须是一个之前不存在的目录，否则任务执行时会报错。

在将任务提交到集群后，可以在提交任务的命令行中看到如下日志信息。如果 map 执行到 100%，reduce 执行到 100%，则说明任务执行成功了。

```
2021-04-22 15:12:59,887 INFO mapreduce.Job:  map 0% reduce 0%
2021-04-22 15:13:08,050 INFO mapreduce.Job:  map 100% reduce 0%
2021-04-22 15:13:16,261 INFO mapreduce.Job:  map 100% reduce 100%
```

也可以选择到 YARN 提供的界面中查看任务执行情况——访问"http://bigdata01:8088"，显示的内容如图 4-11 所示。

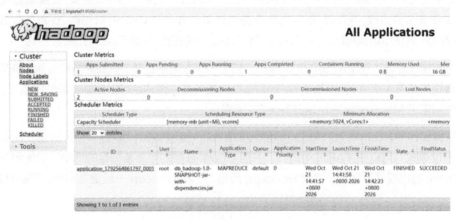

图 4-11

查看任务输出的结果：

```
[root@bigdata01 hadoop-3.2.0]# hdfs dfs -ls /out
Found 2 items
-rw-r--r--   2 root supergroup          0 2021-04-22 15:13 /out/_SUCCESS
-rw-r--r--   2 root supergroup         19 2021-04-22 15:13 /out/part-r-00000
[root@bigdata01 hadoop-3.2.0]# hdfs dfs -cat /out/part-r-00000
hello   2
me      1
you     1
```

说明如下。

- _SUCCESS 是一个标识文件，有这个文件表示这个任务执行成功了。
- part-r-00000 是具体的结果文件，如果有多个 Reduce Task，则会产生多个结果文件。多个文件会按照顺序编号：part-r-00001、part-r-00002 等。

4.3 离线计算引擎 Spark

4.3.1 Spark 可以取代 Hadoop 吗

在 Spark 刚出现时，网上有一种说法——Spark 要取代 Hadoop。其实这是一种错误的说法。

Spark 是一个基于内存的计算引擎，而 Hadoop 包含 HDFS、MapReduce 和 YARN。Spark 的角色类似于 Hadoop 中的 MapReduce。

那 Spark 是不是可以取代 MapReduce 呢？

以目前企业中的实际应用来说，对于海量数据分析，使用 Spark 的场景居多，主要是因为：Spark 中提供了很多高阶函数，可以轻松实现复杂迭代计算，并且其支持内存计算，计算效率非常高。MapReduce 的使用场景就比较少了，但 MapReduce 的稳定性是 Spark 无法企及的。

若数据量比较大，在使用 Spark 计算时，如果内存分配不合理，则会导致任务执行失败，无法计算出最终的结果。使用 MapReduce 计算虽然会慢一些，但肯定可以计算出最终的结果。所以，在特定的需求下 MapReduce 还是占有一席之地的。

在实际工作中，Spark 和 Hadoop 是深度结合在一起使用的，如图 4-12 所示。Spark 支持 ON YARN 模式，可以在 YARN 中运行，并且 Spark 任务的数据源和目的地都可以使用 HDFS。所以，Spark 的出现并不是为了取代 Hadoop，而是为了和 Hadoop 一起提高海量数据的计算效率。

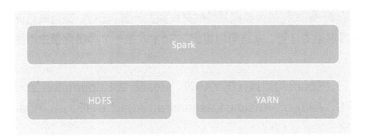

图 4-12

4.3.2　Spark 核心原理及架构分析

Spark 是一个用于大规模数据处理的统一计算引擎。

Spark 不仅可以做类似于 MapReduce 的离线数据计算，还可以做实时数据计算、SQL 计算、图计算、机器学习等。

Spark 一个最重要的特性是基于内存进行计算，所以它的计算速度可以达到 MapReduce 的几十倍甚至上百倍。

1. 特点

Spark 具有以下 4 大特点。

（1）速度快。由于 Spark 是基于内存进行计算的，所以其计算性能理论上可以是 MapReduce 的 100 多倍，如图 4-13 所示。Spark 使用最先进的 DAG 调度器、查询优化器和物理执行引擎，实现了高性能的数据处理。

（2）易用行强。Spark 的易用性主要体现在以下两个方面：

- 可以使用多种编程语言（如 Java、Scala、Python、R 和 SQL）快速编写应用程序。
- 有 80 多个高阶函数，可以轻松构建复杂 Spark 任务。如图 4-14 中的代码所示，Spark 可以直接读取 JSON 文件：先使用 where() 函数进行过滤，然后使用 select() 函数查询指定字段中的值。

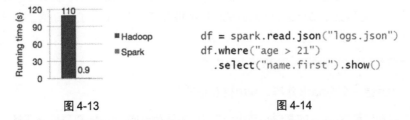

图 4-13　　　　　　　　　　图 4-14

（3）通用性强。Spark 提供了 Core、SQL、Streaming、MLlib 和 GraphX 等技术组件（如

图 4-15 所示），可以一站式完成大数据领域的离线数据计算、SQL 交互式查询、实时数据计算、机器学习、图计算等常见的任务。从这可以看出，Spark 是一个具备完整生态圈的技术框架，不是"一个人在战斗"。

（4）可到处运行。Spark 可以运行在 YARN、Mesos 或 Kubernetes 上（如图 4-16 所示），并且可以访问 HDFS、Alluxio、Apache Cassandra、Apache HBase、Apache Hive 和数百个其他数据源中的数据。

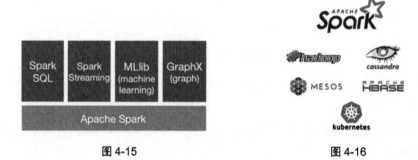

图 4-15　　　　　　　　　　图 4-16

Spark 发展到现在一共有 3 大版本：1.x、2.x 和 3.x。目前企业中最常用的版本是 2.x。本书在分析 Spark 相关原理及架构时使用的是 Spark 2.x 版本。

2. 原理分析

Spark 任务在执行时，会读取输入数据（例如 HDFS），将数据加载到内存中，转换为 RDD。RDD（Resillient Distributed Dataset，弹性分布式数据集）是 Spark 提供的核心抽象。

RDD 具有如下特点。

- 弹性：RDD 数据默认情况下被存放在内存中，但是在内存资源不足时，Spark 也会自动将 RDD 数据写入磁盘。
- 分布式：从抽象层面来说，RDD 是一种元素数据的集合。它是被分区的，每个分区分布在集群中的不同节点上，从而让 RDD 中的数据可以被并行操作。
- 容错性：RDD 最重要的一个特性是提供了容错性，可以自动从节点失败中恢复。如果因为节点故障，导致某个节点上的 RDD 的分区数据丢了，则 RDD 会自动通过自己的数据来源重新计算该分区的数据。

Spark 执行数据计算的整个流程如图 4-17 所示。

图 4-17 中间是一个 Spark 集群，其中有 6 个节点。

图 4-17 中左边是 Spark 的客户端节点，该节点主要负责向 Spark 集群提交任务。每个 Spark 任务肯定会有数据源，数据源在这里使用 HDFS，表示让 Spark 计算 HDFS 中的指定数据。

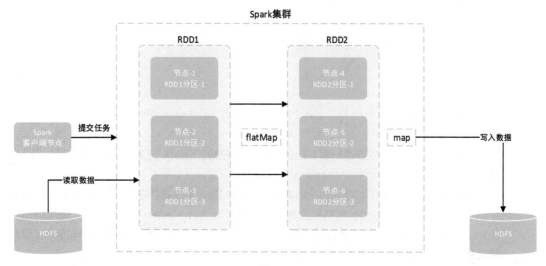

图 4-17

Spark 任务读取出 HDFS 中的数据后，会将其转换为 RDD（在这里称为 RDD1）。从图 4-17 中可知，RDD1 有 3 个分区：RDD1 分区-1、RDD1 分区-2 和 RDD1 分区-3。这样的好处是：可以并行计算，每个节点计算当前节点上的这一个分区的数据。这里也用到了本地计算的思想。

接下来需要对 RDD1 中的数据进行计算了，可以使用一些高阶函数（例如 flatMap()、map() 等）进行计算。

（1）使用 flatMap() 函数对数据进行处理，此时 flatMap() 函数会在节点 1、节点 2 和节点 3 上并行执行。

（2）计算之后的结果还是一个带有分区的 RDD，在这里称为 RDD2。假设 RDD2 的数据存在节点 4、节点 5 和节点 6 上，每个节点上存储一个分区的数据，分别是：RDD2 分区-1、RDD2 分区-2 和 RDD2 分区-3。

（3）通过 map() 或其他的一些高阶函数对 RDD 中的数据进行计算，在执行到最后一步时需要把数据输出存储起来，这里选择把数据存储到 HDFS 上。

在实际工作中，对于离线数据计算，数据源和目的地一般都是 HDFS。

3. 架构分析

在分析 Spark 的架构之前，需要先分析一下 Spark 的几种运行模式，最常见的是 Standalone（独立集群）和 ON YARN 模式，如图 4-18 所示。

图 4-18

- Standalone 模式：独立部署一套 Spark 集群。开发的 Spark 任务就在这个独立的 Spark 集群中执行。
- ON YARN 模式：使用现有的 Hadoop 集群。开发的 Spark 任务会在 Hadoop 集群的 YARN 中执行。此时这个 Hadoop 集群是公共的，不仅可以运行 MapReduce 任务，还可以运行 Spark 任务。这样集群的资源就可以共享了，并且也不需要维护多个集群。这样提高了集群资源的利用率，减少了运维压力，一举两得。

在实际工作中一般都会使用 ON YARN 模式。

 ON YARN 模式在使用时还可以细分为 YARN-Client 模式和 YARN-Cluster 模式，如图 4-19 所示。

图 4-19

- YARN-Client 模式：Driver 进程（Driver 进程负责调度 Spark 任务）运行在客户端（即提交 Spark 任务的那个节点）。客户端节点的配置一般都不高，如果 Spark 任务向 Driver 进程返回了大量数据，则可能会导致内存溢出等问题。如果大量任务都使用 YARN-Client 模式，并且都在同一个客户端上进行提交，则每个任务都会在客户端节点上启动一个 Driver 进程，这样会对这个客户端节点造成很大的压力。所以，这种方式主要用于测试，且其查看日志方便一些（部分日志会直接打印到控制台上）。
- YARN-Cluster 模式：Driver 进程运行在集群中的某一个节点上，所以就不存在 YARN-Client 模式的那些问题了。在企业生产环境中建议使用 YARN-Cluster 模式。

Standalone 模式、YARN-Client 模式和 YARN-Cluster 模式提交任务时的区别如图 4-20 所示。

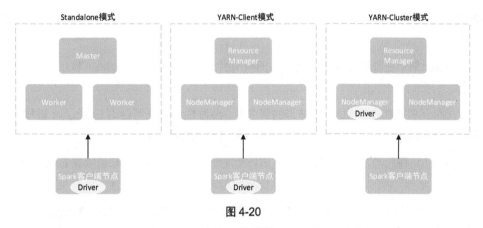

图 4-20

下面分别通过 Standalone 模式和 ON YARN 模式详细分析 Spark 架构。

（1）Standalone 模式下的 Spark 架构。

在 Standalone 模式下，在 Spark 集群中主要包含以下进程。

- Master：在集群主节点中启动的进程，主要负责集群资源的管理和分配、集群的监控等。
- Worker：在集群从节点中启动的进程，主要负责启动 Executor 执行具体的数据处理和计算任务。
- Executor：此进程由 Worker 负责启动，主要用于执行数据处理和计算任务。
- Driver：一个特殊的 Executor 进程，主要负责运行 Spark 程序的 main()函数、创建 Spark 的上下文（SparkContext）、生成并发送 Task 到 Executor 中等。
- Task：一个线程，由 Executor 负责启动，它是真正负责干活的。

在 Standalone 模式下，Spark 架构中这些进程的关系如图 4-21 所示。

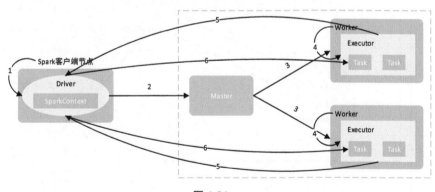

图 4-21

① 在 Spark 客户端节点上启动 Driver 进程，创建 SparkContext，开始执行 Spark 代码。

② Driver 进程在启动后会做一些初始化的操作，它会找到集群的 Master 节点，对 Spark 任务进行注册。

③ Master 节点在收到 Spark 任务的注册申请后，会发送请求给 Worker 节点，进行资源的调度和分配。

④ Worker 节点在收到 Master 节点的请求后，会为 Spark 任务启动 Executor 进程，会启动一个或者多个 Executor。具体启动多少个，由任务的参数配置决定。

⑤ Executor 在启动之后，会向 Driver 进行反注册，这样 Driver 就知道哪些 Executor 在为它服务了。

⑥ Driver 会根据在 Spark 任务中对 RDD 定义的操作，提交一堆 Task 到 Executor 上执行。Task 中执行的其实就是 flatMap()、map()这些高阶函数。

（2）ON YARN 模式下的 Spark 架构。

ON YARN 模式下的 Spark 架构，可以细分为 YARN-Client 模式下的 Spark ON YARN 架构、YARN-Cluster 模式下的 Spark ON YARN 架构。

YARN-Client 模式下的 Spark ON YARN 架构如图 4-22 所示。

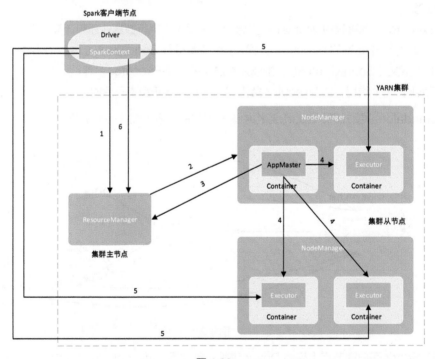

图 4-22

① Spark 客户端节点向 YARN 中提交 Spark 任务：首先向 YARN 的 ResourceManager 申请启动 AppMaster（Application Master），然后在 Driver 进程中创建 SparkContext。

② ResourceManager 在收到请求后，会在集群中选择一个 NodeManager 为该应用程序分配第 1 个 Container，并且在这个 Container 中启动应用程序的 AppMaster。YARN-Client 模式中的 AppMaster 只会联系 SparkContext 进行资源的分配。

③ AppMaster 向 ResourceManager 进行注册，根据任务信息向 ResourceManager 申请资源（Container）。

④ AppMaster 在申请到资源（Container）后，会与对应的 NodeManager 进行通信，创建 Container，启动 Executor。

⑤ Driver 进程中的 SparkContext 会分配 Task 给 Executor 去执行，Executor 运行 Task 并向 Driver 汇报执行的状态和进度，从而可以在任务失败时重新启动任务。

⑥ 在 Spark 任务运行完成后，SparkContext 向 ResourceManager 申请注销并关闭自己。

YARN-Cluster 模式下的 Spark ON YARN 架构如图 4-23 所示。

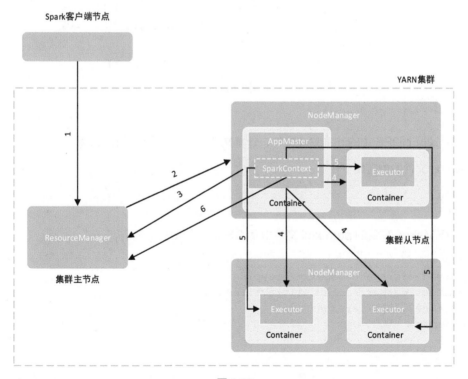

图 4-23

在 YARN-Cluster 模式中，当用户向 YARN 中提交一个 Spark 任务后，YARN 将分为以下两个阶段运行此任务。

- 第一阶段：把 Spark 的 Driver 作为一个 AppMaster 在 YARN 集群中启动。
- 第二阶段：AppMaster 创建 Spark 任务，然后为它向 ResourceManager 申请资源，接着启动 Executor 来运行 Task，并且监控它的整个运行过程，直到运行完成。

在 YARN-Client 模式和 YARN-Cluster 模式下，Spark ON YARN 架构的区别是——Driver 进程运行的位置不同。

4.3.3 【实战】Spark 离线数据计算——计算文件中每个单词出现的总次数

Spark 离线数据计算的过程是：先读取 HDFS 中数据，然后使用高阶函数进行处理，最后将结果输到 HDFS 中，如图 4-24 所示。

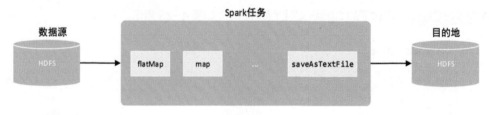

图 4-24

4.3.3.1 离线数据计算

需求：读取 HDFS 上的 hello.txt 文件，计算文件中每个单词出现的总次数。

hello.txt 文件的内容如下：

```
hello you
hello me
```

（1）在 Maven 项目的 pom.xml 文件中添加 Spark 的相关依赖。

```xml
<dependency>
    <groupId>org.apache.spark</groupId>
    <artifactId>spark-core_2.11</artifactId>
    <version>2.4.3</version>
</dependency>
```

在开发 Spark 代码时，可以使用 Java、Scala、Python 等语言。官方提供了多种语言的 API 支持，它们的特点如图 4-25 所示。

目前在企业中开发 Spark 代码，最常使用的是 Scala 语言，因为 Spark 的源码就是使用 Scala 开发的。使用 Scala 语言开发 Spark 代码是最顺手的。

图 4-25

（2）下面通过 Java 和 Scala 这两种语言开发 Spark 代码。

使用 Java 语言开发 Spark 代码：

```java
public class WordCountJava {
    public static void main(String[] args) {
        //第一步：创建 JavaSparkContext
        SparkConf conf = new SparkConf();
        conf.setAppName("WordCountJava")          //设置任务名称
            .setMaster("local");                  //local 表示在本地执行
        JavaSparkContext sc = new JavaSparkContext(conf);
        //第二步：加载数据
        String path = "hdfs://bigdata01:9000/hello.txt";
        if(args.length==1){
            path = args[0];
        }
        JavaRDD<String> linesRDD = sc.textFile(path);
        //第三步：对数据进行拆分，把一行数据拆分成多个单词
        //注意：FlatMapFunction 的泛型，第 1 个参数表示输入数据类型，第 2 个参数表示是输出
数据类型
        JavaRDD<String> wordsRDD = linesRDD.flatMap(new FlatMapFunction<String, String>() {
            public Iterator<String> call(String line) throws Exception {
                return Arrays.asList(line.split(" ")).iterator();
            }
        });
        //第四步：迭代 word，将每个 word 转换为(word,1)这种形式
        //注意：PairFunction 的泛型，第 1 个参数是输入数据的类型
```

```
        //第 2 个参数是输出 tuple 中的第 1 个参数的类型,第 3 个参数是输出 tuple 中的第 2 个参
数的类型
        //注意:如果后面需要使用到...ByKey,则前面都需要使用 mapToPair 去处理
        JavaPairRDD<String, Integer> pairRDD = wordsRDD.mapToPair(new
PairFunction<String, String, Integer>() {
            public Tuple2<String, Integer> call(String word) throws Exception {
                return new Tuple2<String, Integer>(word, 1);
            }
        });
        //第五步:根据 key(其实就是 word)进行分组聚合统计
        JavaPairRDD<String, Integer> wordCountRDD = pairRDD.reduceByKey(new
Function2<Integer, Integer, Integer>() {
            public Integer call(Integer i1, Integer i2) throws Exception {
                return i1 + i2;
            }
        });
        //第六步:将结果打印到控制台上
        wordCountRDD.foreach(new VoidFunction<Tuple2<String, Integer>>() {
            public void call(Tuple2<String, Integer> tup) throws Exception {
                System.out.println(tup._1+"\t"+tup._2);
            }
        });
        //第七步:停止 SparkContext
        sc.stop();
    }
}
```

使用 Scala 语言开发 Spark 代码:

```
object WordCountScala {

  def main(args: Array[String]): Unit = {
    //第一步:创建 SparkContext
    val conf = new SparkConf()
    conf.setAppName("WordCountScala")        //设置任务名称
      .setMaster("local")                    //local 表示在本地执行
    val sc = new SparkContext(conf)

    //第二步:加载数据
    var path = "hdfs://bigdata01:9000/hello.txt"
    if(args.length==1){
      path = args(0)
    }
    val linesRDD = sc.textFile(path)
```

```
//第三步：对数据进行拆分，把一行数据拆分成多个单词
val wordsRDD = linesRDD.flatMap(_.split(" "))

//第四步：迭代word，将每个word转换为(word,1)这种形式
val pairRDD = wordsRDD.map((_,1))

//第五步：根据key（其实就是word）进行分组聚合统计
val wordCountRDD = pairRDD.reduceByKey(_ + _)

//第六步：将结果打印到控制台上
//注意：只有当任务执行到这一行代码时，任务才会真正开始执行计算
//如果任务中没有这一行代码，则前面的所有算子是不会执行的
wordCountRDD.foreach(wordCount=>println(wordCount._1+"\t"+wordCount._2))

//第七步：停止SparkContext
sc.stop()
}

}
```

Spark 代码可以在 IDEA 等开发工具中直接运行，方便本地调试代码。需要在代码中对 setMaster()进行设置——将参数指定为 local。

（3）在 IDEA 中运行代码，可以在控制台上看到如下结果：

```
you   1
hello 2
me    1
```

4.3.3.2 安装 Spark 客户端提交任务

在实际工作中，在 Spark 代码开发完成且本地调试完毕后，需要将其打包提交到集群中执行。此时需要安装一个 Spark 客户端，便于向集群提交任务。

在这里以 Spark ON YARN 模式为例，演示 Spark 客户端节点的安装。

> 对于 Spark ON YARN 模式，Spark 客户端需要和 Hadoop 客户端安装在一起，即在 Spark 客户端节点上需要有 Hadoop 的相关环境，这样 Spark 才能找到 YARN 集群。

（1）将下载好的 spark-2.4.3-bin-hadoop2.7.tgz 安装包上传到 bigdata04 的 "/data/soft" 目录下。

```
[root@bigdata04 soft]# ll spark-2.4.3-bin-hadoop2.7.tgz
-rw-r--r--. 1 root root 229988313 May 23  2020 spark-2.4.3-bin-hadoop2.7.tgz
```

（2）解压缩 Spark 安装包。

```
[root@bigdata01 soft]# tar -zxvf spark-2.4.3-bin-hadoop2.7.tgz
```

（3）重命名 spark-env.sh.template 文件。

```
[root@bigdata01 soft]# cd spark-2.4.3-bin-hadoop2.7/conf/
[root@bigdata01 conf]# mv spark-env.sh.template  spark-env.sh
```

（4）修改 spark-env.sh 文件。

在文件末尾增加以下两行内容，指定 JAVA_HOME 和 HADOOP_CONF_DIR（Hadoop 的配置文件目录）。

```
export JAVA_HOME=/data/soft/jdk1.8
export HADOOP_CONF_DIR=/data/soft/hadoop-3.2.0/etc/hadoop
```

（5）提交任务。

接下来就可以使用这个 Spark 客户端节点向 Hadoop 集群提交 Spark 任务了，这里直接使用 Spark 内置的测试案例。当然，如果想使用前面开发的 Spark 单词计数案例也是可以的，只需要按照 4.3.3 节中的打包方式打包即可。

```
[root@bigdata04 spark-2.4.3-bin-hadoop2.7]# bin/spark-submit --class
org.apache.spark.examples.SparkPi --master yarn --deploy-mode cluster
examples/jars/spark-examples_2.11-2.4.3.jar
```

说明如下。

- bin/spark-submit：指定提交 Spark 任务的脚本。
- --class：指定 Spark 任务 Jar 包的入口类。
- --master：指定参数"yarn"表示将 Spark 任务提交到 YARN 集群。
- --deploy-mode：指定参数"cluster"表示使用 YARN-Cluster 模式。
- examples/jars/spark-examples_2.11-2.4.3.jar：指定 Spark 任务 Jar 包。

在实际工作中，建议把这条命令封装到 Shell 脚本中，使用起来会更加方便，查看和修改时也非常方便，如下所示：

```
[root@bigdata04 spark-2.4.3-bin-hadoop2.7]# more startJob.sh
bin/spark-submit \
--class org.apache.spark.examples.SparkPi \
--master yarn \
--deploy-mode cluster \
examples/jars/spark-examples_2.11-2.4.3.jar
```

（6）到 YARN 中查看任务的执行情况。

访问"http://bigdata01:8088"，显示的内容如图 4-26 所示。

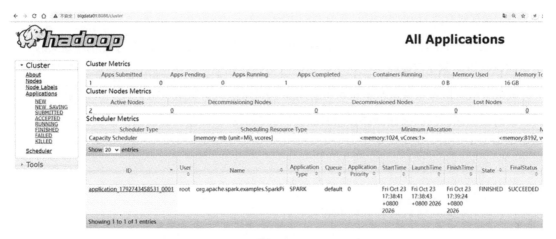

图 4-26

这样就可以使用 Spark ON YARN 模式执行 Spark 任务了。

4.3.4　Spark 中核心算子介绍及使用

Spark 中的高阶函数一般被称为算子。Spark 比 MapReduce 更加优秀的一个方面是：MapReduce 模型是固定的，只有 Map 阶段和 Reduce 阶段；而 Spark 支持很多种算子对 RDD 进行操作，这些算子可以进行组合，非常适合执行复杂迭代计算。

Spark 对 RDD 的操作可以分为以下两类。

- Transformation：对于 RDD 中数据的转换操作。主要是针对已有的 RDD 创建一个新的 RDD，常见的有 map()、flatMap()、filter()等。
- Action：触发 Spark 任务真正执行的操作。主要对 RDD 进行最后的操作，比如遍历、聚合、保存到文件等，并且还可以把结果返给 Driver 程序。

其中，Transformation 算子有一个特性——lazy，如图 4-27 所示。

图 4-27

lazy 特性表示：如果在一个 Spark 任务中只定义了 Transformation 算子，那么即使向集群提交这个 Spark 任务，Spark 任务也不会执（即 Transformation 算子不会触发 Spark 任务的执行，它只是记录了对 RDD 所做的操作，不会立刻执行）。

只有在 Transformation 算子后接着执行 Action 算子，则 Action 算子之前所定义的所有 Transformation 算子才会执行。

Spark 通过 lazy 特性来进行 Spark 任务底层执行的优化，避免产生过多的中间结果。

下面以前面开发的 Spark 单词计数代码为例进行分析：

```
//第一步：创建 SparkContext
val conf = new SparkConf()
conf.setAppName("WordCountScala")
  .setMaster("local")
val sc = new SparkContext(conf)

//第二步：加载数据
var path = "hdfs://bigdata01:9000/hello.txt"
if(args.length==1){
  path = args(0)
}
//这里通过 textFile()方法对外部文件创建了一个 RDD——linesRDD。实际上，程序执行到这里为止，hello.txt 文件的数据是不会被加载到内存中的。linesRDD 只是代表了一个指向 hello.txt 文件的引用
val linesRDD = sc.textFile(path)

//第三步：对数据进行拆分，把一行数据拆分成多个单词
//这里通过 flatMap 算子对 linesRDD 进行了转换操作（把每一行数据中的单词分开），最终获取一个转换后的 wordsRDD。但是由于 linesRDD 目前是没有数据的，所以现在不会做任何操作，只是进行了逻辑上的定义而已，最终生成的 wordsRDD 也只是一个逻辑上的 RDD，其中并没有数据
val wordsRDD = linesRDD.flatMap(_.split(" "))

//第四步：迭代 words，将所有 word 转换为(word,1)这种形式
//这个操作和前面分析的 flatMap 的操作是一样的，最终获取一个逻辑上的 pairRDD，其中也没有数据
val pairRDD = wordsRDD.map((_,1))

//第五步：根据 key（其实就是 word）进行分组聚合统计
//这个操作和前面分析的 flatMap 算子一样，最终获取一个逻辑上的 wordCountRDD，其中也没有数据
val wordCountRDD = pairRDD.reduceByKey(_ + _)

//第六步：将结果打印到控制台上
//这行代码执行了一个 Action 算子——foreach，此时会触发之前所有 Transformation 算子的执行，Spark 会将这些算子拆分成多个 Task 发送到多个机器上并行执行。因为这个 foreach 算子是
```

没有返回值的,所以不会向 Driver 进程返回数据。如果是 reduce 操作,则会向 Driver 进程返回最终的结果数据

```
//注意:只有执行到这一行代码时,任务才会真正开始执行计算。如果任务中没有这一行代码,则前面的所有算子是不会执行的
   wordCountRDD.foreach(wordCount=>println(wordCount._1+"--"+wordCount._2))

   //第七步:停止 SparkContext
   sc.stop()
```

4.3.4.1 Transformation 算子

Spark 中常见的 Transformation 算子见表 4-1。

表 4-1

算 子	介 绍
map()	对 RDD 中的每个元素进行处理,输入一个元素返回一个元素(一进一出)
filter()	对 RDD 中的每个元素进行判断,如果返回 True,则保留这个元素
flatMap()	与 map()类似,但是每个元素都可以返回一个或多个新元素
groupByKey()	根据 Key 进行分组,返回 Key 及 Value 的列表(Iterable<value>)
reduceByKey()	对每个相同 Key 对应的 Value 进行 Reduce 操作
sortByKey()	对每个相同 Key 对应的 Value 进行排序操作(全局排序)
join()	对两个包含<Key,Value>对的 RDD 进行 JOIN 操作
distinct()	对 RDD 中的元素进行全局去重

对于这些常见的 Transformation 算子,下面通过一些具体的案例进行分析。

Java 语言实现的代码如下:

```
public class TransformationOpJava {
    public static void main(String[] args) {
        JavaSparkContext sc = getSparkContext();
        //map:对集合中每个元素乘以 2
        //mapOp(sc);
        //filter:过滤出集合中的偶数
        //filterOp(sc);
        //flatMap:将行拆分为单词
        //flatMapOp(sc);
        //groupByKey:对每个大区的主播进行分组
        //groupByKeyOp(sc);
        //groupByKeyOp2(sc);
        //reduceByKey:统计每个大区的主播数量
        //reduceByKeyOp(sc);
        //sortByKey:对主播的金币收入进行排序
```

```java
        //sortByKeyOp(sc);
        //join: 打印每个主播的大区信息和金币收入
        //joinOp(sc);
        //distinct: 统计当天开播的大区信息
        //distinctOp(sc);

        sc.stop();
    }

    private static void distinctOp(JavaSparkContext sc) {
        Tuple2<Integer,String> t1 = new Tuple2<Integer,String>(150001, "US");
        Tuple2<Integer,String> t2 = new Tuple2<Integer,String>(150002, "CN");
        Tuple2<Integer,String> t3 = new Tuple2<Integer,String>(150003, "CN");
        Tuple2<Integer,String> t4 = new Tuple2<Integer,String>(150004, "IN");
        JavaRDD<Tuple2<Integer, String>> dataRDD =
sc.parallelize(Arrays.asList(t1, t2, t3, t4));
        dataRDD.map(new Function<Tuple2<Integer, String>, String>() {
            @Override
            public String call(Tuple2<Integer, String> tup) throws Exception {
                return tup._2;
            }
        }).distinct().foreach(new VoidFunction<String>() {
            @Override
            public void call(String area) throws Exception {
                System.out.println(area);
            }
        });
    }

    private static void joinOp(JavaSparkContext sc) {
        Tuple2<Integer,String> t1 = new Tuple2<Integer,String>(150001, "US");
        Tuple2<Integer,String> t2 = new Tuple2<Integer,String>(150002, "CN");
        Tuple2<Integer,String> t3 = new Tuple2<Integer,String>(150003, "CN");
        Tuple2<Integer,String> t4 = new Tuple2<Integer,String>(150004, "IN");

        Tuple2<Integer,Integer> t5 = new Tuple2<Integer,Integer>(150001, 400);
        Tuple2<Integer,Integer> t6 = new Tuple2<Integer,Integer>(150002, 200);
        Tuple2<Integer,Integer> t7 = new Tuple2<Integer,Integer>(150003, 300);
        Tuple2<Integer,Integer> t8 = new Tuple2<Integer,Integer>(150004, 100);
        JavaRDD<Tuple2<Integer, String>> dataRDD1 =
sc.parallelize(Arrays.asList(t1, t2, t3, t4));
        JavaRDD<Tuple2<Integer, Integer>> dataRDD2 =
sc.parallelize(Arrays.asList(t5, t6, t7, t8));
```

```java
        JavaPairRDD<Integer, String> dataRDD1Pair = dataRDD1.mapToPair(new
PairFunction<Tuple2<Integer, String>, Integer, String>() {
            @Override
            public Tuple2<Integer, String> call(Tuple2<Integer, String> tup)
                    throws Exception {
                return new Tuple2<Integer, String>(tup._1, tup._2);
            }
        });

        JavaPairRDD<Integer, Integer> dataRDD2Pair = dataRDD2.mapToPair(new
PairFunction<Tuple2<Integer, Integer>, Integer, Integer>() {
            @Override
            public Tuple2<Integer, Integer> call(Tuple2<Integer, Integer> tup)
                    throws Exception {
                return new Tuple2<Integer, Integer>(tup._1, tup._2);
            }
        });

        dataRDD1Pair.join(dataRDD2Pair).foreach(new
VoidFunction<Tuple2<Integer, Tuple2<String, Integer>>>() {
            @Override
            public void call(Tuple2<Integer, Tuple2<String, Integer>> tup) throws
Exception {
                System.out.println(tup);
            }
        });
    }

    private static void sortByKeyOp(JavaSparkContext sc) {
        Tuple2<Integer,Integer> t1 = new Tuple2<Integer,Integer>(150001, 400);
        Tuple2<Integer,Integer> t2 = new Tuple2<Integer,Integer>(150002, 200);
        Tuple2<Integer,Integer> t3 = new Tuple2<Integer,Integer>(150003, 300);
        Tuple2<Integer,Integer> t4 = new Tuple2<Integer,Integer>(150004, 100);
        JavaRDD<Tuple2<Integer, Integer>> dataRDD =
sc.parallelize(Arrays.asList(t1, t2, t3, t4));
        /*dataRDD.mapToPair(new PairFunction<Tuple2<Integer, Integer>, Integer,
Integer>() {
            @Override
            public Tuple2<Integer, Integer> call(Tuple2<Integer, Integer> tup)
                    throws Exception {
                return new Tuple2<Integer, Integer>(tup._2,tup._1);
            }
        }).sortByKey(false).foreach(new VoidFunction<Tuple2<Integer,
Integer>>() {
```

```java
            @Override
            public void call(Tuple2<Integer, Integer> tup) throws Exception {
                System.out.println(tup);
            }
        });*/
        //使用sortBy
        dataRDD.sortBy(new Function<Tuple2<Integer, Integer>, Integer>() {
            @Override
            public Integer call(Tuple2<Integer, Integer> tup) throws Exception {
                return tup._2;
            }
        },false,1).foreach(new VoidFunction<Tuple2<Integer, Integer>>() {
            @Override
            public void call(Tuple2<Integer, Integer> tup) throws Exception {
                System.out.println(tup);
            }
        });

    }

    private static void reduceByKeyOp(JavaSparkContext sc) {
        Tuple2<Integer,String> t1 = new Tuple2<Integer,String>(150001, "US");
        Tuple2<Integer,String> t2 = new Tuple2<Integer,String>(150002, "CN");
        Tuple2<Integer,String> t3 = new Tuple2<Integer,String>(150003, "CN");
        Tuple2<Integer,String> t4 = new Tuple2<Integer,String>(150004, "IN");
        JavaRDD<Tuple2<Integer,String>> dataRDD = sc.parallelize(Arrays.asList(t1, t2, t3, t4));
        dataRDD.mapToPair(new PairFunction<Tuple2<Integer, String>, String, Integer>() {
            @Override
            public Tuple2<String, Integer> call(Tuple2<Integer, String> tup)
                    throws Exception {
                return new Tuple2<String, Integer>(tup._2,1);
            }
        }).reduceByKey(new Function2<Integer, Integer, Integer>() {
            @Override
            public Integer call(Integer i1, Integer i2) throws Exception {
                return i1 + i2;
            }
        }).foreach(new VoidFunction<Tuple2<String, Integer>>() {
            @Override
            public void call(Tuple2<String, Integer> tup) throws Exception {
                System.out.println(tup);
```

```java
            }
        });
    }
    private static void groupByKeyOp(JavaSparkContext sc) {
        Tuple2<Integer,String> t1 = new Tuple2<Integer,String>(150001, "US");
        Tuple2<Integer,String> t2 = new Tuple2<Integer,String>(150002, "CN");
        Tuple2<Integer,String> t3 = new Tuple2<Integer,String>(150003, "CN");
        Tuple2<Integer,String> t4 = new Tuple2<Integer,String>(150004, "IN");
        JavaRDD<Tuple2<Integer,String>> dataRDD =
sc.parallelize(Arrays.asList(t1, t2, t3, t4));

        //如果要使用 XXXByKey 之类的算子，则需要先使用 XXXToPair 算子
        dataRDD.mapToPair(new PairFunction<Tuple2<Integer, String>, String, Integer>() {
            @Override
            public Tuple2<String, Integer> call(Tuple2<Integer, String> tup)
                    throws Exception {
                return new Tuple2<String, Integer>(tup._2,tup._1);
            }
        }).groupByKey().foreach(new VoidFunction<Tuple2<String, Iterable<Integer>>>() {
            @Override
            public void call(Tuple2<String, Iterable<Integer>> tup) throws Exception {
                //获取大区信息
                String area = tup._1;
                System.out.print(area+":");
                //获取同一个大区对应的所有用户 ID
                Iterable<Integer> it = tup._2;
                for (Integer uid: it) {
                    System.out.print(uid+" ");
                }
                System.out.println();
            }
        });
    }

    private static void groupByKeyOp2(JavaSparkContext sc) {
        Tuple3<Integer,String,String> t1 = new
Tuple3<Integer,String,String>(150001, "US", "male");
        Tuple3<Integer,String,String> t2 = new
Tuple3<Integer,String,String>(150002, "CN", "female");
```

```java
        Tuple3<Integer,String,String> t3 = new 
Tuple3<Integer,String,String>(150003, "CN", "male");
        Tuple3<Integer,String,String> t4 = new 
Tuple3<Integer,String,String>(150004, "IN", "female");
        JavaRDD<Tuple3<Integer,String,String>> dataRDD = 
sc.parallelize(Arrays.asList(t1, t2, t3, t4));

        dataRDD.mapToPair(new PairFunction<Tuple3<Integer, String, String>, 
String, Tuple2<Integer,String>>() {
            @Override
            public Tuple2<String, Tuple2<Integer, String>> call(Tuple3<Integer, 
String, String> tup) throws Exception {
                return new Tuple2<String, Tuple2<Integer, String>>(tup._2(), new 
Tuple2<Integer, String>(tup._1(), tup._3()));
            }
        }).groupByKey().foreach(new VoidFunction<Tuple2<String, 
Iterable<Tuple2<Integer, String>>>>() {
            @Override
            public void call(Tuple2<String, Iterable<Tuple2<Integer, String>>> 
tup)
                    throws Exception {
                //获取大区信息
                String area = tup._1;
                System.out.print(area+":");
                //获取同一个大区对应的所有用户ID和性别信息
                Iterable<Tuple2<Integer, String>> it = tup._2;
                for (Tuple2<Integer, String> tu: it) {
                    System.out.print("<"+tu._1+","+tu._2+"> ");
                }
                System.out.println();
            }
        });

    }

    private static void flatMapOp(JavaSparkContext sc) {
        JavaRDD<String> dataRDD = sc.parallelize(Arrays.asList("good good study",
"day day up"));
        dataRDD.flatMap(new FlatMapFunction<String, String>() {
            @Override
            public Iterator<String> call(String line) throws Exception {
                String[] words = line.split(" ");
                return Arrays.asList(words).iterator();
            }
```

```java
        }).foreach(new VoidFunction<String>() {
            @Override
            public void call(String word) throws Exception {
                System.out.println(word);
            }
        });
    }

    private static void filterOp(JavaSparkContext sc) {
        JavaRDD<Integer> dataRDD = sc.parallelize(Arrays.asList(1, 2, 3, 4, 5));
        dataRDD.filter(new Function<Integer, Boolean>() {
            @Override
            public Boolean call(Integer i1) throws Exception {
                return i1 % 2 == 0;
            }
        }).foreach(new VoidFunction<Integer>() {
            @Override
            public void call(Integer i1) throws Exception {
                System.out.println(i1);
            }
        });
    }

    private static void mapOp(JavaSparkContext sc) {
        JavaRDD<Integer> dataRDD = sc.parallelize(Arrays.asList(1, 2, 3, 4, 5));
        dataRDD.map(new Function<Integer, Integer>() {
            @Override
            public Integer call(Integer i1) throws Exception {
                return i1 * 2;
            }
        }).foreach(new VoidFunction<Integer>() {
            @Override
            public void call(Integer i1) throws Exception {
                System.out.println(i1);
            }
        });
    }

    private static JavaSparkContext getSparkContext() {
        SparkConf conf = new SparkConf();
        conf.setAppName("TransformationOpJava")
                .setMaster("local");
        return new JavaSparkContext(conf);
    }
}
```

```scala
}
```

Scala 语言实现的代码如下:

```scala
object TransformationOpScala {

  def main(args: Array[String]): Unit = {
    val sc = getSparkContext
    //map: 对集合中每个元素乘以2
    //mapOp(sc)
    //filter: 过滤出集合中的偶数
    //filterOp(sc)
    //flatMap: 将行拆分为单词
    //flatMapOp(sc)
    //groupByKey: 对每个大区的主播进行分组
    //groupByKeyOp(sc)
    //groupByKeyOp2(sc)
    //reduceByKey: 统计每个大区的主播数量
    //reduceByKeyOp(sc)
    //sortByKey: 对主播的金币收入进行排序
    //sortByKeyOp(sc)
    //join: 打印每个主播的大区信息和金币收入
    //joinOp(sc)
    //distinct: 统计当天开播的大区信息
    //distinctOp(sc)
    sc.stop()
  }

  def distinctOp(sc: SparkContext): Unit = {
    val dataRDD = sc.parallelize(Array((150001,"US"),(150002,"CN"),
(150003,"CN"),(150004,"IN")))
    //由于是统计开播的大区信息,所以需要根据大区信息去重
    dataRDD.map(_._2).distinct().foreach(println(_))
  }



  def joinOp(sc: SparkContext): Unit = {
    val dataRDD1 = sc.parallelize(Array((150001,"US"),(150002,"CN"),
(150003,"CN"),(150004,"IN")))
    val dataRDD2 = sc.parallelize(Array((150001,400),(150002,200),
(150003,300),(150004,100)))

    val joinRDD = dataRDD1.join(dataRDD2)
```

```
    //joinRDD.foreach(println(_))

    joinRDD.foreach(tup=>{
      //用户ID
      val uid = tup._1
      val area_gold = tup._2
      //大区
      val area = area_gold._1
      //金币收入
      val gold = area_gold._2
      println(uid+"\t"+area+"\t"+gold)
    })
  }

  def sortByKeyOp(sc: SparkContext): Unit = {
    val dataRDD =
sc.parallelize(Array((150001,400),(150002,200),(150003,300),(150004,100)))
    //由于需要对金币收入进行排序，所以需要把金币收入作为key，这里要进行位置互换
    /*dataRDD.map(tup=>(tup._2,tup._1))
      .sortByKey(false)  //默认是正序，第1个参数为true，如果要采用倒序则需要把这个参数设置为false
      .foreach(println(_))*/

    //sortBy的使用：可以动态指定排序的字段，比较灵活
    dataRDD.sortBy(_._2,false).foreach(println(_))

  }

  def reduceByKeyOp(sc: SparkContext): Unit = {
    val dataRDD = sc.parallelize(Array((150001,"US"),(150002,"CN"),
(150003,"CN"),(150004,"IN")))
    //由于这个需求只需要使用到大区信息，所以在map操作时只保留大区信息即可
    //为了计算大区的数量，所以在大区后面拼上了1，组装成了tuple2这种形式，这样就可以使用reduceByKey了
    dataRDD.map(tup=>(tup._2,1)).reduceByKey(_ + _).foreach(println(_))
  }

  def groupByKeyOp(sc: SparkContext): Unit = {
    val dataRDD = sc.parallelize(Array((150001,"US"),(150002,"CN"),
(150003,"CN"),(150004,"IN")))
    //需要使用map对tuple中的数据进行位置互换，因为我们需要把大区作为key进行分组操作
    //此时的key就是tuple中的第1列，其实在这里可以把这个tuple认为是一个key-value
    //注意：在使用类似于groupByKey这种基于key的算子时，需要提前把RDD中的数据组装成
```

tuple2 这种形式
```
    //此时 map 算子之后生成的新的数据格式是这样的：("US",150001)
    //如果 tuple 中的数据列数超过了 2 列怎么办？看 groupByKeyOp2
    dataRDD.map(tup=>(tup._2,tup._1)).groupByKey().foreach(tup=>{
      //获取大区信息
      val area = tup._1
      print(area+":")
      //获取同一个大区对应的所有用户 ID
      val it = tup._2
      for(uid <- it){
        print(uid+" ")
      }
      println()
    })
  }

  def groupByKeyOp2(sc: SparkContext): Unit = {
    val dataRDD = sc.parallelize(Array((150001,"US","male"),(150002,"CN",
"female"),(150003,"CN","male"),(150004,"IN","female")))
    //如果 tuple 中的数据列数超过了 2 列怎么办？
    //把需要作为 key 的那一列作为 tuple2 的第 1 列，剩下的可以再使用一个 tuple2 包装一下
    //此时 map 算子之后生成的新的数据格式是这样的：("US",(150001,"male"))
    //注意：如果你的数据结构比较复杂，则可以在执行每一个算子之后都调用 foreach 打印一下，确
认数据的格式
    dataRDD.map(tup=>(tup._2,(tup._1,tup._3))).groupByKey().foreach(tup=>{
      //获取大区信息
      val area = tup._1
      print(area+":")
      //获取同一个大区对应的所有用户 ID 和性别信息
      val it = tup._2
      for((uid,sex) <- it){
        print("<"+uid+","+sex+"> ")
      }
      println()
    })
  }

  def flatMapOp(sc: SparkContext): Unit = {
    val dataRDD = sc.parallelize(Array("good good study","day day up"))
    dataRDD.flatMap(_.split(" ")).foreach(println(_))
  }

  def filterOp(sc: SparkContext): Unit = {
    val dataRDD = sc.parallelize(Array(1,2,3,4,5)
```

```
    dataRDD.filter(_ % 2 ==0).foreach(println(_))
}

def mapOp(sc: SparkContext): Unit ={
    val dataRDD = sc.parallelize(Array(1,2,3,4,5))
    dataRDD.map(_ * 2).foreach(println(_))
}

/**
 * 获取SparkContext
 * @return
 */
private def getSparkContext = {
    val conf = new SparkConf()
    conf.setAppName("TransformationOpScala")
        .setMaster("local")
    new SparkContext(conf)
}
}
```

4.3.4.2 Action 算子

Spark 中常见的 Action 算子见表 4-2。

表 4-2

算子	介绍
reduce()	将 RDD 中的所有元素进行聚合操作
collect()	将 RDD 中所有元素获取到客户端（Driver）
count()	获取 RDD 中元素总数
take(n)	获取 RDD 中前 n 个元素
saveAsTextFile()	将 RDD 中元素保存到文件中，对每个元素调用 toString()方法
countByKey()	对每个 key 对应的值进行 count 计数
foreach()	遍历 RDD 中的每个元素

下面通过具体的案例进行介绍。

Spark 支持 Java 语言和 Scala 语言，所以在这里也提供两种语言的实现。

Java 语言实现的代码如下：

```
public class ActionOpJava {

    public static void main(String[] args) {
        JavaSparkContext sc = getSparkContext();
```

```
        //reduce：聚合计算
        //reduceOp(sc);
        //collect：获取元素集合
        //collectOp(sc);
        //take(n)：获取前n个元素
        //takeOp(sc);
        //count：获取元素总数
        //countOp(sc);
        //saveAsTextFile：保存文件
        //saveAsTextFileOp(sc);
        //countByKey：统计相同的key出现了多少次
        //countByKeyOp(sc);
        //foreach：迭代遍历元素
        //foreachOp(sc);

        sc.stop();
    }

    private static void foreachOp(JavaSparkContext sc) {
        JavaRDD<Integer> dataRDD = sc.parallelize(Arrays.asList(1, 2, 3, 4, 5));
        dataRDD.foreach(new VoidFunction<Integer>() {
            @Override
            public void call(Integer i) throws Exception {
                System.out.println(i);
            }
        });
    }

    private static void countByKeyOp(JavaSparkContext sc) {
        Tuple2<String, Integer> t1 = new Tuple2<>("A", 1001);
        Tuple2<String, Integer> t2 = new Tuple2<>("B", 1002);
        Tuple2<String, Integer> t3 = new Tuple2<>("A", 1003);
        Tuple2<String, Integer> t4 = new Tuple2<>("C", 1004);
        JavaRDD<Tuple2<String, Integer>> dataRDD =
sc.parallelize(Arrays.asList(t1, t2, t3, t4));
        //如果要使用countByKey，则需要先使用mapToPair对RDD进行转换
        Map<String, Long> res = dataRDD.mapToPair(new PairFunction<Tuple2<String,
Integer>, String, Integer>() {
            @Override
            public Tuple2<String, Integer> call(Tuple2<String, Integer> tup)
                    throws Exception {
                return new Tuple2<String, Integer>(tup._1, tup._2);
            }
        }).countByKey();
```

```java
        for(Map.Entry<String,Long> entry: res.entrySet()){
            System.out.println(entry.getKey()+","+entry.getValue());
        }
    }

    private static void saveAsTextFileOp(JavaSparkContext sc) {
        JavaRDD<Integer> dataRDD = sc.parallelize(Arrays.asList(1, 2, 3, 4, 5));
        dataRDD.saveAsTextFile("hdfs://bigdata01:9000/out05242");
    }

    private static void countOp(JavaSparkContext sc) {
        JavaRDD<Integer> dataRDD = sc.parallelize(Arrays.asList(1, 2, 3, 4, 5));
        long res = dataRDD.count();
        System.out.println(res);
    }

    private static void takeOp(JavaSparkContext sc) {
        JavaRDD<Integer> dataRDD = sc.parallelize(Arrays.asList(1, 2, 3, 4, 5));
        List<Integer> res = dataRDD.take(2);
        for(Integer item : res){
            System.out.println(item);
        }
    }

    private static void collectOp(JavaSparkContext sc) {
        JavaRDD<Integer> dataRDD = sc.parallelize(Arrays.asList(1, 2, 3, 4, 5));
        List<Integer> res = dataRDD.collect();
        for(Integer item : res){
            System.out.println(item);
        }
    }

    private static void reduceOp(JavaSparkContext sc) {
        JavaRDD<Integer> dataRDD = sc.parallelize(Arrays.asList(1, 2, 3, 4, 5));
        Integer num = dataRDD.reduce(new Function2<Integer, Integer, Integer>()
{
            @Override
            public Integer call(Integer i1, Integer i2) throws Exception {
                return i1 + i2;
            }
        });
        System.out.println(num);
    }
```

```
        private static JavaSparkContext getSparkContext() {
            SparkConf conf = new SparkConf();
            conf.setAppName("ActionOpJava")
                    .setMaster("local");
            return new JavaSparkContext(conf);
        }
}
```

Scala 语言实现的代码如下:

```scala
object ActionOpScala {

  def main(args: Array[String]): Unit = {
    val sc = getSparkContext
    //reduce：聚合计算
    //reduceOp(sc)
    //collect：获取元素集合
    //collectOp(sc)
    //take(n)：获取前 n 个元素
    //takeOp(sc)
    //count：获取元素总数
    //countOp(sc)
    //saveAsTextFile：保存文件
    //saveAsTextFileOp(sc)
    //countByKey：统计相同的 key 出现了多少次
    //countByKeyOp(sc)
    //foreach：迭代遍历元素
    //foreachOp(sc)

    sc.stop()
  }

  def foreachOp(sc: SparkContext): Unit = {
    val dataRDD = sc.parallelize(Array(1,2,3,4,5))
    //注意：foreach 算子中不仅限于执行 println 操作，在这里执行 println 操作只是为了测试
    //在实际工作中，如果需要把计算的结果保存到第三方的存储介质中，则需要使用 foreach
    //在 foreach 内部实现具体向外部输出数据的代码
    dataRDD.foreach(println(_))
  }

  def countByKeyOp(sc: SparkContext): Unit = {
    val dataRDD =
sc.parallelize(Array(("A",1001),("B",1002),("A",1003),("C",1004)))
    //返回的是一个 map 类型的数据
    val res = dataRDD.countByKey()
```

```scala
  for((k,v) <- res){
    println(k+","+v)
  }
}

def saveAsTextFileOp(sc: SparkContext): Unit = {
  val dataRDD = sc.parallelize(Array(1,2,3,4,5))
  //指定 HDFS 的路径信息，需要指定一个不存在的目录
  dataRDD.saveAsTextFile("hdfs://bigdata01:9000/out0524")
}

def countOp(sc: SparkContext): Unit = {
  val dataRDD = sc.parallelize(Array(1,2,3,4,5))
  val res = dataRDD.count()
  println(res)
}

def takeOp(sc: SparkContext): Unit = {
  val dataRDD = sc.parallelize(Array(1,2,3,4,5))
  //从 RDD 中获取前 2 个元素
  val res = dataRDD.take(2)
  for(item <- res){
    println(item)
  }
}

def collectOp(sc: SparkContext): Unit = {
  val dataRDD = sc.parallelize(Array(1,2,3,4,5))
  //collect 返回的是一个 Array 数组
  //注意：如果 RDD 中的数据量过大，则不建议使用 collect，因为最终的数据会返回给 Driver 进程所在的节点
  //如果要获取几条数据，则查看一下数据格式，可以使用 take(n)
  val res = dataRDD.collect()
  for(item <- res){
    println(item)
  }
}

def reduceOp(sc: SparkContext): Unit = {
  val dataRDD = sc.parallelize(Array(1,2,3,4,5))
  val num = dataRDD.reduce(_ + _)
  println(num)
```

```
  }

  /**
   * 获取 SparkContext
   * @return
   */
  private def getSparkContext = {
    val conf = new SparkConf()
    conf.setAppName("ActionOpScala")
      .setMaster("local")
    new SparkContext(conf)
  }
}
```

第 5 章
实时数据计算

业内最典型的实时数据计算场景是天猫"双十一"的数据大屏。数据大屏中展现的成交总金额、订单总量等数据指标，都是实时计算出来的。用户购买商品后，商品的金额就会被实时增加到数据大屏中的成交总金额中。

5.1 从离线数据计算到实时数据计算

在离线数据计算场景中，基本上都是每天凌晨计算一次昨天的数据。如果要提高数据计算的实时性，常见的方案是以"小时"为维度对离线产生的数据进行计算（例如 1 小时计算一次），这样可以实现"小时"级别的数据延迟。

随着越来越多的场景对离线数据计算的高延迟无法容忍，企业期望能够实现真正意义上的实时数据计算（即系统产生一条数据就立刻处理一条数据）。MapReduce 和 Spark 这些离线数据计算引擎显然无法满足企业的实时数据计算需求了。

此时，企业中的数据计算需求就从离线数据计算时代进入了实时数据计算时代。实时数据计算也被称为流处理，因为数据是一条条源源不断产生的（可以认为是一个没有边界的数据流）。

　　实时数据计算并不能完全替代离线数据计算，因为实时数据计算不擅长处理聚合类型的计算需求。对于一些聚合类型的计算需求（例如按天统计），还需要使用离线数据计算。所以，目前企业中的数据计算架构是离线数据计算和实时数据计算并存的情况，根据不同需求选择不同的数据计算引擎。

5.2 实时数据计算引擎的演进之路

实时数据计算引擎经过几年的发展，到目前为止主要发生了 3 次大的变更，如图 5-1 所示。

图 5-1

1. Storm 的前世今生

Storm 可以称得上是大数据行业的第一代实时数据计算引擎，主要用于处理海量数据的实时计算需求。

Storm 的优势是可以实现真正意义上的实时数据计算，但它有以下这几个无法回避的缺点。

- 不支持 ON YARN 模式：直到现在，Storm 2.x 版本依然不支持 ON YARN 模式，这导致 Storm 过于独立。要使用 Storm，则必须搭建独立的 Storm 集群，这既会导致服务器资源成本和运维成本的增加，也会导致运维难度的增加。
- 只支持实时数据计算：Storm 没有自己的生态圈，只支持实时计算，所以它的发展受限。从 2017 年之后，使用 Storm 的公司变得越来越少了。
- 没有提供高级 API：Storm 提供的 API 都是基础 API，使用起来比较复杂，常见的过滤、拆分这些功能也都需要程序员自己手工实现。

2. Spark Streaming 的前世今生

Spark Streaming 属于 Spark 生态圈，它在 Spark 离线计算的基础上实现了微批处理，可以实现"秒"级别延迟的近实时数据计算。在实际工作中，"秒"级别的延迟其实是可以满足大部分的实时计算需求的。

Spark 既有离线数据计算，也有实时数据计算。在使用实时数据计算时，学习成本比较低。在 Spark 计算引擎"火"了以后，越来越多的实时计算需求开始使用 Spark Streaming 来实现，除非是个别确实需要低延迟的实时数据计算场景，例如天猫"双十一"数据大屏。

天猫"双十一"数据大屏起源于 2012 年。从 2012 年到 2017 年，数据大屏底层的实时数据计算引擎一直都使用的是 JStorm。

Storm 的底层源码是使用 Java 语言和 Clojure 语言实现的，其中，Clojure 语言实现的代码占了 98%，对开发人员提供的上层 API 是使用 Java 语言实现的。考虑到底层代码的可维护性，阿里巴巴集团使用 Java 语言对 Storm 的底层核心代码进行了重写，并且做了一些优化，单独维护了一个分支，改名为 JStorm。

3. Flink 的前世今生

Spark Streaming 可以处理近实时数据计算需求，但是无法处理真正的实时数据计算需求。Storm 可以处理真正的实时数据计算需求，但是它过于独立，使用也不方便。所以，在实时数据计算领域中，急需一个更优秀的实时数据计算解决方案，Flink 应此而生。

Flink 是新一代的实时数据计算引擎，最近这几年在企业中应用得越来越多，它包含 Storm 和 Spark 的优点。它既可以实现真正意义上的实时数据计算，也有自己的生态圈，以及支持 ON YARN、高级 API 等特性。

目前在实时数据计算领域，Flink 是最优的选择。从 2017 年开始，天猫"双十一"数据大屏底层的实时数据计算引擎由 Storm 替换为了 Flink，如图 5-2 所示。

图 5-2

5.3 实时数据计算引擎的技术选型

1. 对比

Storm、SparkStreaming 和 Flink 这 3 种实时数据计算引擎的对比见表 5-1。

表 5-1

比较项	Storm	Spark Streaming	Flink
计算模型	Native	Micro-Batch	Native
API 类型	组合式	声明式	声明式
语义级别	At-Least-Once	Exactly-Once	Exactly-Once
容错机制	Ack	Checkpoint	Checkpoint
状态管理	无	有	有

续表

比较项	Storm	Spark Streaming	Flink
延迟程度	低	中	低
吞吐量	低	高	高

说明如下。

- Native：来一条数据处理一条数据，真正意义上实现了实时数据计算。
- Mirco-Batch：将数据划分为小批，一小批一小批地处理数据，近实时数据计算。
- At-Least-Once：至少一次，表示数据至少被处理一次，可能会重复处理。但是在数据累加场景中，它无法保证数据的准确性。
- Exactly-Once：仅一次，表示数据只被处理一次。严谨来说这里的"仅一次"表示对最终结果的影响只有一次。
- Ack：Storm 中的一种消息确认机制，可以保证数据不丢，但是无法保证不重复，为 At-Least-Once 语义提供支持。
- Checkpoint：数据快照机制，为 Exactly-Once 语义提供支持。
- 组合式：基础 API，使用不方便。
- 声明式：提供的是高级 API，例如 filter()、count()等函数可以被直接使用，比较方便。

2. 如何选择

对于这 3 种实时数据计算引擎，在实际工作中应该如何选择呢？如图 5-3 所示。

图 5-3

根据作者的工作经验，有以下这几点可以作为参考：

- 需要关注实时数据是否需要进行状态管理。
- 语义级别是否有特殊要求，例如：At-Least-Once 或 Exactly-Once。
- 如果是独立的小型项目且需要低延迟的场景，则建议使用 Storm。
- 如果在项目中已经使用了 Spark，并且"秒"级别的实时处理可以满足需求，则建议使用 Spark Streaming。

- 如果要求语义级别为 Exactly-Once，并且数据量较大，要求高吞吐低延迟，需要进行状态管理，则建议使用 Flink。

> 没有最好的实时计算引擎，只有最合适的实时计算引擎。合适的才是最好的。

5.4 实时计算引擎 Storm

5.4.1 Storm 的原理及架构分析

Storm 是由 Twitter 开源的分布式实时数据计算引擎，从 0.9.1 版本开始归于 Apache 社区。

Storm 能实现高频数据和大规模数据的实时计算。对比 Hadoop 中 MapReduce 的离线计算，Storm 是一个实时的、分布式的、具备高容错的计算系统。

Storm 的使用场景非常广泛，比如实时分析、在线机器学习、分布式 RPC、实时 ETL 等。Storm 非常高效，官网资料显示 Storm 的一个节点每秒钟能够处理 100 万个 100 byte 的消息（IntelE5645@2.4Ghz 的 CPU、24GB 的内存）。Storm 还具有良好的可扩展性和容错性，以及保证数据可以至少被处理一次等特性。

5.4.1.1 原理分析

1. 核心组件

Storm 中包含以下两个核心组件。

- Spout：数据源，是数据的生产者。它负责从外部（例如 Kafka）读取数据，并将读取的数据发送给 Bolt 组件。
- Bolt：数据处理，所有的数据处理逻辑都被封装到 Bolt 中。它负责处理接收到的数据流并产生新的输出数据流，可以执行的数据库过滤、聚合和查询等操作。

Spout 和 Bolt 可以组装成 Topology，组装成 Topology 后才可以被提交到 Storm 集群中运行。Topology 是用于封装 Storm 实时计算程序的拓扑，类似于将 MapReduce 中的 Map 和 Reduce 阶段组装成一个 Job 的过程。

Topology 中的 Spout 和 Bolt 都可以有一个或者多个。这意味着，在一个 Topology 中可能会同时存在多个 Spout 和多个 Bolt，如图 5-4 所示。

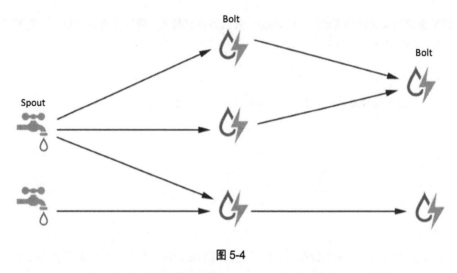

图 5-4

在一个 Topology 中，什么时候需要用到多个 Spout 组件和多个 Bolt 组件呢？

- 如果一个实时数据计算任务的数据源有多个，那么就需要使用多个 Spout 组件，每个 Spout 组件对接一个数据源。
- 如果一个实时数据计算任务的计算逻辑比较复杂，那么就需要使用多个 Bolt 组件，每个 Bolt 组件负责处理一部分业务逻辑（因为每个 Bolt 都可以并行执行，这样可以提高复杂计算逻辑的计算性能）。

2. 核心设计思想

Storm 计算引擎的核心设计思想是：

（1）将实时产生的一条条数据认为是一个无界的数据流，通过内部的 Spout 组件源源不断地产生数据流并发送出去，后面通过 Bolt 组件对接收到的数据流进行处理。

（2）Bolt 组件可以有多个，每个 Bolt 组件都是一个独立的计算单元。

（3）把所有的 Spout 组件和 Bolt 组件组装成一个 Topology，这样就可以把整个实时数据处理流程串起来了。

Storm 中的数据流被称为 Stream。Stream 是由一个个连续不断的 Tuple 组成的。Tuple 是 Storm 中数据传输的基本单位，代表的是一条数据。

下面通过一个火车的案例详细分析一下 Storm 的核心设计思想，如图 5-5 所示。

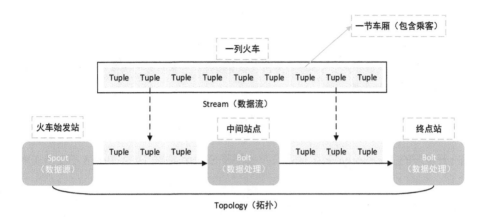

图 5-5

说明如下。

- Tuple：相当于火车中的一节车厢。Tuple 中存储数据（相当于车厢中的乘客）。
- Stream：相当于一列火车，一列火车的车厢个数是有限的，但是 Stream 中的 Tuple 个数却是无限的，会一直源源不断地产生。
- Spout：相当于火车的始发站，对应的是 Stream 的源头。
- Bolt：相当于火车临时停靠的中间站点，在每个中间站点都会有一些乘客上车或者下车（相当于对 Tuple 中的数据进行计算）。最后一个 Bolt 是终点站，相当于对 Tuple 中的数据进行的最后计算，计算之后的最终结果就可以被输出到第三方存储介质中了。
- Topology：相当于火车的运行规划图。将火车的始发站、中间站点和终点站规划好以后，火车就可以按计划运行了。

> 为了更加清晰地理解 Storm 中实时数据计算的特性，在这里将其和 MapReduce 离线数据计算引擎做一个对比。
>
> ·数据来源：MapReduce 处理的是 HDFS 上 TB 级别的离线数据，Storm 处理的是实时新增的某一条数据。
>
> ·处理过程：MapReduce 分为 Map 阶段和 Reduce 阶段。Storm 是用户自定义的处理流程，流程中可以包含多个步骤，这些步骤可以是数据源（Spout）或数据处理（Bolt）。
>
> ·是否结束：MapReduce 最后肯定是要结束的。Storm 是不会结束的，程序执行到最后就阻塞在那，直到有新数据进入时再从头开始。
>
> ·处理速度：MapReduce 以处理 HDFS 上 TB 级别数据为目的，处理速度相对较慢。Storm 只需要处理新增的某一条数据即可，处理速度很快。
>
> ·适用场景：MapReduce 是在处理批量离线数据时使用的，不讲究时效性。Storm 是在处理某一条新增数据时使用的，要讲时效性。

5.4.1.2 架构分析

Storm 目前有多个大版本，不同大版本的特性和架构有一些区别，这里以 Storm 2.x 版本为基准进行分析。

1. 集群架构

要运行开发好的 Topology 任务，则需要单独部署 Storm 集群，因为 Storm 不支持 ON YARN 模式。

Storm 集群中有以下两种类型的节点。

- Master 节点：主节点，支持一个或者多个，可以实现高可用（HA）。Master 节点上会运行一个 Nimbus 进程，它类似于 Hadoop 集群中的 ResourceManager。Nimbus 进程负责在集群范围内分发代码，以及为 Worker 节点分配任务和故障监测。
- Worker 节点：从节点，支持多个。Worker 节点上会运行一个 Supervisor 进程，它类似于 Hadoop 集群中的 NodeManager。Supervisor 负责监听分配给它所在机器的任务，基于 Nimbus 分配给它的任务来决定启动或停止工作者进程（Worker Process）。

Storm 集群的运行需要依赖 Zookeeper 集群，Zookeeper 集群负责多个 Nimbus 进程和多个 Supervisor 进程之间的所有协调工作。

Nimbus 进程和 Supervisor 进程都是快速失败（Fail-Fast）和无状态的，所有状态维持在 Zookeeper 中。这也就意味着，可以使用 kill 命令"杀掉" Nimbus 进程和 Supervisor 进程，重启后这两个进程将恢复状态并继续工作，就像什么也没发生一样。

这种架构设计使得 Storm 极其稳定，因为 Master 节点并没有直接和 Worker 节点进行通信，而是借助 Zookeeper 和 Worker 节点进行通信的，这样可以分离 Master 节点和 Worker 节点之间的依赖，将状态信息存放在 Zookeeper 集群内以快速回复任何失败的一方，如图 5-6 所示。

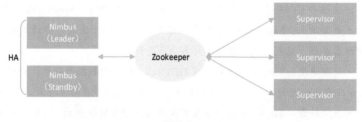

图 5-6

2. Worker Process 内部架构

- 当 Topology 被任务提交到 Storm 集群后，集群中的 Master 节点中的 Nimbus 进程会对 Topology 进行拆分，将拆分出来的子任务分发到多个 Worker 节点中，Worker 节点中的 Supervisor 进程监听到分配给它的任务后会启动一些工作者进程（Worker Process）。
- Strom 集群中的每个 Worker 节点可以启动 1 个或者多个 Worker Process，Worker Process 其实就是一个 Java 进程。假设 Storm 集群中的某一个 Worker 节点有 4 个 CPU，那么建议这个 Worker 节点最多启动 4 个 Worker Process，Worker Process 会执行 Topology 中的子任务。
- 在一个 Worker Process 中会运行一个或者多个 Executor（线程），每个 Executor 中会运行同一个组件（Spout 或者 Bolt）的一个或者多个 Task（任务）。
- Task 是最终完成数据处理的实体单元，它其实执行的就是 Spout 组件或者 Bolt 组件中的核心代码。

Worker Process、Executor 和 Task 这 3 者的关系如图 5-7 所示。

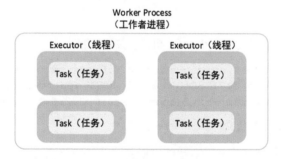

图 5-7

Worker Process 和 Storm 集群的关系如图 5-8 所示。

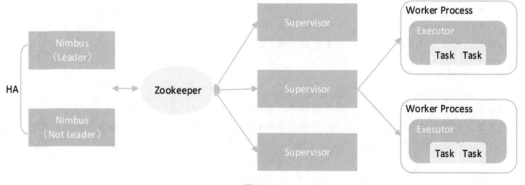

图 5-8

5.4.2 安装 Storm 集群

Storm 集群需要依赖 JDK 和 Zookeeper。JDK 使用 8 版本即可，Zookeeper 的版本没有什么特殊要求。

下面使用 bigdata01、bigdata02 和 bigdata03 这 3 台机器搭建 Storm 集群。Storm 集群的节点规划见表 5-2。

表 5-2

节点类型	节点主机名	节点 IP 地址
Master 节点（Nimbus）	bigdata01	192.168.182.100
Worker 节点（Supervisor）	bigdata02	192.168.182.101
Worker 节点（Supervisor）	bigdata03	192.168.182.102

Zookeeper 集群已经在本书 2.9.4 节中安装配置完毕，这里可以直接复用。

（1）将 Storm 安装包上传到 bigdata01 机器上并解压缩。

```
[root@bigdata01 soft]# ll apache-storm-2.2.0.tar.gz
-rw-r--r--. 1 root root 317173810 Aug 26  2021 apache-storm-2.2.0.tar.gz
[root@bigdata01 soft]# tar -zxvf apache-storm-2.2.0.tar.gz
```

（2）修改 storm.yaml 配置文件。

```
[root@bigdata01 soft]# cd apache-storm-2.2.0/conf/
[root@bigdata01 conf]# vi storm.yaml
# 指定 Storm 集群使用的 Zookeeper 集群的地址
storm.zookeeper.servers:
    - "bigdata01"
    - "bigdata02"
    - "bigdata03"
# 指定 Master 节点信息，可以指定多个以实现 HA，用逗号隔开
nimbus.seeds: ["bigdata01"]
# Storm 集群的工作目录
storm.local.dir: "/data/storm-work"
# 指定 Worker 节点可用的端口，每个端口可以启动一个 Worker Process
# 建议指定的可用端口个数和 Worker 节点的空闲 CPU 数量相等，这样可以发挥集群的最大性能
supervisor.slots.ports:
    - 6700
    - 6701
    - 6702
```

```
- 6703
# 修改Storm Web界面的默认端口，因为Zookeeper默认会占用8080端口从而导致冲突
ui.port: 8081
```

> storm.yaml这个配置文件是YAML格式的。使用两个空格作为一级缩进是YAML格式的约定，不能使用制表符（Tab）来代替。

（3）将bigdata01机器上修改好配置的Storm安装包复制到另外两台机器中。

```
[root@bigdata01 soft]# scp -rq apache-storm-2.2.0 bigdata02:/data/soft/
[root@bigdata01 soft]# scp -rq apache-storm-2.2.0 bigdata03:/data/soft/
```

（4）启动Storm集群。

> 在启动Storm集群前，一定要确保Zookeeper集群已经正常启动。

首先启动Zookeeper集群。

- 在bigdata01上启动。

```
[root@bigdata01 apache-zookeeper-3.5.8-bin]# bin/zkServer.sh start
```

- 在bigdata02上启动。

```
[root@bigdata02 apache-zookeeper-3.5.8-bin]# bin/zkServer.sh start
```

- 在bigdata03上启动。

```
[root@bigdata03 apache-zookeeper-3.5.8-bin]# bin/zkServer.sh start
```

接下来启动Storm集群。

- 在bigdata01上启动Nimbus进程和UI进程。

```
[root@bigdata01 apache-storm-2.2.0]# nohup bin/storm nimbus >/dev/null 2>&1 &
[root@bigdata01 apache-storm-2.2.0]# nohup bin/storm ui >/dev/null 2>&1 &
```

- 在bigdata02和bigdata03上启动Supervisor进程。

```
[root@bigdata02 apache-storm-2.2.0]# nohup bin/storm supervisor >/dev/null 2>&1 &
[root@bigdata03 apache-storm-2.2.0]# nohup bin/storm supervisor >/dev/null 2>&1 &
```

- 在bigdata01、bigdata02和bigdata03上启动Logviewer进程。

```
[root@bigdata01 apache-storm-2.2.0]# nohup bin/storm logviewer >/dev/null 2>&1 &
[root@bigdata02 apache-storm-2.2.0]# nohup bin/storm logviewer >/dev/null 2>&1 &
```

```
[root@bigdata03 apache-storm-2.2.0]# nohup bin/storm logviewer >/dev/null 2>&1 &
```

Storm 的启动脚本默认没有将进程放在后台一直运行的功能，所以这里通过 Linux 中的 nohup 和 &命令将进程放在后台运行。

（5）验证 Storm 集群。

在 bigdata01 上执行 jps 命令，会发现 Nimbus、UIServer 和 LogviewerServer 这几个 Storm 的进程。

```
[root@bigdata01 apache-storm-2.2.0]# jps
1680 QuorumPeerMain
1746 Nimbus
1892 UIServer
2006 LogviewerServer
```

在 bigdata02 上执行 jps 命令，会发现 Supervisor 和 LogviewerServer 这两个 Storm 的进程。

```
[root@bigdata02 apache-storm-2.2.0]# jps
1668 QuorumPeerMain
1719 Supervisor
1807 LogviewerServer
```

在 bigdata03 上执行 jps 命令，会发现 Supervisor 和 LogviewerServer 这两个 Storm 的进程。

```
[root@bigdata03 apache-storm-2.2.0]# jps
1644 QuorumPeerMain
1716 Supervisor
1814 LogviewerServer
```

如果发现 Storm 相关的进程都在，则说明 Storm 集群成功启动了。

Storm 提供了 Web 界面，也可以通过浏览器确认集群是否正常工启动，访问"UI 进程的节点+端口号 8081"，即"http://bigdata01:8081"，页面内容如图 5-9 所示。

（6）停止 Storm 集群。

如果要停止 Storm 集群，则需要使用 jps 命令找到 Storm 集群中所有进程的 PID，然后使用 kill 命令停止进程，因为在 Storm 脚本中没有提供停止命令。

![Storm UI 截图]

图 5-9

在 bigdata01 上停止 Nimbus、UIServer 和 LogviewerServer 这几个 Storm 的进程。

```
[root@bigdata01 apache-storm-2.2.0]# jps
1680 QuorumPeerMain
1746 Nimbus
1892 UIServer
2006 LogviewerServer
[root@bigdata01 apache-storm-2.2.0]# kill 1746
[root@bigdata01 apache-storm-2.2.0]# kill 1892
[root@bigdata01 apache-storm-2.2.0]# kill 2006
```

在 bigdata02 上停止 Supervisor 和 LogviewerServer 这两个 Storm 的进程。

```
[root@bigdata02 apache-storm-2.2.0]# jps
1668 QuorumPeerMain
1719 Supervisor
1807 LogviewerServer
[root@bigdata02 apache-storm-2.2.0]# kill 1719
[root@bigdata02 apache-storm-2.2.0]# kill 1807
```

在 bigdata03 上停止 Supervisor 和 LogviewerServer 这两个 Storm 的进程。

```
[root@bigdata03 apache-storm-2.2.0]# jps
1644 QuorumPeerMain
1716 Supervisor
1814 LogviewerServer
[root@bigdata03 apache-storm-2.2.0]# kill 1716
[root@bigdata03 apache-storm-2.2.0]# kill 1814
```

如果使用 kill 命令无法停止进程，则可以使用 "kill -9" 命令强制停止进程。

5.4.3 【实战】Storm 实时数据计算

Storm 实时数据计算的典型场景是：先读取 Kafka 中的数据，然后对数据进行清洗处理，最后将结果输出到第三方存储介质（例如 Redis、Kafka、MySQL 等）中，如图 5-10 所示。

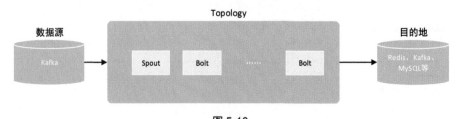

图 5-10

 在此架构中省略了采集实时数据到 Kafka 中的过程，关于数据采集的内容见本书第 2 章的内容。

5.4.3.1 实时清洗订单数据（实时 ETL）

需求：通过 Storm 实现实时订单数据清洗功能，对 Kafka 中的原始订单数据（Topic：order_data）进行核心字段的提取，将提取出来的核心字段组装起来并输出到 Kakfa 中（Topic：order_data_clean）。

分析：首先需要有一个 Spout 组件（KafkaSpout）从 Kafka 中消费实时新增的订单数据。由于订单数据不是很复杂，所以只需要有一个 Bolt 组件（DataCleanBolt）负责数据清洗。最后还需要一个 Bolt 组件（KafkaBolt）负责将清洗之后的数据写出去。

所以，这个 Toplogy 任务的内部处理流程如图 5-11 所示。

图 5-11

 Kafka 的部署在本书第 2 章中介绍了。

（1）在 Maven 项目的 pom.xml 文件中添加需要的依赖。

开发 Storm 任务，首先需要添加 Storm 依赖。

```xml
<dependency>
    <groupId>org.apache.storm</groupId>
    <artifactId>storm-core</artifactId>
    <version>2.2.0</version>
</dependency>
```

由于 Storm 需要和 Kafka 进行交互，所以需要添加 Kafka 依赖。

```xml
<dependency>
    <groupId>org.apache.storm</groupId>
    <artifactId>storm-kafka-client</artifactId>
    <version>2.2.0</version>
</dependency>
<dependency>
    <groupId>org.apache.kafka</groupId>
    <artifactId>kafka-clients</artifactId>
    <version>2.4.1</version>
</dependency>
```

由于订单数据是 JSON 格式的，所以需要添加 fastjson 依赖。

```xml
<dependency>
    <groupId>com.alibaba</groupId>
    <artifactId>fastjson</artifactId>
    <version>1.2.68</version>
</dependency>
```

（2）核心代码开发。

DataProcessTopology 的核心代码如下：

```java
public class DataProcessTopology {

    public static void main(String[] args) throws Exception{
        //将消费到的 Kafka 数据转换为 Storm 中的 Tuple
        ByTopicRecordTranslator<String,String> brt =
                new ByTopicRecordTranslator<String,String>( (r) -> new Values(r.value(),r.topic()),new Fields("values","topic"));
        //配置 KafkaSpout
        KafkaSpoutConfig<String,String> ksc = KafkaSpoutConfig
                //指定 Kafka 集群机制和 Kafka 的输入 Topic
                .builder("bigdata01:9092,bigdata02:9092,bigdata03:9092", "order_data")
                //设置 group.id
                .setProp(ConsumerConfig.GROUP_ID_CONFIG, "g001")
```

```java
            //设置消费的起始位置
            .setFirstPollOffsetStrategy(FirstPollOffsetStrategy.LATEST)
            //设置提交消费 Offset 的时长间隔
            .setOffsetCommitPeriodMs(10_000)
            //配置 Translator
            .setRecordTranslator(brt)
            .build();

        //配置 KafkaBolt
        Properties props = new Properties();
        props.put("bootstrap.servers",
"bigdata01:9092,bigdata02:9092,bigdata03:9092");
        props.put("key.serializer",
"org.apache.kafka.common.serialization.StringSerializer");
        props.put("value.serializer",
"org.apache.kafka.common.serialization.StringSerializer");
        @SuppressWarnings({ "unchecked", "rawtypes" })
        KafkaBolt kafkaBolt = new KafkaBolt()
                .withProducerProperties(props)
                //指定输出目的地 Topic
                .withTopicSelector(new
DefaultTopicSelector("order_data_clean"));

        //组装 Topology
        TopologyBuilder builder = new TopologyBuilder();
        builder.setSpout("kafkaspout", new KafkaSpout<String,String>(ksc));
        builder.setBolt("dataclean_bolt", new
DataCleanBolt()).shuffleGrouping("kafkaspout");
builder.setBolt("kafkaBolt",kafkaBolt).shuffleGrouping("dataclean_bolt");

        //提交 Topology
        Config config = new Config();
        String topologyName = DataProcessTopology.class.getSimpleName();
        StormTopology stormTopology = builder.createTopology();
        if(args.length==0){
            //创建本地 Storm 集群
            LocalCluster cluster = new LocalCluster();
            //向本地 Storm 集群提交 Topology
            cluster.submitTopology(topologyName, config, stormTopology);
        }else{
            //向生产环境的 Storm 集群提交 Topology
            StormSubmitter.submitTopology(topologyName,config,stormTopology);
```

		}
	}
}
```

DataProcessTopology 中的 KafkaSpout 和 KafkaBolt 都是使用 storm-kafka-client 这个依赖中封装好的类,不需要程序员实现底层的代码。

DataCleanBolt 中的代码逻辑是对订单数据进行清洗,这个类需要手工实现,具体代码如下:

```java
public class DataCleanBolt extends BaseRichBolt {
    private OutputCollector outputCollector;
    @Override
    public void prepare(Map<String, Object> map, TopologyContext topologyContext, OutputCollector outputCollector) {
        this.outputCollector = outputCollector;
    }

    @Override
    public void execute(Tuple input) {
        //获取原始订单数据
        String order_data = input.getString(0);
        //解析原始订单数据中的核心字段
        JSONObject jsonObject = JSON.parseObject(order_data);
        String order_id = jsonObject.getString("order_id");
        int price = jsonObject.getIntValue("price");
        //根据需求组装结果
        String res = order_id+","+price;
        //将结果发送给下一个组件
        outputCollector.emit(new Values(res));
        //向 Spout 组件确认已成功处理订单数据
        outputCollector.ack(input);
    }

    @Override
    public void declareOutputFields(OutputFieldsDeclarer outputFieldsDeclarer) {
        //注意:如果后面使用 KafkaBolt 组件接收数据,则此处的字段名称必须是 message
        outputFieldsDeclarer.declare(new Fields("message"));
    }
}
```

(3)验证效果。

DataProcessTopology 代码中做了兼容,支持在 IDEA 中直接执行,也支持提交到生产环境的 Storm 集群中执行。
```

首先，在 Kafka 中创建两个 Topic：order_data 和 order_data_clean。

```
[root@bigdata01 kafka_2.12-2.4.1]# bin/kafka-topics.sh --create --zookeeper
localhost:2181 --partitions 5 --replication-factor 2 --topic order_data
[root@bigdata01 kafka_2.12-2.4.1]# bin/kafka-topics.sh --create --zookeeper
localhost:2181 --partitions 5 --replication-factor 2 --topic order_data_clean
```

然后，在 IDEA 中启动 DataProcessTopology 代码。

接着，打开 Kakfa 的控制台消费者。

```
[root@bigdata01 kafka_2.12-2.4.1]# bin/kafka-console-consumer.sh
--bootstrap-server localhost:9092 --topic order_data_clean
```

最后，打开 Kafka 的控制台生产者，并模拟生产订单数据。

```
[root@bigdata01 kafka_2.12-2.4.1]# bin/kafka-console-producer.sh
--broker-list localhost:9092 --topic order_data
>{"order_id":"J_100001","order_time":"2021-01-01
10:10:10","state":0,"op_name":"jack001","price":190}
```

如果能在 Kakfa 的控制台消费者中看到清洗之后的数据，则说明整个流程是成功的。

```
[root@bigdata01 kafka_2.12-2.4.1]# bin/kafka-console-consumer.sh
--bootstrap-server localhost:9092 --topic order_data_clean --from-beginning
J_100001,190
```

5.4.3.2　向 Storm 集群中提交任务

在 IDEA 中调试通过之后，就可以将代码提交到生产环境的 Storm 集群中运行了。

（1）修改 pom.xml 文件中依赖的作用范围，并添加打包依赖，修改后核心配置如下：

```xml
...
<dependency>
    <groupId>org.apache.storm</groupId>
    <artifactId>storm-core</artifactId>
    <version>2.2.0</version>
    <scope>provided</scope>
</dependency>
...
<build>
    <plugins>
        <!-- compiler 插件，设定 JDK 版本 -->
        <plugin>
            <groupId>org.apache.maven.plugins</groupId>
            <artifactId>maven-compiler-plugin</artifactId>
            <version>3.5.1</version>
            <configuration>
```

```xml
            <encoding>UTF-8</encoding>
            <source>1.8</source>
            <target>1.8</target>
            <showWarnings>true</showWarnings>
          </configuration>
       </plugin>
       <plugin>
          <artifactId>maven-assembly-plugin</artifactId>
          <configuration>
             <descriptorRefs>
                <descriptorRef>jar-with-dependencies</descriptorRef>
             </descriptorRefs>
          </configuration>
          <executions>
             <execution>
                <id>make-assembly</id>
                <phase>package</phase>
                <goals>
                   <goal>single</goal>
                </goals>
             </execution>
          </executions>
       </plugin>
    </plugins>
</build>
```

（2）将 Storm 项目代码打 Jar 包。

```
D:\IdeaProjects\storm_proj>mvn clean package -DskipTests
------------------------------------------------------------------------
[INFO] BUILD SUCCESS
------------------------------------------------------------------------
[INFO] Total time: 14.483s
[INFO] Final Memory: 43M/440M
------------------------------------------------------------------------
```

（3）将 Jar 包上传到 bigdata01 上，并且向 Storm 集群提交任务。

```
[root@bigdata01 apache-storm-2.2.0]# bin/storm jar
storm_proj-1.0-SNAPSHOT-jar-with-dependencies.jar DataProcessTopology cluster
```

（4）到 Storm 集群的 Web 界面上查看提交的任务信息，如图 5-12 所示。

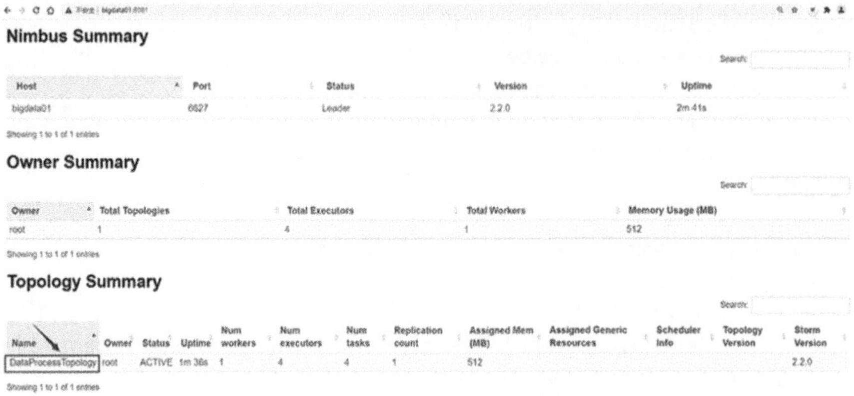

图 5-12

5.4.3.3 停止 Storm 集群中正在运行的任务

Storm 实时任务在被提交到集群后，正常情况下是不会停止的，它会一直运行，除非因代码运行出错而停止。

当然，有时是因为需要对代码进行升级的，所以需要手工停止正在运行的 Storm 任务。

停止正在运行的 Storm 任务有两种方式：

第 1 种方式：在 Storm 集群的 Web 界面中找到对应的任务，然后单击 TopologyName 进入该任务的详细页面，单击其中的"Kill"按钮即可，如图 5-13 所示。

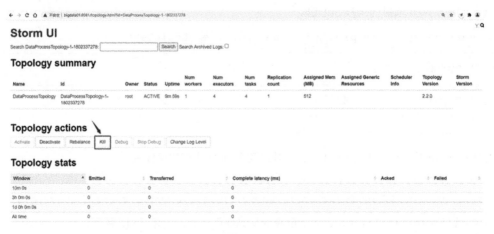

图 5-13

第 2 种方式：使用 storm 脚本停止任务。

首先，找出想要停止的 Storm 任务的 Topology_name。

```
[root@bigdata01 apache-storm-2.2.0]# bin/storm list
Topology_name            Status       Num_tasks  Num_workers  Uptime_secs
Topology_Id              Owner
-------------------------------------------------------------------------
DataProcessTopology      ACTIVE       4          1            692
DataProcessTopology-1-1802337278 root
```

然后，使用 storm 的 kill 命令停止该任务。

```
[root@bigdata01 apache-storm-2.2.0]# bin/storm kill DataProcessTopology
17:28:27.788 [main] INFO o.a.s.u.NimbusClient - Found leader nimbus : bigdata01:6627
17:28:27.831 [main] INFO o.a.s.c.KillTopology - Killed topology: DataProcessTopology
```

5.5 实时计算引擎 Spark Streaming

5.5.1 Spark Streaming 的原理

Spark Streaming 是 Spark Core API 的一种扩展，它用于进行大规模、高吞吐量、容错的实时数据流处理。

Spark Streaming 支持从多种数据源（例如 Kafka、Kinesis、TCP socket 等）中读取数据，并能够使用高阶函数（例如：map()、reduce()、join()、window()等）进行数据处理，处理后的数据会被保存到文件系统、数据库、仪表盘等中，如图 5-14 所示。

图 5-14

Spark Streaming 内部的原理如图 5-15 所示。

（1）接收实时输入的数据流，将其拆分成多个 Batch，例如将每 1 s 收集的数据封装为一个 Batch。

(2)将每个 Batch 交给 Spark Core 的离线计算引擎进行处理。

(3)生产出一个结果数据流,其中的数据也是一个个 Batch。

图 5-15

Spark Streaming 提供了一种高级的抽象——DStream(Discretized Stream,离散流),它代表了一个持续不断的数据流。

DStream 可以通过输入数据源(例如 Kafka)来创建,也可以通过对其他 DStream 应用高阶函数(例如 map()、reduce()、join()、window()等)来创建。

DStream 的内部其实是一系列持续不断产生的 RDD。DStream 中的每个 RDD 都包含一个时间段内的数据,如图 5-16 所示。

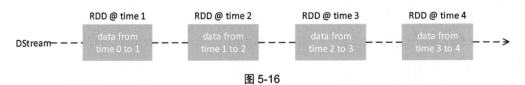

图 5-16

对 DStream 应用的算子,在底层会被翻译为对 DStream 中每个 RDD 的操作。

例如:对一个 DStream 执行 flatMap()操作,会产生一个新的 DStream。但是在底层,其实对应的是对 DStream 中每个时间段的 RDD 都应用一遍 flatMap()操作,然后生成新的 RDD,如图 5-17 所示。

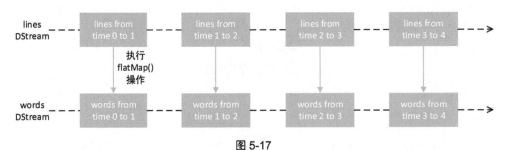

图 5-17

底层 RDD 的 Transformation 操作,其实还是由 Spark Core 的离线计算引擎来实现的。Spark Streaming 对 Spark Core 进行了一层封装,隐藏了细节,为开发人员提供了方便、易用、高层次的 API。

5.5.2 对比 Spark Streaming 和 Structured Streaming

Spark Streaming 是 Spark 从 1.x 版本就支持的组件。但是，Spark Streaming 的延迟度最低是"秒"级别的，无法满足"毫秒"级别的低延迟需求。

Spark 从 2.x 版本开始，除继续维护 Spark Streaming 组件外，还新增了一个 Structured Streaming 组件，主要是为了提供"毫秒"级别的处理延迟。

Structured Streaming 的关键思想是将实时数据流当作可以连续追加的表，这样可以将流计算以静态表的方式进行处理，如图 5-18 所示。

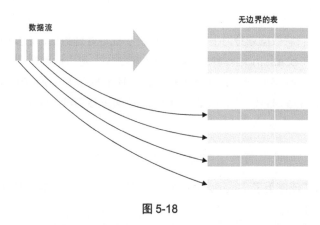

图 5-18

Structured Streaming 将输入数据流作为"输入表"，对"输入表"查询会生成一个"结果表"。在每次查询时，新的记录会追加到"输入表"中，同时会更新到"结果表"中，当"结果表"更新时，这些更新的数据需要写到外部存储中，如图 5-19 所示。

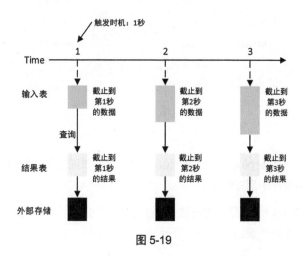

图 5-19

表 5-3 对 Spark Streaming 和 Structured Streaming 在计算模型、编程接口、延迟程度及可靠性方面进行了对比。

表 5-3

比较项	Spark Streaming	Structured Streaming
计算模型	Micro-Batch	Continuous Processing
编程接口	DStream	DataFrame、DataSet
延迟程度	秒	毫秒
可靠性	Checkpoint	Checkpoint

说明如下。

- Micro-Batch：将数据划分为小批，一小批一小批地处理数据，近实时数据计算。
- Continuous Processing：一种新的低延迟处理方式，可以达到端到端"毫秒"级别的延迟。
- DStream：Spark Streaming 的编程接口，是基于 Spark Core API 进行封装的。
- DataFrame、DataSet：Spark SQL 中提供的编程接口可以使用 Spark SQL 中的方法，易用性更强。

5.5.3 【实战】Spark Streaming 实时数据计算

如果企业中已经广泛使用了 Spark 技术栈，可以接受"秒"级别延迟的需求，那使用 Spark Streaming 是最合适的。

Spark Streaming 实时数据计算的典型场景如图 5-20 所示。

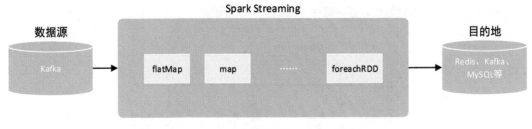

图 5-20

5.5.3.1 实时单词计数

需求：通过 Spark Streaming 统计 Socket 实时产生的单词数据，每隔 5 s 计算一次每个单词出现的次数，并且将结果打印到控制台。

分析：在 Spark Streaming 程序内设置 Batch 的处理时间间隔为 5 s，针对 5 s 内的数据进行单词拆分和聚合统计，详细步骤如图 5-21 所示。

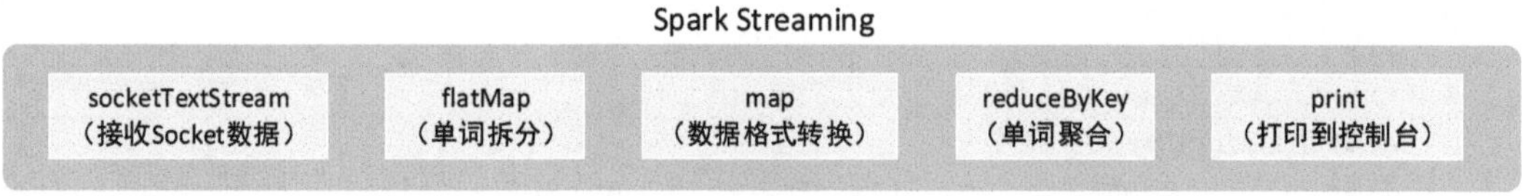

Spark Streaming

socketTextStream (接收Socket数据)	flatMap (单词拆分)	map (数据格式转换)	reduceByKey (单词聚合)	print (打印到控制台)

图 5-21

(1) 在 Maven 项目的 pom.xml 文件中,添加 spark-streaming 依赖。

```xml
<dependency>
    <groupId>org.apache.spark</groupId>
    <artifactId>spark-streaming_2.11</artifactId>
    <version>2.4.3</version>
</dependency>
```

(2) 核心代码开发。

使用 Java 语言开发 Spark Streaming 代码:

```java
public class StreamWordCountJava {
    public static void main(String[] args) throws Exception{
        //创建 SparkConf 配置对象
        SparkConf conf = new SparkConf()
                .setMaster("local[2]")
                .setAppName("StreamWordCountJava");

        //创建 StreamingContext
        JavaStreamingContext ssc = new JavaStreamingContext(conf,
Durations.seconds(5));

        //通过 socket 获取实时产生的数据
        JavaReceiverInputDStream<String> linesRDD = ssc.socketTextStream
("bigdata04", 9001);

        //对收到的数据使用空格进行拆分,拆分成单词
        JavaDStream<String> wordsRDD = linesRDD.flatMap(new
FlatMapFunction<String, String>() {
            public Iterator<String> call(String line) throws Exception {
                return Arrays.asList(line.split(" ")).iterator();
            }
        });

        //把每个单词转换为 tuple2 的形式
        JavaPairDStream<String, Integer> pairRDD = wordsRDD.mapToPair(new
PairFunction<String, String, Integer>() {
            public Tuple2<String, Integer> call(String word) throws Exception {
                return new Tuple2<String, Integer>(word, 1);
```

```
            }
        });

        //执行reduceByKey操作
        JavaPairDStream<String, Integer> wordCountRDD = pairRDD.reduceByKey(new 
Function2<Integer, Integer, Integer>() {
            public Integer call(Integer i1, Integer i2) throws Exception {
                return i1 + i2;
            }
        });
        //将结果数据打印到控制台
        wordCountRDD.foreachRDD(new VoidFunction<JavaPairRDD<String, 
Integer>>() {
            public void call(JavaPairRDD<String, Integer> pair) throws Exception {
                pair.foreach(new VoidFunction<Tuple2<String, Integer>>() {
                    public void call(Tuple2<String, Integer> tup) throws Exception {
                        System.out.println(tup._1+"---"+tup._2);
                    }
                });
            }
        });

        //启动任务
        ssc.start();
        //等待任务停止
        ssc.awaitTermination();
    }
}
```

使用 Scala 语言开发 Spark Streaming 代码：

```
object StreamWordCountScala {
  def main(args: Array[String]): Unit = {
    //创建 SparkConf 配置对象
    val conf = new SparkConf()
      //注意：此处的local[2]表示启动2个进程，一个进程负责读取数据源的数据，另一个进程负
责处理数据
      .setMaster("local[2]")
      .setAppName("StreamWordCountScala")

    //创建 StreamingContext，指定数据处理间隔为 5 s
    val ssc = new StreamingContext(conf, Seconds(5))

    //通过 socket 获取实时产生的数据
    val linesRDD = ssc.socketTextStream("bigdata04", 9001)
```

```
//对接收到的数据使用空格进行拆分,拆分成单词
val wordsRDD = linesRDD.flatMap(_.split(" "))

//把每个单词转换成tuple2的形式
val tupRDD = wordsRDD.map((_, 1))

//执行reduceByKey操作
val wordcountRDD = tupRDD.reduceByKey(_ + _)

//将结果数据打印到控制台
wordcountRDD.print()

//启动任务
ssc.start()
//等待任务停止
ssc.awaitTermination()
  }
}
```

(3)验证代码。

首先,在 bigdata04 机器上开启 Socket。

```
[root@bigdata04 ~]# nc -l 9001
hello you
hello me
```

然后,在 IDEA 中运行代码"StreamWordCountScala",可以在控制台看到如下结果:

```
(hello,2)
(me,1)
(you,1)
```

5.5.3.2 读写 Kafka

在正式的开发环境中,Spark Streaming 基本上都是从 Kafka 消费数据进行计算的,最终将结果输出到指定的存储介质中。

在这里使用 Spark Streaming 实现对 Kafka 中数据的读写,如图 5-22 所示。

图 5-22

（1）在 Maven 项目的 pom.xml 文件中添加 Kafkar 的相关依赖。

```xml
<dependency>
    <groupId>org.apache.kafka</groupId>
    <artifactId>kafka-clients</artifactId>
    <version>2.4.1</version>
</dependency>
<dependency>
    <groupId>org.apache.spark</groupId>
    <artifactId>spark-streaming-kafka-0-10_2.11</artifactId>
    <version>2.4.3</version>
</dependency>
```

（2）核心代码开发。

使用 Java 语言开发 Spark Streaming 代码：

```java
public class StreamKafkaToKafkaJava {
    public static void main(String[] args) throws Exception{
        //创建 StreamingContext，指定读取数据的时间间隔为 5 s
        SparkConf conf = new SparkConf()
                .setMaster("local[2]")
                .setAppName("StreamKafkaJava");
        JavaStreamingContext ssc = new JavaStreamingContext(conf, Durations.seconds(5));

        //指定 Kafka 的配置信息
        HashMap<String, Object> kafkaParams = new HashMap<String, Object>();
        kafkaParams.put("bootstrap.servers","bigdata01:9092,bigdata02:9092,bigdata03:9092");
        kafkaParams.put("key.deserializer", StringDeserializer.class.getName());
        kafkaParams.put("value.deserializer", StringDeserializer.class.getName());
        kafkaParams.put("group.id","con_1");
        kafkaParams.put("auto.offset.reset","latest");
        kafkaParams.put("enable.auto.commit",true);

        //指定要读取的 topic 名称
        ArrayList<String> topics = new ArrayList<String>();
        topics.add("t_in");

        //获取消费 Kafka 的数据流
        JavaInputDStream<ConsumerRecord<String, String>> kafkaStream = KafkaUtils.createDirectStream(
                ssc,
                LocationStrategies.PreferConsistent(),
                ConsumerStrategies.<String, String>Subscribe(topics, kafkaParams)
        );
```

```java
        //处理数据
        JavaDStream<String> mapDStream = kafkaStream.map(new 
Function<ConsumerRecord<String, String>, String>() {
            public String call(ConsumerRecord<String, String> record)
                    throws Exception {
                return record.value();
            }
        });
        //将数据写入Kafka
        mapDStream.foreachRDD(new VoidFunction<JavaRDD<String>>() {
            public void call(JavaRDD<String> stringJavaRDD) throws Exception {
                stringJavaRDD.foreachPartition(new VoidFunction<Iterator<String>>() {
                    public void call(Iterator<String> iterator) throws Exception {
                        //组装输出Kafka配置信息
                        Properties prop = new Properties();
                        prop.put("bootstrap.servers","bigdata01:9092,bigdata02:9092,bigdata03:9092");
                        prop.put("key.serializer",StringSerializer.class.getName());
                        prop.put("value.serializer",StringSerializer.class.getName());
                        KafkaProducer<String, String> producer = new KafkaProducer<String, String>(prop);
                        while(iterator.hasNext()){
                            String line = iterator.next();
                            producer.send(new ProducerRecord<String, String>("t_out",line));
                        }
                        producer.close();
                    }
                });
            }
        });

        //启动任务
        ssc.start();
        //等待任务停止
        ssc.awaitTermination();
    }
}
```

使用Scala语言开发Spark Streaming代码：

```scala
object StreamKafkaToKafkaScala {
  def main(args: Array[String]): Unit = {
    //创建StreamingContext
```

```scala
val conf = new SparkConf()
  .setMaster("local[2]")
  .setAppName("StreamKafkaScala")
val ssc = new StreamingContext(conf, Seconds(5))

//指定 Kafka 的配置信息
val kafkaParams = Map[String,Object](
  //Kafka 的 broker 地址信息
  "bootstrap.servers"->"bigdata01:9092,bigdata02:9092,bigdata03:9092",
  //key 的序列化类型
  "key.deserializer"->classOf[StringDeserializer],
  //value 的序列化类型
  "value.deserializer"->classOf[StringDeserializer],
  //消费者组 ID
  "group.id"->"con_1",
  //消费策略
  "auto.offset.reset"->"latest",
  //自动提交 offset
  "enable.auto.commit"->(true: java.lang.Boolean)
)
//指定要读取的 topic 的名称
val topics = Array("t_in")

//获取消费 Kafka 的数据流
val kafkaDStream = KafkaUtils.createDirectStream[String, String](
  ssc,
  LocationStrategies.PreferConsistent,
  ConsumerStrategies.Subscribe[String, String](topics, kafkaParams)
)

//处理数据
val mapDStream = kafkaDStream.map(_.value())
//将数据写入 Kafka
mapDStream
  .foreachRDD(rdd=>{
    rdd.foreachPartition(it=>{
      //组装输出 Kafka 配置信息
      val properties = new Properties()
      properties.put("bootstrap.servers","bigdata01:9092,bigdata02:9092,bigdata03:9092")
      properties.put(ProducerConfig.KEY_SERIALIZER_CLASS_CONFIG, classOf[StringSerializer].getName)
      properties.put(ProducerConfig.VALUE_SERIALIZER_CLASS_CONFIG, classOf[StringSerializer].getName)
      val producer = new KafkaProducer[String, String](properties)
      it.foreach(line=>{
        producer.send(new ProducerRecord("t_out",line))
```

```
        })
        producer.close()
      })
    })

    //启动任务
    ssc.start()
    //等待任务停止
    ssc.awaitTermination()
  }

}
```

（3）验证代码。

首先，在 Kafka 中创建两个 Topic：t_in 和 t_out。

```
[root@bigdata01 kafka_2.12-2.4.1]# bin/kafka-topics.sh --create --zookeeper
localhost:2181 --partitions 5 --replication-factor 2 --topic t_in
[root@bigdata01 kafka_2.12-2.4.1]# bin/kafka-topics.sh --create --zookeeper
localhost:2181 --partitions 5 --replication-factor 2 --topic t_out
```

然后，在 IDEA 中启动 StreamKafkaToKafkaScala 代码。

接着，打开 Kakfa 的控制台消费者。

```
[root@bigdata01 kafka_2.12-2.4.1]# bin/kafka-console-consumer.sh
--bootstrap-server localhost:9092 --topic t_out
```

最后，打开 Kafka 的控制台生产者，并且模拟生产一条数据。

```
[root@bigdata01 kafka_2.12-2.4.1]# bin/kafka-console-producer.sh
--broker-list localhost:9092 --topic t_in
>Hello Spark Streaming
```

如果能在 Kakfa 的控制台消费者中看到刚才生产的数据，则说明整个流程是成功的。

```
[root@bigdata01 kafka_2.12-2.4.1]# bin/kafka-console-consumer.sh
--bootstrap-server localhost:9092 --topic t_out --from-beginning
Hello Spark Streaming
```

5.6 新一代实时计算引擎 Flink

5.6.1 Flink 的原理及架构分析

很多人可能在 2015 年才听到 Flink 这个词。其实 Flink 的前身是柏林理工大学的一个研究性项目。它在 2014 年被 Apache 孵化器所接受，然后迅速地成为 ASF（Apache Software

Foundation）的顶级项目之一。

Flink 也有一套类似于 Spark 的生态圈，主要包括 DataStream API、DataSet API、Table API、SQL、Gelly、FlinkML，涉及实时数据处理、离线数据处理、SQL 操作、图计算和机器学习。

> Flink 目前处于快速发展迭代期，目前常用版本是 1.11.x 和 1.12.x。本书在分析 Flink 相关原理及架构时以 Flink 1.11.x 版本为基准。

1. 原理分析

Flink 是一个开源的分布式、高性能、高可用、准确的实时数据计算框架，它主要具有以下特性。

- 流式优先：Flink 可以连续处理流式数据（实时数据）。
- 容错：Flink 提供了有状态的计算，会记录数据的中间状态，当任务执行失败时，可以实现故障恢复，并且可以提供 Exactly-Once 语义支持。
- 可伸缩：Flink 集群可以支持上千个节点。
- 性能：Flink 能够提供高吞吐、低延迟的性能。

高吞吐表示在单位时间内可以处理海量数据，低延迟表示在数据产生以后可以在很短的时间内对其进行处理，即 Flink 可以实现快速处理海量数据。

（1）核心组件。

Flink 中提供了以下 3 个核心组件，如图 5-23 所示。

图 5-23

- DataSource：数据源，主要用来接收数据。例如：readTextFile()、socketTextStream()、fromCollection()，以及一些第三方数据源组件。
- Transformation：计算逻辑，主要用来对数据进行计算。例如：map()、flatmap()、filter()、reduce()等类型的算子。
- DataSink：目的地，主要用来把计算的结果数据输出到其他存储介质（例如 Kafka、Redis、Elasticsearch 等）中。

（2）执行流程。

Flink 任务在运行期间可以读取多种实时数据源中的数据，之后通过多种 Transformation 算子对数据进行计算，最终把结果输出到多种目的地，如图 5-24 所示。

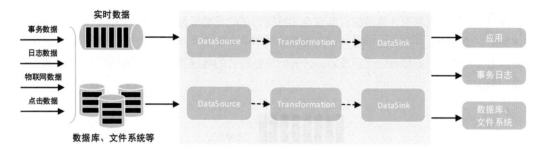

图 5-24

（3）Streaming 和 Batch。

Flink 是一个实时数据计算引擎，但是它也支持离线数据计算。对于 Flink 而言，离线数据计算只是实时数据计算的一个极限特例而已。

在大数据处理领域，离线数据计算任务与实时数据计算任务一般被认为是两种截然不同的任务。一个大数据框架一般会被设计用来处理其中一种任务，例如 Storm 只支持实时数据计算任务，而 MapReduce、Spark 只支持离线数据计算任务。

Spark Streaming 是 Spark 支持实时数据计算任务的子系统，看似是一个特例，其实并不是。Spark Streaming 采用了一种 Micro-Batch 的架构，即把输入的数据流切分成细粒度的 Batch，并为每一个 Batch 数据提供了一个离线数据计算的 Spark 任务。所以，Spark Streaming 本质上还是基于 Spark 离线数据计算的，和 Storm 这种真正的实时数据计算完全不同。

Flink 通过灵活的执行引擎，能够同时支持离线数据计算与实时数据计算。在执行引擎这一层，实时数据计算系统与离线数据计算系统最大不同在于节点间的数据传输方式。

对于一个实时数据计算系统，其节点间数据传输的标准模型是：一条数据在被处理完成后会被序列化到缓存中，然后被立刻通过网络传输到下一个节点，由下一个节点继续处理，如图 5-25 所示。

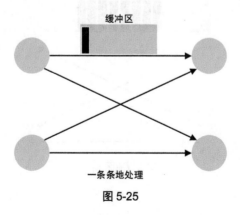

图 5-25

而对于一个离线数据计算系统，其节点间数据传输的标准模型是：一条数据在被处理完成后会被序列化到缓存中，并不会立刻被通过网络传输到下一个节点。当缓存写满后，数据会持久化到本地磁盘上。当所有数据都被处理完成后，才开始将处理过的数据通过网络传输到下一个节点，如图5-26 所示。

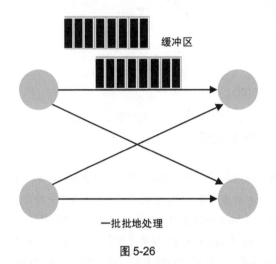

图 5-26

这两种数据传输方式是两个极端，对应的是"实时数据计算系统对低延迟的要求"和"离线数据计算系统对高吞吐的要求"。

Flink 的执行引擎同时支持这两种数据传输方式。

Flink 以固定的缓存块为单位进行网络数据传输，可以通过设置缓存块超时值指定缓存块的传输时机，如图 5-27 所示。

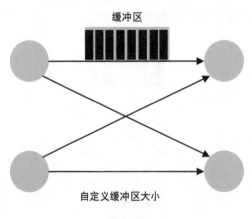

图 5-27

- 如果缓存块的超时值被设置为 0，则 Flink 的数据传输方式类似于上文提到的实时数据计算系统的数据传输方式，此时系统可以获得最低的处理延迟。
- 如果缓存块的超时值被设置为无限大，则 Flink 的数据传输方式类似于上文提到的离线数据计算系统的数据传输方式，此时系统可以获得最高的吞吐量。

> 缓存块的超时值也可以被设置为 0 到无限大之间的任意值。缓存块的超时阈值越小，则 Flink 流处理执行引擎的数据处理延迟越低，但吞吐量也会降低，反之亦然。可以根据需求调整缓存块的超时阈值，从而权衡系统延迟和吞吐量。

（4）典型应用场景。

Flink 应用于流式数据分析场景，主要应用在以下领域：

- 实时 ETL。集成实时数据计算系统现有的诸多数据通道和 SQL 灵活的加工能力，对实时数据进行清洗、归并和结构化处理。同时，为离线数仓进行有效的补充和优化，为数据实时传输提供计算通道。
- 实时报表。实时采集、加工和存储，实时监控和展现业务、客户各类指标，让数据化运营实时化。
- 监控预警。对系统和用户行为进行实时检测和分析，实时监测和发现危险行为。
- 在线系统。实时计算各类数据指标，并利用实时结果及时调整在线系统的相关策略。它在内容投放、无线智能推送等领域有着大量的应用。

2. 架构分析

（1）核心架构。

Flink 核心架构可以分为以下 4 层，如图 5-28 所示。

- Deploy 层：主要涉及 Flink 的部署模式。Flink 支持多种部署模式，包括本地单机部署、集群部署（Standalone/ ON YARN）和云服务器部署（GCE/EC2）。
- Core 层：提供了 Flink 分布式流处理（实时数据计算）模型的核心实现，为 API 层提供基础服务。
- API 层：提供了实时数据计算 API 和离线数据计算 API。其中，实时数据计算对应的是 DataStream API，离线数据计算对应的是 DataSet API。
- Libraries 层：也被称为 Flink 应用框架层。它在 API 层之上构建了满足特定应用的计算框架，分别对应于实时数据计算和离线数据计算。实时数据计算支持 CEP（复杂事件处理）、Table 和 SQL 操作。离线数据计算支持 FlinkML（机器学习）、Gelly（图计算）、Table 和 SQL 操作。

图 5-28

从图 5-28 中可以看到，Flink 对 Core 层的代码进行了封装，为用户提供了上层的 DataStram API 和 DataSet API。使用这些 API，可以很方便地完成实时数据计算任务和离线数据计算任务。另外，Flink 在 Libraries 层提供了基于 Table 和 SQL 操作，可以通过 SQL 轻松实现实时数据计算和离线数据计算（这也是 Flink 最大的亮点）。

（2）集群架构。

在实际工作中，Flink 集群最常用的两种架构是：Standalone（独立集群）和 ON YARN，如图 5-29 所示。

图 5-29

首先分析一下 Standalone 架构。这种架构包含两个节点，如图 5-30 所示。

- Master 节点：主节点。支持一个或者多个，可以实现高可用（HA）。在 Master 节点上会运行一个 JobManager 进程，负责集群资源管理和任务调度。
- Slave 节点：从节点。支持多个。在 Slave 节点上会运行一个 TaskManager 进程，负责执行 Master 节点分配给它的任务。

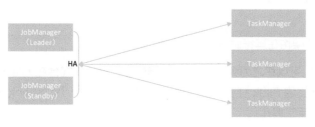

图 5-30

 多个 Master 节点（JobManager）要实现高可用，则需要依赖 Zookeeper。Flink 利用 ZooKeeper 实现多个 Master 节点之间的分布式协调服务。

下面分析一下 Flink 的 ON YARN 架构。Flink 的 ON YARN 架构的原理是，依靠 YARN 来调度 Flink 任务。目前在企业中使用得最多的就是这种方式。

这种方式的好处是：可以充分利用集群资源，提高集群机器的利用率。即只需要 1 套 Hadoop 集群，在其中既可以执行 MapReduce 任务，也可以执行 Spark 任务，还可以执行 Flink 任务，非常方便，运维也很轻松。

 Flink ON YARN 架构需要依赖 Hadoop 集群，并且 Hadoop 的版本号需要是 2.2 及以上。

Flink ON YARN 架构的内部实现如图 5-31 所示。

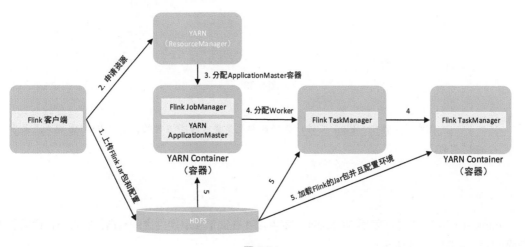

图 5-31

（3）运行架构。

Flink ON YARN 架构在运行时可以细分为以下两种模式。

- Session 模式：可以称之为会话模式或多任务模式。这种模式会在 YARN 中初始化一个 Flink 集群，以后提交的 Flink 任务都提交到这个 Flink 集群中。这个 Flink 集群会常驻在 YARN 集群中，除非手工停止。
- Per-Job 模式：可以称之为单任务模式。这种模式在每次提交 Flink 任务时都会创建一个新的 Flink 集群，Flink 任务之间相互独立，互不影响。在任务执行完成后，创建的 Flink 集群也会消失。

Session 模式和 Per-Job 模式的优缺点如图 5-32 所示。

图 5-32

Session 模式和 Per-Job 模式都有存在的价值，不同模式适用于不同场景，具体该如何选择呢？如图 5-33 所示。

图 5-33

 在实际工作中，Flink 实时计算任务都是需要长时间运行的，所以 Per-Job 模式是最常用的。

5.6.2 Flink 中核心算子的使用

Flink 中提供了 4 种不同层次的 API，每种 API 在简洁和易用性之间有自己的权衡，适用于不同的场景，如图 5-34 所示。

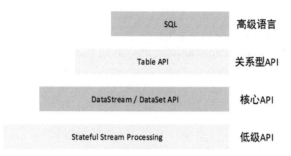

图 5-34

- Sateful Stream Processing：低级 API，提供了对时间和状态的细粒度控制，简洁性和易用性较差，主要应用在一些复杂事件处理逻辑上。
- DataStream / DataSet API：核心 API，提供了针对实时数据和离线数据的处理，是对低级 API 进行的封装，提供了 filter()、sum()、max()、min() 等高级函数，简单易用，所以这些 API 在工作中应用得比较广泛。
- Table API：对 DataStream / DataSet API 做了进一步封装，提供了基于 Table 对象的一些关系型 API。
- SQL：高级语言。Flink 的 SQL 是基于 Apache Calcite 的，而 Apache Calcite 实现了标准的 SQL，使用起来比其他 API 更加方便。Table API 和 SQL 可以很容易地结合在一块使用，它们都返回 Table 对象。

在工作中常用的是 DataStream/DataSet API 和 SQL。如果能用 SQL 解决，那使用 SQL 是最方便快捷的。复杂一些的可以考虑使用 DataStream/DataSet API。

表 5-4 中介绍了 DataStream API 中常用的 Transformation 算子。

表 5-4

算子	介绍
map()	对数据流中的每个元素进行处理，输入一个元素返回一个元素（一进一出）
flatMap()	与 map() 类似，但是每个元素都可以返回一个或多个新元素
filter()	对数据流中每个元素进行判断，如果返回 True 则将其保留，否则将其删除
keyBy()	根据 Key 对数据流进行分组
union()	合并多个流，多个流的数据类型必须一致
connect()	只能连接两个流，两个流的数据类型可以不同

下面通过具体的案例进行介绍。

Flink 支持 Java 语言和 Scala 语言，所以在这里也提供两种语言的实现。

（1）在 Maven 项目的 pom.xml 文件中，添加 Flink 实时计算相关的依赖。

```xml
<dependency>
  <groupId>org.apache.flink</groupId>
  <artifactId>flink-streaming-java_2.12</artifactId>
  <version>1.11.1</version>
</dependency>
<dependency>
  <groupId>org.apache.flink</groupId>
  <artifactId>flink-streaming-scala_2.12</artifactId>
  <version>1.11.1</version>
</dependency>
<dependency>
    <groupId>org.apache.flink</groupId>
    <artifactId>flink-clients_2.12</artifactId>
    <version>1.11.1</version>
</dependency>
```

（2）核心代码开发。

Java 语言实现的代码如下：

```java
public class TransformationOpJava {
    public static void main(String[] args) throws Exception{
        StreamExecutionEnvironment env = getEnv();
        //map：对数据流中的每个元素乘以2
        //mapOp(env);
        //flatMap：将数据流中的每行数据拆分为单词
        //flatMapOp(env);
        //filter：过滤出数据流中的偶数
        //filterOp(env);
        //keyBy：对数据流中的单词进行分组
        //keyByOp(env);
        //union：对两个数据流中的数字进行合并
        //unionOp(env);
        //connect：将两个数据流中的用户信息关联到一起
        //connectOp(env);
        //执行程序
        env.execute("TransformationOpJava");
    }

    private static void connectOp(StreamExecutionEnvironment env) {
        //第1份数据流
        DataStreamSource<String> text1 = env.fromElements("user:tom,age:18");
        //第2份数据流
        DataStreamSource<String> text2 = env.fromElements("user:jack_age:18");
```

```java
        //连接两个流
        ConnectedStreams<String, String> connectStream = text1.connect(text2);

        SingleOutputStreamOperator<String> resStream = connectStream.map(new
CoMapFunction<String, String, String>() {

            //处理第 1 份数据流中的数据
            @Override
            public String map1(String value) throws Exception {
                return value.replace(",", "-");
            }

            //处理第 2 份数据流中的数据
            @Override
            public String map2(String value) throws Exception {
                return value.replace("_", "-");
            }
        });
        //使用一个线程执行打印操作
        resStream.print().setParallelism(1);
    }

    private static void unionOp(StreamExecutionEnvironment env) {
        //第 1 份数据流
        DataStreamSource<Integer> text1 = env.fromElements(1, 2, 3, 4, 5);
        //第 2 份数据流
        DataStreamSource<Integer> text2 = env.fromElements(6, 7, 8, 9, 10);

        //合并流
        DataStream<Integer> unionStream = text1.union(text2);

        //使用一个线程执行打印操作
        unionStream.print().setParallelism(1);
    }

    private static void keyByOp(StreamExecutionEnvironment env) {
        //在测试阶段,可以使用 fromElements 构造实时数据流
        DataStreamSource<String> text =
env.fromElements("hello","you","hello","me");

        //处理数据
        SingleOutputStreamOperator<Tuple2<String, Integer>> wordCountStream =
text.map(new MapFunction<String, Tuple2<String, Integer>>() {
```

```java
            @Override
            public Tuple2<String, Integer> map(String word) throws Exception {
                return new Tuple2<>(word, 1);
            }
        });
        KeyedStream<Tuple2<String, Integer>, String> keyByStream =
wordCountStream.keyBy(new KeySelector<Tuple2<String, Integer>, String>() {
            public String getKey(Tuple2<String, Integer> tup) throws Exception {
                return tup.f0;
            }
        });
        //使用一个线程执行打印操作
        keyByStream.print().setParallelism(1);
    }

    private static void filterOp(StreamExecutionEnvironment env) {
        //在测试阶段,可以使用fromElements构造实时数据流
        DataStreamSource<Integer> text = env.fromElements(1,2,3,4,5);
        //处理数据
        SingleOutputStreamOperator<Integer> numStream = text.filter(new
FilterFunction<Integer>() {
            @Override
            public boolean filter(Integer num) throws Exception {
                return num % 2 == 0;
            }
        });
        //使用一个线程执行打印操作
        numStream.print().setParallelism(1);
    }

    private static void flatMapOp(StreamExecutionEnvironment env) {
        //在测试阶段,可以使用fromElements构造实时数据流
        DataStreamSource<String> text = env.fromElements("hello you","hello me");

        //处理数据
        SingleOutputStreamOperator<String> wordStream = text.flatMap(new
FlatMapFunction<String, String>() {
            @Override
            public void flatMap(String line, Collector<String> out) throws
Exception {
                String[] words = line.split(" ");
                for (String word : words) {
                    out.collect(word);
                }
```

```java
            }
        });

        //使用一个线程执行打印操作
        wordStream.print().setParallelism(1);
    }

    private static void mapOp(StreamExecutionEnvironment env) {
        //在测试阶段,可以使用 fromElements 构造实时数据流
        DataStreamSource<Integer> text = env.fromElements(1,2,3,4,5);

        //处理数据
        SingleOutputStreamOperator<Integer> numStream = text.map(new MapFunction<Integer, Integer>() {
            @Override
            public Integer map(Integer value) throws Exception {
                return value * 2;
            }
        });
        //使用一个线程执行打印操作
        numStream.print().setParallelism(1);
    }

    private static StreamExecutionEnvironment getEnv() {
        return StreamExecutionEnvironment.getExecutionEnvironment();
    }
}
```

Scala 语言实现的代码如下:

```scala
object TransformationOpScala {
  //注意:必须要添加这一行隐式转换的代码,否则下面的 flatMap、Map 等方法会报错
  import org.apache.flink.api.scala._

  def main(args: Array[String]): Unit = {
    val env = getEnv
    //map: 对数据流中每个元素乘以 2
    //mapOp(env)
    //flatMap: 将数据流中的每行数据拆分为单词
    //flatMapOp(env)
    //filter: 过滤出数据流中的偶数
    //filterOp(env)
    //keyBy: 对数据流中的单词进行分组
    //keyByOp(env)
    //union: 对两个数据流中的数字进行合并
```

```scala
    //unionOp(env)
    //connect:将两个数据流中的用户信息关联到一起
    //connectOp(env)

    //执行程序
    env.execute("TransformationOpScala")
}

def unionOp(env: StreamExecutionEnvironment) = {
    //第 1 份数据流
    val text1 = env.fromCollection(Array(1, 2, 3, 4, 5))
    //第 2 份数据流
    val text2 = env.fromCollection(Array(6, 7, 8, 9, 10))

    //合并流
    val unionStream = text1.union(text2)

    //使用一个线程执行打印操作
    unionStream.print().setParallelism(1)
}


def keyByOp(env: StreamExecutionEnvironment) = {
    //在测试阶段,可以使用 fromElements 构造实时数据流
    val text = env.fromElements("hello","you","hello","me")

    //处理数据
    val wordCountStream = text.map((_,1))
    val keyByStream = wordCountStream.keyBy(_._1)

    //使用一个线程执行打印操作
    keyByStream.print().setParallelism(1)
}


def filterOp(env: StreamExecutionEnvironment) = {
    //在测试阶段,可以使用 fromElements 构造实时数据流
    val text = env.fromElements(1, 2, 3, 4, 5)

    //处理数据
    val numStream = text.filter(_ % 2 == 0)

    //使用一个线程执行打印操作
    numStream.print().setParallelism(1)
```

}

```scala
def flatMapOp(env: StreamExecutionEnvironment) = {
  //在测试阶段，可以使用 fromElements 构造实时数据流
  val text = env.fromElements("hello you","hello me")

  //处理数据
  val wordStream = text.flatMap(_.split(" "))

  //使用一个线程执行打印操作
  wordStream.print().setParallelism(1)
}

def mapOp(env: StreamExecutionEnvironment) = {
  //在测试阶段，可以使用 fromElements 构造实时数据流
  val text = env.fromElements(1, 2, 3, 4, 5)

  //处理数据
  val numStream = text.map(_ * 2)

  //使用一个线程执行打印操作
  numStream.print().setParallelism(1)
}

private def getEnv = {
  StreamExecutionEnvironment.getExecutionEnvironment
}

}
```

Flink 代码原生支持直接在 IDEA 中运行，便于本地调试。

5.6.3 【实战】Flink 实时数据计算

Flink 实时数据计算的典型场景如图 5-35 所示。

图 5-35

Flink 实时数据计算可以分为两大类应用场景，如图 5-36 所示。

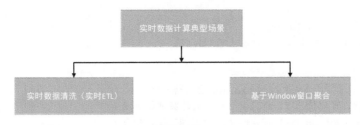

图 5-36

- 实时数据清洗：比较简单，就是来一条数据计算一条数据，之后把结果输出去。
- 基于 Window 窗口聚合：设置一个时间窗口，对指定时间窗口内收到的实时数据进行聚合操作，如图 5-37 所示。

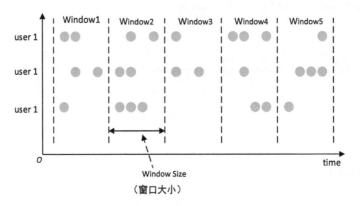

图 5-37

下面基于 Window 窗口聚合场景演示一下 Flink 的使用。

5.6.3.1 基于 Window 窗口进行聚合统计

需求：通过 Socket 模拟实时产生一些单词数据，使用 Flink 实时接收数据，对指定时间窗口内（例如 2 s 内）的单词数据进行聚合统计，并且把时间窗口内计算的结果打印出来。

分析：

- 通过 Socket 的 DataSource 组件接收实时产生的单词数据。
- 对接收到的单词数据进行拆分,将每个单词转为"Tuple2<单词,1>"这种形式。
- 按照 Tuple2 中的第 1 列对数据流进行分组,并且设置时间窗口,时间窗口的大小为 2 s。
- 对时间窗口内的数据进行聚合,并且将结果打印到控制台。

所以,这个 Flink 任务的内部处理流程大致如图 5-38 所示。

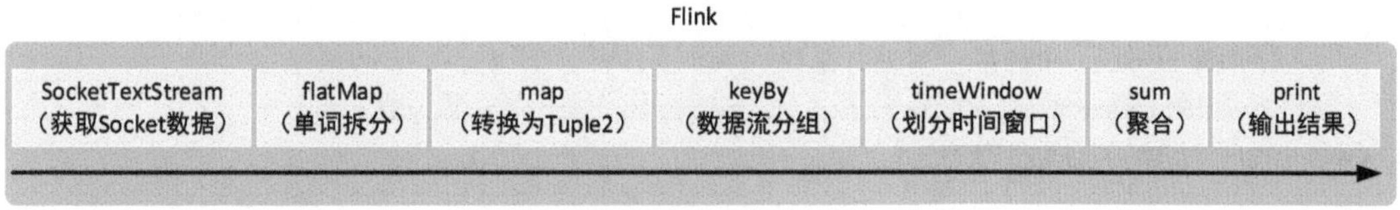

| SocketTextStream
(获取Socket数据) | flatMap
(单词拆分) | map
(转换为Tuple2) | keyBy
(数据流分组) | timeWindow
(划分时间窗口) | sum
(聚合) | print
(输出结果) |

图 5-38

具体实现过程如下。

(1)在 Maven 项目的 pom.xml 文件中,添加 Flink 实时计算的相关依赖。

Flink 实时计算的相关依赖见 5.6.2 节。

(2)在核心代码开发。

使用 Java 语言开发 Flink 代码:

```java
public class SocketWindowWordCountJava {
    public static void main(String[] args) throws Exception{
        //获取运行环境
        StreamExecutionEnvironment env = StreamExecutionEnvironment.getExecutionEnvironment();

        //连接socket获取输入的数据
        DataStreamSource<String> text = env.socketTextStream("bigdata04", 9001);

        SingleOutputStreamOperator<String> wordStream = text.flatMap(new FlatMapFunction<String, String>() {
            //处理数据,将接收到的每一行数据根据空格拆分成单词
            public void flatMap(String line, Collector<String> out) throws Exception {
                String[] words = line.split(" ");
                for (String word : words) {
                    //把拆分出来的单词发送出去
                    out.collect(word);
                }
            }
        });
```

```java
        SingleOutputStreamOperator<Tuple2<String, Integer>> wordCountStream =
wordStream.map(new MapFunction<String, Tuple2<String, Integer>>() {
            //把每一个单词转换为tuple2的形式　(单词,1)
            public Tuple2<String, Integer> map(String word) throws Exception {
                return new Tuple2<String, Integer>(word, 1);
            }
        });

        //根据tuple2中的第1列进行分组
        KeyedStream<Tuple2<String, Integer>, Tuple> keyStream =
wordCountStream.keyBy(0);


        //设置时间窗口为2 s,表示每隔2 s计算一次接收到的数据
        WindowedStream<Tuple2<String, Integer>, Tuple, TimeWindow> windowStream
= keyStream.timeWindow(Time.seconds(2));

        //根据tuple2中的第2列进行聚合
        SingleOutputStreamOperator<Tuple2<String, Integer>> sumRes =
windowStream.sum(1);

        //使用一个线程执行打印操作
        sumRes.print().setParallelism(1);

        //执行程序
        env.execute("SocketWindowWordCountJava");
    }
}
```

使用Scala语言开发Flink代码：

```scala
object SocketWindowWordCountScala {
  def main(args: Array[String]): Unit = {
    //获取运行环境
    val env = StreamExecutionEnvironment.getExecutionEnvironment

    //连接socket获取输入数据
    val text = env.socketTextStream("bigdata04", 9001)

    //处理数据,将接收到的每一行数据根据空格拆分成单词,并且把拆分出来的单词发送出去
    //注意: 必须要添加这一行隐式转换的代码,否则下面的flatMap()、Map()等方法会报错
    import org.apache.flink.api.scala._
```

```
        val wordStream = text.flatMap(_.split(" "))

        //把每一个单词转换为tuple2的形式（单词,1）
        val wordCountStream = wordStream.map((_, 1))

        //根据tuple2中的第1列进行分组
        val keyStream = wordCountStream.keyBy(_._1)

        //设置时间窗口为2 s，表示每隔2 s计算一次接收到的数据
        val windowStream = keyStream.timeWindow(Time.seconds(2))

        //根据tuple2中的第2列进行聚合
        val sumRes = windowStream.sum(1)

        //使用一个线程执行打印操作
        sumRes.print.setParallelism(1)

        //执行程序
        env.execute("SocketWindowWordCountScala")

    }
}
```

（3）验证效果。

首先，在 bigdata04 机器上开启 Socket。

```
[root@bigdata04 ~]# nc -l 9001
```

然后，在 IDEA 中启动代码 FlinkStreamDemoScala。

接着，通过 Socket 模拟产生数据。

```
[root@bigdata04 ~]# nc -l 9001
hello you hello me
```

最后，在 IDEA 的控制台中可以看到如下效果：

```
(hello,2)
(me,1)
(you,1)
```

5.6.3.2　安装 Flink 客户端提交任务

在实际工作中，在 Flink 代码开发完成并在本地调试完毕后，需要将其打包提交到集群中执行。此时就需要安装一个 Flink 客户端，用于向集群提交任务。

这里以 Flink ON YARN 模式为例，演示 Flink 客户端节点的安装。

> 针对 Flink ON YARN 模式，Flink 客户端需要和 Hadoop 客户端安装在一起，即在 Flink 客户端节点上需要有 Hadoop 的相关环境，这样 Flink 才能找到 YARN 集群。

（1）将下载的 flink-1.11.1-bin-scala_2.12.tgz 安装包上传到 bigdata04 的 "/data/soft" 目录下。

```
[root@bigdata04 soft]# ll flink-1.11.1-bin-scala_2.12.tgz
-rw-r--r--. 1 root root 312224884 Jan 20  2026 flink-1.11.1-bin-scala_2.12.tgz
```

（2）解压缩 Flink 安装包。

```
[root@bigdata04 soft]# tar -zxvf flink-1.11.1-bin-scala_2.12.tgz
```

（3）修改环境变量。

```
[root@bigdata04 flink-1.11.1]# vi /etc/profile
export JAVA_HOME=/data/soft/jdk1.8
export HADOOP_HOME=/data/soft/hadoop-3.2.0
export HADOOP_CLASSPATH=`${HADOOP_HOME}/bin/hadoop classpath`
export PATH=.:$JAVA_HOME/bin:$HADOOP_HOME/bin:$PATH
```

> 在 Flink 的客户端节点上必须配置 HADOOP_HOME 和 HADOOP_CLASSPATH 这两个环境变量，否则 Flink 无法识别 Hadoop 中的一些依赖。

（4）在项目的 pom.xml 中添加打包配置。

```xml
<build>
    <plugins>
        <!-- 编译插件 -->
        <plugin>
            <groupId>org.apache.maven.plugins</groupId>
            <artifactId>maven-compiler-plugin</artifactId>
            <version>3.6.0</version>
            <configuration>
                <source>1.8</source>
                <target>1.8</target>
                <encoding>UTF-8</encoding>
            </configuration>
        </plugin>
        <!-- scala 编译插件 -->
        <plugin>
            <groupId>net.alchim31.maven</groupId>
            <artifactId>scala-maven-plugin</artifactId>
            <version>3.1.6</version>
```

```xml
            <configuration>
                <scalaCompatVersion>2.12</scalaCompatVersion>
                <scalaVersion>2.12.11</scalaVersion>
                <encoding>UTF-8</encoding>
            </configuration>
            <executions>
                <execution>
                    <id>compile-scala</id>
                    <phase>compile</phase>
                    <goals>
                        <goal>add-source</goal>
                        <goal>compile</goal>
                    </goals>
                </execution>
                <execution>
                    <id>test-compile-scala</id>
                    <phase>test-compile</phase>
                    <goals>
                        <goal>add-source</goal>
                        <goal>testCompile</goal>
                    </goals>
                </execution>
            </executions>
        </plugin>
        <!-- 打Jar包的插件（包含所有依赖） -->
        <plugin>
            <groupId>org.apache.maven.plugins</groupId>
            <artifactId>maven-assembly-plugin</artifactId>
            <version>2.6</version>
            <configuration>
                <descriptorRefs>
                    <descriptorRef>jar-with-dependencies</descriptorRef>
                </descriptorRefs>
                <archive>
                    <manifest>
                        <!-- 可以设置Jar包的入口类（可选） -->
                        <mainClass></mainClass>
                    </manifest>
                </archive>
            </configuration>
            <executions>
                <execution>
                    <id>make-assembly</id>
                    <phase>package</phase>
                    <goals>
                        <goal>single</goal>
                    </goals>
```

```
                </execution>
            </executions>
        </plugin>
    </plugins>
</build>
```

（5）修改项目的 pom.xml 中 Flink 相关依赖的配置。

 需要将 Flink 相关依赖的 score 属性值设置为 provided，这些依赖不需要打进 Jar 包中。

```
<dependencies>
    <dependency>
        <groupId>org.apache.flink</groupId>
        <artifactId>flink-streaming-java_2.12</artifactId>
        <version>1.11.1</version>
        <!-- provided 表示只在编译时使用这个依赖，在打包及执行时都不使用 -->
        <scope>provided</scope>
    </dependency>
    <dependency>
        <groupId>org.apache.flink</groupId>
        <artifactId>flink-clients_2.12</artifactId>
        <version>1.11.1</version>
        <scope>provided</scope>
    </dependency>
    <dependency>
        <groupId>org.apache.flink</groupId>
        <artifactId>flink-streaming-scala_2.12</artifactId>
        <version>1.11.1</version>
        <scope>provided</scope>
    </dependency>
</dependencies>
```

（6）将项目代码打成 Jar 包。

```
D:\IdeaProjects\flink_proj>mvn clean package -DskipTests
------------------------------------------------------------------------
[INFO] BUILD SUCCESS
------------------------------------------------------------------------
[INFO] Total time: 17.280s
[INFO] Final Memory: 40M/506M
------------------------------------------------------------------------
```

（7）将生成的 Jar 包上传到 bigdata04 上，并且向集群提交任务。在提交任务之前，应先开启 Socket。

```
[root@bigdata04 ~]# nc -l 9001
```
使用 Flink ON YARN 的 Per-Job 模式向集群提交任务。
```
[root@bigdata04 flink-1.11.1]#bin/flink run -m yarn-cluster -c
SocketWindowWordCountScala  -yjm 1024 -ytm 1024
flink_proj-1.0-SNAPSHOT-jar-with-dependencies.jar
```

此时到 YARN 的 Web 界面上查看，可以看到确实新增了一个任务，如图 5-39 所示。

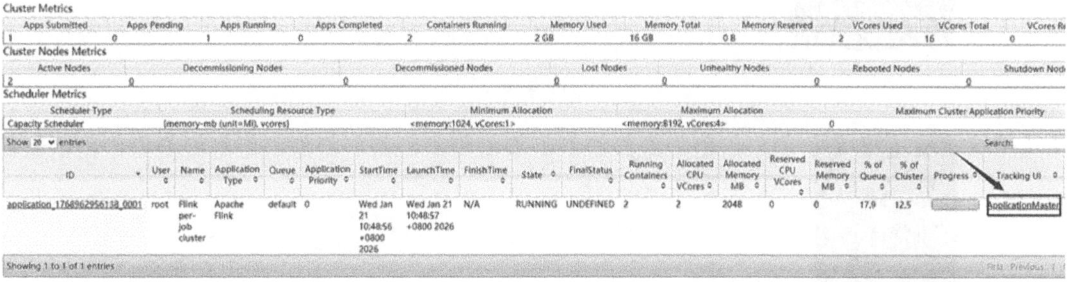

图 5-39

单击进去可以看到 Flink 的任务界面，如图 5-40 所示。

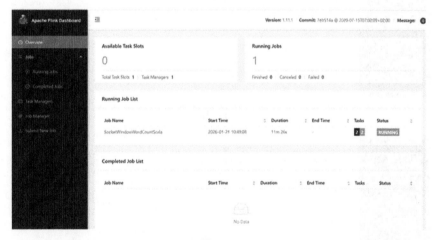

图 5-40

（8）查看任务执行结果。

通过 Socket 输入一串内容。

```
[root@bigdata04 ~]# nc -l 9001
hello you hello me
```

要查看 Flink 任务通过 print() 输出的结果，则需要到 Flink 的日志界面中查看，如图 5-41、图 5-42、图 5-43、图 5-44 所示。

260 | 大数据技术及架构图解实战派

图 5-41

图 5-42

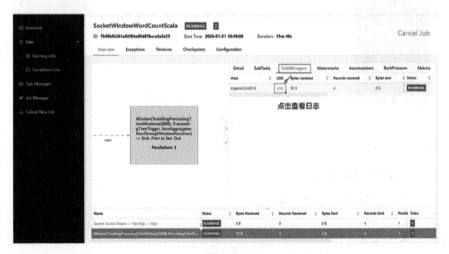

图 5-43

图 5-44

（9）停止任务。

要停止 Flink 任务，则使用 YARN 的命令来停止，或者使用 Flink 的命令来停止。

- 使用 YARN 的命令停止 Flink 任务。

```
[root@bigdata04 flink-1.11.1]# yarn application -kill application_1768962956138_0001
```

- 使用 Flink 的命令停止 Flink 任务。

```
[root@bigdata04 flink-1.11.1]# bin/flink cancel -yid application_1768962956138_0001 7b99bfb261a92f84a89d87bcca3a3e23
```

当然，也可以在 Flink 的任务界面中停止，如图 5-45 所示。

图 5-45

5.6.4 【实战】利用 Flink + DataV 实现"双十一"数据大屏

"双十一"数据大屏起源于 2012 年，当时的数据大屏展示的数据还是比较简单的，仅展示实时的交易额折线图和部分省份的实时交易动态。

"双十一"数据大屏经历了多年的发展,前后端的技术也发生了很多变化。目前"双十一"数据大屏最新的技术方案是使用 Flink 和 DataV 来实现的。其中,Flink 负责实现海量数据实时计算,计算出数据大屏中需要的数据指标;Datav 负责数据大屏的效果展现。

"双十一"数据大屏的效果如图 5-46 所示。

图 5-46

5.6.4.1 "双十一"数据大屏整体架构介绍

"双十一"数据大屏的整体架构如图 5-47 所示。

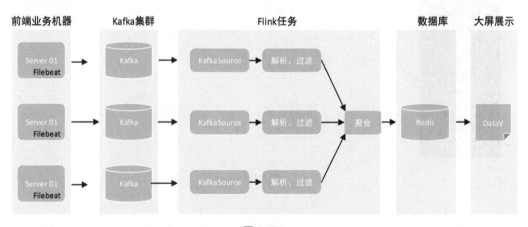

图 5-47

对于某电商网站而言,当用户在 PC 或 App 上提交一个订单后,业务系统会通过日志的方式记录这条订单的相关数据。

（1）使用 Filebeat 这个日志采集工具采集前端业务机器上的日志数据。这里采集的日志数据其实就是用户的订单数据。

（2）通过 Filebeat 将订单数据采集到 Kafka 中进行缓冲，避免数据峰值给后端的计算系统造成太大的压力。

（3）使用 Flink 开发实时计算程序对 Kafka 中的数据进行处理，Flink 内部涉及对接 Kafka 数据源、数据解析、数据过滤及数据聚合之类的功能，在计算出需要的结果数据后将结果数据输出到 Redis 中。

（4）通过 DataV 查询 Redis 中的数据并进行展示。在对接时会用到数据接口，需要提前封装好数据接口，在对接时直接在 DataV 中调用即可。

5.6.4.2 "双十一"数据大屏核心代码开发

这里主要实现 Flink 实时数据计算部分的核心代码，前面的日志数据采集和后面的数据展示模块暂不实现。

"双十一"数据大屏中展现的指标和图表有近 20 个，这里主要计算两个核心指标。

- 第 1 个指标：统计全站"双十一"当天的实时 GMV（总的成交金额）。
- 第 2 个指标：统计实时销量 Top N 的商品品类。

在此项目中需要用到的订单数据的格式如下：

```
{
    "orderNo": "9fc3ffe3-3255-414e-8df8-1580cfbd2ff9",       //订单编号
    "totalPrice": 11237,                                      //订单总金额
    "detal": [{                                               //订单明细
        "goodsNo": "6002",                                    //商品编号
        "goodsCount": 1,                                      //商品数量
        "goodsPrice": 3299,                                   //商品单价
        "goodsName": "美的 606 升",                           //商品名称
        "goodsType": "冰箱"                                   //商品品类
    }, {
        "goodsNo": "1005",
        "goodsCount": 2,
        "goodsPrice": 3969,
        "goodsName": "荣耀 30Pro",
        "goodsType": "手机"
    }]
}
```

说明如下。

- 这是一个 JSON 格式的数据，表示是用户的一个订单数据信息，其中包含订单编号、订单总金额和订单明细。
- 订单明细中存储了订单中商品的基本信息（包括商品编号、商品数量、商品单价、商品名称和商品品类）。

Flink 核心代码的流程是：先从 Kakfa 中消费数据，然后对数据进行处理，最后把结果输出到 Redis 中进行存储。

由于 Flink 内置的 RedisSink 组件无法满足需求，所以这里自定义了 RedisSink 组件。

1. 创建 Maven 项目，引入 Flink、Redis、JSON 依赖

```xml
<!-- Flink 依赖 -->
<dependency>
    <groupId>org.apache.flink</groupId>
    <artifactId>flink-streaming-java_2.12</artifactId>
    <version>1.11.1</version>
</dependency>
<dependency>
    <groupId>org.apache.flink</groupId>
    <artifactId>flink-streaming-scala_2.12</artifactId>
    <version>1.11.1</version>
</dependency>
<dependency>
    <groupId>org.apache.flink</groupId>
    <artifactId>flink-clients_2.12</artifactId>
    <version>1.11.1</version>
</dependency>
<dependency>
    <groupId>org.apache.flink</groupId>
    <artifactId>flink-connector-kafka_2.12</artifactId>
    <version>1.11.1</version>
</dependency>
<!-- Redis 依赖 -->
<dependency>
    <groupId>redis.clients</groupId>
    <artifactId>jedis</artifactId>
    <version>2.9.0</version>
</dependency>
```

```xml
<!-- JSON 依赖 -->
<dependency>
    <groupId>com.alibaba</groupId>
    <artifactId>fastjson</artifactId>
    <version>1.2.68</version>
</dependency>
```

2. 用 Java 语言开发代码

用 Java 语言开发 Flink 代码：

```java
public class StreamDataCalcJava {
    public static void main(String[] args) throws Exception{
        //获取执行环境
        StreamExecutionEnvironment env = StreamExecutionEnvironment.getExecutionEnvironment();

        //指定 FlinkKafkaConsumer 相关配置
        String topic = "order_detail";
        Properties prop = new Properties();
        prop.setProperty("bootstrap.servers","bigdata01:9092,bigdata02:9092,bigdata03:9092");
        prop.setProperty("group.id","con");
        FlinkKafkaConsumer<String> kafkaConsumer = new FlinkKafkaConsumer<String>(topic, new SimpleStringSchema(), prop);
        //指定 Kafka 作为 Source
        DataStreamSource<String> text = env.addSource(kafkaConsumer);

        //解析订单数据，只保留需要用到的字段
        //goodsCount、goodsPrice、goodsType
        SingleOutputStreamOperator<Tuple3<Long, Long, String>> orderStream = text.flatMap(new FlatMapFunction<String, Tuple3<Long, Long, String>>() {
            public void flatMap(String line, Collector<Tuple3<Long, Long, String>> out) throws Exception {
                JSONObject orderJson = JSON.parseObject(line);
                //获取 JSON 数据中的商品明细
                JSONArray orderDetail = orderJson.getJSONArray("detal");
                for (int i = 0; i < orderDetail.size(); i++) {
                    JSONObject orderObj = orderDetail.getJSONObject(i);
                    long goodsCount = orderObj.getLongValue("goodsCount");
                    long goodsPrice = orderObj.getLongValue("goodsPrice");
                    String goodsType = orderObj.getString("goodsType");
                    out.collect(new Tuple3<Long, Long, String>(goodsCount, goodsPrice, goodsType));
```

```java
            }
        }
    });

    //过滤异常数据
    SingleOutputStreamOperator<Tuple3<Long, Long, String>> filterStream = 
orderStream.filter(new FilterFunction<Tuple3<Long, Long, String>>() {
        public boolean filter(Tuple3<Long, Long, String> tup) throws Exception {
            //商品数量大于 0 的数据才是有效数据
            return tup.f0 > 0;
        }
    });

    //1.统计全站"双十一"当天的实时 GMV
    SingleOutputStreamOperator<Long> gmvStream = filterStream.map(new 
MapFunction<Tuple3<Long, Long, String>, Long>() {
        public Long map(Tuple3<Long, Long, String> tup) throws Exception {
            //计算单个商品的消费金额
            return tup.f0 * tup.f1;
        }
    });
    //将 GMV 数据保存到 Redis 中
    gmvStream.addSink(new GmvRedisSink("bigdata04",6380,"gmv"));

    //2.统计实时销量 Top N 的商品品类
    SingleOutputStreamOperator<Tuple2<String, Long>> topNStream = 
filterStream.map(new MapFunction<Tuple3<Long, Long, String>, Tuple2<String, 
Long>>() {
        //获取商品品类和购买的商品数量
        public Tuple2<String, Long> map(Tuple3<Long, Long, String> tup) throws 
Exception {
            return new Tuple2<String, Long>(tup.f2, tup.f0);
        }
    });
    //根据商品品类分组
    KeyedStream<Tuple2<String, Long>, Tuple> keyStream = topNStream.keyBy(0);
    //设置时间窗口为 1 s
    WindowedStream<Tuple2<String, Long>, Tuple, TimeWindow> windowStream = 
keyStream.timeWindow(Time.seconds(1));
    //求和,指定 tuple 中的第 2 列,即商品数量
    SingleOutputStreamOperator<Tuple2<String, Long>> resStream = 
windowStream.sum(1);
    //将 goods_type 数据保存到 Redis 中
    resStream.addSink(new TopNRedisSink("bigdata04",6380,"goods_type"));
```

```
        //执行任务
        env.execute("StreamDataCalcJava");
    }
}
```

上面代码中用到了自定义的 GmvRedisSink 和 TopNRedisSink 组件。

使用 Java 语言实现 GmvRedisSink：

```
public class GmvRedisSink extends RichSinkFunction<Long> {
    private String host;
    private int port;
    private String key;

    private Jedis jedis = null;

    public GmvRedisSink(String host, int port, String key) {
        this.host = host;
        this.port = port;
        this.key = key;
    }

    /**
     * 初始化方法，只执行一次
     * @param parameters
     * @throws Exception
     */
    @Override
    public void open(Configuration parameters) throws Exception {
        this.jedis = new Jedis(host, port);
    }

    /**
     * 核心代码，来一条数据此方法会执行一次
     * @param value
     * @param context
     * @throws Exception
     */
    public void invoke(Long value, Context context) throws Exception {
        //对 GMV 数据进行递增操作
        jedis.incrBy(key,value);
    }

    /**
```

```
 * 任务停止时会先调用此方法
 * 适合关闭资源链接
 * @throws Exception
 */
@Override
public void close() throws Exception {
    //关闭链接
    if(jedis!=null){
        jedis.close();
    }
}
}
```

使用 Java 语言实现 TopNRedisSink：

```
public class TopNRedisSink extends RichSinkFunction<Tuple2<String,Long>> {
    private String host;
    private int port;
    private String key;

    private Jedis jedis = null;

    public TopNRedisSink(String host, int port, String key) {
        this.host = host;
        this.port = port;
        this.key = key;
    }

    /**
     * 初始化方法，只执行一次
     * @param parameters
     * @throws Exception
     */
    @Override
    public void open(Configuration parameters) throws Exception {
        this.jedis = new Jedis(host, port);
    }

    /**
     * 核心代码，来一条数据此方法会执行一次
     * @param value
     * @param context
     * @throws Exception
     */
    public void invoke(Tuple2<String, Long> value, Context context) throws
```

```
Exception {
    //给 sortedset 中的指定元素递增添加分值
    jedis.zincrby(key,value.f1,value.f0);
}

/**
 * 任务停止时会先调用此方法
 * 适合关闭资源链接
 * @throws Exception
 */
@Override
public void close() throws Exception {
    //关闭链接
    if(jedis!=null){
        jedis.close();
    }
}
}
```

3. 用 Scala 语言开发代码

用 Scala 语言开发 Flink 代码：

```
object StreamDataCalcScala {
  def main(args: Array[String]): Unit = {
    //获取执行环境
    val env = StreamExecutionEnvironment.getExecutionEnvironment

    //指定 FlinkKafkaConsumer 相关配置
    val topic = "order_detail"
    val prop = new Properties()
prop.setProperty("bootstrap.servers","bigdata01:9092,bigdata02:9092,bigdata03:9092")
    prop.setProperty("group.id","con")
    val kafkaConsumer = new FlinkKafkaConsumer[String](topic, new SimpleStringSchema(), prop)

    //指定 Kafka 作为 source
    import org.apache.flink.api.scala._
    val text = env.addSource(kafkaConsumer)

    //解析订单数据，将数据打平，只保留需要用到的字段
    //goodsCount、goodsPrice、goodsType
    val orderStream = text.flatMap(line=>{
```

```scala
    val orderJson = JSON.parseObject(line)
    val orderDetal = orderJson.getJSONArray("detal")
    val res = new Array[(Long,Long,String)](orderDetal.size())
    for(i <- 0 until orderDetal.size()){
      val orderObj = orderDetal.getJSONObject(i)
      val goodsCount = orderObj.getLongValue("goodsCount")
      val goodsPrice = orderObj.getLongValue("goodsPrice")
      val goodsType = orderObj.getString("goodsType")
      res(i) = (goodsCount,goodsPrice,goodsType)
    }
    res
  })

  //过滤异常数据
  val filterStreram = orderStream.filter(_._1 > 0)

  //1.统计全站"双十一"当天的实时 GMV
  val gmvStream = filterStreram.map(tup=>tup._1 * tup._2)//计算单个商品的消费金融
  gmvStream.addSink(new GmvRedisSink("bigdata04",6380,"gmv"))


  //2.统计实时销量 Top N 的商品品类
  val topNStream = filterStreram.map(tup=>(tup._3,tup._1))//获取商品品类和购买的商品数量
    .keyBy(tup=>tup._1)                      //根据商品品类分组
    .timeWindow(Time.seconds(1))             //设置时间窗口为 1 s
    .sum(1)                                  //指定 tuple 中的第 2 列，即商品数量

  topNStream.addSink(new TopNRedisSink("bigdata04",6380,"goods_type"))

  env.execute("StreamDataCalcScala")

  }

}
```

上面代码中用到了自定义的 GmvRedisSink 和 TopNRedisSink 组件。

使用 Scala 语言实现 GmvRedisSink：

```scala
class GmvRedisSink extends RichSinkFunction[Long] {
  var host: String = _
  var port: Int = _
  var key: String = _
```

```scala
var jedis: Jedis = _
/**
 * 构造函数
 * @param host
 * @param port
 * @param key
 */
def this(host: String,port: Int,key: String){
  this()
  this.host = host
  this.port = port
  this.key = key
}

/**
 * 初始化方法，只执行一次
 * 适合初始化资源链接
 * @param parameters
 */
override def open(parameters: Configuration): Unit = {
  this.jedis = new Jedis(host,port)
}

/**
 * 核心代码，来一条数据此方法会执行一次
 * @param value
 * @param context
 */
override def invoke(value: Long, context: SinkFunction.Context[_]): Unit = {
  jedis.incrBy(key,value)
}

/**
 * 任务停止时会先调用此方法
 * 适合关闭资源链接
 */
override def close(): Unit = {
  //关闭链接
  if(jedis!=null){
    jedis.close()
  }
}
```

}

使用 Scala 语言实现 TopNRedisSink：

```scala
class TopNRedisSink extends RichSinkFunction[Tuple2[String,Long]] {
  var host: String = _
  var port: Int = _
  var key: String = _

  var jedis: Jedis = _
  /**
    * 构造函数
    * @param host
    * @param port
    * @param key
    */
  def this(host: String,port: Int,key: String){
    this()
    this.host = host
    this.port = port
    this.key = key
  }

  /**
    * 初始化方法，只执行一次
    * 适合初始化资源链接
    * @param parameters
    */
  override def open(parameters: Configuration): Unit = {
    this.jedis = new Jedis(host,port)
  }

  /**
    * 核心代码，来一条数据此方法会执行一次
    *
    * @param value
    * @param context
    */
  override def invoke(value: (String, Long), context: SinkFunction.Context[_]): Unit = {
    jedis.zincrby(key,value._2,value._1)
  }

  /**
```

```
 * 任务停止时会先调用此方法
 * 适合关闭资源链接
 */
override def close(): Unit = {
  //关闭链接
  if(jedis!=null){
    jedis.close()
  }
}
```

}

4. 查看结果

Flink 程序运行一段时间，并且成功计算了一批数据后，在 Redis 中可以看到类似以下的结果：

```
[root@bigdata04 ~]# redis-cli
127.0.0.1:6379> get gmv
"3829983"
127.0.0.1:6379> zrevrange goods_type 0 -1 withscores
 1) "\xe6\x89\x8b\xe6\x9c\xba"
 2) "100"
 3) "\xe7\xa9\xba\xe8\xb0\x83"
 4) "90"
 5) "\xe5\xae\xb6\xe5\x85\xb7"
 6) "90"
 7) "\xe7\x94\xb5\xe8\xa7\x86"
 8) "80"
 9) "\xe5\x86\xb0\xe7\xae\xb1"
10) "70"
```

由于 Redis 中的 goods_type 数据类型中存储的值为中文，所以，在 Redis 客户端命令行中查询时，默认显示的是中文对应的 ASSIC 码，以上现象属于正常现象。使用 Redis 的 JavaAPI 在代码中查询，就会正常显示中文了。

第 6 章
OLAP 数据分析

6.1 OLAP 起源及现状

20 世纪 60 年代,关系数据库之父 Edgar F. Codd 提出了关系模型,促进了联机事务处理 OLTP(On-line Transaction Processing)的发展。

随着数据量的增加,以及查询需求的变化,OLTP 已不能满足终端用户对数据库查询分析的需要,SQL 对大型数据库进行的简单查询也不能满足终端用户分析的要求。用户的决策分析需要对关系数据库进行大量计算才能得到结果,而查询的结果并不能满足决策者提出的需求。因此,Edgar F. Codd 提出了多维数据库和多维分析的概念,这就是我们现在所说的联机分析处理。

联机分析处理(Online Analytical Processing,OLAP)是一种数据分析技术,用于支持复杂的分析操作,侧重为决策人员和高层管理人员提供决策支持。

1993 年,OLAP 由关系数据库之父 Edgar F. Codd 在他的白皮书 *Providing OLAP to User-Analysts: An IT Mandate* 中首次提出。他当时总结了 OLAP 产品的 12 条评估规则,如图 6-1 所示。

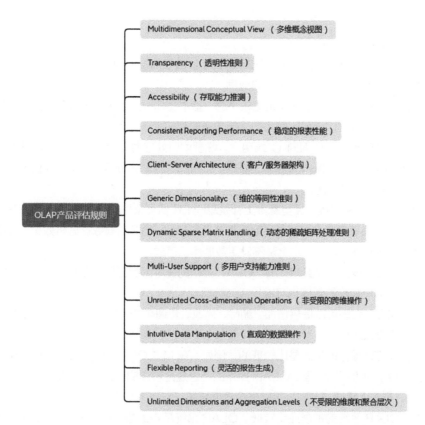

图 6-1

OLTP 侧重于事务，OLAP 侧重于数据分析，二者的主要区别见表 6-1。

表 6-1

比较项	OLTP	OLAP
操作对象	数据库中的数据	数据仓库中的数据
数据规模	小	大
并发访问	大	小
数据模型	ER（实体关系）	星型模型\雪花模型
数据时效	当前数据	历史数据
数据操作	增加、删除、修改、查询	不支持修改和删除
执行延迟	低	高
可扩展性	低	高

说明如下。

- 操作对象：OLTP 操作的是数据库（例如 MySQL 和 Oracle）中的数据。OLAP 操作的是数据仓库（例如 Hive 和 Impala）中的数据。
- 数据规模：OLTP 操作的数据规模是比较小的，基本在几十万条，多的话可能会达到几百万条。OLAP 操作的数据规模是比较大的，起步一般都在上千万条，甚至上亿条。
- 并发访问：OLTP 操作一般面向 C 端用户，需要同时处理海量用户的请求，对并发访问的能力要求比较高。OLAP 操作的基本上都是企业内部的数据分析系统，用户规模很小，所以对并发访问的能力要求不高。
- 数据模型：OLTP 操作的数据模型基本上都是基于 ER 实体模型构建的，满足数据库三范式。OLAP 操作的数据模型基本上都是星型模型或雪花模型，为了提高数据分析效率，大部分都采用降维的方式构建宽表，基本上都不满足数据库三范式。
- 数据时效：OLTP 操作的是实时数据，OLAP 操作的基本上都是历史数据。当然了，随着技术的发展，OLAP 操作的数据也可以是实时数据。
- 数据操作：OLTP 系统可以提供增加、删除、修改、查询功能。OLAP 系统侧重于查询，基本上不支持修改和删除。
- 执行延迟：OLTP 操作的延迟是比较低的，例如：在 MySQL 中执行一条 SQL 语句，基本上"毫秒"级别即可返回结果。OLAP 操作的延迟是比较高的，例如：在 Hive 中执行一条 SQL 语句，基本上需要"分钟"级别才会返回结果。
- 可扩展性：OLTP 系统的扩展性比较低。OLAP 系统基本上都支持分布式，扩展性比较高。

到目前为止，OLAP 技术已经发展了 20 多年，正处于群雄逐鹿阶段，后期可能会出现一统江湖的完美技术。

1. 传统 OLAP 技术的发展

根据 Edgar F. Codd 提出的 OLAP 产品 12 条评估规则，OLAP 技术有了很大的发展，市场上各种 OLAP 产品层出不穷。虽然 OLAP 的概念是在 1993 年才被提出来的，但是支持 OLAP 相关产品的历史最早可追溯到 1975 年，如图 6-2 所示。

1989 年，SQL 语言标准诞生，它可以从关系数据库中提取和处理业务数据，这是一个转折点。在 1980 年代，电子表格在 OLAP 应用中占绝对主导地位。1990 年代以后，越来越多基于数据库的 OLAP 应用开始出现，如图 6-3 所示。

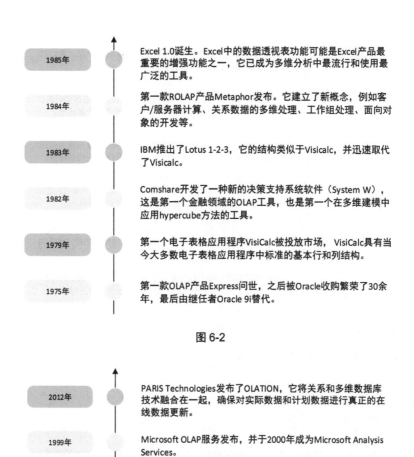

图 6-2

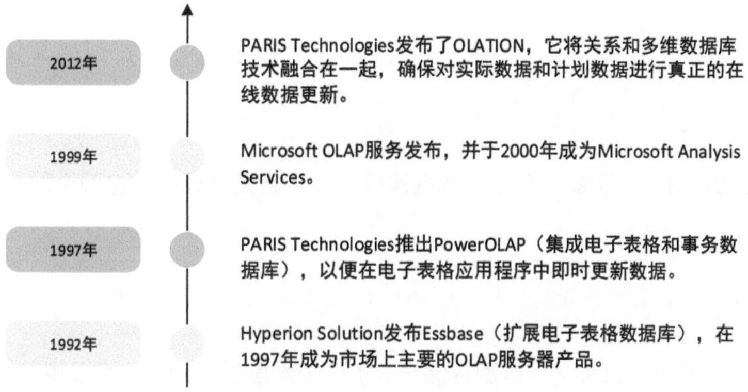

图 6-3

2. 大数据 OLAP 技术的发展

随着大数据行业的兴起，基于大数据的 OLAP 技术也迎来了蓬勃发展，如图 6-4 所示。

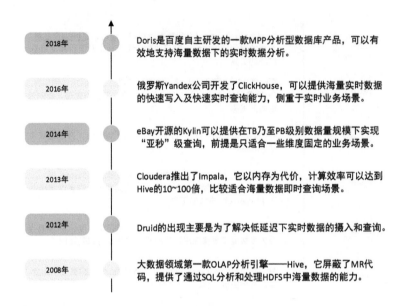

图 6-4

这里只列出了大数据生态圈中一些比较典型的 OLAP 技术。

6.2 OLAP 引擎的分类

对于大数据中的 OLAP 引擎，可以从数据建模方式和数据处理时效这两个维度进行划分。

6.2.1 从数据建模方式分类

1. 分为三类

从数据建模方式（也可以称之为数据存储方式）这个维度进行划分，可以将 OLAP 引擎划分为以下 3 类。

- MOLAP：多维在线分析处理。它是基于多维数组的存储模型，也是 OLAP 最初的形态。其特点是，需要对数据进行预计算，以空间换效率，明细数据和聚合数据都被保存在 Cube（数据立方体）中，但生成 Cube 需要大量的时间和空间。
- ROLAP：关系在线分析处理。它完全基于关系模型存储数据，不需要预计算，按需即时查询，明细数据和汇总数据都被保存在关系型数据库的事实表中。
- HOLAP：混合在线分析处理。它属于 MOLAP 和 ROLAP 的混合模型，细节数据以 ROLAP 形式被存放，聚合数据以 MOLAP 形式被存放。这种方式相对灵活，且更加高效。

读者可按企业业务场景和数据颗粒度进行选择。没有最好的，只有最适合的。

> 目前业内已经有很多 MOLAP 和 ROLAP 类型的开源 OLAP 引擎，暂时还没有 HOLAP 类型的开源 OLAP 引擎。

2. 对比

表 6-2 对 MOLAP 和 ROLAP 类型做了对比。

表 6-2

比较项	MOLAP	ROLAP
存储模型	多维数组模型	关系模型
预计算	需要	不需要
查询速度	快	慢
扩展性	低	高
大数据领域典型代表工具	Kylin、Druid	Hive、Impala、ClickHouse、Doris

说明如下。

- 存储模型：MOLAP 类型支持数据的多维视图，使用的是多维数组模型。它把"维"映射到多维数组的下标或下标的范围中，而将事实数据存储在数组单元中，从而实现了多维视图到数组的映射，形成了立方体的结构。ROLAP 类型使用的是关系模型，以关系表存储多维数据，有比较强的可伸缩性。其中，维数据被存储在维表中，而事实数据和维 ID 则被存储在事实表中，维表和事实表通过主外键关联。
- 预计算：MOLAP 类型需要提前对数据做预计算；ROLAP 类型不需要。MOLAP 类型由于需要提前对数据做预计算，所以适合一些需求较固定的数据分析场景；ROLAP 类型则适合灵活多变的数据分析场景。
- 查询速度：MOLAP 类型是直接查询预计算之后的数据，所以查询速度比较快；ROLAP 类型查询的是原始明细数据，所以查询速度比较慢。
- 扩展性：MOLAP 类型的扩展性低于 ROLAP 类型。因为 MOLAP 类型需要进行预计算，空间占用大，所以不适合维度多的模型。ROLAP 类型由于是即时计算，所以比较适合于维度多的模型，但是计算速度慢一些。

6.2.2 从数据处理时效分类

从数据处理时效这个维度进行划分，可以将 OLAP 引擎划分为以下两类。

1. 离线 OLAP

离线 OLAP 在企业中应用得很广泛，常见的场景是对前一天的数据进行统计分析。离线 OLAP 的缺点是：无法对当天实时产生的数据进行统计。

> 对于目前企业中大部分的报表类统计分析需求，离线 OLAP 引擎是可以满足的。如果要进一步提升数据统计分析的时效性，则需要考虑使用实时 OLAP 引擎。

2. 实时 OLAP

它可以实现"秒"级别、"分钟"级别的数据统计分析，满足企业对数据的实时统计分析需求。

离线 OLAP 和实时 OLAP 最大的区别在于数据计算的延迟度，如图 6-5 所示。

图 6-5

- 离线 OLAP 的典型代表工具为：Hive、Impala 和 Kylin。这些离线 OLAP 工具无法实现实时数据统计分析，常见的是按照"天"级别进行数据统计分析，如果再细化也可以达到"小时"级别的数据延迟。
- 实时 OLAP 的典型代表工具为：Druid、Doris 和 ClickHouse。这些实时 OLAP 工具可以实现"秒"级别或者"分"级别的实时数据统计分析。

6.3 常见 OLAP 引擎的应用场景

目前在大数据领域，比较常见的 OLAP 引擎主要包括 Hive、Impala、Kylin、Druid、ClickHouse 和 Doris。每个引擎都有自己的优缺点，这些引擎在企业中的主要应用场景如图 6-6 所示。

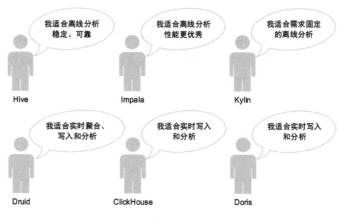

图 6-6

说明如下。

- Hive：主要提供通过 SQL 分析 HDFS 中海量数据的能力。HDFS 中存储的都是离线数据，所以 Hive 适合做海量数据的离线统计分析。Hive 的 SQL 语句在底层会被转化为 MapReduce 任务去执行，MapReduce 任务的特点是稳定和可靠。不过由于 MapReduce 是基于磁盘的，计算效率相对较低，所以如果你对计算速度要求不是特别高，但是对计算的稳定性要求比较高，那 Hive 是非常合适的。企业在构建离线数据仓库时，Hive 是首选的工具。在离线 OLAP 分析领域，Hive 是必不可少的。
- Impala：功能类似于 Hive，可以直接兼容 Hive 的元数据，即在 Hive 中创建的表可以在 Impala 中直接使用，两者可以无缝集成。Impala 的优点是：底层不需要经过 MapReduce，它自己实现了底层的计算引擎，主要是以内存的代价换取查询效率的提高。如果要在 Web 页面中提供一个海量数据统计分析功能，肯定希望在输入 SQL 语句后很快看到返回的结果，那对计算的效率要求就比较高了，使用 Hive 就不太合适了，比较适合使用 Impala 这种基于内存的计算引擎。但是 Impala 也有缺点：因为它是基于内存的，所以稳定性相对比较差，如果查询的数据量比较大，则内存可能扛不住，最终导致内存溢出，无法计算出结果。
- Kylin：主要是为了解决 TB 级别数据的 SQL 分析需求。其核心是预计算，需要我们提前配置好计算规则，每天定时将计算结果存储在 HBase 中。在使用时，直接查询聚合后的结果数据，这样速度会很快（因为聚合后的数据量没有那么大了）。所以，Kylin 适合用于一些需求固定的报表类分析需求。如果需求灵活多变，则 Kylin 就无法发挥最优性能了。
- Druid：主要针对时间序列数据提供低延时的数据写入及快速交互式 SQL 查询，适合被应用在海量实时数据的交互式分析场景中。其可以基于时间维度对实时产生的明细数据自动实时聚合，提高查询效率。它有一个比较明显的缺点——对 SQL 支持有限。在 Druid 0.18 版本之前它是不支持 JOIN 操作的，从 0.18 版本开始它有限支持 JOIN 操作，目前主要支持

INNER JOIN、LEFT JOIN 和 CROSS JOIN。
- ClickHouse：可以提供海量实时数据的快速写入，以及基于 SQL 的快速实时查询，适合应用在海量实时数据的交互式分析场景中。其支持非标准 SQL，有限支持 JOIN 操作，目前在实时数据仓库领域应用得比较广泛。
- Doris：可以通过 SQL 实现实时数据分析，适合应用在海量实时数据的交互式分析场景中。其对 SQL 支持比较好，支持 JOIN 操作。Doris 和 ClickHouse 是比较类似的，但是 Doris 目前的成熟度暂时还不如 ClickHouse。

6.4 常见离线 OLAP 引擎

6.4.1 Hive 的原理及架构分析

Hive 是由 Facebook 开源的一款数据分析工具，主要用来进行数据提取、转化和加载（ETL），于 2010 年正式成为 Apache 的顶级项目。

Hive 的出现主要是为了解决 MapReduce 程序开发复杂的问题，它提供了通过 SQL 分析 HDFS 中海量数据的能力，大大减少了开发人员的工作量，提高了数据分析效率。

1. 原理分析

Hive 中定义了简单的类 SQL 查询语言（HQL）。它允许熟悉 SQL 的用户直接查询 HDFS 中的海量数据。同时，该语言也允许熟悉 MapReduce 的开发者自定义 MapReduce 任务来处理内置的 SQL 函数无法完成的复杂分析任务。

（1）解析流程。

Hive 中最核心的一个组件就是 SQL 解析引擎，它会将 SQL 语句解析成 MapReduce 任务，具体的解析流程如图 6-7 所示。

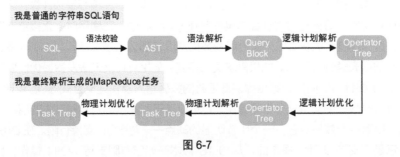

图 6-7

Hive 的数据存储是基于 HDFS 的，它既没有自己的存储系统，也没有专门的数据存储格式。

Hive 默认可以直接加载普通文本文件（TextFile），也支持 SequenceFile、RCFile 等格式文件。针对文本文件中的数据，在使用 Hive 创建表时，只需要指定数据的列分隔符和行分隔符，Hive 即可解析文件中的数据。

（2）特点。

Hive 主要具备以下特点。

- 易上手：提供了类 SQL 查询语言 HQL，避免开发 MapReduce 任务，减少了学习成本。
- 可扩展：底层基于 Hadoop，扩展性比较好。
- 延展性：支持自定义函数来解决内置函数无法实现的功能。

Hive 也具备一些局限性。

- Hive SQL 表达能力有限：SQL 无法表达迭代式算法，以及数据挖掘方面的需求。
- 计算效率一般：Hive 底层会默认生成 MapReduce 任务，计算效率一般，但是稳定性较高。

> Hive 的底层计算引擎默认是 MapReduce。从 Hive 3.x 版本开始，官方建议使用 Tez 引擎或者 Spark 引擎，这样可以进一步提升 Hive 的计算性能。

在刚开始接触 Hive 时，可以把 Hive 当成数据库来使用，这样便于理解。但是 Hive 并不是一个数据库，它实际上是一个数据仓库。Hive 侧重的是数据分析，而不是增删改查功能，它是不支持修改和删除操作的。

（3）对比。

为了加深对 Hive 的理解，下面针对 Hive 和 MySQL 中的一些特性进行对比，见表 6-3。

表 6-3

比较项	Hive	MySQL
数据存储位置	HDFS	本地磁盘
数据格式	用户自定义	系统决定
数据更新	不支持	支持
索引	有，较弱，很少使用	有，经常使用
执行引擎	MapReduce	Executor
执行延迟	高	低
可扩展性	高	低
数据规模	大	小

2. 架构分析

Hive 的整个体系架构都是构建在 Hadoop 之上的，Hive 的元数据被存储在 MySQL 中，普通数据被存储在 HDFS 中，SQL 语句在底层会被转化为 MapReduce 任务，最终在 YARN 上执行，如图 6-8 所示。

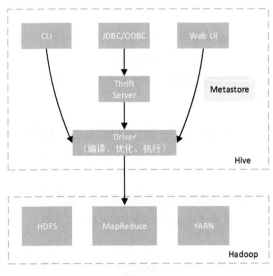

图 6-8

说明如下。

- CLI、JDBC/ODBC 和 Web UI：用户接口，Hive 支持用多种客户端进行交互。
- Driver：包括编译器、优化器和执行器。可以完成 Hive SQL 的词法分析、语法分析、编译、优化，以及查询计划的生成，属于 Hive 中的核心组件。
- Metastore：一个存储系统，主要负责存储 Hive 中的元数据。元数据包括：表的名字、表的列、表的分区、表的属性（是否为外部表）、表的数据所在的 HDFS 目录等。目前 Metastore 只支持 Derby 和 MySQL，Derby 只能用于测试环境，在生产环境中需要使用 MySQL。

6.4.2 Impala 的原理及架构分析

Impala 是 Cloudera 公司于 2013 年推出的一个新型查询系统，于 2017 年正式成为 Apache 的顶级项目。

Impala 可以提供对 HDFS、HBase 中数据的高性能、低延迟的交互式 SQL 查询功能，它的出现主要是为了提高海量数据下的 SQL 分析效率。

Impala 的性能可以达到 Hive 的 10～100 倍，那 Hive 是不是会被淘汰呢？不会的！它们有各自的典型应用场景，如图 6-9 所示。

图 6-9

1. 原理分析

Impala 是一个用 C++和 Java 编写的开源计算引擎。与其他 Hadoop 的 SQL 引擎相比，它主要提供了高性能和低延迟的功能。

（1）Impala 的主要特点。

- 基于内存运算，不需要把中间结果写入磁盘，节省了大量的 I/O 开销。
- 在底层不需要被转化为 MapReduce 任务，直接读取 HDFS 中的数据，大大降低了延迟。
- 底层计算引擎由 C++编写，由 LLVM 统一编译运行，效果更高。
- 兼容 Hive SQL，学习成本低，容易上手。
- 可以兼容 Hive 的 Metastore，对 Hive 中的数据直接做数据分析。
- 支持数据本地化特性，提高计算效率。
- 支持列式存储，可以和 HBase 整合。
- 支持多种文件格式，例如：TextFile、SequenceFile、RCFile 和 Parquet。
- 支持 JDBC/ODBC 远程访问。

（2）Impala 的主要缺点。

- 对内存的依赖大，且完全依赖于 Hive。
- 稳定性不如 Hive，由于完全在内存中计算，所以内存不够则很容易出现问题。
- 没有提供任何对序列化和反序列化的支持。
- 只能读取文本文件，不能直接读取自定义的二进制文件。
- 每当新的记录/文件被添加到 HDFS 中的数据目录时，该表需要被刷新。

Impala 中创建的表信息会直接被存储到 Hive 的 Metastore 中，它可以直接兼容 Hive 的元数据，即在 Hive 中创建的表在 Impala 中可以被直接使用。在实际工作中，Impala 可以和 Hive 无缝集成，如图 6-10 所示。

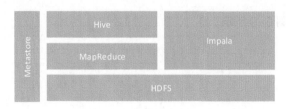

图 6-10

2. 架构分析

Impala 主要包含 3 个核心模块：Impalad、Statestore 和 Catalog，除此之外，它还依赖 Hive 的 Metastore 和 HDFS，如图 6-11 所示。

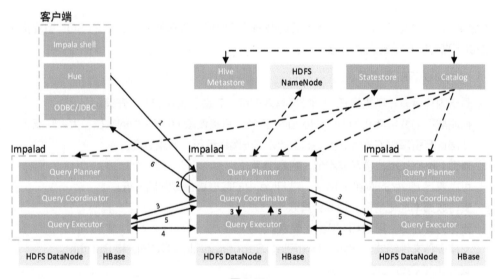

图 6-11

（1）客户端向某一个 Impalad 发送一个 Query（SQL）。

（2）Impalad 将 Query 解析为具体的 Planner（执行计划），然后交给当前机器的 Coordinator（中心协调节点）。

（3）Coordinator 将 Planner 发送到有数据的 Impalad 节点上，利用 Executor 去执行。

（4）多个 Impalad 的 Executor 之间会进行通信，可能需要进行一些数据处理。

（5）各个 Impalad 的 Executor 在执行完成后，会将结果返给 Coordinator。

（6）Coordinator 将汇聚的查询结果返给客户端。

说明如下。

- Impalad：Impala 的核心守护进程，负责与 Statestore 保持通信，汇报工作。同时负责接收客户端的请求，执行查询，并把结果返给客户端。
- Statestore：负责收集集群中各个 Impalad 进程的资源信息、各节点健康状况，同步节点信息，以及负责 Query 的协调调度。
- Catalog：负责分发表的元数据信息到各个 Impalad 中，以及接收来自 Statestore 的所有请求。

6.4.3 Kylin 的原理及架构分析

Kylin 由 eBay 开发并于 2014 年开源，在 2015 年 12 月正式成为 Apache 的顶级项目。

Kylin 是一个开源的、分布式的分析型数据仓库，提供了基于 Hadoop/Spark 的 SQL 查询接口及多维分析（OLAP）能力以支持超大规模数据。

Kylin 的出现主要是为了解决大数据系统中 TB 和 PB 级别数据的快速数据分析需求。

1. 原理分析

Kylin 的核心原理是预计算。

预计算的核心是以"空间"换"时间"：对多维分析可能用到的度量进行预计算，将计算好的结果保存成 Cube 并存储到 HBase 中，供查询时直接访问。

Kylin 底层的大致执行流程是：使用 MapReduce/Spark 计算引擎对数据源（例如 Hive）中的数据按照指定的维度和指标进行计算，之后将所有可能的结果存储到 HBase 中供用户查询，如图 6-12 所示。

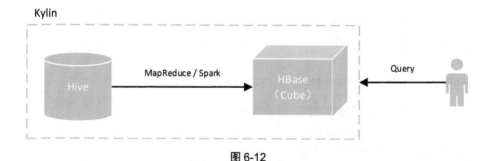

图 6-12

HBase 中每行记录的 Rowkey 是由各维度的值拼接而成的，度量会被保存在 ColumnFamily 中。为了减少存储代价，这里会对维度和度量进行编码。在查询阶段，利用 HBase 列存储的特性即可保证 Kylin 的快速响应和高并发特性。

那 Kylin 是不是就可以取代 Hive 呢？不可以！它们有各自的典型应用场景，如图 6-13 所示。

图 6-13

Kylin 主要具备以下特点。

- 可扩展的超快 OLAP 引擎：Kylin 是为减少在 Hadoop/Spark 上百亿条规模数据查询延迟而设计的。
- Hadoop ANSI SQL 接口：Kylin 为 Hadoop 提供标准 SQL 以支持大部分查询功能。
- 交互式查询能力：通过 Kylin，用户可以与 Hadoop 中的数据进行"亚秒"级交互，在同样的数据集上可以提供比 Hive 更好的性能。
- 多维立方体（MOLAP Cube）：用户能够在 Kylin 中为上百亿个数据集定义数据模型，并构建立方体。
- 可与 BI 工具无缝整合：Kylin 提供与 BI 工具（例如 Tableau、Power BI/Excel、MSTR、QlikSense、Hue 和 SuperSet）的整合能力。
- 其他特性：Job 管理与监控；压缩与编码；增量更新；利用 HBase Coprocessor；基于 HyperLogLog 的 Dinstinc Count 近似算法；友好的 Web 界面以管理、监控和使用立方体；项目及表级别的访问控制安全；支持 LDAP（轻量目录访问协议）、SSO（单点登录）。

 在 Kylin 3.0 版本中，官方发布了 Real-time（实时）OLAP 的新特性，用户可以实时地获取和查询流式数据源。

Kylin 是通过预计算才实现高性能的，所以它也存在一些缺点：

- 依赖组件较多，属于重量级方案，运维成本很高。
- 无法支持灵活多变的即席查询。
- 预计算量大，比较消耗集群资源。
- 存储压力比较大，需要保存多种维度聚合的结果。

Kylin 的使用非常简单，只需以下三步即可实现超大数据集上的"亚秒"级查询：

（1）在数据集上定义一个星型或雪花型模型。

（2）在定义的数据表上构建 Cube。

（3）使用标准 SQL 通过 ODBC、JDBC 或 REST API 进行查询。

2. 架构分析

 Kylin 3.x 和 4.x 版本中增加了很多新特性，架构层面也发生了变化，下面以 Kylin4.x 版本为基准进行分析。

Kylin 在架构设计上大体上分为 4 个部分：数据源、构建 Cube 的计算引擎、存储引擎和对外查询接口，如图 6-14 所示。

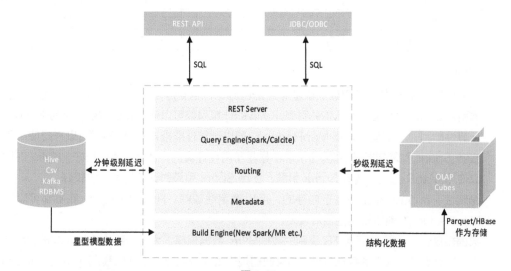

图 6-14

其中数据源主要是 Hive、Csv、Kafka 和 RDBMS；计算框架支持 MapReduce 和 Spark；结果数据存储在 HBase 中；对外查询接口支持 REST API、JDBC 和 ODBC。

Kylin 中核心的内容就是 Cube 的构建和查询，主要包含以下核心组件。

- REST Server：一套面向应用程序开发的入口，旨在实现针对 Kylin 平台的应用开发工作。可以提供查询、获取结果、触发 cube 构建任务、获取元数据、获取用户权限等功能，还可以通过 REST 接口实现 SQL 查询。
- Query Engine：查询引擎。当 Cube 准备就绪后，查询引擎就能够获取并解析用户查询。它随后会与系统中的其他组件进行交互，从而向用户返回对应的结果。
- Routing：负责将解析 SQL 语句生成的执行计划转换成 Cube 缓存的查询。
- Metadata：元数据管理。负责管理 Kylin 中的所有元数据，包括 Cube 的定义、星型模型的定义、Job 的信息等。Kylin 的元数据和 Cube 都存储在 HBase 中。

- Build Engine：构建 Cube 的计算引擎。这套引擎能够处理所有离线任务，包括 Shell 脚本、Java API、MapReduce 任务、Spark 任务等。

6.4.4 对比 Hive、Impala 和 Kylin

Hive、Impala 和 Kylin 都适合应用于离线 OLAP 数据分析领域，不过它们各有特色，在技术选型时需要结合具体业务需求进行考虑。这 3 个离线 OLAP 引擎的对比见表 6-4。

表 6-4

比较项	计算引擎	计算性能	稳定性	数据规模	SQL 支持程度
Hive	MapReduce	中	高	TB 级别	HQL
Impala	自研 MPP	高	低	TB 级别	兼容 HQL
Kylin	MapReduce/Spark	高	高	TB 和 PB 级别	标准 SQL

说明如下。

- 计算引擎：Hive 的计算引擎默认是 MapReduce，也支持 Tez 或者 Spark。Impala 的计算引擎是通过 C++自研的 MPP 引擎。Kylin 的计算引擎可以使用 MapReduce 或者 Spark。
- 计算性能：Hive 底层会使用 MapReduce，所以计算性能相对一般，不过可以考虑使用 Tez 或者 Spark 引擎来提高性能。Impala 是基于内存计算的，计算性能比较好。Kylin 底层可以使用 MapReduce 或者 Spark 引擎，使用 Spark 引擎时计算性能也比较好。
- 稳定性：Impala 是全部基于内存的，所以稳定性较差。Hive 和 Kylin 底层都可以使用 MapReduce，所以稳定性相对较高。
- 数据规模：Hive 比较适合 TB 级别的数据分析，数据规模太大会导致计算时间过长。Impala 也比较适合 TB 级别的数据分析，如果数据规模太大则内存会出现瓶颈。Kylin 比较适合 TB 和 PB 级别的数据分析，因为它会提前对数据进行预计算，在海量数据下也可以提供较好的性能。
- SQL 支持程度：在 Hive 中定义了简单的类 SQL 查询语言（HQL）。Impala 可以兼用 HQL。Kylin 支持标准 SQL。

6.5 常见实时 OLAP 引擎

6.5.1 Druid 的原理及架构分析

Druid 是 MetaMarkets 公司于 2011 年推出的一款实时多维 OLAP 分析引擎，孵化于 Apache。Druid 在处理数据的实时性方面，比传统的离线 OLAP 引擎有了质的提升。

阿里巴巴也创建过一个开源的数据库连接池项目 Druid，它和本书中介绍的实时 OLAP 分析引擎 Druid 没有任何关系。

1. 原理分析

Druid（中文翻译为德鲁伊）是一个高性能的实时分析数据库，可以在复杂的海量数据下进行交互式实时数据分析，能够处理 TB 级别数据，以及响应在"毫秒"级。它主要是针对时间序列数据提供低延时的数据写入，以及快速交互式查询。

（1）三大设计原则。

Druid 在设计之初，主要包含三大设计原则，如图 6-15 所示。

图 6-15

- 快速查询（Fast Query）。

其核心在于部分数据聚合（Partial Aggregate）、数据内存化（In-emory）和索引（Index）。

对于数据分析场景，在大部分情况下，只需要关心按一定粒度聚合后的数据，而不是每一行原始数据的细节情况。数据聚合粒度可以是 1 分钟、10 分钟或 1 小时。部分数据聚合（Partial Aggregate）给 Druid 争取了很大的性能优化空间。

数据内存化也是提高查询速度的"杀手锏"。内存和硬盘的访问速度相差近百倍，但内存的大小是非常有限的，因此在内存使用方面要精细设计。例如：Druid 中使用了 Bitmap 和各种压缩技术。

另外，为了支持下钻某些维度，Druid 维护了一些倒排索引，这种方式可以加快 AND 和 OR 的计算效率。

- 水平扩展（Horizontal Scalability）。

其核心在于分布式数据（Distributed Data）和并行化查询（Parallelizable Query）。

Druid 的查询性能在很大程度上依赖于内存的优化情况，数据可以被分布在多个节点的内存中，因此当数据增长时，可以通过增加机器的方式进行扩容。为了保持平衡，Druid 会按照时间范围对聚合数据进行分区处理。

对于高基数的维度，只按照时间拆分有时是不够的（因为 Druid 中的每个 Segment 不能超过 2 000 万行），因此 Druid 还支持对 Segment 做进一步分区。

历史 Segment 数据可以被保存在深度存储系统中，可以是 HDFS、S3 之类的文件系统。如果某些节点出现故障，则可以借助 Zookeeper 协调其他节点来重新构造数据。

Druid 中的查询模块能够感知和处理集群的状态变化，查询总是在有效的集群架构中进行的，集群上的查询可以进行灵活的水平扩展。

- 实时分析（Realtime Analytics）。

其核心在于"不可变的过去和只追加的未来"（Immutable Past，Append-Only Future）。

Druid 提供了包含基于时间维度数据的存储服务，并且任何一行数据都是历史真实发生的事件，因此在设计之初就约定"事件一旦进入系统就不能再改变"。

对于历史数据，Druid 以 Segment 数据文件的方式组织，并且将它们存储到深度存储系统中。在需要查询这些数据时，Druid 从深度存储系统中将它们加载到内存，供查询使用。

（2）优点和缺点。

Druid 主要具备以下优点。

- 列式存储：使用面向列的存储格式，查询时只需要加载需要的列，这样可以显著提高查询性能。对于每一列都可以结合数据类型进行有针对性的优化，支持快速扫描和聚合。
- 可扩展的分布式架构：通常被部署在数十或者上百台服务器的集群中，可以提供每秒上百万条记录的接收速率，上亿条记录的存储，以及"亚秒"级别的查询延迟。
- 并行计算：可以在整个集群中并行处理查询。
- 实时和批量数据摄入：支持实时摄入数据或批量摄入数据，已被摄入的数据可以立即用于查询。
- 自修复、自平衡、易操作：集群扩展和缩小，只需要添加或者删除服务器，集群将在后台自动重新平衡，不需要任何停机时间。
- 云原生架构，高容错性：一旦数据进入 Druid，则副本就被安全地存储在深度存储系统中。即使某个 Druid 服务器出现故障，也可以从深度存储中恢复数据。对于仅影响少数 Druid 服务的有限故障，副本可确保在系统恢复时仍可以进行查询。
- 快速过滤的索引：使用压缩位图索引来创建索引，这些索引可以快速过滤和跨多个列搜索。

- 基于时间的分区：按照时间对数据进行分区，还可以根据其他字段进行分区。这意味着，基于时间的查询将仅访问指定的分区，这大大提高了基于时间分区数据的查询性能。
- 支持近似计算：提供了用于近似计数、近似排序之类的算法。这些算法提供了有限的内存使用，并且通常比精确计算快得多。对于准确度比速度更重要的场景，Druid 还提供了精确计数和精确排名。
- 自动实时聚合：支持在数据摄入阶段进行数据汇总，汇总时会预先聚合部分数据，这样可以节省大量成本，以及提高性能。
- 支持 SQL 查询：可以支持 SQL 实现数据分析。

Druid 的缺点如下。

- SQL 支持有限：不支持部分 SQL 语句特性。
- 不支持 JOIN 操作：Druid SQL 原来是不支持 JOIN 操作的，从 0.18 版本开始正式支持，但也只支持 INNER、LEFT 和 CROSS 类型的 JOIN 操作。
- 不支持实时数据更新：支持实时数据插入，但是不支持实时更新，可以通过后台批处理作业间接实现更新操作。
- 分页功能需要借助于 LIMIT+OFFSET：无法通过 LIMIT 直接实现分页，需要结合 OFFSET 来实现。
- 无法查询原始明细数据：Durid 这种预聚合的方式可以显著减少数据的存储（理论上可以缩至 1/100）。但是也会带来副作用——会导致无法查询每条数据的原始明细，即数据聚合的粒度是能查询数据的最小粒度。

（3）数据格式。

Druid 中的数据存储在 DataSource 中。DataSource 是一个逻辑概念，表示 Druid 的基本数据结构，可以将其理解为关系型数据库中的表。

DataSource 包含时间、维度和指标这 3 列，见表 6-5。

表 6-5

Timestamp（时间）	Dimensions（维度）			Metrics（指标）	
date	uid	name	age	clicks	coins
2022-12-01T00:00:00Z	1001	Tom	18	180	219
2022-12-01T00:00:00Z	1002	Jack	20	201	392
2022-12-01T00:00:00Z	1003	Mick	19	800	782

说明如下。

- Timesatmp（时间）列，表示每行数据的时间值，默认使用 UTC 时间格式，并且精确到毫秒级别。这一列是数据聚合与范围查询的重要维度。

- Dimensions：（维度）列，用来标识数据行的各个类别信息。
- Metrics：（指标）列，用于聚合计算的列。这些指标列通常是一些数字，对应的计算操作包括 Count、Sum 和 Mean 等。

Druid 在数据存储时即可对数据进行聚合操作是其一个重要特点，该特点使得 Druid 不仅能够节省存储空间，而且能够显著提高聚合查询的效率。

（4）数据摄入方式。

Druid 支持两种类型的数据摄入方式，如图 6-16 所示。

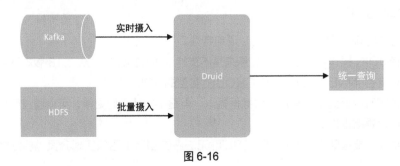

图 6-16

对于实时产生的数据，支持实时摄入。

对于历史数据，也可以实现批量摄入。

这样可以保证在 Druid 中维护指定业务的所有数据，以及对于实时摄入的数据定时实现数据修正。之后通过 Druid 提供统一查询功能。

（5）两种数据查询方式。

针对 Druid 的查询，官方提供了以下两种方式。

- Native Query：可以称之为本地查询。在指定查询条件时，需要组装 JSON 格式的查询条件，所以也可以称之为 JSON 查询方式。
- SQL 查询：Druid SQL 是 Druid 基于本地查询的替代品，主要是为了提供更加方便的查询功能，SQL 解析引擎使用的是 Apache Calcite 解析器。

Druid SQL 会将 SQL 查询转换为原生的 Native Query（除在转换 SQL 时的极少开销外，没有额外的性能损失）。

Native Query 的查询格式如图 6-17 所示。

```
Native

{
  "queryType": "scan",
  "dataSource": {
    "type": "union",
    "dataSources": ["table1", "table2", "table3"]
  },
  "columns": ["column1", "column2"],
  "intervals": ["0000/3000"]
}
```

图 6-17

Druid SQL 的查询格式如图 6-18 所示。

```
SQL

SELECT column1, column2
FROM (
  SELECT column1, column2 FROM table1
  UNION ALL
  SELECT column1, column2 FROM table2
  UNION ALL
  SELECT column1, column2 FROM table3
)
```

图 6-18

Druid SQL 并非支持所有的 SQL 特性，下面这些是不支持的：

- 原生数据源（table、lookup、subquery）与系统表的 JOIN 操作。
- 左侧和右侧的表达式不相等的 JOIN 操作。
- 在 JOIN 操作的连接条件内包含常量值。
- 在 JOIN 操作的连接条件内包含多值维度。
- OVER 子句和分析型函数，例如：LAG 和 LEAD 等分析型函数。
- DDL 和 DML。
- 在系统表上使用 Druid 特性的函数。例如：TIME_PARSE 和 APPROX_QUANTILE_DS。

目前 Druid SQL 也无法全部支持所有的 Native Query，主要支持以下：

- INLINE 数据源。
- 空间过滤器。
- 查询取消。
- 多值维度，仅在 Druid SQL 中部分实现。

2. 架构分析

Druid 的架构相对复杂一些，如图 6-19 所示。

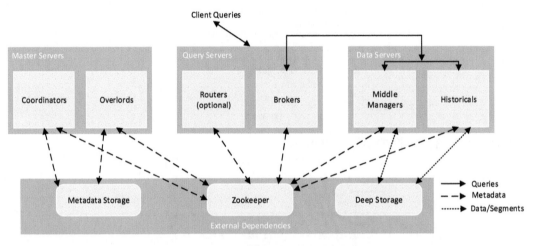

图 6-19

其中，Master Servers、Query Servers 和 Data Servers 属于 Druid 的服务；Coordinators、Overlords、Routers(optional)、Brokers、Middle Managers 和 Historicals 属于 Druid 的处理进程；Metadata Storage、Zookeeper 和 Deep Storage 属于 Druid 依赖的外部组件。

针对 Master Servers：

- Coordinators 表示协调器，主要负责 Segment 的分发。例如只保存 30 天的数据，这个规则需要由 Coordinator 来定时执行。
- Overlords 主要负责处理摄入数据的任务，最终将任务提交到 MiddleManager。

针对 Query Servers：

- Routesr 相当于多个 Broker 前面的路由，不是必需的。
- Brokers 主要负责处理外部请求，并对结果进行汇总。

针对 Data Servers：

- MiddleManagers 可以被认为是任务调度进程，主要用来处理 Overlord 提交过来的任务。
- Historicals 用于将 Segment 存储到本地，相当于 Cache。相比于 Deep Storage，Historicals 会将 Segment 直接存储到本地磁盘，只有将 Segment 存储到本地才能被查询。Historicals 处理哪些 Segment 是由 Coordinators 指定的，但是 Historicals 并不会和 Coordinators 直接交互，而是通过 Zookeeper 来解耦。

图 6-19 中涉及 3 种条行路线。

（1）Queries。

Routers 将查询请求路由到 Brokers，Brokers 向 Middle Managers 和 Historicals 执行数据查询。在这里，Middle Managers 主要负责查询正在摄入的数据。例如，正在摄入 10:00～11:00 的数据，则需要查询 Middle Managers。对历史数据的查询是通过 Historicals 来实现的，然后这些数据被返回到 Brokers 进行汇总。这里需要注意的是，数据查询并不会直接落到 Deep Storage 上，即查询的数据一定是缓存到本地磁盘的。

（2）Metadata。

Druid 的元数据主要存储到两个地方：一个是 Metadata Storage，这个一般是 MySQL；另一个是 Zookeeper。

（3）Data/Segments。

这里包括两个部分：（1）Middle Managers 的任务在结束时会将数据写入 Deep Storage，这个过程一般被称为 Segment Handoff；（2）Historicals 定期去下载 Deep Storage 的 Segment 数据到本地。

6.5.2　ClickHouse 的原理及架构分析

ClickHouse 是俄罗斯的 Yandex 公司于 2016 年开源的一个列式数据库，专为 OLAP 而设计。这个列式储存数据库的性能大幅超越了很多商业 MPP 数据库软件。

1. 原理分析

ClickHouse 是一个用于联机分析的列式数据库管理系统，它可以提供海量实时数据的快速写入，以及快速实时查询，目前主要应用于实时数据仓库领域。

ClickHouse 的全称是 Click Stream + Data WareHouse，可以将其翻译为"点击流数据仓库"。

ClickHouse 的核心特性如下。

- 真正的列式数据库管理系统：ClickHouse 基于列式存储，可以显著提高查询效率。ClickHouse 不仅是一个数据库，还是一个数据库管理系统。因为它允许在运行时创建表和数据库、加载数据和运行查询，而无须重新配置或重启服务。
- 数据压缩：ClickHouse 支持按列设置数据压缩格式，进一步提升了查询性能。
- 数据的磁盘存储：部分列式数据库只能存储在内存中，但是 ClickHouse 是基于传统磁盘存储的，存储成本更低。
- 多核并行处理，多服务器分布式处理：ClickHouse 会使用服务器上一切可用的资源，从而以最自然的方式并行处理大型查询。
- 支持 SQL：包括 GROUP BY、ORDER BY、IN、JOIN 及非相关子查询。ClickHouse 支持基于 SQL 的声明式查询语言，它在许多情况下与标准 SQL 是一样的。
- 向量引擎：为了高效地使用 CPU，数据不仅被按列存储，还被按向量进行处理，这样可以更加高效地使用 CPU。
- 实时数据更新：ClickHouse 支持在表中定义主键。为了使查询能够快速在主键中进行按范围查找，数据总是以增量的方式有序地存储在 MergeTree 中。因此，数据可以持续不断地高效写入表中，并且在写入的过程中不会存在任何加锁的行为。
- 支持索引：按照主键对数据进行排序，这样可以帮助 ClickHouse 在几十毫秒内完成对数据按特定值或范围进行查找。
- 适合在线查询：可以在没有对数据做任何预处理的情况下，以极低的延迟进行查询并将结果返回给用户。
- 支持近似计算：ClickHouse 提供了多种在允许牺牲数据精度的情况下对查询进行加速的算法。
- 支持数据复制和数据完整性：ClickHouse 使用了异步的多主复制技术。当数据被写入任何一个可用副本后，系统会在后台将数据分发给其他副本，以保证在不同副本上保持相同的数据。在大多数情况下 ClickHouse 能够在故障后自动恢复，在一些少数的复杂情况下需要手动恢复。
- 支持角色访问控制：ClickHouse 使用 SQL 查询实现用户账户管理，并允许角色的访问控制，类似于标准 SQL 和流行的关系数据库管理系统。

ClickHouse 存在以下缺点。

- 没有完整的事务支持：这一点其实可以理解，毕竟 ClickHouse 是 OLAP 引擎，不是 OLTP 引擎。
- 不支持高并发：官方建议 QPS 最大为 100，可以通过修改配置文件增加连接数（在服务器足够好的情况下）。ClickHouse 快是因为采用了并行处理机制——即使一个查询也会用服务器一半的 CPU 去执行，所以 ClickHouse 不能被应用于高并发使用场景。
- 不擅长根据主键按行粒度查询：ClickHouse 支持根据主键按行粒度查询，只是不太擅长，性能不高。因为 ClickHouse 是稀疏索引，所以不应该把 ClickHouse 作为 Key-Value 类型的数据库使用。
- 不擅长按行修改和删除数据。
- 不支持二级索引：所以 ClickHouse 在海量数据分析场景中，存在多维度查询能力不足的短板。
- 有限的 SQL 支持：不支持窗口函数和相关子查询，但将来可以支持。

- 不支持窗口功能，JOIN 操作的实现与众不同。
- 运维复杂：ClickHouse 集群需要依赖第三方系统来运行副本机制，需要在配置文件中维护所有服务器的信息，在扩缩容时需要创建新表重新导数据。如果数据量增大，数据表数增多，则 Zookeeper 就会出现性能瓶颈，甚至会出现元数据不一致的问题。

2. 架构分析

ClickHouse 采用典型的分组式的分布式架构，如图 6-20 所示。

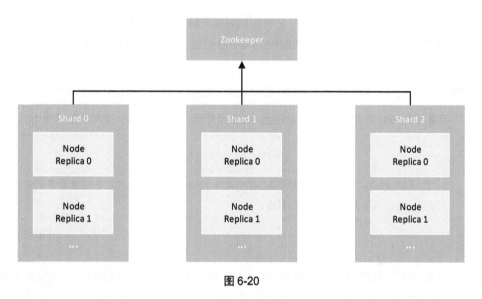

图 6-20

说明如下。

- ZooKeeper：在 ClickHouse 集群中，节点之间通过 ZooKeeper 服务进行分布式协调。
- Shard：集群内可以划分为多个分片（Shard 0、Shard 1、Shard 2 等），通过 Shard 的线性扩展能力，可以支持海量数据的分布式存储计算。
- Node：在每个分片内包含一定数量的节点，同一个分片内的节点互为副本，保障数据的可靠性。ClickHouse 中的副本数量可以按需修改，并且不同分片内的副本数可以不同。

6.5.3　Doris 的原理及架构分析

在具体分析 Doris 之前，先来梳理一下 Doris、DorisDB 和 StarRocks 的前世今生。它们之间有着千丝万缕的关系，如图 6-21 所示。

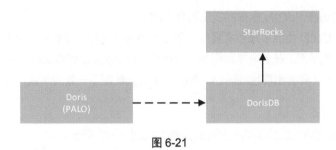

图 6-21

Doris 是百度自主研发的一款 MPP 分析型数据库产品，最初名为 PALO，由于和国外的产品同名，所以改名为 Doris，于 2018 年贡献给 Apache 社区。Doris 使用的是 Apache License 2.0 协议。

2020 年 2 月，百度 Doris 团队中的一些成员离职创业，做出了商业化闭源产品 DorisDB。

2021 年 9 月 DorisDB 被改名为 StarRocks，并且开源。StarRocks 使用的是 Elastic License 2.0 协议。

 采用 Elastic License 2.0 协议还是 Apache License 2.0 协议对于普通企业用户没有什么影响，对云服务厂商会有一定影响。

1. 原理分析

Doris 最早诞生于 2008 年，最初只是一个专用系统。在 2008 年时数据存储和计算都成熟的开源产品非常少，HBase 的导入性能也只有大约 2000 条/秒。于是 Doris 诞生了。

Doris 是一个现代化的 MPP 分析型数据库产品，"亚秒"级响应，可以有效地支持实时数据分析。

Doris 的分布式架构非常简洁，易于运维，并且可以支持 PB 级别以上的超大数据集。

Doris 可以满足多种数据分析需求。例如：固定的历史报表、实时数据分析、交互式数据分析、探索式数据分析等。它可以使数据分析工作更加简单高效！

Doris 的典型应用场景和 ClickHouse 类似，目前在企业中常见的也是构建实时数据仓库。

Doris 主要整合了 Google Mesa（数据模型）、Apache Impala（MPP 查询引擎）和 Apache ORCFile（存储格式、编码和压缩）的技术，如图 6-22 所示。

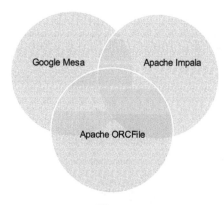

图 6-22

Doris 的核心特性如下。

- 现代化 MPP 架构：MPP 表示支持大规模并行处理。
- "秒"级查询返回延时：查询性能比较高。
- 支持标准 SQL，兼容 MySQL 协议：Doris 是支持增删改查功能和完整事务的，并且也支持较好的多表 JOIN 操作策略和灵活的表达式查询。
- 向量化执行器：和 ClickHouse 中的"向量引擎"是一个意思，都是为了高效地使用 CPU。
- 高效的聚合表技术：在数据聚合方面有自己的特色。
- 新型预聚合技术 Rollup：Rollup 属于多维分析中的概念，表示将数据按照某种粒度进行聚合。Rollup 可以被理解为表的一个物化索引结构，Rollup 可以调整列的顺序以增加前缀索引的命中率，也可以减少列以增加数据的聚合度。在基础明细表之上，可以基于常用的聚合维度创建多个 Rollup，当后期在基础明细表中使用相同聚合维度进行查询时，会自动命中之前创建的 Rollup，直接查询预聚合后的数据，提高查询效率。通过这种技术可以同时支持明细查询和预聚合查询。
- 高性能、高可用、高可靠：Doris 集群是非常稳定的，并且性能也高。
- 极简运维，弹性伸缩：ClickHouse 集群的运维复杂度遭到运维人员的不满，而 Doris 在这方面做得比较好，运维比较简单，集群扩容也比较方便。

Doris 也存在以下缺点。

- 大数据生态圈兼容度一般：Doris 可以被认为是传统的数据库，不属于大数据生态圈中的技术，所以和大数据生态圈技术的兼容度一般。
- 不兼容 Hive SQL：由于 Doris 支持标准 SQL，所以不支持 Hive SQL 的一些特性。从 Hive 切换到 Doris 有一定的成本。
- 目前社区和生态圈成熟度一般：Doris 目前属于快速发展阶段，整体成熟度一般。

2. 架构分析

Doris 的架构很简洁，只有 FE（Frontend）和 BE（Backend）这两种角色，如图 6-23 所示。

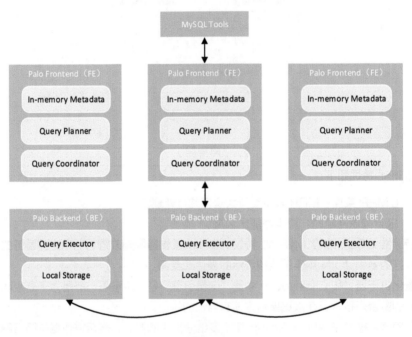

图 6-23

FE 和 BE 这两种角色不依赖外部组件，方便部署和运维。

- FE 主要负责查询的编译、分发和元数据管理。
- BE 主要负责查询的执行和物理数据的存储。

6.5.4 对比 Druid、ClickHouse 和 Doris

Druid、ClickHouse 和 Doris 都适合应用于实时 OLAP 数据分析领域，不过它们各有特色，在工作中做技术选型时需要结合具体业务需求进行考虑。表 6-6 中对这 3 个实时 OLAP 引擎进行了对比。

表 6-6

比较项	查询性能	高并发	实时数据摄入	实时数据更新	JOIN 操作支持	SQL 支持程度	成熟程度	运维复杂度
Druid	高	高	支持	不支持	有限	有限	高	中
ClickHouse	高	低	支持	弱	有限	非标准 SQL	高	高
Doris	高	高	支持	中	是	较好	中	低

说明如下。

- 查询性能：这 3 个组件的查询性能都比较高。
- 高并发：Druid 和 Doris 可以支持高并发，ClickHouse 的并发能力有限。
- 实时数据摄入：因为都属于实时 OLAP 引擎，所以它们都支持实时数据摄入。
- 实时数据更新：Druid 是不支持实时更新的，只能通过后台批处理任务实现覆盖更新。ClickHouse 支持实时更新，只是功能比较弱。Doris 可以正常支持实时更新。
- 支持 JOIN 操作：在基于 SQL 实现统计分析时，是否支持 JOIN 操作是一个比较重要的指标。Druid 和 ClickHouse 都支持 JOIN 操作，但是支持度有限。Doris 可以正常支持 JOIN 操作。
- SQL 支持程度：Druid 对 SQL 的支持度是有限的，ClickHouse 支持非标准 SQL，Doris 支持标准 SQL（相对较好）。
- 成熟程度：Druid 和 ClickHouse 的成熟程度比较高，Doris 目前正处于快速发展阶段。
- 运维复杂度：ClickHouse 运维比较复杂，Druid 运维难度中等，Doris 运维最简单。

6.6 Hive 快速上手

6.6.1 Hive 部署

Hive 目前主要有 3 大版本：Hive 1.x、Hive 2.x 和 Hive 3.x，这几个版本在本质上没有特别大的差别，主要是在细节和性能上有所区别。

在企业中选择 Hive 版本时，需要参考已有的 Hadoop 集群版本，因为 Hive 会依赖 Hadoop，所以需要版本兼容才可以。Hive 版本和 Hadoop 版本之间的依赖关系如图 6-24 所示。

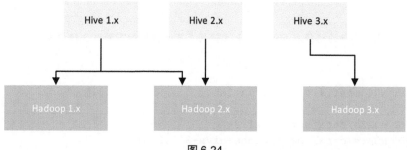

图 6-24

由于本书中的 Hadoop 使用的是 3.x 版本，因此 Hive 也选择 3.x 版本是比较合适的。

> Hive 相当于 Hadoop 集群的客户端工具，在安装时不一定非要将它放在 Hadoop 集群的节点中，可以放在任意一个 Hadoop 集群的客户端节点上，或者根据需求安装在多个 Hadoop 集群的客户端节点上，如图 6-25 所示。

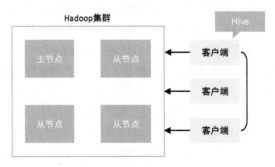

图 6-25

（1）把下载好的 Hive 安装包上传到 bigdata04 机器的 "/data/soft" 目录下，并且解压缩。

```
[root@bigdata04 soft]# ll
-rw-r--r--. 1 root root 278813748 May  5 23:08 apache-hive-3.1.2-bin.tar.gz
[root@bigdata04 soft]# tar -zxvf apache-hive-3.1.2-bin.tar.gz
```

（2）进入 Hive 的 conf 目录下，修改配置文件的名称。

```
[root@bigdata04 soft]# cd apache-hive-3.1.2-bin/conf/
[root@bigdata04 conf]# mv hive-env.sh.template  hive-env.sh
[root@bigdata04 conf]# mv hive-default.xml.template  hive-site.xml
```

（3）修改这两个配置文件的内容。

首先，修改 hive-env.sh 配置文件。

> 根据实际的路径在 hive-env.sh 文件的末尾直接增加下面这 3 行内容。

```
[root@bigdata04 conf]# vi hive-env.sh
...
export JAVA_HOME=/data/soft/jdk1.8
export HIVE_HOME=/data/soft/apache-hive-3.1.2-bin
export HADOOP_HOME=/data/soft/hadoop-3.2.0
```

然后，修改 hive-site.xml 配置文件，其中主要是 MySQL 的相关信息，本书中使用的是 MySQL 8.x 版本。

在 hive-site.xml 文件中，根据下面 property 标签中的 name 属性修改对应 value 的值，这些属性在 hive-site.xml 文件中默认都是存在的，所以只需要修改对应 value 的值即可，不能直接增加。

```
[root@bigdata04 conf]# vi hive-site.xml
<property>
   <name>javax.jdo.option.ConnectionURL</name>
<value>jdbc:mysql://192.168.182.1:3306/hive?serverTimezone=Asia/Shanghai</value>
</property>
<property>
   <name>javax.jdo.option.ConnectionDriverName</name>
   <value>com.mysql.cj.jdbc.Driver</value>
</property>
<property>
   <name>javax.jdo.option.ConnectionUserName</name>
   <value>root</value>
</property>
<property>
   <name>javax.jdo.option.ConnectionPassword</name>
   <value>admin</value>
</property>
<property>
   <name>hive.querylog.location</name>
   <value>/data/hive_repo/querylog</value>
</property>
<property>
   <name>hive.exec.local.scratchdir</name>
   <value>/data/hive_repo/scratchdir</value>
</property>
<property>
   <name>hive.downloaded.resources.dir</name>
   <value>/data/hive_repo/resources</value>
</property>
```

最后，删除 hive-site.xml 文件中 hive.txn.xlock.iow 属性对应的 <description></description> 标签中的内容，因为这个标签中的原始内容是有问题的。

```
[root@bigdata04 conf]# vi hive-site.xml
<property>
   <name>hive.txn.xlock.iow</name>
   <value>true</value>
```

```
        <description></description>
</property>
```

（4）把 MySQL 的驱动程序包上传到 Hive 的 lib 目录下。

MySQL 驱动程序包的版本，要和使用的 MySQL 版本一致。

```
[root@bigdata04 lib]# ll
...
-rw-r--r--. 1 root root 2293144 Mar 20  2019 mysql-connector-java-8.0.16.jar
```

（5）修改 Hadoop 集群中的 core-site.xml 配置文件。

首先修改 bigdata01 中的 core-site.xml，然后再同步到集群中的另外两个节点上。

```
[root@bigdata01 hadoop]# vi core-site.xml
    <property>
        <name>hadoop.proxyuser.root.hosts</name>
        <value>*</value>
    </property>
    <property>
        <name>hadoop.proxyuser.root.groups</name>
        <value>*</value>
</property>
[root@bigdata01 hadoop]# scp -rq etc/hadoop/core-site.xml
bigdata02:/data/soft/hadoop-3.2.0/etc/hadoop/
[root@bigdata01 hadoop]# scp -rq etc/hadoop/core-site.xml
bigdata03:/data/soft/hadoop-3.2.0/etc/hadoop/
```

bigdata04 这个客户端节点不需要修改 core-site.xml 中的配置。

在修改好集群的配置后，需要重启 Hadoop 集群，这样配置才能生效。

```
[root@bigdata01 hadoop-3.2.0]# sbin/stop-all.sh
[root@bigdata01 hadoop-3.2.0]# sbin/start-all.sh
```

（6）建议修改一下 bigdata04 的 hosts 文件，否则这个节点无法识别集群中节点的主机名，使用起来不方便。

```
[root@bigdata04 ~]# vi /etc/hosts
192.168.182.100 bigdata01
192.168.182.101 bigdata02
```

```
192.168.182.102 bigdata03
192.168.182.103 bigdata04
```

(7)初始化 Hive 的 Metastore。

> 在初始化 Hive 前需要先在 MySQL 中创建一个数据库 hive,否则在初始化时会提示找不到 hive 这个库,并且数据库的编码需要使用 latin1,不能使用 UTF8。

这个初始化过程需要执行一段时间。

```
[root@bigdata04 apache-hive-3.1.2-bin]# bin/schematool -dbType mysql 
-initSchema
Metastore connection URL:
jdbc:mysql://192.168.182.1:3306/hive?serverTimezone=Asia/Shanghai
Metastore Connection Driver :    com.mysql.cj.jdbc.Driver
Metastore connection User:       root
Starting metastore schema initialization to 3.1.0
Initialization script hive-schema-3.1.0.mysql.sql
...
```

在初始化成功后查看 MySQL 中的 Hive 数据库,可以看到一批与 Hive 相关的表,这样 Hive 就安装好了,不需要启动任何进程。

6.6.2 Hive 核心功能使用

6.2.2.1 Hive 的使用方式

Hive 可以使用 Shell 命令行方式操作,也可以使用 JDBC 代码的方式操作。

1. Shell 命令行

对于 Shell 命令行方式还可以细分为两种客户端:hive 客户端和 beeline 客户端。两者的区别如图 6-26 所示。

图 6-26

对于 Hive 的常规操作，使用 hive 客户端和 beeline 客户端没有什么本质区别，所以在工作中使用哪一种方式都是可以的，可以依据个人的使用习惯来选择。

- hive 客户端。

直接使用 Hive 的 bin 目录下的 hive 脚本即可。

```
[root@bigdata04 apache-hive-3.1.2-bin]# bin/hive
Hive-on-MR is deprecated in Hive 2 and may not be available in the future versions.
Consider using a different execution engine (i.e. spark, tez) or using Hive 1.X
releases.
Hive Session ID = 32d36bcb-21b8-488f-8c13-85efd319395a
hive>
```

要退出 hive 客户端，按 Ctrl+C 键即可。

- beeline 客户端。

beeline 客户端需要依赖 hiveserver2 服务，所以需要先启动该服务。

首先，启动 hiveserver2 服务。

```
[root@bigdata04 apache-hive-3.1.2-bin]# bin/hiveserver2
...
Hive Session ID = 008af6a0-4f7a-47f0-b45a-4445ff9fa7a7
Hive Session ID = 670a0c62-7744-4949-a25f-02060d950f90
Hive Session ID = 7aa43b1a-eafb-4848-9d29-4fe3eee0cbb7
Hive Session ID = a5c20828-7f39-4ed6-ba5e-2013b5250fe3
```

启动 hiveserver2 服务后，最下面会输出几行 Hive Session ID 相关的信息，一定要等到输出 4 行之后才能连接，否则会提示连接拒绝。

然后，使用 Hive 的 bin 目录下的 beeline 脚本。

```
[root@bigdata04 apache-hive-3.1.2-bin]# bin/beeline -u
jdbc:hive2://localhost:10000 -n root
Connecting to jdbc:hive2://localhost:10000
Connected to: Apache Hive (version 3.1.2)
Driver: Hive JDBC (version 3.1.2)
Transaction isolation: TRANSACTION_REPEATABLE_READ
```

```
Beeline version 3.1.2 by Apache Hive
0: jdbc:hive2://localhost:10000>
```

要退出 beeline 客户端，按 Ctrl+C 键即可。

在工作中，如果每天都需要定时执行 Hive 命令，则可以把这些 Hive 命令封装到脚本中去执行。但是，这种用法每次都需要开启一个会话，无法把命令写到脚本中。

hive 客户端和 beeline 客户端都支持 -e 参数，通过该参数可以动态指定具体的 Hive 命令，这样即可把具体的 Hive 命令封装到脚本中定时执行了。

```
[root@bigdata04 apache-hive-3.1.2-bin]# bin/hive -e "select * from t1"
[root@bigdata04 apache-hive-3.1.2-bin]# bin/beeline -u
jdbc:hive2://192.168.182.103:10000 -n root -e "select * from t1";
```

2. JDBC 代码

JDBC 代码这种方式需要依赖 hiveserver2 服务。

在 Maven 项目的 pom.xml 文件中添加 hive-jdbc 依赖。

```
<dependency>
    <groupId>org.apache.hive</groupId>
    <artifactId>hive-jdbc</artifactId>
    <version>3.1.2</version>
</dependency>
```

该依赖的核心代码如下：

```
public class HiveJdbcDemo {
    public static void main(String[] args) throws Exception{
        //指定 hiveserver2 的连接
        String jdbcUrl = "jdbc:hive2://192.168.182.103:10000";
        //获取 JDBC 连接，这里的 user 使用 root（即 Linux 中的用户名），password 随便指定即可
        Connection conn = DriverManager.getConnection(jdbcUrl, "root", "any");
        //获取 Statement
        Statement stmt = conn.createStatement();
        //指定查询的 SQL
        String sql = "select * from t1";
        //执行 SQL
        ResultSet res = stmt.executeQuery(sql);
        //循环读取结果
        while (res.next()){
```

```
            System.out.println(res.getInt("id")+"\t"+res.getString("name"));
        }
    }
}
```

6.2.2.2 【实战】Hive 中数据库和表的操作

1. 库的操作

- 查看数据库列表。

```
hive (default)> show databases;
OK
default
Time taken: 0.033 seconds, Fetched: 1 row(s)
hive (default)>
```

- 选择数据库。

```
hive (default)> use default;
OK
Time taken: 0.024 seconds
```

Hive 的数据是存储在 HDFS 上的，default 是 Hive 的默认数据库，所以 default 这个数据库会对应 HDFS 的某一个目录。默认是 "/user/hive/warehouse" 这个目录。

- 创建数据库。

```
hive (default)> create database mydb1;
OK
Time taken: 0.159 seconds
```

- 删除数据库。

```
hive (default)> drop database mydb1;
OK
Time taken: 0.225 seconds
hive (default)> drop database default;
FAILED: Execution Error, return code 1 from
org.apache.hadoop.hive.ql.exec.DDLTask. MetaException(message:Can not drop
default database in catalog hive)
```

Hive 中的 default 默认数据库无法被删除。

2. 操作
- 创建表。

```
hive (default)> create table t2(id int);
OK
Time taken: 0.18 seconds
```

- 查看当前数据库中所有的表名。

```
hive (default)> show tables;
OK
t2
Time taken: 0.039 seconds, Fetched: 2 row(s)
```

- 查看表结构信息。

```
hive (default)> desc t2;
OK
id                      int
Time taken: 0.158 seconds, Fetched: 1 row(s)
```

- 查看表的创建信息。

```
hive (default)> show create table t2;
OK
CREATE TABLE `t2`(
  `id` int)
ROW FORMAT SERDE
  'org.apache.hadoop.hive.serde2.lazy.LazySimpleSerDe'
STORED AS INPUTFORMAT
  'org.apache.hadoop.mapred.TextInputFormat'
OUTPUTFORMAT
  'org.apache.hadoop.hive.ql.io.HiveIgnoreKeyTextOutputFormat'
LOCATION
  'hdfs://bigdata01:9000/user/hive/warehouse/t2'
TBLPROPERTIES (
  'bucketing_version'='2',
  'transient_lastDdlTime'='1588776407')
Time taken: 0.117 seconds, Fetched: 13 row(s)
```

- 加载数据。

向表中加载数据可以使用 load 命令，下面将 "/data/soft/hivedata" 目录下的 t2.data 文件加载到表 t2 中。

```
[root@bigdata04 hivedata]# more t2.data
1
2
```

```
3
4
5
hive (default)> load data local inpath '/data/soft/hivedata/t2.data' into table
t2;
Loading data to table default.t2
OK
Time taken: 0.539 seconds
```

在 load 命令后面可以指定本地 Linux 路径或者 HDFS 路径，本地 Linux 路径需要使用 local 参数，HDFS 路径则不需要添加 local 参数。

查看表 t2 中的数据。

```
hive (default)> select * from t2;
OK
1
2
3
4
5
Time taken: 0.138 seconds, Fetched: 5 row(s)
```

Hive 也支持使用 insert 命令向表中插入数据，但是这种方式一般在测试时使用，在实际工作中都是使用 load 这种方式加载数据。

由于此时是全表扫描，所以 Hive 底层没有产生 MapReduce 任务。如果是复杂的 SQL，则在执行时会产生 MapReduce 任务。

- 指定列和行分隔符。

在实际工作中，表中会有多个列，所以在创建表时需要指定表对应的数据中列和行的分隔符，否则 Hive 是无法正确识别的。

创建一个包含多个列的表 "t3"，使用 row format delimited 来自定义表数据的解析规则，通过 fields terminated by 指定列之间的分隔符，通过 lines terminated by 指定行之间的分隔符。

建表语句如下：

```
create table t3(
id int,
stu_name,
```

```
stu_birthday date,
online boolean
)row format delimited
fields terminated by '\t'
lines terminated by '\n';
```

lines terminated by 这个行分隔符的定义可以忽略不写，默认是"\n"。如果要写，则只能写到最后面，否则语法会报错。

将"/data/soft/hivedata"目录下的 t3.data 文件加载到表 t3 中。

```
[root@bigdata04 hivedata]# more t3.data
1       张三    2022-01-01      true
2       李四    2022-02-01      false
3       王五    2022-03-01      0
hive (default)> load data local inpath '/data/soft/hivedata/t3.data' into table t3;
Loading data to table default.t3
OK
Time taken: 0.52 seconds
```

t3.data 文件中的多列数据之间的分隔符，必须和建表语句中 fields terminated by 指定的分隔符一致。

查看表 t3 中的数据。

```
hive (default)> select * from t3;
OK
1       张三    2022-01-01      true
2       李四    2022-02-01      false
3       王五    2022-03-01      NULL
Time taken: 0.2 seconds, Fetched: 3 row(s)
```

Hive 在读取数据时，如果遇到无法识别的数据则会显示 NULL，不会导致读取失败。这是 Hive 的特性：它不会提前检查数据，只有在使用时才会检查数据，如果数据有问题则显示 NULL。

- 删除表。

对于不需要使用的表，可以使用 drop 命令将其删除。

```
hive (default)> drop table t3;
OK
Time taken: 0.355 seconds
```

6.2.2.3 【实战】Hive 中的数据类型

Hive 中主要包含两个数据类型：基本数据类型和复合数据类型。

1. 基本数据类型

Hive 的基本数据类型见表 6-7。

表 6-7

数据类型	开始支持版本	数据类型	开始支持版本
TINYINT	从一开始就支持	TIMESTAMP	0.8.0
SMALLINT	从一开始就支持	DATE	0.12.0
INT/INTEGER	从一开始就支持	STRING	从一开始就支持
BIGINT	从一开始就支持	VARCHAR	0.12.0
FLOAT	从一开始就支持	CHAR	0.13.0
DOUBLE	从一开始就支持	BOOLEAN	从一开始就支持
DECIMAL	0.11.0		

Hive 中的 STRING 和 VARCHAR 类型都可以支持字符串数据。如果是中文字符串，则建议使用 STRING。使用 VARCHAR 存储中文字符串，在查询时容易出现中文乱码问题。

2. 复合数据类型

Hive 的复合数据类型见表 6-8。

表 6-8

数据类型	开始支持版本	格式
ARRAY	0.14.0	ARRAY<data_type>
MAP	0.14.0	MAP<primitive_type, data_type>
STRUCT	从一开始就支持	STRUCT<col_name : data_type, ...>

- ARRAY：适合存储元素个数不固定的同类数据。

可以使用 ARRAY 数据类型存储用户的兴趣爱好。

用户的兴趣爱好测试数据如下：

```
[root@bigdata04 hivedata]# more stu.data
1       zhangsan        swing,sing,coding
```

```
2       lisi    music,football
```

创建表 stu，在表中定义一个 ARRAY 类型的字段 favors。

建表语句如下：

```
create table stu(
id int,
name string,
favors array<string>
)row format delimited
fields terminated by '\t'
collection items terminated by ','
lines terminated by '\n';
```

ARRAY 类型的字段中可以存储多个元素，元素之间的分隔符通过 collection items terminated by 指定。

将"/data/soft/hivedata"目录下的 stu.data 文件加载到表 stu 中。

```
hive (default)> load data local inpath '/data/soft/hivedata/stu.data' into table stu;
Loading data to table default.stu
OK
Time taken: 1.478 seconds
```

查看表 stu 中的数据。

```
hive (default)> select * from stu;
OK
1       zhangsan        ["swing","sing","coding"]
2       lisi    ["music","football"]
Time taken: 1.547 seconds, Fetched: 2 row(s)
```

查看学生的一个兴趣爱好。

```
hive (default)> select id,name,favors[0] from stu;
OK
1       zhangsan        swing
2       lisi    music
Time taken: 0.631 seconds, Fetched: 2 row(s)
```

ARRAY 数据类型的角标是从 0 开始的，如果指定的角标不存在则返回 NULL。

- MAP：适合存储多组 K-V 类型的元素。

可以使用 MAP 数据类型存储学生的考试成绩信息，将学生的多门考试成绩信息存储到一个字段中，方便管理和使用，也可以兼容后期新增考试科目的需求。

学生的考试成绩测试数据如下：

```
[root@bigdata04 hivedata]# more stu2.data
1       zhangsan        chinese:80,math:90,english:100
2       lisi    chinese:89,english:70,math:88
```

创建表 stu2，在表中定义一个 MAP 类型的字段 scores。

建表语句如下：

```
create table stu2(
id int,
name string,
scores  map<string,int>
)row format delimited
fields terminated by '\t'
collection items terminated by ','
map keys terminated by ':'
lines terminated by '\n';
```

在 MAP 类型的字段中可以存储多个 K-V 类型的元素，在建表语句中只需要指定 K-V 的数据类型即可。通过 collection items terminated by 指定 MAP 中多个元素之间的分隔符，通过 map keys terminated by 指定 K-V 之间的分隔符。

将"/data/soft/hivedata"目录下的 stu2.data 文件加载到表 stu2 中。

```
hive (default)> load data local inpath '/data/soft/hivedata/stu2.data' into table stu2;
Loading data to table default.stu2
OK
Time taken: 0.521 seconds
```

查看表 stu2 中的数据。

```
hive (default)> select * from stu2;
OK
1       zhangsan        {"chinese":80,"math":90,"english":100}
2       lisi    {"chinese":89,"english":70,"math":88}
```

查看所有学生的语文和数学成绩。

```
hive (default)> select id,name,scores['chinese'],scores['math'] from stu2;
```

```
OK
1       zhangsan        80      90
2       lisi    89      88
Time taken: 0.232 seconds, Fetched: 2 row(s)
```

- STRUCT：适合存储固定数量的 K-V 类型元素。

可以使用 STRUCT 类型存储学生的地址信息，包括户籍所在的城市和公司所在的城市。

学生的地址信息测试数据如下：

```
[root@bigdata04 hivedata]# more stu3.data
1       zhangsan        bj,sh
2       lisi    gz,sz
```

创建表 stu3，在表中定义一个 STRUCT 类型的字段 address。

建表语句如下：

```
create table stu3(
id int,
name string,
address struct<home_addr:string,office_addr:string>
)row format delimited
fields terminated by '\t'
collection items terminated by ','
lines terminated by '\n';
```

在 STRUCT 类型的字段中需要存储固定数量的 K-V 类型元素，所以在建表语句中需要明确指定所有 K 的名称和 V 的类型。在数据文件中只需要存储元素的 V 即可，通过 collection items terminated by 指定多个元素之间的分隔符。

将"/data/soft/hivedata"目录下的 stu3.data 文件加载到表 stu3 中。

```
hive (default)> load data local inpath '/data/soft/hivedata/stu3.data' into table stu3;
Loading data to table default.stu3
OK
Time taken: 0.447 seconds
```

查看表 stu3 中的数据。

```
hive (default)> select * from stu3;
OK
1       zhangsan        {"home_addr":"bj","office_addr":"sh"}
2       lisi    {"home_addr":"gz","office_addr":"sz"}
Time taken: 0.189 seconds, Fetched: 2 row(s)
```

查看所有学生户籍所在的城市。

```
hive (default)> select id,name,address.home_addr from stu3;
OK
1       zhangsan        bj
2       lisi    gz
Time taken: 0.201 seconds, Fetched: 2 row(s)
```

对于 MAP 和 STRUCT 数据类型：

- 总体而言还是 MAP 比较灵活，但是它会额外占用一半左右的磁盘空间，因为它比 STRUCT 多存储了元素的 K。
- STRUCT 只需要存储元素的 V，比较节省空间，但是灵活性有限，后期无法动态增加 K-V。

6.2.2.4 【实战】Hive 中的表类型

在 MySQL 中没有"表类型"这个概念，因为它里面的所有表都是一种类型的。但是 Hive 中有多种表类型：内部表、外部表、分区表和桶表。

1. 内部表

内部表也可以被称为受控表，它是 Hive 中的默认表类型，表数据默认存储在 HDFS 的"/user/hive/warehouse"目录下。

在向内部表中加载数据时，即在使用 load 命令加载数据时，数据会被移动到"/user/hive/warehouse"目录下。

> 在使用 drop 命令删除内部表时，表中的数据和元数据会被同时删除，这是内部表最典型的特性。

2. 外部表

建表语句中包含 External 关键字的表是外部表。

在向外部表中加载数据时，数据并不会被移动到"/user/hive/warehouse"目录下，只是与外部数据建立一个链接（映射关系）。

外部表的定义（元数据）和表中数据的生命周期互相不约束，表中数据只是表对 HDFS 上某一个目录的引用而已。在删除表定义时，表中数据依然是存在的，仅删除表和数据之间的引用关系。所以这种表是比较安全的，就算是误删表了，表中数据也不会丢。

在创建外部表时，基本上都会通过 location 参数指定这个表对应的数据存储目录。当然也可以不指定，如果不指定，则使用默认的"/user/hive/warehouse"目录。

下面创建一个外部表 external_table。

建表语句如下：

```
create external table external_table (
key string
) location '/data/external';
```

 这里在建表语句中通过 location 参数指定表数据存储的 HDFS 目录。

测试数据内容如下：

```
[root@bigdata04 hivedata]# more external_table.data
a
b
c
d
e
```

将"/data/soft/hivedata"目录下的 external_table.data 文件加载到表 external_table 中。

```
hive (default)> load data local inpath
'/data/soft/hivedata/external_table.data' into table external_table;
Loading data to table default.external_table
OK
Time taken: 0.364 seconds
```

查看表 external_table 中的数据。

```
hive (default)> select * from external_table;
OK
a
b
c
d
e
Time taken: 0.272 seconds, Fetched: 5 row(s)
```

删除表 external_table。

```
hive (default)> drop table external_table;
OK
Time taken: 0.462 seconds
```

此时到 HDFS 上查看数据，发现"/data/external"目录下的数据依然存在。

```
[root@bigdata01 hadoop-3.2.0]# hdfs dfs -ls /data/external
-rw-r--r--. 1 root root       10 Apr  8 15:41 external_table.data
```

但是在 Hive 中查看表信息却查不到了。

这就是外部表的典型特性：在外部表被删除时，只会删除表的元数据，表中的数据不会被删除。

在实际工作中，Hive 中的表 95%以上都是外部表，因为大部分的数据都是由 Flume 这种日志采集工具提前采集到 HDFS 中的，此时使用 Hive 的外部表可以直接关联里面的数据，load 操作都可以省了。

3. 分区表

分区表在实际工作中是非常常见的，应用场景特别多。

假设企业中的 Web 服务器每天都产生一个日志文件，Flume 把日志数据采集到 HDFS 中，把每一天的数据都存储到 HDFS 的同一个目录下。

如果要查询某一天的数据，则 Hive 默认会对所有文件都扫描一遍，然后过滤出需要查询的那一天的数据。

如果这个采集任务已经运行了一年，那每次计算时都需要把一年的数据全部读取出来，再过滤出来某一天的数据，这样效率就太低了。

我们可以让 Hive 在查询时，根据要查询的日期直接定位到对应的日期目录。这样即可直接查询满足条件的数据，效率提升至少上百倍。要实现这个功能，需要使用分区表。

分区可以被理解为分类，通过分区把不同类型的数据存储到不同目录下。

分区的标准就是指定的分区字段，分区字段可以有一个或多个。根据前面分析的场景，分区字段就是日期。

分区表的意义在于优化查询。在查询时尽量利用分区字段，如果不使用分区字段，则会全表扫描。最典型的一个场景就是把"天"作为分区字段，查询时指定天。

分区表还可以被细分为内部分区表和外部分区表，主要区别就是在建表语句中是否使用了 External 关键字。

（1）内部分区表。

根据前面的分析，下面来创建一个内部分区表 partition_1。

建表语句如下：

```
create table partition_1 (
id int,
name string
) partitioned by (dt string)
row format delimited
fields terminated by '\t';
```

建表语句中使用 partitioned by 指定了分区字段，分区字段的名称为 dt，类型为 string。

查看内部分区表 partition_1 的信息。

```
hive (default)> desc partition_1;
OK
id                      int
name                    string
dt                      string

# Partition Information
dt                      string
Time taken: 0.745 seconds, Fetched: 7 row(s)
```

测试数据格式如下：

```
[root@bigdata04 hivedata]# more partition_1.data
1       zhangsan
2       lisi
```

向内部分区表 partition_1 中加载数据。

 在向分区表中加载数据时需要指定分区信息，因为分区信息不需要在原始数据中存储。

```
hive (default)> load data local inpath '/data/soft/hivedata/partition_1.data'
into table partition_1 partition (dt='2022-01-01');
Loading data to table default.partition_1 partition (dt=2022-01-01)
OK
Time taken: 1.337 seconds
hive (default)> load data local inpath '/data/soft/hivedata/partition_1.data'
into table partition_1 partition (dt='2022-01-02');
Loading data to table default.partition_1 partition (dt=2022-01-02)
OK
Time taken: 1.337 seconds
```

查看内部分区表 partition_1 中所有的分区信息。

```
hive (default)> show partitions partition_1;
```

```
OK
partition
dt=2022-01-01
dt=2022-01-02
Time taken: 0.246 seconds, Fetched: 2 row(s)
```

查看内部分区表 partition_1 中的数据。

```
hive (default)> select * from partition_1
1       zhangsan        2022-01-01
2       lisi            2022-01-01
1       zhangsan        2022-01-02
2       lisi            2022-01-02
hive (default)> select * from partition_1 where dt='2022-01-01';
OK
1       zhangsan        2022-01-01
2       lisi            2022-01-01
```

说明如下。

- select * from partition_1：这条 SQL 语句会扫描全表，执行效率较差。
- select * from partition_1 where dt='2022-01-01'：这条 SQL 语句不会扫描全表，只会查询 dt='2022-01-01'对应的 HDFS 目录下的数据，执行效率较高。

（2）外部分区表。

在实际工作中，99%的表都是外部分区表。

下面创建一个外部分区表 ex_par。

建表语句如下：

```
create external table ex_par(
id int,
name string
)partitioned by(dt string)
 row format delimited
 fields terminated by '\t'
 location '/data/ex_par';
```

测试数据格式如下：

```
[root@bigdata04 hivedata]# more ex_par.data
1       zhangsan
2       lisi
```

向外部分区表 ex_par 中加载数据。

```
hive (default)> load data local inpath '/data/soft/hivedata/ex_par.data' into
table ex_par partition (dt='2022-01-01');
Loading data to table default.ex_par partition (dt=2022-01-01)
OK
Time taken: 0.791 seconds
```

查看外部分区表 ex_par 中的数据。

```
hive (default)> select * from ex_par;
OK
1       zhangsan        2022-01-01
2       lisi            2022-01-01
Time taken: 0.279 seconds
```

在实际工作中会遇到这种场景：数据已经被提前通过 Flume 采集到 HDFS 的指定目录下了，如果不关联 Hive 是查询不到数据的。

此时需要做的是，将 HDFS 中的数据和 Hive 中的外部分区表进行关联。具体操作如下：

```
hive (default)> alter table ex_par add partition(dt='2022-01-02') location
'/data/ex_par/dt=2022-01-02';
OK
Time taken: 0.326 seconds
```

这条 SQL 语句表示将 HDFS 中 "/data/ex_par/dt=2022-01-02" 目录下的数据关联到 Hive 中表 ex_par 的 dt='2022-01-02' 这个分区中。

接下来查询一下外部分区表 ex_par 中 dt='2022-01-02' 这一天的数据。

```
hive (default)> select * from ex_par where dt='2022-01-02';
OK
1       zhangsan        2022-01-02
2       lisi            2022-01-02
Time taken: 0.279 seconds
```

总结：

- load data ... partition ...：这条命令做了两件事情：移动数据；添加分区。
- alter table ... add partition ... location ...：这条命令做了一件事情——添加分区。

4. 桶表

桶表是对数据进行哈希取值，然后放到不同文件中存储。在物理层面，每个桶就是表（或分区）中的一个文件。

什么时候会用到桶表呢？

举个例子：针对中国的人口，有些省份的人口相对较少。如果使用分区表，把省份作为分区字段，则数据会集中在某几个分区中，其他分区中的数据就很少。

这样对数据存储及查询不太友好，在计算时会出现数据倾斜的问题，计算效率也不高。应该相对均匀地存放数据，从源头上解决问题，这时可以使用桶表。

桶表的主要作用有两点：

- 在数据抽样时提高效率。
- 提高 JOIN 操作的查询效率。

在实际工作中，桶表的应用场景比较少。

6.2.2.5 【实战】Hive 中的视图

在 Hive 中也有视图的功能，其主要作用是降低查询的复杂度。

可以通过 create view 语句创建视图。

创建视图的语句如下：

```
create view v1 as select  t3.id,t3.stu_name from t3;
```

查看视图结构。

```
hive (default)> desc v1;
OK
id                      int
stu_name                string
Time taken: 0.041 seconds, Fetched: 2 row(s)
```

通过视图查看数据。

```
hive (default)> select * from v1;
OK
1       张三
2       李四
3       王五
Time taken: 0.214 seconds, Fetched: 3 row(s)
```

6.2.2.6 【实战】Hive 中的高级函数

Hive 是一个主要用来做数据分析的工具。为了满足各种各样的统计需求，它内置包含很多函数，可以通过 show functions 语句来查看 Hive 中支持的内置函数。

```
hive (default)> show functions;
OK
abs
acos
add_months
```

```
aes_decrypt
...
```

MySQL 中支持的函数 Hive 大部分都支持，在 Hive 中可以直接使用，并且 Hive 提供的函数比 MySQL 的还要多。

下面重点结合"分组排序取 TopN"这个场景分析一下 Hive 中的高级函数。

在工作中有一个典型的应用场景：分组排序取 TopN。要实现这个需求，需要借助于 Hive 中的 ROW_NUMBER()和 OVER()函数。

- ROW_NUMBER()：对数据编号，编号从 1 开始。
- OVER()：把数据划分到一个窗口内，然后对窗口内的数据进行分区和排序操作。

假设需求是这样的：有一份学生的考试成绩信息，包括语文、数学和英语这 3 个科目，需要计算出班级中单科排名前 3 名学生的信息。

测试数据如下：

```
[root@bigdata04 hivedata]# more student_score.data
1       zs1     chinese 80
2       zs1     math    90
3       zs1     english 89
4       zs2     chinese 60
5       zs2     math    75
6       zs2     english 80
7       zs3     chinese 79
8       zs3     math    83
9       zs3     english 72
10      zs4     chinese 90
11      zs4     math    76
12      zs4     english 80
13      zs5     chinese 98
14      zs5     math    80
15      zs5     english 70
```

建表语句如下：

```
create external table student_score(
id int,
name string,
sub string,
score int
)row format delimited
```

```
fields terminated by '\t'
location '/data/student_score';
```

向表中加载数据。

```
[root@bigdata04 hivedata]# hdfs dfs -put /data/soft/hivedata/student_score.data
/data/student_score
```

获取单科排名前 3 名学生的信息。

```
select * from (
select *,
row_number() over (partition by sub order by score desc) as num
from student_score
) s where s.num<=3
```

结果如下：

```
13      zs5     chinese 98      1
10      zs4     chinese 90      2
1       zs1     chinese 80      3
3       zs1     english 89      1
6       zs2     english 80      2
12      zs4     english 80      3
2       zs1     math    90      1
8       zs3     math    83      2
14      zs5     math    80      3
```

此时 SQL 语句中的 ROW_NUMBER()函数可以根据需求替换为 RANK()函数或者 DENSE_RANK()函数，它们的区别如图 6-27 所示。

图 6-27

说明如下。

- ROW_NUMBER()：当上下两条记录的 score 相等时，这两条记录的行号会按照默认排序进行递增编号。此时会出现两个 score 相等的学生的排名是不一样的。
- RANK()：当上下两条记录的 score 相等时，这两条记录的行号是一样的，但是下一个 score 的行号递增 N（N 是重复的次数）。此时会出现两个并列第 1 名，没有第 2 名，下一个是第 3 名。

- DENSE_RANK()：当上下两条记录的 score 相等时，这两条记录的行号是一样的，下一个 score 的行号递增 1。此时会出现两个并列第 1 名，下一个是第 2 名。

6.2.2.7 【实战】Hive 中的排序语句

在 MySQL 中，能实现排序功能的只有 ORDER BY 语句。在 Hive 中，除了 ORDER BY，还有 SORT BY、DISTRIBUTE BY 和 CLUSTER BY，它们的区别如图 6-28 所示。

图 6-28

- ORDER BY：和 MySQL 中的 ORDER BY 语句的作用是一样的，会对查询的结果做一次全局排序。

 使用 ORDER BY 语句时，底层生成的 Reduce 任务只有一个。

- SORT BY：可以实现局部排序。对于多个 Reduce 任务，只能保证每个 Reducer 任务内部的数据是有序的。

动态设置 Reduce 任务数量为 2，然后使用 SORT BY 实现局部排序功能。

```
hive (default)> set mapreduce.job.reduces = 2;
hive (default)> select id from t2 sort by id;
...
Hadoop job information for Stage-1: number of mappers: 1; number of reducers: 2
...
OK
1
3
3
4
5
5
1
2
2
```

```
4
Time taken: 27.943 seconds, Fetched: 10 row(s)
```

此时可以发现数据没有全局排序，因为这个任务中有多个 Reduce。

- DISTRIBUTE BY：控制 Map 的输出如何被划分到 Reduce 中，只会根据指定的字段对数据进行分区，但是不会排序。其经常和 SORT BY 结合使用，可以实现"先对数据分区，再排序"。

> DISTRIBUTE BY 和 SORT BY 结合使用时，DISTRIBUTE BY 必须要写在 SORT BY 之前。

下面看一下单独使用 DISTRIBUTE BY 的效果。

```
hive (default)> set mapreduce.job.reduces = 2;
hive (default)> select id from t2 distribute by id;
...
Number of reduce tasks not specified. Defaulting to jobconf value of: 2
...
OK
4
2
4
2
5
3
1
5
3
1
Time taken: 25.395 seconds, Fetched: 10 row(s)
```

接下来结合 SORT BY 实现分区内的排序，默认是升序，可以通过 DESC 来设置倒序。

```
hive (default)> set mapreduce.job.reduces = 2;
hive (default)> select id from t2 distribute by id sort by id;
...
Number of reduce tasks not specified. Defaulting to jobconf value of: 2
...
OK
2
2
4
4
```

```
1
1
3
3
5
5
Time taken: 24.468 seconds, Fetched: 10 row(s)
```

- CLUSTER BY：等于 DISTRIBUTE BY + SORT BY 的简写形式，即 CLUSTER BY id = DISTRIBUTE BY id + SORT BY id。

CLUSTER BY 指定的列只能是升序，不能手工指定 ASC 或者 DESC。如果有特殊需求则不能使用这种简化形式。

使用 CLUSTER BY 实现分区内的排序。

```
hive (default)> set mapreduce.job.reduces = 2;
hive (default)> select id from t2 cluster by id;
...
Number of reduce tasks not specified. Defaulting to jobconf value of: 2
...
OK
2
2
4
4
1
1
3
3
5
5
Time taken: 25.495 seconds, Fetched: 10 row(s)
```

6.7 【实战】Hive 离线数据统计分析

在企业中，Hive 最常见的应用场景是离线数据统计分析。

6.7.1 需求及架构分析

需求：使用 Flume 按天把直播 App 产生的日志数据采集到 HDFS 中的对应日期目录下，使用

Hive SQL 统计每天数据的相关指标。

分析：使用 Flume 按天把日志数据保存到 HDFS 中的对应日期目录下，此时 Flume 的 Source 可以使用 Exec Source，Channle 可以使用 Memory Channel，Sink 可以使用 HDFS Sink。由于数据是按天存储的，所以最好在 Hive 中使用外部分区表，这样可以提高后期的数据分析效率。

此需求的架构流程如图 6-29 所示。

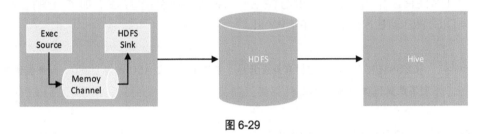

图 6-29

6.7.2 核心步骤实现

Flume 需要采集的数据包括用户信息、直播信息和送礼信息。这 3 种数据会被记录到同一个日志文件中，Flume 在采集时需要自行拆分。

用户信息数据格式如下：

```
{"uid":"861848974414839801","nickname":"mick","usign":"","sex":1,"birthday":"","face":"","big_face":"","email":"abc@qq.com","mobile":"","reg_type":"102","last_login_time":"1494344580","reg_time":"1494344580","last_update_time":"1494344580","status":"5","is_verified":"0","verified_info":"","is_seller":"0","level":1,"exp":0,"anchor_level":0,"anchor_exp":0,"os":"android","timestamp":1494344580,"type":"userInfo"}
```

直播信息数据格式如下：

```
{"id":"14943445328940974601","uid":"8407173251115457536","lat":"53.530598","lnt":"-2.5620373","hots":0,"title":"0","status":"1","topicId":"0","end_time":"1494344570","watch_num":0,"share_num":"1","replay_url":null,"replay_num":0,"start_time":"1494344544","timestamp":1494344571,"type":"videoInfo"}
```

送礼信息数据格式如下：

```
{"send_id":"8346888182709616641356","good_id":"223","video_id":"14943443045138661356","gold":"10","timestamp":1494344574,"type":"giftRecord"}
```

 这些数据都是 JSON 格式的，可以通过 JSON 中的 type 字段的值来区分数据类型。

Flume 将这些数据采集到 HDFS 后,需要先按"天"再按"类型"分目录存储,主要是因为后期的需求大部分都需要按天和类型分别统计分析。

6.7.2.1 开发 Agent 配置文件

Agent 配置文件 moreType.conf 的内容如下:

```
[root@bigdata04 conf]# more moreType.conf
# agent 的名称是 a1
# 指定 source 组件、channel 组件和 Sink 组件的名称
a1.sources = r1
a1.channels = c1
a1.sinks = k1

# 配置 source 组件
a1.sources.r1.type = exec
a1.sources.r1.command = tail -F /data/log/moreType.log

# 配置拦截器
a1.sources.r1.interceptors = i1
a1.sources.r1.interceptors.i1.type = regex_extractor
a1.sources.r1.interceptors.i1.regex = "type":"(\\w+)"
a1.sources.r1.interceptors.i1.serializers = s1
a1.sources.r1.interceptors.i1.serializers.s1.name = logType

# 配置 channel 组件
a1.channels.c1.type = memory

# 配置 sink 组件
a1.sinks.k1.type = hdfs
a1.sinks.k1.hdfs.path = hdfs://bigdata01:9000/moreType/%Y%m%d/%{logType}
a1.sinks.k1.hdfs.fileType = DataStream
a1.sinks.k1.hdfs.writeFormat = Text
a1.sinks.k1.hdfs.rollInterval = 3600
a1.sinks.k1.hdfs.rollSize = 134217728
a1.sinks.k1.hdfs.rollCount = 0
a1.sinks.k1.hdfs.useLocalTimeStamp = true

#增加文件前缀和后缀
a1.sinks.k1.hdfs.filePrefix = data
a1.sinks.k1.hdfs.fileSuffix = .log

# 把组件连接起来
a1.sources.r1.channels = c1
```

```
a1.sinks.k1.channel = c1
```

6.7.2.2 启动 Agent,验证结果

(1)启动 Agent。

```
[root@bigdata04 apache-flume-1.9.0-bin]# bin/flume-ng agent --name a1 --conf
conf --conf-file conf/moreType.conf -Dflume.root.logger=INFO,console
```

(2)验证结果。

```
[root@bigdata04 ~]# hdfs dfs -ls /moreType/20220101
Found 3 items
drwxr-xr-x   - root supergroup          0 2022-01-01 21:23
/moreType/20220101/giftRecord
drwxr-xr-x   - root supergroup          0 2022-01-01 21:23
/moreType/20220101/userInfo
drwxr-xr-x   - root supergroup          0 2022-01-01 21:23
/moreType/20220101/videoInfo
```

6.7.2.3 在 Hive 中创建外部分区表

对于 JSON 格式的数据,在 Hive 中创建表时无法直接把每个字段都定义出来。

常见的解决方案是:先开发一个 MapReduce/Spark 数据清洗程序,对 JSON 格式的数据进行解析,把每个字段的值都解析出来,拼成一行(在字段值中可以使用逗号将其进行分隔);然后基于解析之后的数据在 Hive 中建表。这个解决方案没有什么大问题,唯一的缺点是:需要开发 MapReduce/Spark 程序,比较麻烦。

还有一种解决方案是:直接使用 Hive 解析数据,通过 get_json_object()函数从 JSON 格式的数据中解析出指定字段值。这种方式不需要写代码,比较简单,具体实现步骤如下:

(1)基于原始的 JSON 数据创建一个外部分区表,表中只有一个字段,保存原始的 JSON 字符串,分区字段是日期和类型。

(2)创建一个视图,视图的功能是:查询前面创建的外部分区表,在视图中解析 JSON 数据中的字段。

这样就比较方便了,以后直接查询视图即可,一行代码都不需要写。

建表语句如下:

```
create external table ex_par_more_type(
log string
)partitioned by(dt string,d_type string)
row format delimited
fields terminated by '\t'
location '/moreType';
```

6.7.2.4 向表中关联分区数据

 此时数据已经被 Flume 采集到 HDFS 中了，所以不需要使用 load 命令，只需要使用 alter 命令添加分区信息即可。

```
hive (default)> alter table ex_par_more_type add partition(dt='20220101',
d_type='giftRecord') location '/moreType/20220101/giftRecord';
OK
Time taken: 0.26 seconds
hive (default)> alter table ex_par_more_type add
partition(dt='20220101',d_type='userInfo') location
'/moreType/20220101/userInfo';
OK
Time taken: 0.144 seconds
hive (default)> alter table ex_par_more_type add
partition(dt='20220101',d_type='videoInfo') location
'/moreType/20220101/videoInfo';
OK
Time taken: 0.166 seconds
```

此时即可查到表中的数据。

```
hive (default)> select * from ex_par_more_type where dt = '20220101' and d_type
= 'giftRecord';
OK
{"send_id":"834688818270961664","good_id":"223","video_id":"14943443045138661356","gold":"10","timestamp":1494344574,"type":"giftRecord"}  20220101
giftRecord
Time taken: 0.168 seconds, Fetched: 1 row(s)
```

6.7.2.5 对关联分区的操作封装脚本

由于关联分区的操作需要每天都执行一次，所以最好将其封装到脚本中，每天定时调度一次。

开发脚本：addPartition.sh。

```
[root@bigdata04 hivedata]# vi addPartition.sh
#!/bin/bash
# 每天凌晨1点定时添加当天日期的分区
if [ "a$1" = "a" ]
then
    dt=`date +%Y%m%d`
else
    dt=$1
fi
```

```
# 指定添加分区操作
hive -e "
alter table ex_par_more_type add if not exists
partition(dt='${dt}',d_type='giftRecord') location
'/moreType/${dt}/giftRecord';
alter table ex_par_more_type add if not exists
partition(dt='${dt}',d_type='userInfo') location '/moreType/${dt}/userInfo';
alter table ex_par_more_type add if not exists
partition(dt='${dt}',d_type='videoInfo') location
'/moreType/${dt}/videoInfo';
"
```

这个脚本需要配置一个定时任务,每天凌晨 1 点执行,可以使用 Crontab 定时器。

```
[root@bigdata04 ~]# vi /etc/crontab
00 01 * * * root /bin/bash /data/soft/hivedata/addPartition.sh >>
/data/soft/hivedata/addPartition.log
```

6.7.2.6 创建视图

基于表 ex_par_more_type 创建视图。

 由于 3 种数据类型的字段是不一样的,所以需要对每一种数据类型都创建一个视图。

- userInfo 类型的视图。

```
create view user_info_view as
select
get_json_object(log,'$.uid') as uid,
get_json_object(log,'$.nickname') as nickname,
get_json_object(log,'$.usign') as usign,
get_json_object(log,'$.sex') as sex,
dt
from ex_par_more_type
where d_type = 'userInfo';
```

- videoInfo 类型的视图。

```
create view video_info_view as
select
get_json_object(log,'$.id') as id,
get_json_object(log,'$.uid') as uid,
get_json_object(log,'$.lat') as lat,
get_json_object(log,'$.lnt') as lnt,
```

```
dt
from ex_par_more_type
where d_type = 'videoInfo';
```

- giftRecord 类型的视图。

```
create view gift_record_view as
select
get_json_object(log,'$.send_id') as send_id,
get_json_object(log,'$.good_id') as good_id,
get_json_object(log,'$.video_id') as video_id,
get_json_object(log,'$.gold') as gold,
dt
from ex_par_more_type
where d_type = 'giftRecord';
```

后期对数据进行分析时即可直接查询这些视图了。

```
hive (default)> select * from user_info_view where dt = '20220101';
OK
861848974414839801      mick            1       20220101
Time taken: 0.401 seconds, Fetched: 1 row(s)
hive (default)> select * from video_info_view where dt = '20220101';
OK
14943445328940974601    840717325115457536      53.530598       -2.5620373
20220101
Time taken: 0.204 seconds, Fetched: 1 row(s)
hive (default)> select * from gift_record_view where dt = '20220101';
OK
834688818270961664      223     14943443045138661356    10      20220101
Time taken: 0.197 seconds, Fetched: 1 row(s)
```

第 7 章 海量数据全文检索引擎

7.1 大数据时代全文检索引擎的发展之路

随着企业中数据的逐步积累，针对海量数据的统计分析需求会变得越来越多样化：不仅要进行分析，还要实现多条件快速复杂查询。例如，电商网站中的商品搜索功能，以及各种搜索引擎中的信息检索功能，这些功能都属于多条件快速复杂查询的范畴。

目前已有的 MapReduce、Hive、Spark、Flink 这些计算引擎和分析工具都是不合适的，因为它们侧重的都是数据清洗和聚合之类的计算需求。

如果要在海量数据下快速查询出一批满足条件的数据，则这些计算引擎都需要生成一个任务，然后再把任务提交到集群中去执行。这样中间消耗的时间就长了，并且对于多条件组合查询需求，这些计算引擎在查询时基本上都要实现全表扫描，查询效率是比较低的。

为了解决海量数据下多条件快速复杂查询需求，急需一种可以支持海量数据的分布式全文检索引擎，如图 7-1 所示。

图 7-1

7.1.1 全文检索引擎的发展

全文检索引擎并不是一个新产生的概念。Doug Cutting 在 1997 时就开发了一款全文检索引擎 Lucene，于 2000 年正式开源，于 2001 年贡献给 Apache 社区。从此 Lucene 项目变得真正活跃起来，迎来了快速发展。

Lucene 起步比较早，在全文检索领域属于标杆工具。它提供了全文检索的完整底层核心功能，功能短小精悍。但是，它提供的都是一些基础 API，使用起来比较烦琐，易用性较差。

2007 年 Solr 出现了。它对 Lucene 做了封装，提供了高级 API，以及 Web 页面管理功能，此时它仅支持单机模式。

随着大数据时代的到来，在 2010 年 Elasticsearch 出现了，它和 Solr 类似，都是对 Lucene 做了封装。但是，Elasticsearch 主要是用于解决海量数据下的全文检索需求，所以它天生是支持分布式的。

在 2013 年，Solr 也跟进了分布式架构，推出了 Solr Cloud，支持海量数据下的全文检索需求。

Lucene、Solr 和 Elasticsearch 的版本发展历史如图 7-2 所示。

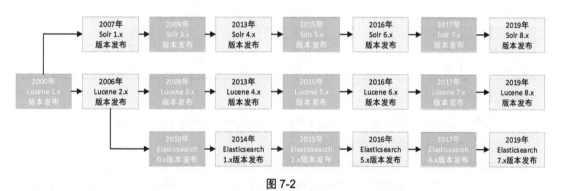

图 7-2

说明如下。

- Solr 从 1.4.x 版本以后，为了保持和 Lucene 版本同步，直接进入了 3.x 版本。
- Solr 4.x 版本迎来了比较大的更新，增加了 SolrCloud，开始支持分布式集群，属于历史性的升级。
- Elasticsearch 为了保证自身技术栈（ELK）的版本统一，在 2.x 版本后直接进入 5.x 版本。
- Elasticsearch 0.x 版本底层使用的是 Lucene 3.x 版本；Elasticsearch 1.x 版本底层使用的是 Lucene 4.x 版本；Elasticsearch 2.x 版本底层使用的是 Lucene 5.x 版本；Elasticsearch 5.x 版本底层使用的是 Lucene 6.x 版本；Elasticsearch 6.x 版本底层使用的是 Lucene 7.x 版本；Elasticsearch 7.x 版本底层使用的是 Lucene 8.x 版本。

> Lucene 和 Solr 都属于 Apache 顶级项目，遵循 Apache 2.0 开源协议。
>
> Elasticsearch 不属于 Apache 顶级项目，属于 Elastic 商业公司开源项目，遵循 Apache 2.0 开源协议。但是从 7.11 版本开始，Elasticsearch 将所遵循的 Apache 2.0 开源协议被调整为 SSPL 与 Elastic 双协议，不过对普通用户没有影响，主要是为了限制云服务提供商。

7.1.2 全文检索引擎技术选型

在选择全文检索引擎工具时，可以从易用性、扩展性、稳定性、集群运维难度、项目集成程度、社区活跃度这几个方面进行对比。

Lucene、Solr 和 Elasticsearch 的对比见表 7-1。

表 7-1

对比项	Lucene	Solr	Elasticsearch
易用性	低	高	高
扩展性	低	中	高
稳定性	中	高	高
集群运维难度	不支持集群	高（Solr Cloud）	低
项目集成程度	高	低	低
社区活跃度	中	中	高

说明如下。

- 易用性：从 API 层面分析，Lucene 提供的是基础 API，易用性较低。Solr 和 Elasticsearch 提供的都是高级 API，易用性较高。
- 扩展性：Lucene 只支持单机模式，并且也没有向外开放功能接口，扩展性较低。Solr 支持主从模式和分布式集群模式，但是没有向外开放功能接口，想要开发外围组件比较麻烦，扩展性属于中等。Elasticsearch 支持分布式集群模式，并且有开放的接口，支持多种插件，后期扩展性是非常高的。
- 稳定性：Lucene 单机稳定性尚可，由于无法实现高可用，所以稳定性属于中等。Solr 支持主从模式和分布式集群模式，可以保证 Solr 服务的稳定性，所以稳定性较高。Elasticsearch 支持分布式集群模式，可以保证 Elasticsearch 服务的稳定性，所以稳定性较高。
- 集群运维难度：Lucene 不支持集群，不参与对比。Solr Cloud 支持分布式集群模式，但是运维管理比较复杂，难度较高。Elasticsearch 可以很方便地配置一个集群，运维管理比较简单，难度较低。
- 项目集成程度：Lucene 可以直接被嵌入项目中，不需要单独部署服务。Solr 和 Elasticsearch 需要单独部署服务才能在项目中使用。

- 社区活跃度：以 GitHub 上的项目代码提交次数作为社区活跃度的判断依据，由 2020.11～2021.10 这段时间内的项目代码提交次数可知，Lucene 和 Solr 项目代码提交量属于中等，Elasticsearch 项目代码提交量相对较多。

Lucene 项目代码提交量如图 7-3 所示。

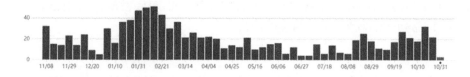

图 7-3

Solr 项目代码提交量如图 7-4 所示。

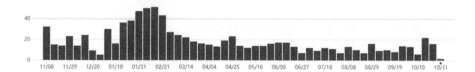

图 7-4

Elasticsearch 项目代码提交量如图 7-5 所示。

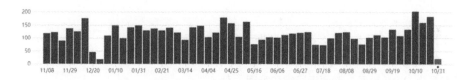

图 7-5

通过上面的分析，结合作者的实际工作经验，有下面几点供读者参考：

- 如果想在一个小型独立的内部项目中内嵌一个全文检索功能，且不希望额外引入其他服务，则可以考虑使用 Lucene。
- 如果公司中已经深度使用 Solr，现在为了解决海量数据下的检索问题，则可以优先考虑使用 Solr Cloud，毕竟对 Solr 技术栈比较熟悉了，切换到 Solr Cloud 技术成本较低。
- 如果之前没有使用过 Solr，则在海量数据的场景下，建议优先考虑使用 Elasticsearch。

7.2 全文检索引擎原理与架构分析

7.2.1 Lucene 的原理及架构分析

Lucene 是 Java 家族中最为出名的一个开源搜索引擎,在 Java 世界中属于标准的全文检索程序,在传统 IT 领域的全文检索中占据着重要地位。

7.2.1.1 原理分析

Lucene 提供了两大核心引擎:索引引擎和搜索引擎。通过这两个引擎可以实现对数据建立索引,并且可以根据用户的复杂查询请求快速返回满足条件的结果数据。

- 索引引擎:给文本数据创建索引。
- 搜索引擎:根据用户的查询请求,搜索创建的索引并返回结果。

Lucene 在全文检索领域是非常优秀的,其优缺点如下。

1. 优点
- 社区活跃度非常高。
- 有足够的定制和优化空间。
- 索引文件格式独立于应用平台,跨平台的应用可以共享同一份索引文件。
- 提供了一套强大的查询引擎,默认实现了布尔操作、模糊查询、分组查询等。

2. 缺点
- 不支持分布式,无法扩展,在海量数据下会存在瓶颈。
- 提供的都是低级 API,使用烦琐。
- 没有提供 Web 界面,不便于运维和管理。

7.2.1.2 架构分析

1. 整体架构分析

要了解 Lucene 的整体架构,则需要结合 Lucene 建立索引和查询索引这两个过程来分析,如图 7-6 所示。

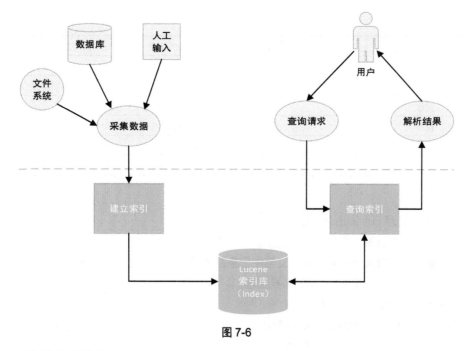

图 7-6

2. 索引内部结构分析

Lucene 中核心的内容是索引（Index）。建立索引和查询索引都需要操作索引库。Lucene 可以提供多条件快速复杂查询就是因为这个索引库。在索引库中包含的是词语和文档数据之间的映射关系，一般我们会把这个映射关系称为倒排索引。

假设现在有一批文档数据，数据中有两个字段：文档编号和文档内容，见表 7-2。

表 7-2

文档编号	文档内容
1	我们爱中国国歌
2	我们是中国人
3	中国是世界上人口最多的发展中国家
4	中国是世界上历史最悠久的国家之一
5	中国位于亚洲东部

对于表 7-2 中的文档数据，在 Lucene 中执行建立索引操作后，最终在索引库中存储的倒排索引格式大致见表 7-3。表 7-3 中只列出来了产生的部分倒排索引内容。

表 7-3

词语 ID	词语	文档频率	倒排列表（DocID;TF;<POS>）
1	我们	2	{(1,1,<1>),(2,1<1>)}
2	中国	5	{(1,1,<3>),(2,1,<2>),(3,2,<1;6>),(4,1,<1>),(5,1,<1>)}
3	国歌	1	{(1,1,<4>)}
4	世界	2	{(3,1,<2>),(4,1,<2>)}
5	国家	2	{(3,1,<7>),(4,1,<5>)}
……	……	……	……

说明如下。

- 词语 ID：记录每个词语的编号。
- 词语：从文档数据中拆分出来的文字。
- 文档频率：文档集合中有多少个文档中包含某个词语。
- 倒排列表：包含词语 ID 及其他必要信息。
- DocId：词语所在的文档 ID。
- TF：词语在某个文档中出现的次数。
- POS：词语在文档中出现的位置。

以词语"我们"为例，其词语编号为 1，文档频率为 2，代表整个文档集合中有 2 个文档包含这个词语。对应的倒排列表为{(1,1,<1>),(2,1<1>)}，含义是：在文档 1 和文档 2 中出现过这个词语，在每个文档中都只出现过 1 次，词语"我们"在第 1 个文档的 POS（位置）是 1，即文档的第 1 个词语是"我们"，其他的类似。

> 以"我们爱中国国歌"为例，默认情况下会产生"我们""爱""中国""国歌"这 4 个词语。这里会用到中文分词器，不同的分词器分出来的词语可能会有差异。

假设现在我们查找既包含"我们"又包含"国歌"的文档数据，大致流程如下。

（1）到索引库里面找到词语"我们"对应的倒排列表，见表 7-4。

表 7-4

词语 ID	词语	文档频率	倒排列表（DocID;TF;<POS>）
1	我们	2	{(1,1,<1>),(2,1<1>)}

（2）到索引库里面找到单词"国歌"对应的倒排列表，见表 7-5。

表 7-5

词语 ID	词语	文档频率	倒排列表（DocID;TF;<POS>）
3	国歌	1	{(1,1,<4>)}

（3）合并倒排列表信息，找出既包含"我们"又包含"国歌"的文档 ID，这样就可以找到满足条件的文档数据了，如图 7-7 所示。

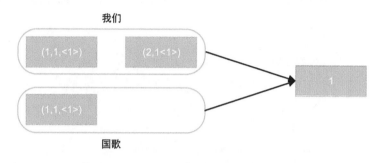

图 7-7

7.2.2　Solr 的原理及架构分析

Solr 是一个高性能、采用 Java 开发、基于 Lucene 的全文搜索服务器。它对 Lucene 做了封装，使用起来更加的方便，并且对外提供类似于 WebService 的接口，可以通过 HTTP 请求进行操作。

7.2.2.1　原理分析

利用 Solr 可以更快速地实现站内搜索功能。它解决了 Lucene 的缺点，并且在性能和使用层面做了进一步优化。它主要具备以下特点：

- 通过 HTTP 协议处理搜索和查询请求。
- 增加了缓存功能，让响应速度更快。
- 提供了一个基于 Web 的管理界面。
- 支持主从复制模式。
- Solr 从 4.0 版本开始增加了 Solr Cloud，支持分布式和大规模的集群部署。

Solr 中文档数据的元数据信息（字段名称、字段类型）是通过 schema.xml 文件维护的。可以在 schema.xml 中配置一些默认字段类型，而且它还提供了 Copy Field 和 Dynamic Filed 这两种 Lucene 没有的字段类型。

这种方式相对于 Lucene 而言是比较灵活的，但是和 Elasticsearch 相比，它还是有点麻烦——要修改字段类型信息则必须修改文件。

7.2.2.2 架构分析

Solr 是在 Lucene 的架构之上做了进一步封装，所以 Solr 的架构会比 Lucene 复杂，如图 7-8 所示。

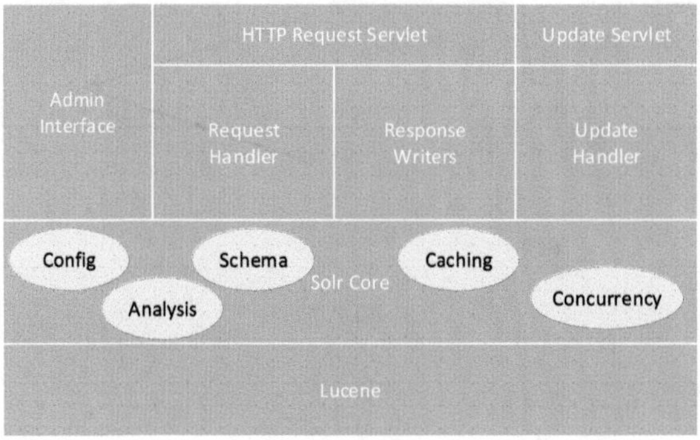

图 7-8

在图 7-8 中，最下面的是 Lucene；中间是 Solr Core 模块（这是 Solr 的核心模块）；最上面是一些请求接口。用户通过调用上面的请求接口来对底层的 Lucene 索引库进行操作，这些请求接口都是 Solr 封装好的，易用性更高。

Solr 支持主从复制模式：一个 Master 节点负责接收用户请求，多个 Slave 节点负责从 Master 节点同步数据，保持索引数据的一致性，如图 7-9 所示。

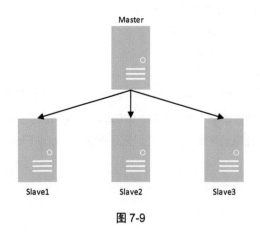

图 7-9

在 Solr 的主从复制模式下，Master 节点感知不到 Slave 节点的存在，Slave 节点会周期性地轮询 Master 节点来查看当前的索引版本。如果 Slave 节点发现有新的版本，则它会启动复制进程，步骤如下：

（1）Slave 节点发出一个 Filelist 命令来收集文件列表，该命令将返回一系列元数据（包括 size、lastmodified 等）。

（2）Slave 节点查看它本地是否有这些文件：如果没有，则开始下载缺失的文件；如果连接失败，则下载终止；它将重试 5 次，如果仍然失败则放弃。

（3）文件被下载到 Slave 节点的一个临时目录，所以下载中途出错不会影响 Slave 节点。

（4）一个 commit 命令被 ReplicationHandler 执行，新的索引被加载进来，这样即可实现索引数据的复制。

7.2.3 Elasticsearch 的原理及架构分析

Elasticsearch 是一个分布式的全文检索引擎。它对 Lucene 的功能做了封装，具有实时搜索、稳定、可靠、快速等特点。

> Elasticsearch 版本比较多，不同版本的特性会有一些差异。本书在分析 Elasticsearch 相关原理及架构时，以 Elasticsearch 7.13 版本为基准。

7.2.3.1 核心原理及概念

Elasticsearch 是基于 Lucene 开发的分布式全文检索引擎，它主要包含以下特性：

- 支持分布式建立索引和搜索索引。
- 索引支持分片，以及自动负载均衡。
- 支持 REST API。
- 集群配置简单。
- 支持第三方插件（通过插件实现 Web 界面管理集群）。

1. 核心原理

Elasticsearch 最重要的一个特点是天生支持分布式。可以这样说，Elasticsearch 就是为分布式而生的。

为了便于理解 Elasticsearch，这里对 MySQL 和 Elasticsearch 做一个对比分析，见表 7-6。

表 7-6

MySQL	Elasticsearch
Database（数据库）	Index（索引库）
Table（表）	Type（类型），Elasticsearch 从 7.x 版本开始取消了 Type
Row（行）	Document（文档）
Column（列）	Field（字段）

说明如下。

- MySQL 中有 Database（数据库）的概念。对应地，在 Elasticsearch 中有 Index（索引库）的概念。
- MySQL 中有 Table（表）的概念。对应地，在 Elasticsearch 中有 Type（类型）的概念。
- MySQL 中有 Row（行）的概念，表示一条数据。对应地，在 Elasticsearch 中有 Document（文档）的概念。
- MySQL 中有 Column（列）的概念，表示一条数据中的某个列。对应地，在 Elasticsearch 中有 Field（字段）的概念。

Elasticsearch 在 1.x~5.x 版本中是正常支持 Type 的，每一个 Index 下面可以有多个 Type。

在 6.0 版本中，每一个 Index 中只支持 1 个 Type，属于过渡阶段。

从 7.0 版本开始，取消了 Type。这也就意味着，每一个 Index 中存储的数据类型可以认为都是同一种，不再区分类型了。

请思考，Elasticsearch 为什么要取消 Type？

主要还是基于性能方面的考虑。因为在 Elasticsearch 设计初期，设计者参考了关系型数据库的设计模型，存在 Type 的概念。但是，Elasticsearch 的搜索引擎是基于 Lucene 的，这种"基因"决定了 Type 是多余的。

在关系型数据库中，Table 是独立的。但是在 Elasticsearch 中，同一个 Index 中不同 Type 的数据，在底层是存储在同一个 Lucene 的索引文件中的。

如果同一个 Index 中的不同 Type 中都有一个 id 字段，则 Elasticsearch 会认为这两个 id 字段是同一个字段。那么，用户必须在不同的 Type 中给这个 id 字段定义相同的字段类型，否则，不同 Type 中的相同字段名称会在处理时出现冲突，会导致 Lucene 处理效率下降。

除此之外，在同一个 Index 的不同 Type 下存储"字段个数不一样的数据"会导致存储中出现稀疏数据，影响 Lucene 压缩文档的能力，最终导致 Elasticsearch 查询效率降低。

2. 核心概念

要深入理解 Elasticsearch，则需要先了解一下 Elasticsearch 中几个比较核心的概念，如图 7-10 所示。

图 7-10

说明如下。

- Cluster：Elasticsearch 集群。集群中有多个节点，其中一个为主节点，主节点是通过选举产生的。

> 主从节点是对于集群内部来说的。Elasticsearch 的一个核心特性就是去中心化，从字面上来理解就是"无中心节点"（这是对于集群外部来说的）。因为，从外部来看，Elasticsearch 集群在逻辑上是一个整体，我们与任何一个节点的通信和与整个 Elasticsearch 集群的通信是等价的。
>
> 主节点的职责是负责管理集群状态，包括：管理分片的状态、副本的状态，以及从节点的发现和删除。

- Shard：索引库分片。Elasticsearch 集群可以把一个索引库分成多个分片。这样的好处是：可以把一个大的索引库水平拆分成多个分片，分布到不同的节点上，构成分布式搜索，进而提高性能和吞吐量。

> 分片的数量只能在创建索引库时指定，在索引库创建后不能更改。

默认情况下一个索引库只有 1 个分片。每个分片中最多存储 2 147 483 519（即 Integer.MAX_VALUE - 128）条数据。

因为每一个 Elasticsearch 的分片底层对应的都是 Lucene 索引文件，单个 Lucene 索引文件最多存储 "Integer.MAX_VALUE - 128" 个文档（数据）。

在 Elasticsearch 7.0 版本之前，每一个索引库默认有 5 个分片。

- Replica：分片的副本。Elasticsearch 集群可以给分片设置副本。

副本的第 1 个作用是提高系统的容错性：当某个分片损坏或丢失时，可以从副本中恢复。副本的第 2 个作用是提高 Elasticsearch 的查询效率：Elasticsearch 会自动对搜索请求进行负载均衡。

分片的副本数量可以随时修改。

在默认情况下，每一个索引库只有 1 个主分片和 1 个副本分片（前提是 Elasticsearch 集群有 2 个及以上个数的节点。如果 Elasticsearch 集群只有 1 个节点，则索引库就只有 1 个主分片，不会产生副本分片，因为主分片和副本分片在 1 个节点中是没有意义的）。

为了保证数据安全，以及提高查询效率，建议将分片副本数量设置为 2 或者 3。

- Recovery：数据恢复机制。

Elasticsearch 集群在有节点加入或退出时，会根据机器的负载对分片进行重新分配，"挂掉"的节点在重新启动时也会进行数据恢复。

Cluster、Shard、Replica 这 3 者的关系如图 7-11 所示。

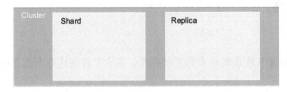

图 7-11

7.2.3.2 分词原理

Elasticsearch 在添加数据（即创建索引）时，会先对数据进行分词。在查询索引数据时，也会先根据查询的关键字进行分词。所以在 Elasticsearch 中，分词这个过程是非常重要的，涉及查询的效率和准确度。

假设有一条数据，数据中有一个字段 titile，字段的值为 LexCorp BFG-9000。

我们想在 Elasticsearch 中对这条数据创建索引，方便后期检索。创建索引和查询索引的大致流程如图 7-12 所示。

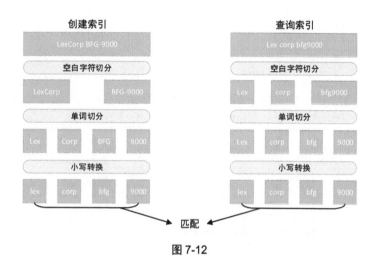

图 7-12

说明如下。

图 7-12 中左侧是创建索引的过程

（1）对数据利用空白字符进行切分，将 LexCorp BFG-9000 切分为 LexCorp 和 BFG-9000。

（2）对词语进行切分，将 LexCorp 分为 Lex 和 Corp，将 BFG-9000 切分为 BFG 和 9000。

（3）执行小写转换操作，将英文词语全部转换为小写。

图 7-12 中右侧是查询索引的过程

后期用户想查询 LexCorp BFG-9000 这条数据，但是具体的内容记不清了，大致想起来了一些关键词 Lex corp bfg9000。接下来就根据这些关键词进行查询。

（1）对数据利用空白字符进行切分，将 Lex corp bfg9000 分为 Lex、corp 和 bfg9000。

（2）对词语进行切分，Lex 和 corp 不变，将 bfg9000 分为 bfg 和 9000。

（3）执行小写转换操作，将英文词语全部转换为小写。

这样在检索时就可以忽略英文大小写了，因为前面在创建索引时也会将英文转换为小写。

到这里可以发现，通过 Lex corp bfg9000 是可以查询到 LexCorp BFG-9000 这条数据的。因为，在经过空白字符切分、词语切分、小写转换之后，这两条数据是一样的。在底层只要有一个词语是匹配的，就可以把这条数据查找出来。

7.2.3.3 架构分析

Elasticsearch 是在 Lucene 的架构之上做了进一步封装，所以 Elasticsearch 的架构比 Lucene 的架构复杂，如图 7-13 所示。

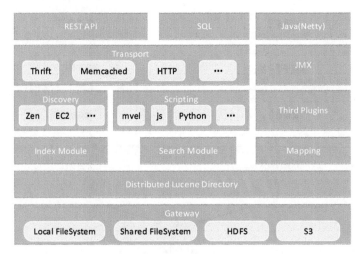

图 7-13

说明如下。

- Gateway：Elasticsearch 用来存储索引的文件系统，支持多种类型，最常见的是 Local FileSystem（本地文件系统）。
- Distributed Lucene Directory：分布式的 Lucene 文件系统。
- Index Module：Elasticsearch 的索引模块。
- Search Module：Elasticsearch 的搜索模块。
- Mapping：Elasticsearch 的元数据类型解析模块。
- Discovery：Elasticsearch 的节点发现模块。不同机器上的 Elasticsearch 节点要组成集群并进行消息通信，集群内部需要选举 Master 节点，这些工作都由 Discovery 模块完成。支持多种发现机制，例如 Zen、EC2、Azure、GCE 等。
- Scripting：用来支持在查询语句中插入 Javascript、Python 等脚本语言。Scripting 模块负责解析这些脚本。如果使用脚本语句则性能较低。
- Third Plugins：支持多种第三方插件。
- Transport：通信和数据传输模块。支持多种传输协议，例如 Thrift、Memecached、HTTP 等。
- JMX：Java 的管理框架。用来监控 Elasticsearch 应用。
- REST API：Elasticsearch 提供的上层抽象 API。可以通过 REST API 和集群进行交互。

- SQL：Elasticsearch 从 6.x 版本开始官方提供了 SQL 插件，可以通过 SQL 查询 Elasticsearch 中的索引数据。
- Java（Netty）：Elasticsearch 使用的网络编程框架。

7.3 Elasticsearch 快速上手

7.3.1 Elasticsearch 集群安装部署

Elasticsearch 的运行需要依赖 JDK，它支持单机和分布式集群，在使用上是完全一样的。

目前 Elasticsearch 中自带 Open JDK，不用单独安装 Oracle JDK。

使用 bigdata01、bigdata02 和 bigdata03 这 3 台机器搭建 Elasticsearch 集群，最终 Elasticsearch 集群的节点规划见表 7-7。

表 7-7

节点类型	节点主机名	节点 IP
主节点	bigdata01	192.168.182.100
从节点	bigdata02	192.168.182.101
从节点	bigdata03	192.168.182.102

7.3.1.1 安装 Elasticsearch 集群

（1）在 bigdata01、bigdata02、bigdata03 中创建普通用户"es"（因为 Elasticsearch 目前不支持使用 root 用户启动）。

在 bigdata01 中创建。

```
[root@bigdata01 soft]# useradd -d /home/es -m es
[root@bigdata01 soft]# passwd es
Changing password for user es.
New password: bigdata1234
Retype new password: bigdata1234
passwd: all authentication tokens updated successfully.
```

在 bigdata02 中创建。

```
[root@bigdata02 soft]# useradd -d /home/es -m es
[root@bigdata02 soft]# passwd es
```

```
Changing password for user es.
New password: bigdata1234
Retype new password: bigdata1234
passwd: all authentication tokens updated successfully.
```

在 bigdata03 中创建。

```
[root@bigdata03 soft]# useradd -d /home/es -m es
[root@bigdata03 soft]# passwd es
Changing password for user es.
New password: bigdata1234
Retype new password: bigdata1234
passwd: all authentication tokens updated successfully.
```

（2）在 bigdata01、bigdata02、bigdata03 中，修改 Linux 的最大文件描述符和最大虚拟内存的参数。

因为 Elasticsearch 对 Linux 的最大文件描述符及最大虚拟内存有一定要求，所以需要修改，否则 Elasticsearch 无法正常启动。

在 bigdata01 中修改。

```
[root@bigdata01 soft]# vi /etc/security/limits.conf
* soft nofile 65536
* hard nofile 131072
* soft nproc 2048
* hard nproc 4096
[root@bigdata01 soft]# vi /etc/sysctl.conf
vm.max_map_count=262144
```

在 bigdata02 中修改。

```
[root@bigdata02 soft]# vi /etc/security/limits.conf
* soft nofile 65536
* hard nofile 131072
* soft nproc 2048
* hard nproc 4096
[root@bigdata02 soft]# vi /etc/sysctl.conf
vm.max_map_count=262144
```

在 bigdata03 中修改。

```
[root@bigdata03 soft]# vi /etc/security/limits.conf
* soft nofile 65536
* hard nofile 131072
* soft nproc 2048
* hard nproc 4096
[root@bigdata03 soft]# vi /etc/sysctl.conf
```

```
vm.max_map_count=262144
```

（3）重启 bigdata01、bigdata02、bigdata03，让前面修改的参数生效。

重启 bigdata01。

```
[root@bigdata01 soft]# reboot -h now
```

重启 bigdata02。

```
[root@bigdata02 soft]# reboot -h now
```

重启 bigdata03。

```
[root@bigdata03 soft]# reboot -h now
```

（4）将 Elasticsearch 的安装包上传到 bigdata01 的 "/data/soft" 目录下，并且解压缩。

```
[root@bigdata01 soft]# ll elasticsearch-7.13.4-linux-x86_64.tar.gz
-rw-r--r--. 1 root root 327143992 Sep  2  2021 
elasticsearch-7.13.4-linux-x86_64.tar.gz
[root@bigdata01 soft]# tar -zxvf elasticsearch-7.13.4-linux-x86_64.tar.gz
```

（5）在 bigdata01 中修改 elasticsearch-7.13.4 目录的权限。

因为前面是使用 root 用户解压缩的，所以，es 用户对 elasticsearch-7.13.4 目录下的文件是没有权限的。

```
[root@bigdata01 soft]# chmod 777 -R /data/soft/elasticsearch-7.13.4
```

（6）在 bigdata01、bigdata02、bigdata03 中配置 ES_JAVA_HOME 环境变量，指向 Elasticsearch 内置的 JDK。

在 bigdata01 中配置。

```
[root@bigdata01 soft]# vi /etc/profile
...
export ES_JAVA_HOME=/data/soft/elasticsearch-7.13.4/jdk
...
[root@bigdata01 soft]# source /etc/profile
```

在 bigdata02 中配置。

```
[root@bigdata02 soft]# vi /etc/profile
...
export ES_JAVA_HOME=/data/soft/elasticsearch-7.13.4/jdk
...
[root@bigdata02 soft]# source /etc/profile
```

在 bigdata03 中配置。

```
[root@bigdata03 soft]# vi /etc/profile
```

```
...
export ES_JAVA_HOME=/data/soft/elasticsearch-7.13.4/jdk
...
[root@bigdata03 soft]# source /etc/profile
```

（7）在 bigdata01 中修改 elasticsearch.yml 配置文件的内容。

主要修改 network.host、discovery.seed_hosts 和 cluster.initial_master_nodes 这 3 个参数。提示，在 YAML 文件中，在参数和值之间必须有一个空格。

```
[root@bigdata01 soft]$ cd elasticsearch-7.13.4
[root@bigdata01 elasticsearch-7.13.4]$ vi conf/elasticsearch.yml
...
network.host: bigdata01
discovery.seed_hosts: ["bigdata01","bigdata02","bigdata03"]
cluster.initial_master_nodes: ["bigdata01"]
...
```

对于 network.host: bigdata01 这一行参数，在 bigdata01 前面必须有一个空格，否则会报错。

（8）将 bigdata01 中修改好配置的 elasticsearch-7.13.4 目录远程复制到 bigdata02 和 bigdata03 中。

```
[root@bigdata01 soft]# scp -rq elasticsearch-7.13.4 bigdata02:/data/soft/
[root@bigdata01 soft]# scp -rq elasticsearch-7.13.4 bigdata03:/data/soft/
```

（9）分别修改 bigdata02 和 bigdata03 中的 elasticsearch.yml 配置文件。

修改 bigdata02 中的 elasticsearch.yml 配置文件，主要修改 network.host 参数的值为当前节点主机名。

```
[root@bigdata02 elasticsearch-7.13.4]# vi config/elasticsearch.yml
...
network.host: bigdata02
...
```

修改 bigdata03 中的 elasticsearch.yml 配置文件，主要修改 network.host 参数的值为当前节点主机名。

```
[root@bigdata03 elasticsearch-7.13.4]# vi config/elasticsearch.yml
...
network.host: bigdata03
...
```

（10）在 bigdata01、bigdata02、bigdata03 中分别启动 Elasticsearch。

在 bigdata01 中启动。

```
[root@bigdata01 elasticsearch-7.13.4]# su es
```

```
[es@bigdata01 elasticsearch-7.13.4]$ bin/elasticsearch -d
```

在 bigdata02 中启动。

```
[root@bigdata02 elasticsearch-7.13.4]# su es
[es@bigdata02 elasticsearch-7.13.4]$ bin/elasticsearch -d
```

在 bigdata03 中启动。

```
[root@bigdata03 elasticsearch-7.13.4]# su es
[es@bigdata03 elasticsearch-7.13.4]$ bin/elasticsearch -d
```

（11）验证集群中的进程是否存在。

在 bigdata01 中验证。

```
[es@bigdata01 elasticsearch-7.13.4]$ jps
3080 Elasticsearch
```

在 bigdata02 中验证。

```
[es@bigdata02 elasticsearch-7.13.4]$ jps
1911 Elasticsearch
```

在 bigdata03 中验证。

```
[es@bigdata03 elasticsearch-7.13.4]$ jps
1879 Elasticsearch
```

（12）验证这几个节点是否组成了一个集群。

通过 Elasticsearch 的 REST API 可以很方便地查看集群中的节点信息（访问 "http://bigdata01:9200/_nodes/_all?pretty"），如图 7-14 所示。

图 7-14

7.3.1.2 安装 Elasticsearch 集群的监控管理工具

为了便于管理和监控 Elasticsearch 集群，推荐使用 Cerebro 这个工具。

（1）到 GitHub 上下载 Cerebro 的安装包，如图 7-15 所示。

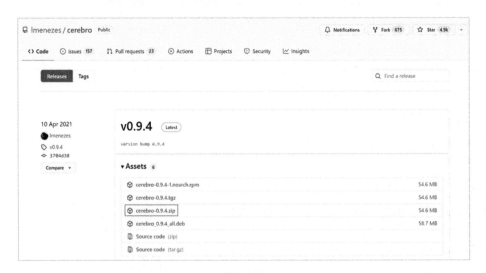

图 7-15

（2）将下载好的 cerebro-0.9.4.zip 安装包上传到 bigdata01 的 "/data/soft" 目录下并进行解压缩。

Cerebro 可以部署在任意节点上，只要能和 Elasticsearch 集群通信即可。

```
[root@bigdata01 soft]# ll cerebro-0.9.4.zip
-rw-r--r--. 1 root root 57251010 Sep 11  2021 cerebro-0.9.4.zip
[root@bigdata01 soft]# unzip cerebro-0.9.4.zip
```

（3）启动 Cerebro。

```
[root@bigdata01 cerebro-0.9.4]# nohup bin/cerebro 2>&1 >/dev/null &
```

Cerebro 默认监听的是 9000 端口。如果出现端口冲突，则需要修改 Cerebro 监听的端口。

在启动 Cerebro 时，可以通过 http.port 参数指定端口号，命令如下：

```
bin/cerebro -Dhttp.port=1234
```

默认通过 9000 端口访问 Cerebro 的 Web 界面。

（4）使用 Cerebro。

在 Node address 中输入 Elasticsearch 集群任意一个节点的连接信息，如图 7-16 所示。

图 7-16

（5）使用 Cerebro 监控管理 Elasticsearch 集群。

Cerebro 连接 Elasticsearch 集群之后显示的内容如图 7-17 所示。

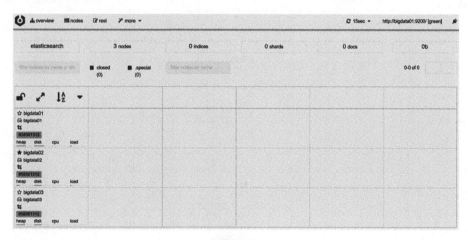

图 7-17

集群有以下 3 种状态。

- green：集群处于健康状态，可以正常使用。
- yellow：集群处于风险状态（可能是分片的副本个数不完整），可以正常使用。例如：分片的副本数为 2，但是现在分片的副本只有 1 份。

- red：集群处于故障状态（可能是集群分片不完整），无法正常使用。

（6）Cerebro 的所有功能。

查看节点信息，如图 7-18 所示。

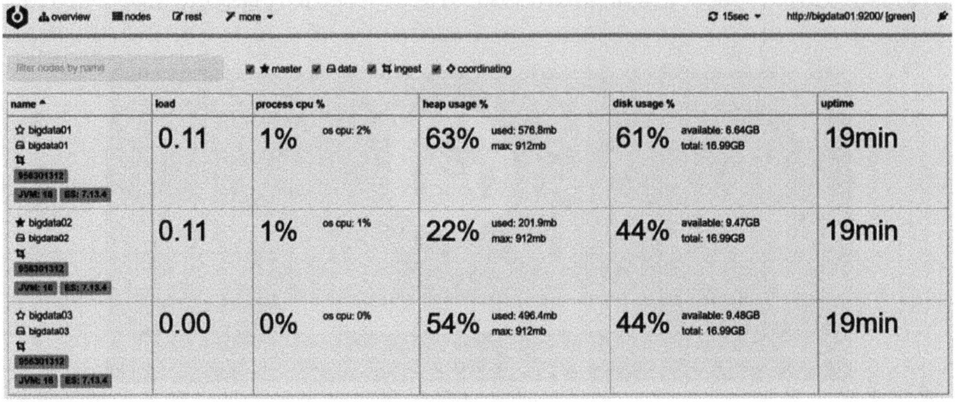

图 7-18

在 Cerebro 中操作 REST API，如图 7-19 所示。

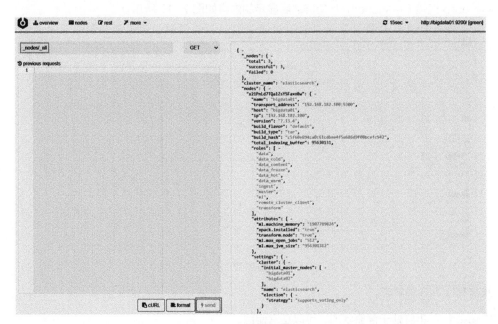

图 7-19

在 Cerebro 中操作 Elasticsearch 集群实现一些高级功能，如图 7-20 所示。

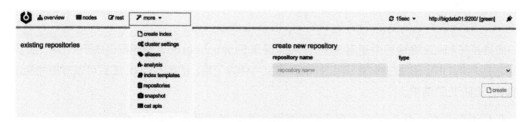

图 7-20

7.3.2 Elasticsearch 核心功能的使用

7.3.2.1 Elasticsearch 的常见操作

对于 Elasticsearch 的不同操作，官方提供了多种客户端，基本上支持常用的编程语言，如图 7-21 所示。

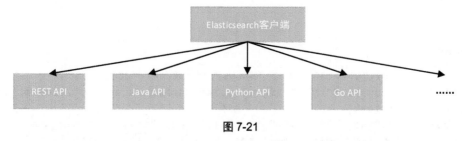

图 7-21

Java 程序员对于 REST API 和 Java API 该如何选择呢？如图 7-22 所示。

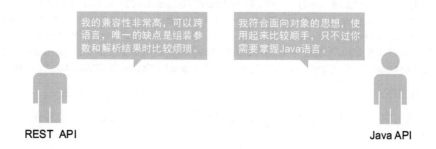

图 7-22

如果想屏蔽语言的差异，则建议使用 REST API，这种兼容性比较好。但是笔者个人感觉有的操作使用起来比较麻烦——需要拼接组装各种数据字符串。

对于 Java 程序员，建议使用 Java API。这种方式相对于 REST API 而言，代码量会大一些，但是代码看起来是比较清晰的。

1. 使用 REST API 操作 Elasticsearch

如果要在 Linux 命令行中使用 REST API 操作 Elasticsearch，则需要借助于 CURL 工具。CURL 是利用 URL 语法在命令行下工作的开源文件传输工具。使用 CURL 工具可以方便地实现常见的 GET/POST 请求。

在 CURL 后面，通过-X 参数指定请求类型，通过-d 指定要传递的参数。

（1）索引库的操作（创建和删除）。

①创建索引库。

```
[root@bigdata01 soft]# curl  -XPUT 'http://bigdata01:9200/test/'
{"acknowledged":true,"shards_acknowledged":true,"index":"test"}
```

索引库名称必须全部小写，不能以_、 -、 +开头，也不能包含逗号。

错误示例。

```
[root@bigdata01 soft]# curl  -XPUT 'http://bigdata01:9200/_test/'
{"error":{"root_cause":[{"type":"invalid_index_name_exception","reason":"Invalid index name [_test], must not start with '_', '-', or '+'","index_uuid":"_na_","index":"_test"}],"type":"invalid_index_name_exception","reason":"Invalid index name [_test], must not start with '_', '-', or '+'","index_uuid":"_na_","index":"_test"},"status":400}
[root@bigdata01 soft]# curl  -XPUT 'http://bigdata01:9200/Test/'
{"error":{"root_cause":[{"type":"invalid_index_name_exception","reason":"Invalid index name [Test], must be lowercase","index_uuid":"_na_","index":"Test"}],"type":"invalid_index_name_exception","reason":"Invalid index name [Test], must be lowercase","index_uuid":"_na_","index":"Test"},"status":400}
```

②删除索引库。

```
[root@bigdata01 soft]# curl  -XDELETE 'http://bigdata01:9200/test/'
{"acknowledged":true}
```

索引库可以提前创建，也可以在后期添加数据时直接指定一个不存在的索引库（Elasticsearch 默认会自动创建这个索引库）。

手工创建索引库和自动创建索引库的区别是：手工创建可以自定义索引库的配置信息（例如：索引库的分片数量），而自动创建则不可以。

下面创建一个具有 3 个分片的索引库,分片效果如图 7-23 所示。

```
[root@bigdata01 soft]# curl -H "Content-Type: application/json" -XPUT
'http://bigdata01:9200/test/' -d'{"settings":{"index.number_of_shards":3}}'
{"acknowledged":true,"shards_acknowledged":true,"index":"test"}
```

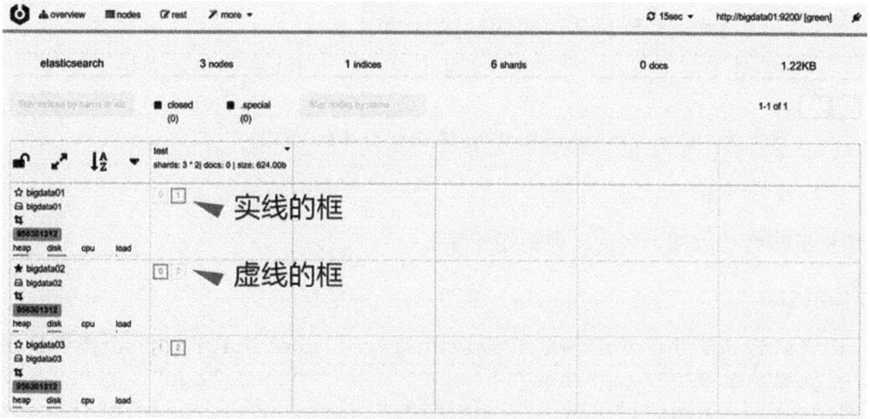

实线的框

虚线的框

图 7-23

在图 7-23 中,实线的框表示主分片,虚线的框表示副本分片。

索引分片编号是从 0 开始的,并且索引分片在物理层面是存在的。从页面中可以看到,test 索引库的 0 号和 1 号分片在 bigdata01 节点上,如图 7-24 所示。

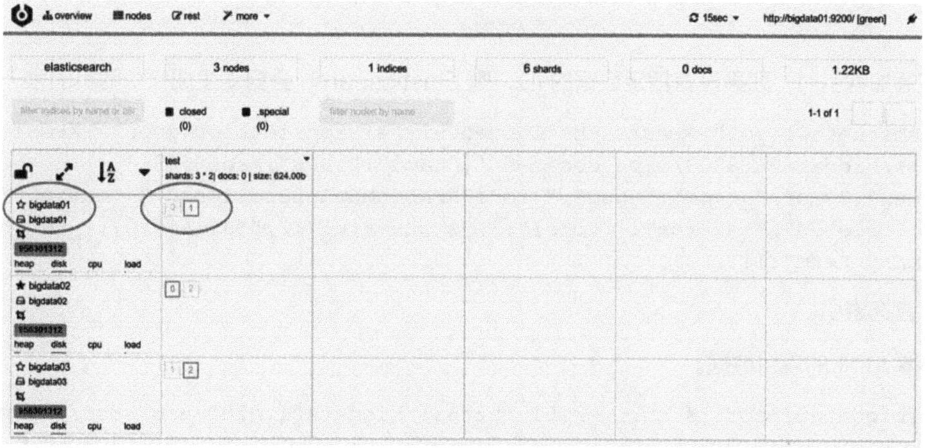

图 7-24

到 bigdata01 节点中查看一下,Elasticsearch 中的所有数据都在 Elasticsearch 的数据存储目录下,默认是在 ES_HOME 下的 data 目录下。

```
[root@bigdata01 1IQ2r-vqRxSsicd8BzWPtg]# pwd
/data/soft/elasticsearch-7.13.4/data/nodes/0/indices/1IQ2r-vqRxSsicd8BzWPtg
[root@bigdata01 1IQ2r-vqRxSsicd8BzWPtg]# ll
total 0
drwxrwxr-x. 5 es es 49 Feb 26 18:01 1
drwxrwxr-x. 5 es es 49 Feb 26 18:01 2
drwxrwxr-x. 2 es es 24 Feb 26 18:01 _state
```

这里的 1IQ2r-vqRxSsicd8BzWPtg 表示索引库的 UUID。

（2）索引的操作（添加、查询、更新和删除）。

① 添加索引。

```
[root@bigdata01 soft]# curl -H "Content-Type: application/json" -XPOST
'http://bigdata01:9200/emp/_doc/1' -d '{"name":"tom","age":20}'
{"_index":"emp","_type":"_doc","_id":"1","_version":1,"result":"created","_s
hards":{"total":2,"successful":1,"failed":0},"_seq_no":0,"_primary_term":1}
```

这里的 emp 索引库是不存在的，在使用时 Elasticsearch 会自动创建，只不过索引库分片数量默认是 1。

为了兼容之前的 API，Elasticsearch 现在取消了 Type，但是 API 中 Type 的位置还是预留出来了，官方建议统一使用"_doc"。

在添加索引时，如果没有指定数据的 ID，则 Elasticsearch 会自动生成一个随机的唯一 ID。

```
[root@bigdata01 soft]# curl -H "Content-Type: application/json" -XPOST
'http://bigdata01:9200/emp/_doc' -d '{"name":"jack","age":30}'
{"_index":"emp","_type":"_doc","_id":"EFND8aMBpApLBooiIWda","_version":1,"re
sult":"created","_shards":{"total":2,"successful":2,"failed":0},"_seq_no":1,
"_primary_term":1}
```

② 查询索引。

查看 id=1 的索引数据。

```
[root@bigdata01 soft]# curl -XGET 'http://bigdata01:9200/emp/_doc/1?pretty'
{
  "_index" : "emp",
  "_type" : "_doc",
  "_id" : "1",
  "_version" : 1,
```

```
  "_seq_no" : 0,
  "_primary_term" : 1,
  "found" : true,
  "_source" : {
    "name" : "tom",
    "age" : 20
  }
}
```

只获取部分字段的内容。

```
[root@bigdata01 soft]# curl -XGET
'http://bigdata01:9200/emp/_doc/1?_source=name&pretty'
{
  "_index" : "emp",
  "_type" : "_doc",
  "_id" : "1",
  "_version" : 1,
  "_seq_no" : 0,
  "_primary_term" : 1,
  "found" : true,
  "_source" : {
    "name" : "tom"
  }
}
[root@bigdata01 soft]# curl -XGET
'http://bigdata01:9200/emp/_doc/1?_source=name,age&pretty'
{
  "_index" : "emp",
  "_type" : "_doc",
  "_id" : "1",
  "_version" : 1,
  "_seq_no" : 0,
  "_primary_term" : 1,
  "found" : true,
  "_source" : {
    "name" : "tom",
    "age" : 20
  }
}
```

查询指定索引库中的所有数据。

```
[root@bigdata01 soft]# curl -XGET 'http://bigdata01:9200/emp/_search?pretty'
{
  "took" : 2,
```

```
  "timed_out" : false,
  "_shards" : {
    "total" : 1,
    "successful" : 1,
    "skipped" : 0,
    "failed" : 0
  },
  "hits" : {
    "total" : {
      "value" : 2,
      "relation" : "eq"
    },
    "max_score" : 1.0,
    "hits" : [
      {
        "_index" : "emp",
        "_type" : "_doc",
        "_id" : "1",
        "_score" : 1.0,
        "_source" : {
          "name" : "tom",
          "age" : 20
        }
      },
      {
        "_index" : "emp",
        "_type" : "_doc",
        "_id" : "EVPO8aMBpApLBooib2e7",
        "_score" : 1.0,
        "_source" : {
          "name" : "jack",
          "age" : 30
        }
      }
    ]
  }
}
```

③更新索引。

更新索引可以分为全部更新和局部更新。

- 全部更新：同添加索引。如果指定 ID 的索引数据（文档）已经存在，则执行更新操作。

在执行更新操作时,Elasticsearch 首先将旧的文标识为删除状态,然后添加新的文档。旧的文档不会立即消失,但是你也无法访问,Elasticsearch 会在你继续添加更多文档时在后台清理掉已经被标识为删除状态的文档。

- 局部更新:可以添加新字段或者更新已有字段,必须使用 POST 请求。

```
[root@bigdata01 soft]# curl -H "Content-Type: application/json" -XPOST
'http://bigdata01:9200/emp/_doc/1/_update' -d '{"doc":{"age":25}}'
{"_index":"emp","_type":"_doc","_id":"1","_version":2,"result":"updated","_s
hards":{"total":2,"successful":2,"failed":0},"_seq_no":2,"_primary_term":1}
```

④删除索引。

删除 id=1 的索引数据。

```
[root@bigdata01 soft]# curl -XDELETE 'http://bigdata01:9200/emp/_doc/1'
{"_index":"emp","_type":"_doc","_id":"1","_version":3,"result":"deleted","_s
hards":{"total":2,"successful":2,"failed":0},"_seq_no":3,"_primary_term":1}
[root@bigdata01 soft]# curl -XDELETE 'http://bigdata01:9200/emp/_doc/1'
{"_index":"emp","_type":"_doc","_id":"1","_version":4,"result":"not_found","
_shards":{"total":2,"successful":2,"failed":0},"_seq_no":4,"_primary_term":1}
```

如果索引数据(文档)存在,则在 Elasticsearch 返回的结果中,result 属性的值为 deleted,_version(版本)属性的值+1。

如果索引数据不存在,则在 Elasticsearch 返回的结果中,result 属性的值为 not_found,但是_version 属性的值依然会+1。这属于 Elasticsearch 的版本控制系统,它保证了我们在集群中多个节点之间的不同操作都被按照顺序正确标识了。

对于索引数据的每次写操作,无论是 index、update 还是 delete,Elasticsearch 都会将_version 增加 1。该增加操作是原子的,并且保证在操作成功返回时会发生。

删除一条索引数据(文档)也不会立即生效,它只是被标识成"删除"状态。Elasticsearch 会在之后用户添加更多索引数据时,才会在后台清理掉被标识为"删除"状态的数据。

2. 使用 Java API 操作 Elasticsearch

对于 Java API,目前 Elasticsearch 提供了两个 Java REST Client 版本:Java Low Level REST Client 和 Java High Level REST Client,如图 7-25 所示。

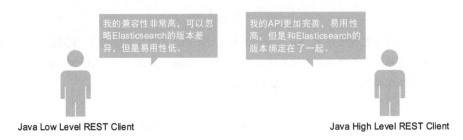

图 7-25

说明如下。

- Java Low Level REST Client：低级别的 REST 客户端，通过 HTTP 与集群交互，用户需自己组装请求 JSON 串和解析响应 JSON 串，兼容所有 Elasticsearch 版本。
- Java High Level REST Client：高级别的 REST 客户端，基于低级别的 REST 客户端进行了封装，增加了组装请求 JSON 串、解析响应 JSON 串等相关 API。开发代码使用的 Elasticsearch 版本需要和集群中的 Elasticsearch 版本一致，否则会有版本冲突问题。

Java High Level REST Client 这种方式是从 Elasticsearch 6.0 版本开始加入的，目的是以 Java 面向对象的方式请求/响应处理。

Java High Level REST Client 会兼容高版本的 Elasticsearch 集群，例如：使用 Elasticsearch 7.0 版本开发的代码，可以和任何 7.x 版本的 Elasticsearch 集群交互。

如果 Elasticsearch 集群后期升级到了 8.x 版本，则也要升级之前基于 Elasticsearch 7.0 版本开发的代码。

结合实际工作经验，作者建议：
- 如果考虑到代码后期的兼容性，则建议使用 Java Low Level REST Client。
- 如果考虑到易用性，则建议使用 Java High Level REST Client。

接下来，使用 Java High Level REST Client 对 Elasticsearch 进行操作。

在 Maven 项目的 pom.xml 文件中，添加 Elasticsearch 的依赖和日志的依赖。

```xml
<dependency>
    <groupId>org.elasticsearch.client</groupId>
    <artifactId>elasticsearch-rest-high-level-client</artifactId>
    <version>7.13.4</version>
</dependency>
<dependency>
    <groupId>org.apache.logging.log4j</groupId>
```

```xml
    <artifactId>log4j-core</artifactId>
    <version>2.14.1</version>
</dependency>
```

在 Maven 项目的 resources 目录下添加 log4j2.properties，内容如下。

```
appender.console.type = Console
appender.console.name = console
appender.console.layout.type = PatternLayout
appender.console.layout.pattern = [%d{ISO8601}][%-5p][%-25c] %marker%m%n

rootLogger.level = info
rootLogger.appenderRef.console.ref = console
```

（1）索引库的操作（创建和删除）。

```java
public class EsIndexOp {
    public static void main(String[] args) throws Exception{
        //获取 RestClient 连接
        RestHighLevelClient client = new RestHighLevelClient(
                RestClient.builder(
                        new HttpHost("bigdata01", 9200, "http"),
                        new HttpHost("bigdata02", 9200, "http"),
                        new HttpHost("bigdata03", 9200, "http")));

        //创建索引库
        //createIndex(client);

        //删除索引库
        //deleteIndex(client);


        //关闭连接
        client.close();
    }


    private static void deleteIndex(RestHighLevelClient client) throws IOException {
        DeleteIndexRequest deleteRequest = new DeleteIndexRequest("java_test");
        //执行
        client.indices().delete(deleteRequest, RequestOptions.DEFAULT);
    }
```

```java
    private static void createIndex(RestHighLevelClient client) throws
IOException {
        CreateIndexRequest createRequest = new CreateIndexRequest("java_test");
        //指定索引库的配置信息
        createRequest.settings(Settings.builder()
                .put("index.number_of_shards", 3)          //指定分片个数
        );

        //执行
        client.indices().create(createRequest, RequestOptions.DEFAULT);
    }

}
```

（2）索引的操作（添加、查询、查询和删除）。

```java
public class EsDataOp {
    private static Logger logger = LogManager.getLogger(EsDataOp.class);

    public static void main(String[] args) throws Exception{
        //获取RestClient连接
        RestHighLevelClient client = new RestHighLevelClient(
                RestClient.builder(
                        new HttpHost("bigdata01", 9200, "http"),
                        new HttpHost("bigdata02", 9200, "http"),
                        new HttpHost("bigdata03", 9200, "http")));

        //添加索引
        //addIndexByJson(client);
        //addIndexByMap(client);

        //查询索引
        //getIndex(client);
        //getIndexByFiled(client);

        //更新索引
        //注意：可以使用创建索引直接完整更新已存在的数据
        //updateIndexByPart(client);          //局部更新

        //删除索引
        //deleteIndex(client);

        //关闭连接
        client.close();
    }
```

```java
    private static void deleteIndex(RestHighLevelClient client) throws
IOException {
        DeleteRequest request = new DeleteRequest("emp", "10");
        //执行
        client.delete(request, RequestOptions.DEFAULT);
    }

    private static void updateIndexByPart(RestHighLevelClient client) throws
IOException {
        UpdateRequest request = new UpdateRequest("emp", "10");
        String jsonString = "{\"age\":23}";
        request.doc(jsonString, XContentType.JSON);
        //执行
        client.update(request, RequestOptions.DEFAULT);
    }

    private static void getIndexByFiled(RestHighLevelClient client) throws
IOException {
        GetRequest request = new GetRequest("emp", "10");
        //只查询部分字段
        String[] includes = new String[]{"name"};         //指定包含哪些字段
        String[] excludes = Strings.EMPTY_ARRAY;          //指定过滤哪些字段
        FetchSourceContext fetchSourceContext = new FetchSourceContext(true,
includes, excludes);
        request.fetchSourceContext(fetchSourceContext);
        //执行
        GetResponse response = client.get(request, RequestOptions.DEFAULT);
        //通过response获取index、id、文档详细内容(source)
        String index = response.getIndex();
        String id = response.getId();
        if(response.isExists()){//如果没有查询到文档数据，则isExists返回false
            //获取JSON字符串格式的文档结果
            String sourceAsString = response.getSourceAsString();
            System.out.println(sourceAsString);
            //获取MAP格式的文档结果
            Map<String, Object> sourceAsMap = response.getSourceAsMap();
            System.out.println(sourceAsMap);
        }else{
            logger.warn("没有查询到索引库{}中id为{}的文档!",index,id);
        }
    }

    private static void getIndex(RestHighLevelClient client) throws IOException {
```

```java
        GetRequest request = new GetRequest("emp", "10");
        //执行
        GetResponse response = client.get(request, RequestOptions.DEFAULT);
        //通过response获取index、id、文档详细内容(source)
        String index = response.getIndex();
        String id = response.getId();
        if(response.isExists()){        //如果没有查询到文档数据,则isExists返回false
            //获取JSON字符串格式的文档结果
            String sourceAsString = response.getSourceAsString();
            System.out.println(sourceAsString);
            //获取MAP格式的文档结果
            Map<String, Object> sourceAsMap = response.getSourceAsMap();
            System.out.println(sourceAsMap);
        }else{
            logger.warn("没有查询到索引库{}中id为{}的文档!",index,id);
        }
    }

    private static void addIndexByMap(RestHighLevelClient client) throws
IOException {
        IndexRequest request = new IndexRequest("emp");
        request.id("11");
        HashMap<String, Object> jsonMap = new HashMap<String, Object>();
        jsonMap.put("name", "tom");
        jsonMap.put("age", 17);
        request.source(jsonMap);
        //执行
        client.index(request, RequestOptions.DEFAULT);
    }

    private static void addIndexByJson(RestHighLevelClient client) throws
IOException {
        IndexRequest request = new IndexRequest("emp");
        request.id("10");
        String jsonString = "{" +
                "\"name\":\"jessic\"," +
                "\"age\":20" +
                "}";
        request.source(jsonString, XContentType.JSON);
        //执行
        client.index(request, RequestOptions.DEFAULT);
    }
}
```

7.3.2.2 【实战】Elasticsearch 集成中文分词器

Elasticsearch 在创建索引和查询索引时都需要进行分词,分词需要用到分词器。分词器的作用是:把一段文本中的文本按照一定规则切分成词语。

1. 分词器的工作流程

分词器底层对应的是 Analyzer 类,它是一个抽象类。切分词的具体规则是由其子类实现的,即不同的分词器分词的规则是不同的。所以,对于不同的语言,要使用不同的分词器。

在创建索引时会用到分词器,在查询索引时也会用到分词器,这两个地方要使用同一个分词器,否则可能会搜索不到结果。

分词器的工作流程如下:

(1)切分关键词——把关键的、核心的词语切出来。

(2)去除停用词。

(3)对于英文词语,把所有字母转为小写(搜索时不区分大小写)。

在中文数据检索场景中,为了提供更好的检索效果,需要在 Elasticsearch 中集成中文分词器。因为 Elasticsearch 默认是按照英文的分词规则进行分词的,所以中文分词效果不理想。

2. 实例

Elasticsearch 原来是没有提供中文分词器的,现在官方也提供了一些。但是在中文分词领域,IK 分词器是不可撼动的,所以这里在 Elasticsearch 中集成 IK 这个中文分词器。

GitHub 上有开源的 elasticsearch-analysis-ik 插件,在选择时要根据 Elasticsearch 的版本进行选择。在 Elasticsearch 中安装 elasticsearch-analysis-ik 插件时,需要在 Elasticsearch 集群的所有节点中都安装。

(1)将下载好的 elasticsearch-analysis-ik-7.13.4.zip 上传到 bigdata01 的 "/data/soft/elasticsearch-7.13.4" 目录下。

```
[root@bigdata01 elasticsearch-7.13.4]# ll
elasticsearch-analysis-ik-7.13.4.zip
-rw-r--r--. 1 root root 4504502 Sep  3 2021
elasticsearch-analysis-ik-7.13.4.zip
```

(2)将 elasticsearch-analysis-ik-7.13.4.zip 远程复制到 bigdata02 和 bigdata03 上。

```
[root@bigdata01 elasticsearch-7.13.4]# scp -rq
elasticsearch-analysis-ik-7.13.4.zip
```

```
bigdata02:/data/soft/elasticsearch-7.13.4
[root@bigdata01 elasticsearch-7.13.4]# scp -rq
elasticsearch-analysis-ik-7.13.4.zip
bigdata03:/data/soft/elasticsearch-7.13.4
```

（3）在 bigdata01 节点离线安装 elasticsearch-analysis-ik 插件。

```
[root@bigdata01 elasticsearch-7.13.4]# bin/elasticsearch-plugin install
file:///data/soft/elasticsearch-7.13.4/elasticsearch-analysis-ik-7.13.4.zip
```

在安装的过程中会有警告信息提示，需要输入 y 确认继续向下执行。

```
[=================================================] 100%
@@@@@@@@@@@@@@@@@@@@@@@@@@@@@@@@@@@@@@@@@@@@@@@@@@@
@     WARNING: plugin requires additional permissions     @
@@@@@@@@@@@@@@@@@@@@@@@@@@@@@@@@@@@@@@@@@@@@@@@@@@@
* java.net.SocketPermission * connect,resolve
See
http://docs.oracle.com/javase/8/docs/technotes/guides/security/permissions.h
tml
for descriptions of what these permissions allow and the associated risks.

Continue with installation? [y/N]y
```

如果看到以下内容，则表示安装成功了。

```
-> Installed analysis-ik
-> Please restart Elasticsearch to activate any plugins installed
```

在插件安装成功后，在 elasticsearch-7.13.4 的 config 和 plugins 目录下会产生一个 analysis-ik 目录。

elasticsearch-7.13.4 的 config 目录下的 analysis-ik 中存储的是 elasticsearch-analysis-ik 插件的配置文件信息。

```
[root@bigdata01 elasticsearch-7.13.4]# cd config/
[root@bigdata01 config]# ll analysis-ik/
total 8260
-rwxrwxrwx. 1 root root 5225922 Feb 27 20:57 extra_main.dic
-rwxrwxrwx. 1 root root   63188 Feb 27 20:57 extra_single_word.dic
-rwxrwxrwx. 1 root root   63188 Feb 27 20:57 extra_single_word_full.dic
-rwxrwxrwx. 1 root root   10855 Feb 27 20:57 extra_single_word_low_freq.dic
```

```
-rwxrwxrwx. 1 root root      156 Feb 27 20:57 extra_stopword.dic
-rwxrwxrwx. 1 root root      625 Feb 27 20:57 IKAnalyzer.cfg.xml
-rwxrwxrwx. 1 root root  3058510 Feb 27 20:57 main.dic
-rwxrwxrwx. 1 root root      123 Feb 27 20:57 preposition.dic
-rwxrwxrwx. 1 root root     1824 Feb 27 20:57 quantifier.dic
-rwxrwxrwx. 1 root root      164 Feb 27 20:57 stopword.dic
-rwxrwxrwx. 1 root root      192 Feb 27 20:57 suffix.dic
-rwxrwxrwx. 1 root root      752 Feb 27 20:57 surname.dic
```

elasticsearch-7.13.4 的 plugins 目录下的 analysis-ik 中存储的是 elasticsearch-analysis-ik 插件的核心 Jar 包。

```
[root@bigdata01 elasticsearch-7.13.4]# cd plugins/
[root@bigdata01 plugins]# ll analysis-ik/
total 1428
-rwxrwxrwx. 1 root root 263965 Feb 27 20:56 commons-codec-1.9.jar
-rwxrwxrwx. 1 root root  61829 Feb 27 20:56 commons-logging-1.2.jar
-rwxrwxrwx. 1 root root  54626 Feb 27 20:56 elasticsearch-analysis-ik-7.13.4.jar
-rwxrwxrwx. 1 root root 736658 Feb 27 20:56 httpclient-4.5.2.jar
-rwxrwxrwx. 1 root root 326724 Feb 27 20:56 httpcore-4.4.4.jar
-rwxrwxrwx. 1 root root   1807 Feb 27 20:56 plugin-descriptor.properties
-rwxrwxrwx. 1 root root    125 Feb 27 20:56 plugin-security.policy
```

（4）在 bigdata02 节点离线安装 elasticsearch-analysis-ik 插件。

```
[root@bigdata02 elasticsearch-7.13.4]# bin/elasticsearch-plugin install file:///data/soft/elasticsearch-7.13.4/elasticsearch-analysis-ik-7.13.4.zip
```

（5）在 bigdata03 节点离线安装 elasticsearch-analysis-ik 插件。

```
[root@bigdata03 elasticsearch-7.13.4]# bin/elasticsearch-plugin install file:///data/soft/elasticsearch-7.13.4/elasticsearch-analysis-ik-7.13.4.zip
```

（6）如果集群正在运行，则需要停止集群。

在 bigdata01 中停止。

```
[root@bigdata01 elasticsearch-7.13.4]# jps
1680 Elasticsearch
2047 Jps
[root@bigdata01 elasticsearch-7.13.4]# kill 1680
```

在 bigdata02 中停止。

```
[root@bigdata02 elasticsearch-7.13.4]# jps
1682 Elasticsearch
1866 Jps
[root@bigdata02 elasticsearch-7.13.4]# kill 1682
```

在 bigdata03 中停止。

```
[root@bigdata03 elasticsearch-7.13.4]# jps
1683 Elasticsearch
1803 Jps
[root@bigdata03 elasticsearch-7.13.4]# kill 1683
```

（7）修改 elasticsearch-7.13.4 的 plugins 目录下 analysis-ik 子目录的权限。

建议直接修改 elasticsearch-7.13.4 父目录的权限即可。

在 bigdata01 中执行。

```
[root@bigdata01 elasticsearch-7.13.4]# cd ..
[root@bigdata01 soft]# chmod -R 777 elasticsearch-7.13.4
```

在 bigdata02 中执行。

```
[root@bigdata02 elasticsearch-7.13.4]# cd ..
[root@bigdata02 soft]# chmod -R 777 elasticsearch-7.13.4
```

在 bigdata03 中执行。

```
[root@bigdata03 elasticsearch-7.13.4]# cd ..
[root@bigdata03 soft]# chmod -R 777 elasticsearch-7.13.4
```

（8）重新启动 Elasticsearch 集群。

在 bigdata01 中启动。

```
[root@bigdata01 soft]# su es
[es@bigdata01 soft]$ cd /data/soft/elasticsearch-7.13.4
[es@bigdata01 elasticsearch-7.13.4]$ bin/elasticsearch -d
```

在 bigdata02 中启动。

```
[root@bigdata02 soft]# su es
[es@bigdata02 soft]$ cd /data/soft/elasticsearch-7.13.4
[es@bigdata02 elasticsearch-7.13.4]$ bin/elasticsearch -d
```

在 bigdata03 中启动。

```
[root@bigdata03 soft]# su es
[es@bigdata03 soft]$ cd /data/soft/elasticsearch-7.13.4
[es@bigdata03 elasticsearch-7.13.4]$ bin/elasticsearch -d
```

（9）验证 IK 分词器的分词效果。

首先，使用默认分词器测试中文分词效果。

```
[root@bigdata01 soft]# curl -H "Content-Type: application/json" -XPOST 'http://bigdata01:9200/emp/_analyze?pretty' -d '{"text":"我们是中国人"}'
```

```json
{
  "tokens" : [
    {
      "token" : "我",
      "start_offset" : 0,
      "end_offset" : 1,
      "type" : "<IDEOGRAPHIC>",
      "position" : 0
    },
    {
      "token" : "们",
      "start_offset" : 1,
      "end_offset" : 2,
      "type" : "<IDEOGRAPHIC>",
      "position" : 1
    },
    {
      "token" : "是",
      "start_offset" : 2,
      "end_offset" : 3,
      "type" : "<IDEOGRAPHIC>",
      "position" : 2
    },
    {
      "token" : "中",
      "start_offset" : 3,
      "end_offset" : 4,
      "type" : "<IDEOGRAPHIC>",
      "position" : 3
    },
    {
      "token" : "国",
      "start_offset" : 4,
      "end_offset" : 5,
      "type" : "<IDEOGRAPHIC>",
      "position" : 4
    },
    {
      "token" : "人",
      "start_offset" : 5,
      "end_offset" : 6,
      "type" : "<IDEOGRAPHIC>",
      "position" : 5
    }
```

```
    ]
}
```

然后，使用 IK 分词器测试中文分词效果。

```
[root@bigdata01 soft]# curl -H "Content-Type: application/json" -XPOST
'http://bigdata01:9200/emp/_analyze?pretty' -d '{"text":"我们是中国人
","tokenizer":"ik_max_word"}'
{
  "tokens" : [
    {
      "token" : "我们",
      "start_offset" : 0,
      "end_offset" : 2,
      "type" : "CN_WORD",
      "position" : 0
    },
    {
      "token" : "是",
      "start_offset" : 2,
      "end_offset" : 3,
      "type" : "CN_CHAR",
      "position" : 1
    },
    {
      "token" : "中国人",
      "start_offset" : 3,
      "end_offset" : 6,
      "type" : "CN_WORD",
      "position" : 2
    },
    {
      "token" : "中国",
      "start_offset" : 3,
      "end_offset" : 5,
      "type" : "CN_WORD",
      "position" : 3
    },
    {
      "token" : "国人",
      "start_offset" : 4,
      "end_offset" : 6,
      "type" : "CN_WORD",
      "position" : 4
    }
```

       ]
}

在这里我们发现，在分出来的词语中有一个"是"，这个词语其实可以被认为是一个停用词，在分词时是不需要切分出来的。在这里被切分出来了，那也就意味着，IK 分词器在过滤停用词时没有把它过滤掉。

（10）在 IK 分词器中增加停用词。

IK 分词器的停用词默认在 stopword.dic 这个词库文件中，在这个文件中目前都是一些英文停用词。

```
[root@bigdata01 elasticsearch-7.13.4]# cd config/analysis-ik/
[root@bigdata01 analysis-ik]# ll
total 8260
-rwxrwxrwx. 1 root root 5225922 Feb 27 20:57 extra_main.dic
-rwxrwxrwx. 1 root root   63188 Feb 27 20:57 extra_single_word.dic
-rwxrwxrwx. 1 root root   63188 Feb 27 20:57 extra_single_word_full.dic
-rwxrwxrwx. 1 root root   10855 Feb 27 20:57 extra_single_word_low_freq.dic
-rwxrwxrwx. 1 root root     156 Feb 27 20:57 extra_stopword.dic
-rwxrwxrwx. 1 root root     625 Feb 27 20:57 IKAnalyzer.cfg.xml
-rwxrwxrwx. 1 root root 3058510 Feb 27 20:57 main.dic
-rwxrwxrwx. 1 root root     123 Feb 27 20:57 preposition.dic
-rwxrwxrwx. 1 root root    1824 Feb 27 20:57 quantifier.dic
-rwxrwxrwx. 1 root root     164 Feb 27 20:57 stopword.dic
-rwxrwxrwx. 1 root root     192 Feb 27 20:57 suffix.dic
-rwxrwxrwx. 1 root root     752 Feb 27 20:57 surname.dic
[root@bigdata01 analysis-ik]# more stopword.dic
a
an
and
are
as
at
be
but
by
for
if
in
into
is
it
no
not
```

of
on
or

我们可以手工在 stopword.dic 这个词库文件中把中文停用词添加进去。

首先，添加"是"这个停用词。

```
[root@bigdata01 analysis-ik]# vi stopword.dic
是
```

然后，把这个文件改动同步到集群中的所有节点上。

```
[root@bigdata01 analysis-ik]# scp -rq stopword.dic
bigdata02:/data/soft/elasticsearch-7.13.4/config/analysis-ik/
[root@bigdata01 analysis-ik]# scp -rq stopword.dic
bigdata03:/data/soft/elasticsearch-7.13.4/config/analysis-ik/
```

接着，重启集群让配置生效。

停止 bigdata01、bigdata02、bigdata03 上的 Elasticsearch 服务。

```
[root@bigdata01 analysis-ik]# jps
3051 Elasticsearch
3358 Jps
[root@bigdata01 analysis-ik]# kill 3051

[root@bigdata02 analysis-ik]$ jps
2496 Elasticsearch
2570 Jps
[root@bigdata02 analysis-ik]$ kill 2496

[root@bigdata03 analysis-ik]$ jps
2481 Jps
2412 Elasticsearch
[root@bigdata03 analysis-ik]$ kill 2412
```

启动 bigdata01、bigdata02、bigdata03 上的 Elasticsearch 服务。

```
[root@bigdata01 soft]# su es
[es@bigdata01 soft]$ cd /data/soft/elasticsearch-7.13.4
[es@bigdata01 elasticsearch-7.13.4]$ bin/elasticsearch -d

[root@bigdata02 soft]# su es
[es@bigdata02 soft]$ cd /data/soft/elasticsearch-7.13.4
[es@bigdata02 elasticsearch-7.13.4]$ bin/elasticsearch -d

[root@bigdata03 soft]# su es
[es@bigdata03 soft]$ cd /data/soft/elasticsearch-7.13.4
```

```
[es@bigdata03 elasticsearch-7.13.4]$ bin/elasticsearch -d
```

最后,再使用 IK 分词器测试一下中文分词效果。

```
[root@bigdata01 analysis-ik]# curl -H "Content-Type: application/json" -XPOST
'http://bigdata01:9200/test/_analyze?pretty' -d '{"text":"我们是中国人
","tokenizer":"ik_max_word"}'
{
  "tokens" : [
    {
      "token" : "我们",
      "start_offset" : 0,
      "end_offset" : 2,
      "type" : "CN_WORD",
      "position" : 0
    },
    {
      "token" : "中国人",
      "start_offset" : 3,
      "end_offset" : 6,
      "type" : "CN_WORD",
      "position" : 1
    },
    {
      "token" : "中国",
      "start_offset" : 3,
      "end_offset" : 5,
      "type" : "CN_WORD",
      "position" : 2
    },
    {
      "token" : "国人",
      "start_offset" : 4,
      "end_offset" : 6,
      "type" : "CN_WORD",
      "position" : 3
    }
  ]
}
```

7.3.2.3 【实战】Elasticsearch 自定义词库

对于一些特殊的词语,在分词时也要能够识别到它们,例如公司产品的名称或网络上新流行的词语。

假设公司开发了一款新产品,命名为"数据大脑",我们希望 Elasticsearch 在分词时能够把这个产品名称直接识别成一个词语。

先使用 IK 分词器测试一下分词效果。

```
[root@bigdata01 ~]$ curl -H "Content-Type: application/json" -XPOST
'http://bigdata01:9200/test/_analyze?pretty' -d '{"text":"数据大脑
","tokenizer":"ik_max_word"}'
{
  "tokens" : [
    {
      "token" : "数据",
      "start_offset" : 0,
      "end_offset" : 2,
      "type" : "CN_WORD",
      "position" : 0
    },
    {
      "token" : "大脑",
      "start_offset" : 2,
      "end_offset" : 4,
      "type" : "CN_WORD",
      "position" : 1
    }
  ]
}
```

结果发现,IK 分词器会把"数据大脑"分为"数据"和"大脑"这两个词语。因为这个词语是我们自己造出来的,并不是通用的词语,所以 IK 分词器识别不出来也正常。

要想让 IK 分词器将"数据大脑"识别出来,则需要自定义词库了,即把我们自己造的词语添加到词库中。下面在 IK 中实现自定义词库的功能。

1. 自定义词库文件

下面在 elasticsearch-analysis-ik 插件对应的配置文件目录下,创建一个自定义词库文件 my.dic。

(1)在 bigdata01 节点上操作:切换到 es 用户,进入 elasticsearch-analysis-ik 插件对应的配置文件目录。

```
[root@bigdata01 ~]# su es
[es@bigdata01 root]$ cd /data/soft/elasticsearch-7.13.4
[es@bigdata01 elasticsearch-7.13.4]$ cd config
[es@bigdata01 config]$ cd analysis-ik
[es@bigdata01 analysis-ik]$ ll
total 8260
```

```
-rwxrwxrwx. 1 root root 5225922 Feb 27 20:57 extra_main.dic
-rwxrwxrwx. 1 root root   63188 Feb 27 20:57 extra_single_word.dic
-rwxrwxrwx. 1 root root   63188 Feb 27 20:57 extra_single_word_full.dic
-rwxrwxrwx. 1 root root   10855 Feb 27 20:57 extra_single_word_low_freq.dic
-rwxrwxrwx. 1 root root     156 Feb 27 20:57 extra_stopword.dic
-rwxrwxrwx. 1 root root     625 Feb 27 20:57 IKAnalyzer.cfg.xml
-rwxrwxrwx. 1 root root 3058510 Feb 27 20:57 main.dic
-rwxrwxrwx. 1 root root     123 Feb 27 20:57 preposition.dic
-rwxrwxrwx. 1 root root    1824 Feb 27 20:57 quantifier.dic
-rwxrwxrwx. 1 root root     171 Feb 27 21:42 stopword.dic
-rwxrwxrwx. 1 root root     192 Feb 27 20:57 suffix.dic
-rwxrwxrwx. 1 root root     752 Feb 27 20:57 surname.dic
```

创建自定义词库文件 my.dic，然后直接在文件中添加词语，每一个词语一行。

```
[es@bigdata01 analysis-ik]$ vi my.dic
数据大脑
```

（2）修改 elasticsearch-analysis-ik 插件的配置文件 IKAnalyzer.cfg.xml。

```
[es@bigdata01 analysis-ik]$ vi IKAnalyzer.cfg.xml

<?xml version="1.0" encoding="UTF-8"?>
<!DOCTYPE properties SYSTEM "http://java.sun.com/dtd/properties.dtd">
<properties>
        <comment>IK Analyzer 扩展配置</comment>
        <!--用户可以在这里配置自己的扩展字典 -->
        <entry key="ext_dict">my.dic</entry>
         <!--用户可以在这里配置自己的扩展停止词字典-->
        <entry key="ext_stopwords"></entry>
        <!--用户可以在这里配置远程扩展字典 -->
        <!-- <entry key="remote_ext_dict">words_location</entry> -->
        <!--用户可以在这里配置远程扩展停止词字典-->
        <!-- <entry key="remote_ext_stopwords">words_location</entry>-->
</properties>
```

> 需要把 my.dic 词库文件添加到 key="ext_dict"这个 entry 中。切记不要随意新增 entry，随意新增的 entry 是不被 IK 识别的，并且 entry 的名称也不能乱改，否则也不会识别。
> 如果需要指定多个自定义词库文件，则需要使用分号（；）隔开。例如：
> `<entry key="ext_dict">my.dic;your.dic</entry>`

（3）将自定义词库文件和修改好的 IKAnalyzer.cfg.xml 配置文件复制到集群中的所有节点中。

首先，从 bigdata01 上将 my.dic 复制到 bigdata02 和 bigdata03 上。

```
[es@bigdata01 analysis-ik]$ scp -rq my.dic
bigdata02:/data/soft/elasticsearch-7.13.4/config/analysis-ik/
[es@bigdata01 analysis-ik]$ scp -rq my.dic
bigdata03:/data/soft/elasticsearch-7.13.4/config/analysis-ik/
```

然后，从 bigdata01 上将 IKAnalyzer.cfg.xml 复制到 bigdata02 和 bigdata03 上。

```
[es@bigdata01 analysis-ik]$ scp -rq IKAnalyzer.cfg.xml
bigdata02:/data/soft/elasticsearch-7.13.4/config/analysis-ik/
[es@bigdata01 analysis-ik]$ scp -rq IKAnalyzer.cfg.xml
bigdata03:/data/soft/elasticsearch-7.13.4/config/analysis-ik/
```

如果后期想增加自定义停用词库，则按照这个思路进行添加即可，只不过停用词库需要配置到 key="ext_stopwords"这个 entry 中。

2．验证自定义词库的分词效果

下面重启 Elasticsearch 验证自定义词库的分词效果。

首先，停止 Elasticsearch 集群。

```
[es@bigdata01 ~]$ jps
1892 Jps
1693 Elasticsearch
[es@bigdata01 ~]$ kill 1693

[es@bigdata02 ~]$ jps
1873 Jps
1725 Elasticsearch
[es@bigdata02 ~]$ kill 1725

[es@bigdata02 ~]$ jps
1844 Jps
1694 Elasticsearch
[es@bigdata02 ~]$ kill 1694
```

然后，启动 Elasticsearch 集群。

```
[es@bigdata01 ~]$ cd /data/soft/elasticsearch-7.13.4/
[es@bigdata01 elasticsearch-7.13.4]$ bin/elasticsearch -d

[es@bigdata02 ~]$ cd /data/soft/elasticsearch-7.13.4/
[es@bigdata02 elasticsearch-7.13.4]$ bin/elasticsearch -d

[es@bigdata03 ~]$ cd /data/soft/elasticsearch-7.13.4/
[es@bigdata03 elasticsearch-7.13.4]$ bin/elasticsearch -d
```

最后，验证自定义词库的分词效果。

```
[es@bigdata01 elasticsearch-7.13.4]$ curl -H "Content-Type: application/json" -XPOST 'http://bigdata01:9200/test/_analyze?pretty' -d '{"text":"数据大脑","tokenizer":"ik_max_word"}'
{
  "tokens" : [
    {
      "token" : "数据大脑",
      "start_offset" : 0,
      "end_offset" : 4,
      "type" : "CN_WORD",
      "position" : 0
    },
    {
      "token" : "数据",
      "start_offset" : 0,
      "end_offset" : 2,
      "type" : "CN_WORD",
      "position" : 1
    },
    {
      "token" : "大脑",
      "start_offset" : 2,
      "end_offset" : 4,
      "type" : "CN_WORD",
      "position" : 2
    }
  ]
}
```

现在发现"数据大脑"这个词语可以被识别出来了，说明自定义词库生效了。

7.3.2.4 【实战】Elasticsearch 查询详解

在 Elasticsearch 中，要查询单条数据，则需要使用 Get；要查询一批满足条件的数据，则需要使用 Search。

1. 查询所有数据

下面使用 Search 查询指定索引库中的所有数据：

```java
public class EsSearchOp {
    public static void main(String[] args) throws Exception{
        //获取RestClient连接
        RestHighLevelClient client = new RestHighLevelClient(
```

```
        RestClient.builder(
                new HttpHost("bigdata01", 9200, "http"),
                new HttpHost("bigdata02", 9200, "http"),
                new HttpHost("bigdata03", 9200, "http")));

    SearchRequest searchRequest = new SearchRequest();
    //指定索引库,支持指定一个或者多个,也支持通配符,例如:user*
    searchRequest.indices("user");
    //执行查询操作
    SearchResponse searchResponse = client.search(searchRequest,
RequestOptions.DEFAULT);

    //获取查询返回的结果
    SearchHits hits = searchResponse.getHits();
    //获取数据总数
    long numHits = hits.getTotalHits().value;
    System.out.println("数据总数: "+numHits);
    //获取具体内容
    SearchHit[] searchHits = hits.getHits();
    //迭代解析具体内容
    for (SearchHit hit : searchHits) {
        String sourceAsString = hit.getSourceAsString();
        System.out.println(sourceAsString);
    }

    //关闭连接
    client.close();

    }
}
```

2. 指定过滤条件

在使用 Search 查询数据时,可以根据需求指定过滤条件,实现自定义多条件组合查询。核心代码如下:

```
//指定查询条件
SearchSourceBuilder searchSourceBuilder = new SearchSourceBuilder();
//查询所有,可以不指定,默认是查询索引库中的所有数据
searchSourceBuilder.query(QueryBuilders.matchAllQuery());
//对指定字段的值进行过滤,注意:在查询数据时会对数据进行分词
//如果指定了多个query,则后面的query会覆盖前面的query
//对字符串类型内容的查询,不支持通配符
```

```java
searchSourceBuilder.query(QueryBuilders.matchQuery("name","tom"));
searchSourceBuilder.query(QueryBuilders.matchQuery("age","17"));  //对于age的
值,这里可以指定为字符串或者数字
//对于字符串类型内容的查询,支持通配符,但是性能较差,可以认为是全表扫描
searchSourceBuilder.query(QueryBuilders.wildcardQuery("name","t*"));
//区间查询,主要针对数据类型,可以使用from+to 或者gt、gte+lt、lte
searchSourceBuilder.query(QueryBuilders.rangeQuery("age").from(0).to(20));
searchSourceBuilder.query(QueryBuilders.rangeQuery("age").gte(0).lte(20));
//不限制边界,指定为null即可
searchSourceBuilder.query(QueryBuilders.rangeQuery("age").from(0).to(null));
//同时指定多个条件,条件之间的关系支持and(must)、or(should)
searchSourceBuilder.query(QueryBuilders.boolQuery().should(QueryBuilders.mat
chQuery("name","tom")).should(QueryBuilders.matchQuery("age",19)));
//在多条件组合查询时,可以设置条件的权重值,将满足高权重值条件的数据排到结果列表的前面
searchSourceBuilder.query(QueryBuilders.boolQuery().should(QueryBuilders.mat
chQuery("name","tom").boost(1.0f)).should(QueryBuilders.matchQuery("age",19)
.boost(5.0f)));
//对多个指定字段的值进行过滤,注意:多个字段的数据类型必须一致,否则会报错,如果查询的字段
不存在则不会报错
searchSourceBuilder.query(QueryBuilders.multiMatchQuery("tom","name","tag"));
//这里通过queryStringQuery可以支持Lucene的原生查询语法,更加灵活,注意:AND、OR、TO
之类的关键字必须大写
searchSourceBuilder.query(QueryBuilders.queryStringQuery("name:tom AND
age:[15 TO 30]"));
searchSourceBuilder.query(QueryBuilders.boolQuery().must(QueryBuilders.match
Query("name","tom")).must(QueryBuilders.rangeQuery("age").from(15).to(30)));
//queryStringQuery支持通配符,但是性能也是比较差
searchSourceBuilder.query(QueryBuilders.queryStringQuery("name:t*"));
//精确查询,查询时不分词,在针对人名、手机号、主机名、邮箱号等字段的查询时一般不需要分词
//初始化一条测试数据name=刘德华,默认情况下在建立索引时"刘德华"会被切分为刘、德、华这3
个词
//所以这里精确查询是查不出来的,使用matchQuery是可以查出来的
searchSourceBuilder.query(QueryBuilders.matchQuery("name","刘德华"));
searchSourceBuilder.query(QueryBuilders.termQuery("name","刘德华"));
//正常情况下,"通过termQuery实现精确查询的字段"是不能进行分词的
//但是有时会遇到某个字段已经进行了分词,但还想要实现精确查询
//重新建立索引也无法现实了,怎么办呢?
//可以借助queryStringQuery来解决此问题
searchSourceBuilder.query(QueryBuilders.queryStringQuery("name:\"刘德华\""));
//matchQuery默认会根据分词的结果进行 OR 操作,满足任意一个词语的数据都会被查询出来
searchSourceBuilder.query(QueryBuilders.matchQuery("name","刘德华"));
//如果要对matchQuery的分词结果实现AND操作,则可以通过operator进行设置
//这种方式也可以解决某个字段已经分词建立索引了,后期还想要实现精确查询的问题(间接实现,其
```

实是查询了满足刘、德、华这3个词的内容）
```
searchSourceBuilder.query(QueryBuilders.matchQuery("name","刘德华
").operator(Operator.AND));
```

3. 指定分页条件

Elasticsearch 每次返回的数据默认最多是 10 条（可以认为是一页的数据），这个数据量是可以控制的。核心代码如下：

```
//分页
//设置每页的起始位置，默认是0
searchSourceBuilder.from(0);
//设置每页的数据量，默认是10
searchSourceBuilder.size(10);
```

4. 指定排序条件

Elasticsearch 在返回满足条件的结果之前，可以按照指定的要求对数据进行排序，默认按照搜索条件的匹配度返回数据。核心代码如下：

```
//排序
//按照age字段倒序排序
searchSourceBuilder.sort("age", SortOrder.DESC);
//注意：age字段是数字类型，不需要分词；name字段是字符串类型（Text），默认会被分词，所以
不支持排序和聚合操作
//如果想根据这些会被分词的字段进行排序或者聚合，则需要指定使用它们的keyword类型，这个类型
表示不会对数据分词
searchSourceBuilder.sort("name.keyword", SortOrder.DESC);
//keyword类型的特性其实也适用于精确查询的场景，可以在matchQuery中指定字段的keyword类
型来实现精确查询，不管在建立索引时有没有被分词都不影响使用
searchSourceBuilder.query(QueryBuilders.matchQuery("name.keyword", "刘德华
"));
```

5. 指定高亮条件

对于用户搜索时的关键词，如果匹配到了，则最终在页面展现时会高亮显示，看起来比较清晰。

设置高亮的核心代码如下：

```
//高亮
//设置高亮字段
HighlightBuilder highlightBuilder = new HighlightBuilder()
        .field("name");       //支持多个高亮字段，使用多个field()方法指定即可
//设置高亮字段的前缀和后缀内容
highlightBuilder.preTags("<font color='red'>");
```

```
highlightBuilder.postTags("</font>");
searchSourceBuilder.highlighter(highlightBuilder);
```

解析高亮内容的核心代码如下：

```
//迭代解析具体内容
for (SearchHit hit : searchHits) {
    /*String sourceAsString = hit.getSourceAsString();
    System.out.println(sourceAsString);*/
    Map<String, Object> sourceAsMap = hit.getSourceAsMap();
    String name = sourceAsMap.get("name").toString();
    int age = Integer.parseInt(sourceAsMap.get("age").toString());
    //获取高亮字段的内容
    Map<String, HighlightField> highlightFields = hit.getHighlightFields();
    //获取name字段的高亮内容
    HighlightField highlightField = highlightFields.get("name");
    if(highlightField!=null){
        Text[] fragments = highlightField.getFragments();
        name = "";
        for (Text text : fragments) {
            name += text;
        }
    }
    //获取最终的结果数据
    System.out.println(name+"---"+age);
}
```

7.3.2.5 【实战】Elasticsearch SQL 的使用

对于 Elasticsearch 中的结构化数据，使用 SQL 实现聚合统计会很方便，可以减少很多工作量。Elasticsearch SQL 支持常见的 SQL 语法，包括分组、排序、函数等，但是目前不支持 JOIN 操作。

Elasticsearch SQL 支持 SQL 命令行、REST API、JDBC\ODBC 等方式操作，它们的区别如图 7-26 所示。

图 7-26

1. 在 SQL 命令行中操作 Elasticsearch SQL

```
[es@bigdata01 elasticsearch-7.13.4]$ bin/elasticsearch-sql-cli
http://bigdata01:9200
sql> select * from user;
     age        |     name
----------------+----------------
20              |tom
15              |tom
17              |jack
19              |jess
23              |mick
12              |lili
28              |john
30              |jojo
16              |bubu
21              |pig
19              |mary
60              |刘德华
20              |刘老二
sql> select * from user where age > 20;
     age        |     name
----------------+----------------
     23         |mick
     28         |john
     30         |jojo
     21         |pig
     60         |刘德华
```

如果要实现模糊查询，那使用 SQL 中的 like 是否可行？

```
sql> select * from user where name like '刘华';
     age        |     name
----------------+----------------
sql> select * from user where name like '刘%';
     age        |     name
----------------+----------------
     60         |刘德华
     20         |刘老二
```

like 这种方式其实就是普通的查询，无法实现分词查询。要实现分词查询，则需要使用 match。

```
sql> select * from user where match(name,'刘华');
     age        |     name
----------------+----------------
60              |刘德华
```

```
20              |刘老二
```

要退出 Elasticsearch SQL 命令行，则需要输入 exit。

```
sql> exit;
Bye!
```

2. 通过 REST API 方式操作 Elasticsearch SQL

查询 user 索引库中的数据，根据 age 倒序排序，获取前 5 条数据。

```
[root@bigdata01 ~]# curl -H "Content-Type: application/json" -XPOST
'http://bigdata01:9200/_sql?format=txt' -d'
{
"query":"select * from user order by age desc limit 5"
}
'
      age      |      name
---------------+---------------
60             |刘德华
30             |jojo
28             |john
23             |mick
21             |pig
```

3. 通过 JDBC 方式操作 Elasticsearch SQL。

添加 Elasticsearch sql-jdbc 的依赖。

```
<dependency>
    <groupId>org.elasticsearch.plugin</groupId>
    <artifactId>x-pack-sql-jdbc</artifactId>
    <version>7.13.4</version>
</dependency>
```

操作的核心代码如下：

```
public class EsJdbcOp {
    public static void main(String[] args) throws Exception{
        //指定JDBC URL
        String jdbcUrl = "jdbc:es://http://bigdata01:9200/?timezone=UTC+8";
        Properties properties = new Properties();
        //获取JDBC连接
        Connection conn = DriverManager.getConnection(jdbcUrl, properties);
        Statement stmt = conn.createStatement();
        ResultSet results = stmt.executeQuery("select name,age from user order by age desc limit 5");
        while (results.next()){
```

```
            String name = results.getString(1);
            int age = results.getInt(2);
            System.out.println(name+"--"+age);
        }

        //关闭连接
        stmt.close();
        conn.close();
    }
}
```

Elasticsearch SQL 中 JDBC 这种方式目前无法免费使用，需要购买授权。所以，目前在实际工作中常见的是通过 REST API 这种方式操作 Elasticsearch SQL。

7.4 【实战】基于 Elasticsearch + HBase 构建全文搜索系统

7.4.1 全文搜索系统需求分析

企业有一套爬虫程序，每天都会到互联网上抓取海量的文章数据，对于这些文章数据有以下需求：

- 要实现海量文章数据存储，支持数据更新需求。
- 提供针对海量文章数据的快速复杂查询功能。

能不能直接使用 Elasticsearch 实现海量数据的存储和快速复杂查询呢？

Elasticsearch 最擅长的是快速复杂查询，虽然它支持分布式，也可以存储海量数据，但是这并不是它最擅长的功能，因为数据存储多了之后肯定会影响性能。所以，单纯使用 Elasticsearch 来实现这个需求是不太合适的。

对于海量数据存储可以考虑 HDFS、HBase、Kudu 这几个海量数据存储系统。首先要把 HDFS 排除掉，因为 HDFS 不支持更新操作。剩下的是 HBase 和 Kudu，这两个工具都支持更新操作,但是 Kudu 的随机查询性能不如 HBase,所以对于存储这块考虑使用 HBase。

单纯使用 HBase 也是无法满足需求的，HBase 只有根据 Rowkey 查询效率才高，根据其他字段查询效率是比较差的。

所以，这个需求只使用一个技术组件是无法完美解决的，最好的解决方案是将 HBase 和 Elasticsearch 整合到一起：利用 HBase 适合海量数据存储、Rowkey 查询效率高，以及 Elasticsearch 适合快速复杂查询的特性，如图 7-27 所示。

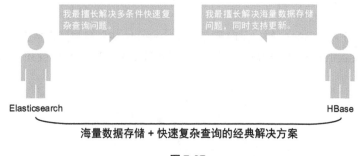

图 7-27

7.4.2 系统架构流程设计

7.4.2.1 整体架构流程设计

全文搜索系统需求的解决方案大致可以划分为数据采集、数据存储、数据索引、数据展现这几个模块，如图 7-28 所示。

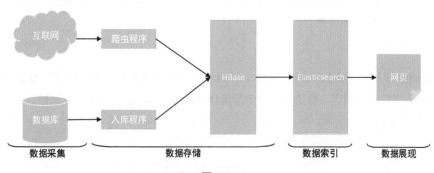

图 7-28

- 数据采集：项目的数据可以是通过爬虫从互联网上采集的数据，也可以是企业数据库中的内部数据。
- 数据存储：根据数据的来源不同，使用不同的程序将数据入库 HBase，实现海量数据存储。
- 数据索引：按照需求在 Elasticsearch 中对 HBase 中数据的部分字段建立索引。
- 数据展现：在页面中提供数据检索效果。

7.4.2.2 Elasticsearch 和 HBase 数据同步的 3 种设计方案

对于图 7-28 所示的架构，在数据索引模块中，如何保证在 Elasticsearch 中同步对 HBase 中的数据建立索引呢？大致有下面这 3 种方案。

方案 1

在将原始数据存入 HBase 时，同时在 Elasticsearch 中对数据建立索引，此时可以把入库 HBase 和 Elasticsearch 的代码放在一个事务中，保证 HBase 和 Elasticsearch 的数据一致性，如图 7-29 所示。

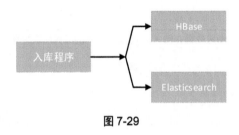

图 7-29

这种方案的优点是：操作方便。

缺点是：入库 HBase 和 Elasticsearch 的代码绑定在一起，耦合性太高。如果 Elasticsearch 出现故障，则会导致入库 HBase 的操作也会失败，或者当 Elasticsearch 集群压力过大时，会导致数据入库 HBase 的效率降低。

方案 2

在将原始数据入库 HBase 时，通过 HBase 中的协处理器实现数据同步。让协处理器监听 HBase 中的新增和删除操作，在协处理器内部操作 Elasticsearch，实现对数据建立索引的功能，如图 7-30 所示。

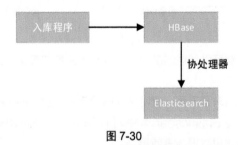

图 7-30

HBase 中的协处理器其实类似于 MySQL 中的触发器。

这种方案的优点是：通过协处理器可以很方便地获取 HBase 中变化的数据。如果入库 HBase

的程序是之前已经开发好的，此时不需要对之前的代码进行任何改动，影响程度比较低。

缺点是：过于依赖 HBase，如果后期要进行 HBase 集群的版本升级，则无法保证协处理器功能的可用性。

方案 3

在将原始数据入库 HBase 时，同时在 Redis 中使用 List 数据类型模拟一个队列，存储数据的 Rowkey。此时，将入库 HBase 和 Redis 的操作放在一个事务中，保证数据的一致性。

然后，通过另外一个同步程序从 Redis 的 List 队列中读取 Rowkey，根据 Rowkey 到 HBase 中获取数据的详细信息。

最后，在 Elasticsearch 中建立索引。此时会将 HBase 中数据的 Rowkey 作为 Elasticsearch 中索引数据的 ID，如图 7-31 所示。

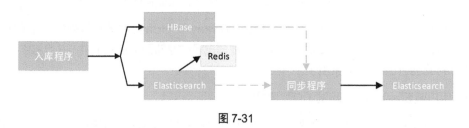

图 7-31

在这个方案中，将入库 HBase 和在 Elasticsearch 中建立索引这两个功能解耦了，是借助中间层的 Redis 来实现的。

这种方案的缺点是：把入库 HBase 和入库 Redis 的功能耦合在一起。但是 Redis 是轻量级的，出现问题的概率比较低，对性能损耗也不高，所以是可以接受的。

此时就算 Elasticsearch 出现问题，只需要在同步程序内部实现正常的异常处理即可，将建立索引失败数据的 Rowkey 重新添加到 Redis 的 List 列表中即可，不会出现 HBase 和 Elasticsearch 数据不一致的问题。

 没有绝对完美的方案，只有最合适的方案。笔者推荐使用方案 3，可控性比较高。

7.4.2.3 底层执行流程

基于 Elasticsearch + HBase 的全文搜索系统，其底层执行流程如图 7-32 所示。

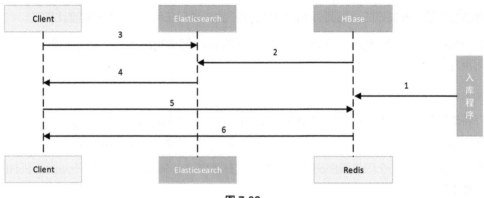

图 7-32

以下的"1"等数字对应图 7-32 中的数字。

（1）入库程序向 HBase 入库数据，同时在 Redis 中存储数据的 Rowkey。

（2）从 Redis 中获取数据的 Rowkey，根据 Rowkey 到 HBase 中查询数据的详细信息，然后在 Elasticsearch 中建立索引。此时，海量文章数据已经被存储到 HBase 中，并且将需要查询的字段在 Elasticsearch 中建立索引了。

（3）用户向 Elasticsearch 发送查询请求。

（4）Elasticsearch 返回符合条件数据的 ID（其实就是 HBase 中数据的 Rowkey）。在这里也可以根据需求额外再返回一些字段信息。

（5）当用户想查看数据完整详细信息时，需要根据 Rowkey 到 HBase 中进行查询。

（6）HBase 给用户返回 Rowkey 对应数据的详细信息。

7.4.3 开发全文搜索系统

7.4.3.1 开发流程分析

这个全文搜索系统主要涉及数据采集、数据存储、数据索引和数据展现这些模块。

数据采集模块主要涉及爬虫工具的开发，在这里就不再扩展了，直接使用接口模拟获取数据。重点实现数据存储和数据索引模块的开发，在数据展现模块中主要实现对接搜索功能的核心代码即可。

通过接口模拟获取的文章数据格式如图 7-33 所示。

图 7-33

大致的开发步骤如下：

（1）调用接口获取数据，并将其导入 HBase 和 Redis（存储 Rowkey）。

（2）通过 Elasticsearch 对 HBase 中的数据建立索引。

（3）对接 Web 项目，在页面中提供全文搜索功能。

7.4.3.2 核心代码实现

1. 调用接口获取数据，将其并导入 HBase 和 Redis

DataImport（数据导入功能）的核心代码如下：

```java
public class DataImport {
    private final static Logger logger =
LoggerFactory.getLogger(DataImport.class);

    public static void main(String[] args) {
        //通过接口获取文章数据
        String dataUrl = "http://data.xuwei.tech/a1/wz1";
        JSONObject paramObj = new JSONObject();
        paramObj.put("num",100);        //数据条数，默认返回 100 条，最多支持返回 1000 条
        JSONObject dataObj = HttpUtil.doPost(dataUrl, paramObj);
        boolean flag = dataObj.containsKey("error");
        if(!flag){
            JSONArray resArr = dataObj.getJSONArray("data");
```

```java
            for(int i=0;i<resArr.size();i++){
                JSONObject jsonObj = resArr.getJSONObject(i);
                //System.out.println(jsonObj.toJSONString());
                //文章ID作为HBase的Rowkey和ES的ID
                String id = jsonObj.getString("id");
                String title = jsonObj.getString("title");
                String author = jsonObj.getString("author");
                String describe = jsonObj.getString("describe");
                String content = jsonObj.getString("content");
                String time = jsonObj.getString("time");
                Jedis jedis = null;
                try{
                    //将数据入库HBase
                    String tableName = "article";
                    String cf = "info";
                    HBaseUtil.put2HBaseCell(tableName,id,cf,"title",title);
                    HBaseUtil.put2HBaseCell(tableName,id,cf,"author",author);
HBaseUtil.put2HBaseCell(tableName,id,cf,"describe",describe);
                    HBaseUtil.put2HBaseCell(tableName,id,cf,"content",content);
                    HBaseUtil.put2HBaseCell(tableName,id,cf,"time",time);
                    //将Rowkey保存到Redis中
                    jedis = RedisUtil.getJedis();
                    jedis.lpush("l_article_ids",id);
                }catch (Exception e){
                    //注意:由于HBase的PUT操作属于幂等操作,多次操作对最终的结果没有影响,所以不需要额外处理
                    logger.error("数据添加失败:"+e.getMessage());
                }finally {
                    //向连接池返回连接
                    if(jedis!=null){
                        RedisUtil.returnResource(jedis);
                    }
                }

            }
        }else{
            logger.error("获取文章数据失败:"+dataObj.toJSONString());
        }
    }
}
```

数据导入代码中用到了这几个工具类:HttpUtil、RedisUtil和HBaseUtil。

HttpUtil 工具类的代码如下:

```java
public class HttpUtil {
    /**
     * POST 请求
     * @param url
     * @param jsonObj
     * @return
     */
    public static JSONObject doPost(String url, JSONObject jsonObj){
        DefaultHttpClient client = new DefaultHttpClient();
        HttpPost post = new HttpPost(url);
        JSONObject response = null;
        try {
            StringEntity s = new StringEntity(jsonObj.toString());
            s.setContentEncoding("UTF-8");
            //发送JSON数据需要设置contentType
            s.setContentType("application/json");
            post.setEntity(s);
            HttpResponse res = client.execute(post);
            if(res.getStatusLine().getStatusCode() == HttpStatus.SC_OK){
                HttpEntity entity = res.getEntity();
                // 返回JSON格式
                String result = EntityUtils.toString(entity);
                response = JSON.parseObject(result);
            }
        } catch (Exception e) {
            throw new RuntimeException(e);
        }finally {
            client.close();
        }
        return response;
    }
}
```

RedisUtil 工具类的代码如下:

```java
public class RedisUtil {
    //私有化构造函数,禁用new()方法
    private RedisUtil(){}

    private static JedisPool jedisPool = null;

    //获取Redis连接
    public static synchronized Jedis getJedis(){
```

```java
        if(jedisPool==null){
            JedisPoolConfig poolConfig = new JedisPoolConfig();
            poolConfig.setMaxIdle(10);
            poolConfig.setMaxTotal(100);
            poolConfig.setMaxWaitMillis(2000);
            poolConfig.setTestOnBorrow(true);
            jedisPool = new JedisPool(poolConfig, "192.168.182.103", 6379);
        }
        return jedisPool.getResource();
    }

    //向连接池返回连接
    public static void returnResource(Jedis jedis){
        jedis.close();
    }
}
```

HBaseUtil 工具类的代码如下:

```java
public class HBaseUtil {
    private HBaseUtil(){}

    private static Connection conn = getConn();

    private static Connection getConn(){
        //获取HBase连接
        Configuration conf = new Configuration();
        //指定HBase使用的Zookeeper地址
        //注意:需要在执行HBase Java代码的机器上配置Zookeeper、HBase集群的主机名和IP地址的映射关系
        conf.set("hbase.zookeeper.quorum","bigdata01:2181");
        //指定HBase在HDFS上的根目录
        conf.set("hbase.rootdir","hdfs://bigdata01:9000/hbase");
        //创建HBase数据库连接
        Connection co = null;
        try{
            co = ConnectionFactory.createConnection(conf);
        }catch (IOException e){
            System.out.println("创建连接失败: "+e.getMessage());
        }
        return co;
    }

    /**
     * 对外提供的方法
```

```
     * @return
     */
    public static Connection getInstance(){
        return conn;
    }

    ...

    /**
     * 添加一个单元格（列）的数据
     * @param tableName
     * @param rowKey
     * @param columnFamily
     * @param column
     * @param value
     * @throws Exception
     */
    public static void put2HBaseCell(String tableName,String rowKey,String columnFamily,String column,String value)throws Exception{
        Table table = conn.getTable(TableName.valueOf(tableName));
        Put put = new Put(Bytes.toBytes(rowKey));
put.addColumn(Bytes.toBytes(columnFamily),Bytes.toBytes(column),Bytes.toBytes(value));
        table.put(put);
        table.close();
    }
    ...
}
```

2. 通过 Elasticsearch 对 HBase 中的数据建立索引

在开发数据索引功能之前，需要先根据需求设计 Elasticsearch 索引库的 setting 和 mapping 信息。

- setting 信息主要包括索引库的分片和副本参数。
- mapping 信息主要包括字段的类型、是否存储、是否建立索引等参数。
  - 字段的类型：根据字段内容的具体类型进行选择，常见的是字符串、数字和日期类型。
  - 是否存储：如果需要从 Elasticsearch 中返回这个字段的内容，则需要存储。
  - 是否建立索引：如果需要在 Elasticsearch 中根据这个字段进行查询，则需要建立索引。

文章数据主要包括文章 ID、标题、作者、描述、正文和时间这些字段。文章数据的核心内容主要在"标题""描述""正文"这 3 个字段中，所以在查询时需要用到这 3 个字段。

在全文搜索系统的列表页面中，需要显示"标题""描述""作者"和"时间"这 4 个字段。具体显示哪些字段，可以根据工作中的具体需求而定，这些字段信息是需要通过 Elasticsearch 直接返回的。

文章 ID 在这里直接作为 Elasticsearch 中数据的 ID。Elasticsearch 中的 ID 是必须要存储和建立索引的。

最终总结一下文章相关字段的属性，见表 7-8。

表 7-8

比较项	是否建立索引	是否存储
文章 ID（id）	是	是
标题（title）	是	是
作者（author）	否	是
描述（describe）	是	是
正文（content）	是	否
时间（time）	否	是

说明如下。

- 文章 ID：需要建立索引并且存储，这是 Elasticsearch 中 ID 字段必须具备的特性。
- 标题：因为查询时会用到，所以需要建立索引；在返回结果列表信息时需要直接从 Elasticsearch 中返回，所以需要存储。
- 作者：查询时用不到，所以不需要建立索引。但是需要在返回结果列表信息时一起返回，所以需要存储。
- 描述：查询时会用到，返回的结果列表信息中也要有这个字段的内容，所以需要建立索引并且存储。
- 正文：查询时会用到，所以需要建立索引。但是在返回结果列表信息时不需要返回这个字段，所以不需要存储。其实还有一个很重要的原因：这个字段的内容太长了，如果在 Elasticsearch 中存储会额外占用很多的存储空间，最终影响 Elasticsearch 的性能。
- 时间：查询时用不到，所以不需要建立索引。但是需要在返回结果列表信息时一起返回，所以需要存储。

根据前面的分析，在 bigdata01 节点的 "/data/soft/elasticsearch-7.13.4" 目录下创建一个文件 article.json。在该文件中指定索引库的 setting 和 mapping 信息，文件内容如下：

```
[root@bigdata01 elasticsearch-7.13.4]# vi article.json
{
        "settings":{
                "number_of_shards":5,
```

```
                "number_of_replicas":1
        },
        "mappings":{
                "dynamic":"strict",
                "_source":{"excludes":["content"]},
                "properties":{
                        "title":{"type":"text","analyzer":"ik_max_word"},
                        "author":{"type":"text","index":false},
                        "describe":{"type":"text","analyzer":"ik_max_word"},
                        "content":{"type":"text","analyzer":"ik_max_word"},
                        "time":{"type":"date","index":false,"format":"yyyy-MM-dd HH:mm:ss"}
                }
        }
}
```

说明如下。

- dynamic：此参数有 4 个选项值。
- true：默认值，表示开启动态映射，此时 Elasticsearch 会自定识别字段的数据类型。
- false：忽略在 mapping 中没有定义的字段。
- strict：在遇到在 mapping 中没有指定的未知字段时抛出异常。
- runtime：在遇到在 mapping 中没有指定的未知字段时，将它作为运行时字段。运行时字段是在 Elasticsearch 7.11 版本中增加的。运行时字段不会被索引，但是可以从_source 中获取运行时字段的内容。所以，运行时字段可以适合公共字段已知且想兼容未知扩展字段的场景。
- _source：Elasticsearch 中的特殊字段，默认会存储 Elasticsearch 中所有字段的内容。由于 content 字段不需要从 Elasticsearch 中返回，所以通过 excludes 参数将 content 字段排除掉，不在_source 中存储 content 字段的内容。
- index：是否在 Elasticsearch 中建立索引，默认为 true。如果此参数的值是 true，则在 mapping 中可以省略不写。
- analyzer：对于需要建立索引的字段指定分词器。这里使用 IK 分词器。
- store：是否在 Elasticsearch 中存储，默认为 false。如果此参数的值为 false，则在 mapping 中可以省略不写。因为所有的字段的内容都会在_source 字段中存储，所以就不需要再单独存储每个字段的内容了，否则会造成重复存储。

DataIndex（数据索引功能）的核心代码如下：

```
public class DataIndex {
    private final static Logger logger = LoggerFactory.getLogger(DataIndex.class);
```

```java
    public static void main(String[] args) {
        List<String> rowKeyList = null;
        Jedis jedis = null;
        try {
            //1. 首先从Redis的列表中获取Rowkey
            jedis = RedisUtil.getJedis();
            //如果brpop获取到了数据,则返回的List中有两列,第1列是key的名称,第2列是具体的数据
            rowKeyList = jedis.brpop(3, "l_article_ids");
            while (rowKeyList != null) {
                String rowKey = rowKeyList.get(1);
                //2. 根据Rowkey到HBase中获取数据的详细信息
                Map<String, String> map = HBaseUtil.getFromHBase("article", rowKey);
                //3. 在ES中对数据建立索引
                EsUtil.addIndex("article",rowKey,map);

                //循环从Redis的列表中获取Rowkey
                rowKeyList = jedis.brpop(3, "l_article_ids");
            }
        }catch (Exception e){
            logger.error("数据建立索引失败:"+e.getMessage());
            //这里可以考虑把获取出来的RowKey再push到Redis中,这样可以保证数据不丢失
            if(rowKeyList!=null){
                jedis.rpush("l_article_ids",rowKeyList.get(1));
            }
        }finally {
            //向连接池返回连接
            if(jedis!=null){
                RedisUtil.returnResource(jedis);
            }
            //注意:应确认ES连接不再使用了再关闭连接,否则会导致Client无法继续使用
            try{
                EsUtil.closeRestClient();
            }catch (Exception e){
                logger.error("ES连接关闭失败:"+e.getMessage());
            }
        }
    }
}
```

在数据索引代码中用到了EsUtil工具类,代码如下:

```java
public class EsUtil {
    private EsUtil(){}
```

```java
private static RestHighLevelClient client;
static{
    //获取RestClient连接
    //注意：高级别客户端其实是对低级别客户端的代码进行了封装，所以连接池使用的是低级别客户端中的连接池
    client = new RestHighLevelClient(
            RestClient.builder(
                    new HttpHost("bigdata01",9200,"http"),
                    new HttpHost("bigdata01",9200,"http"),
                    new HttpHost("bigdata01",9200,"http"))
                    .setHttpClientConfigCallback(new RestClientBuilder.HttpClientConfigCallback() {
                        public HttpAsyncClientBuilder customizeHttpClient(HttpAsyncClientBuilder httpClientBuilder) {
                            return httpClientBuilder.setDefaultIOReactorConfig(
                                    IOReactorConfig.custom()
                                            //设置线程池中线程的数量，默认是1个，建议设置为和客户端机器可用CPU数量一致
                                            .setIoThreadCount(1)
                                            .build());
                        }
                    }));
}

/**
 * 获取客户端
 * @return
 */
public static RestHighLevelClient getRestClient(){
    return client;
}

/**
 * 关闭客户端
 * 注意：在调用高级别客户单的close()方法时，会将低级别客户端创建的连接池整个关闭，最终导致Client无法继续使用
 * 所以正常是用不到这个close()方法的，只有在程序结束时才需要调用它
 * @throws IOException
 */
public static void closeRestClient()throws IOException {
    client.close();
}
```

```java
/**
 * 建立索引
 * @param index
 * @param id
 * @param map
 * @throws IOException
 */
public static void addIndex(String index, String id, Map<String,String> map)throws IOException{
    IndexRequest request = new IndexRequest(index);
    request.id(id);
    request.source(map);
    //执行
    client.index(request, RequestOptions.DEFAULT);
}
```

3. 对接 Web 项目，提供页面搜索功能

在对接 Web 项目时，最核心的就是实现页面中全文搜索功能对应的后台代码。

在 EsUtil 工具类中增加 search() 方法，核心代码如下：

```java
/**
 * 全文搜索功能
 * @param key
 * @param index
 * @param start
 * @param row
 * @return
 * @throws IOException
 */
public static Map<String, Object> search(String key, String index, int start, int row) throws IOException {
    SearchRequest searchRequest = new SearchRequest();
    //指定索引库,支持指定一个或者多个,也支持通配符
    searchRequest.indices(index);

    //指定searchType
    searchRequest.searchType(SearchType.DFS_QUERY_THEN_FETCH);

    //组装查询条件
    SearchSourceBuilder searchSourceBuilder = new SearchSourceBuilder();
    //如果传递了搜索参数,则拼接查询条件
    if(StringUtils.isNotBlank(key)){
```

```java
searchSourceBuilder.query(QueryBuilders.multiMatchQuery(key,"title","describe","content"));
    }
    //分页
    searchSourceBuilder.from(start);
    searchSourceBuilder.size(row);

    //高亮
    //设置高亮字段
    HighlightBuilder highlightBuilder = new HighlightBuilder()
            .field("title")
            .field("describe");           //支持多个高亮字段
    //设置高亮字段的前缀和后缀内容
    highlightBuilder.preTags("<font color='red'>");
    highlightBuilder.postTags("</font>");
    searchSourceBuilder.highlighter(highlightBuilder);

    //指定查询条件
    searchRequest.source(searchSourceBuilder);

    //执行查询操作
    SearchResponse searchResponse = client.search(searchRequest, RequestOptions.DEFAULT);
    //存储返回给页面的数据
    Map<String, Object> map = new HashMap<String, Object>();
    //获取查询返回的结果
    SearchHits hits = searchResponse.getHits();
    //获取数据总量
    long numHits = hits.getTotalHits().value;
    map.put("count",numHits);
    ArrayList<Article> arrayList = new ArrayList<>();
    //获取具体内容
    SearchHit[] searchHits = hits.getHits();
    //迭代解析具体内容
    for (SearchHit hit: searchHits) {
        Map<String, Object> sourceAsMap = hit.getSourceAsMap();
        String id = hit.getId();
        String title = sourceAsMap.get("title").toString();
        String author = sourceAsMap.get("author").toString();
        String describe = sourceAsMap.get("describe").toString();
        String time = sourceAsMap.get("time").toString();

        //获取高亮字段的内容
```

```java
        Map<String, HighlightField> highlightFields = hit.getHighlightFields();
        //获取title字段的高亮内容
        HighlightField highlightField = highlightFields.get("title");
        if(highlightField!=null){
            Text[] fragments = highlightField.getFragments();
            title = "";
            for (Text text : fragments) {
                title += text;
            }
        }
        //获取describe字段的高亮内容
        HighlightField highlightField2 = highlightFields.get("describe");
        if(highlightField2!=null){
            Text[] fragments = highlightField2.fragments();
            describe = "";
            for (Text text : fragments) {
                describe += text;
            }
        }
        //把文章信息封装到Article对象中
        Article article = new Article();
        article.setId(id);
        article.setTitle(title);
        article.setAuthor(author);
        article.setDescribe(describe);
        article.setTime(time);
        //把拼装好的article添加到List对象中汇总
        arrayList.add(article);
    }
    map.put("dataList",arrayList);
    return map;
}
```

7.4.3.3 运行项目

在运行项目之前，需要首先确保 Hadoop、Zookeeper、HBase、Redis、Elasticsearch 这些服务都是正常运行的。

（1）在 HBase 中创建表 article。

```
hbase(main):001:0> create 'article','info'
```

（2）在 Elasticsearch 中创建索引库 article。

使用在 article.json 文件中指定的 setting 和 mapping 配置信息。

```
[root@bigdata01 elasticsearch-7.13.4]# curl -H "Content-Type: application/json"
-XPUT 'http://bigdata01:9200/article' -d @article.json
```

确认索引库 article 的 mapping 信息。

```
[root@bigdata01 elasticsearch-7.13.4]# curl -XGET
'http://bigdata01:9200/article/_mapping?pretty'
{
  "article" : {
    "mappings" : {
      "dynamic" : "strict",
      "_source" : {
        "excludes" : [
          "content"
        ]
      },
      "properties" : {
        "author" : {
          "type" : "text",
          "index" : false
        },
        "content" : {
          "type" : "text",
          "analyzer" : "ik_max_word"
        },
        "describe" : {
          "type" : "text",
          "analyzer" : "ik_max_word"
        },
        "time" : {
          "type" : "date",
          "index" : false,
          "format" : "yyyy-MM-dd HH:mm:ss"
        },
        "title" : {
          "type" : "text",
          "analyzer" : "ik_max_word"
        }
      }
    }
  }
}
```

需要确认在 Elasticsearch 集群中已经集成了 IK 分词器,否则执行时会报错。

(3)执行 DataImport 数据导入代码,将数据导入 HBase 和 Redis。

在 HBase 中验证导入的数据。

```
hbase(main):003:0> count 'article'
100 row(s)
Took 0.2357 seconds
=> 100
```

在 Redis 中验证导入的数据。

```
[root@bigdata04 redis-5.0.9]# redis-cli
127.0.0.1:6379> lrange l_article_ids 0 -1
  1) "0e52f3fb-50a7-43e6-ba1a-8f862464436e"
  2) "0e0fbb25-421c-4419-9ccc-bbfcd7bc783f"
  3) "0e0cbf00-d63c-4c1f-aa2e-9f96a5826029"
  4) "0ddaccc1-af4c-47b1-b526-5a32b2d68aa5"
  5) "0db74ee1-6243-4c3e-ba01-2eacba76188d"
...
```

(4)执行 DataIndex 数据索引代码,在 Elasticsearch 中建立索引。

在 Elasticsearch 中验证数据。

```
[root@bigdata01 ~]# curl -XGET 'http://bigdata01:9200/article/_search?pretty'
{
  "took" : 393,
  "timed_out" : false,
  "_shards" : {
    "total" : 5,
    "successful" : 5,
    "skipped" : 0,
    "failed" : 0
  },
  "hits" : {
    "total" : {
      "value" : 100,
      "relation" : "eq"
```

```
    },
    "max_score" : 1.0,
    "hits" : [
      {
        "_index" : "article",
        "_type" : "_doc",
        "_id" : "01476c80-aa75-46ed-b912-cad708cfb6da",
        "_score" : 1.0,
        "_source" : {
          "author" : "腾讯新闻",
          "describe" : "中国大兴安岭发现距今万年半石化猛犸象牙2009年11月15日08:45
我要评论(0)    新华网哈尔滨11月15日电（记者李建平马迪）位于中国东北地区的黑龙江省大兴安
岭呼玛县，在全国第三次文物普查中发现一个距今万年之久的猛犸象半石化象牙。   据介绍，此象牙为
白色，残存长1.27米，最粗处直径达15厘米。由于年代久远，边缘有断裂迹象，颇像一根枯木。   据
猛犸象牙发现者介绍，象牙是在呼玛县呼荣堤坝东50米地表处被发现的，普查小组在发现地进行了实地
考察，并绘制了地图、圈定了遗址面积。   距今20万年至1万年前，中国东北地区生活着一个以猛犸
象和披毛犀为代表的古动物群，1万多年前猛犸象在地球上灭绝。",
          "time" : "2021-10-17 11:13:19",
          "title" : "中国大兴安岭发现距今万年半石化猛犸象牙"
        }
      },
      {
        "_index" : "article",
        "_type" : "_doc",
        "_id" : "01f80b6f-ef70-4cf3-af3c-0c39cc1ca6df",
        "_score" : 1.0,
        "_source" : {
          "author" : "腾讯新闻",
          "describe" : "上海援建都江堰10万亩农业集聚区初步建成2009年11月16日08:25
我要评论(0)    新华网成都11月15日专电（记者许茹）近日，由上海援建都江堰的10万亩农业集聚
区初步建成，粮食、花卉、盆景将全部用科学的技术栽种，这将惠及都江堰19余万农业人口。   上海
援建都江堰指挥部施忠表示，10万亩现代农业集聚区覆盖12个乡镇、60%的耕地和44%的农民，农业
集聚区的建成会帮助都江堰形成一、三产业互动发展的趋势，不仅有种植、加工产业，还会发展旅游和生
态产业。   目前，上海援建都江堰第三、第四批项目正在实施中，其中包括10万平方米标准厂房创业
就业基地，以及1.5平方公里都江堰"壹街区"等。9月，上海还",
          "time" : "2021-10-17 11:13:19",
          "title" : "上海援建都江堰10万亩农业集聚区初步建成"
        }
      }
```

```
...
      }
    ]
  }
}
```

重点关注 _source 字段中是否包含 content 字段,如果包含此字段的内容则说明前面的 mapping 配置有问题,如果不包含此字段的内容则说明是正确的。

(5)对接 Web 项目,查看页面效果。

第 8 章 分布式任务调度系统

8.1 任务调度系统的作用

随着企业中计算需求的极速增加，离线任务的数量越来越多，每天凌晨需要运行上千个离线任务。这些任务不能同时执行，因为可能会导致集群资源瞬间占满，进而影响线上任务的稳定性。

其实这些离线任务只要能在每天早上上班之前执行完毕，不耽误用户查看报表即可。所以，我们可以在凌晨 0 点~8 点运行这些任务。其中有一些任务之间是有依赖关系的，需要保证任务的执行顺序——前面的任务执行成功后再执行后面的任务。如果任务执行失败，则需要及时向管理员发送告警信息。这些工作依靠人工来完成是不现实的，此时需要一个通用的任务调度系统。

一个合格的任务调度系统至少需要具备以下功能：

- 定时调度任务。
- 给任务设置依赖关系。
- 任务失败自动告警。

8.2 传统任务调度系统 Crontab 的痛点

对于企业中的 MapReduce、Hive、Spark 等离线计算任务，如果任务数量比较少，且任务之间没有复杂的依赖关系，则使用 Linux 中的 Crontab 任务调度系统是完全可以满足需求的。

但在实际工作中会遇到类似这样的场景：有一个比较复杂的大任务，该大任务是由 A、B、C、D 四个子任务组成的。子任务 A 和子任务 B 是并行的，没有依赖关系。子任务 C 需要依赖子任务 A 和子任务 B 的结果进行关联计算。子任务 D 需要依赖子任务 C 的结果进行计算。整个执行过程其实类似于一个有向无环图（DAG），如图 8-1 所示。

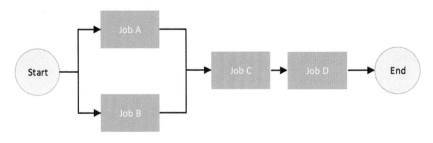

图 8-1

此时，使用 Crontab 就不好实现了，因为此时无法明确知道子任务 A 和子任务 B 需要多长时间能够执行结束。如果固定设置在 1 个小时之后执行子任务 C，则正常情况下是没有问题的。但如果遇到集群资源不足或者其他异常情况——子任务 A 和子任务 B 执行延迟或者变慢了，则最终可能会导致在子任务 C 执行时子任务 A 和子任务 B 还没有执行结束。

如要使用 Crontab 解决这个问题，则需要开发一个 Shell 脚本，将所有子任务的调度放到该 Shell 脚本中，并且在该脚本中增加一定的逻辑判断，判断上一个任务执行成功之后再执行下一个任务。但是在工作中类似这样的需求太多了，每次实现这个逻辑会非常麻烦，并且也不便于后期管理和维护。

如果任务数量比较多，且很多任务之间具有依赖关系，则使用 Crontab 会存在以下问题：

- Crontab 没有提供 Web 管理界面，需要基于 Linux 命令进行管理和维护，如果后期需要排查某个任务的执行情况则非常麻烦。
- Crontab 没有提供自动告警机制，需要用户自己在任务中实现告警。
- Crontab 存在单点故障问题：如果当前机器宕机了，则会导致当前机器上的所有定时任务都无法正常执行。
- Crontab 无法设置任务之间的依赖关系，需要用户自己控制。

8.3 分布式任务调度系统原理与架构分析

在大数据生态圈中，目前常见的分布式任务调度系统包括 Azkaban、Oozie 和 DolphinScheduler。它们都可以提供定时调度任务、支持给任务设置依赖关系、提供 Web 管理界面等。

8.3.1 常见的分布式任务调度系统

Azkaban、Oozie 和 DolphinScheduler 虽然都可以实现分布式任务调度，但是它们还是有一些区别的，见表 8-1。

表 8-1

比较项	Azkaban	Oozie	DolphinScheduler
任务类型	Shell 脚本及大数据任务	Shell 脚本及大数据任务	Shell 脚本及大数据任务
任务配置	通过自定义 DSL 语法配置	通过 XML 文件配置	通过页面拖拽方式配置
任务暂停	不支持	支持	支持
高可用（HA）	通过 DB 支持 HA	通过 DB 支持 HA	支持 HA（多 Master 和多 Worker）
多租户	不支持	不支持	支持
邮件告警	支持	支持	支持
权限控制	粗粒度支持	粗粒度支持	细粒度支持
成熟度	高	高	中
易用性	高	中	高
所属公司	LinkedIn	Cloudeara	中国易观

说明如下。

- 任务类型：Azkaban、Oozie 和 DolphinScheduler 都可以支持传统的 Shell 任务，以及大数据任务，包括 MapReduce、Hive、Sqoop、Spark 等。
- 任务配置：Azkaban 中任务的配置需要自定义 DSL 语法，这有点类似于 Properties 配置文件（先通过 Key-Value 的形式定义具体的任务，以及任务之间的依赖关系；然后将配置好的文件压缩成 Zip 包上传到 Azkaban 平台中；最后在 Azkaban 平台中配置任务触发时间）。Oozie 中的任务配置是通过 XML 文件进行的，直接在 XML 文件中指定具体的任务、任务之间的依赖关系和任务触发时间。DolphinScheduler 中的任务配置是比较简单的：直接在可视化页面中通过拖拽的方式配置任务相关信息。
- 任务暂停：Azkaban 中的任务一旦启动，则不能暂定，只能停止这个任务流再重新执行。Oozie 和 DolphinScheduler 支持任务暂停功能。
- 高可用：Azkaban 中包括 Web Server 和 Executor Server。其中，Executor Server 可以有多个，Web Server 只有一个。Web Server 主要提供 Web 页面服务，存在单点故障。Executor Server 主要负责执行任务，通过底层 DB 实现数据共享，可以支持 HA。Oozie 也是通过底层 DB 支持 HA。DolphinScheduler 通过多个 Master 和多个 Worker 可以支持 HA。
- 多租户：Azkaban 和 Oozie 不支持多租户，DolphinScheduler 支持多租户。
- 邮件告警：Azkaban、Oozie 和 DolphinScheduler 都可以提供任务失败时通过邮件告警，如果有更多告警需求，则可以支持二次开发。
- 权限控制：Azkaban 和 Oozie 只提供了粗粒度的权限控制，可以支持"用户""用户组"级别的访问权限控制。DolphinScheduler 提供了细粒度的权限控制，可以进行"资源""项目""数据源"级别的访问权限控制。
- 成熟度：Azkaban 和 Oozie 已经在企业中广泛应用很长时间了，DolphinScheduler 是在 2021 年才正式开源的，所以目前 Azkaban 和 Oozie 的成熟度要高于 DolphinScheduler。
- 易用性：Azkaban 的任务配置相对来说是比较简单的——只需要定义简单的 Properties 配置文件即可。Oozie 的任务配置需要编写 XML 文件，支持的功能比较完善，但是配置过程比较复杂。DolphinScheduler 的任务配置是基于页面的，也比较简单。
- 所属公司：Azkaban 是 LinkedIn 公司开源的。Oozie 是 Cloudeara 公司贡献给 Apache 的开源顶级项目。DolphinScheduler 是中国易观公司贡献给 Apache 的开源顶级项目。相对而言，DolphinScheduler 更加符合中国人的使用习惯。

在企业中进行分布式任务调度系统技术选型时，在基础核心功能区别不大的情况下，企业一般会重点考虑组件的成熟度和易用性这两个因素。

对于 Azkaban、Oozie 和 DolphinScheduler，应该如何选择呢？如图 8-2 所示。

图 8-2

8.3.2　Azkaban 的原理及架构分析

Azkaban 是由 LinkedIn 开源的一个批量工作流任务调度器，用于在一个工作流内以一个特定的顺序运行一组工作和流程。

1. 原理分析

Azkaban 定义了一种 Key-Value 格式来建立任务之间的依赖关系，并提供一个易于使用的 Web 用户界面维护和跟踪工作流，如图 8-3 所示。

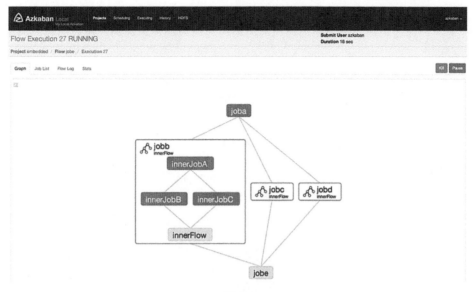

图 8-3

Azkaban 凭借着轻量级、简单易用等特性，在分布式任务调度系统领域占据了一定的地位。其主要具备以下特点：

- 基于 Web 的友好易用界面。
- 支持工作流调度。
- 支持模块化和插件化。
- 支持认证和授权。
- 提供了分布式多执行器。
- 支持邮件告警机制。
- 提供了任务失败自动重试机制。

2. 架构分析

（1）核心架构。

Azkaban 主要由 3 个核心组件组成，如图 8-4 所示。

- Web Server：提供了 Web 界面，是 Azkaban 的主要管理者，包括项目的管理、认证、调度，以及对工作流执行过程的监控。
- Executor Server：负责调度工作流和任务，记录工作流和任务的运行日志。
- 关系型数据库(MySQL)：Azkaban 使用 MySQL 来存储任务和执行信息，Web Server 和 Executor Server 在运行期间需要访问 MySQL。

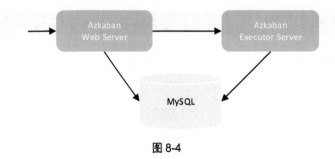

图 8-4

（2）运行模式。

Azkaban 主要支持 3 种运行模式，如图 8-5 所示。

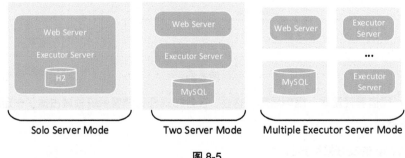

图 8-5

- Solo Server Mode。

这种模式属于单机模式，主要有以下 3 个优点。

①易于安装：无须安装 MySQL 数据库，内置 H2 数据库作为主要的持久存储。

②易于启动：Web Server 和 Executor Server 都在同一个进程中运行。

③全功能：包含所有 Azkaban 的功能，在使用层面没有区别。

但是这种模式也有缺点——存在单点故障问题。如果任务量不大，对稳定性要求不是特别高，则可以使用这种模式。

- Two Server Mode。

这种模式的存储系统使用的是 MySQL，Web Server 和 Executor Server 运行在不同的进程中。由于 Executor Server 只有一个，所以这种模式依然会存在单点故障。

- Multiple Executor Server Mode。

这种模式的存储系统使用的是 MySQL，Web Server 和 Executor Server 运行在不同服务器中，并且 Executor Server 会有多个，这样可以解决单点故障。

这种模式中 Web Server 只有一个,如果出现故障,不会影响已有任务的执行,只是不能通过 Web 界面新增任务,以及查看任务信息。

对于这 3 种运行模式,在实际工作中应该如何选择呢?如图 8-6 所示。

图 8-6

8.3.3　Oozie 的原理及架构分析

Oozie 是由 Cloudera 公司贡献给 Apache 的基于工作流引擎的开源框架,主要用于 Hadoop 平台的开源工作流调度。

1. 原理分析

Oozie 主要由 Oozie Client 和 Oozie Server 这两个组件构成。

- Oozie Client 负责提交任务。
- Oozie Server 运行于 Java Servlet 容器(Tomcat)中的 Web 程序,其页面效果如图 8-7 所示。

图 8-7

Oozie 默认集成在 CDH 大数据平台中,如果企业中的大数据平台是使用 CDH 搭建的,那么在选择调度任务时使用 Oozie 会比较顺手。Oozie 凭借着这个特性,在大数据中的分布式任务调度领域占据了一定的地位,其主要具备以下特点:

(1)提供了 Web 界面。

(2)支持不同任务类型的 Hadoop 任务,例如:MapReduce、Hive、Sqoop 等。

(3)支持特殊类型的作业，例如：Java 程序、Shell 脚本等。

(4)复杂的依赖关系、事件触发和时间触发、使用 XML 语言进行表达。

(5)程序定义支持 EL 常量和函数，表达更加丰富。

Oozie 提供了 HPDL（Hadoop Process Defination Language）来构造工作流。工作流操作通过远程系统启动任务。当任务完成后，远程系统会进行回调来通知任务已经结束，然后开始下一个操作。

Oozie 工作流中主要包含控制流节点和操作节点。

- 控制流节点：定义工作流的开始和结束，并且控制工作流的执行路径。
- 操作节点：负责工作流触发计算任务的执行。

以 MapReduce 离线计算框架中的单词计数功能为例，如果使用 Oozie 进行调度，则执行流程如图 8-8 所示。

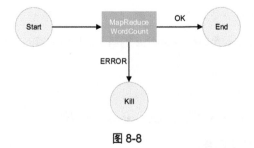

图 8-8

Oozie 以 Action 为基本任务单位，每个 Action 都是一个单独的任务，可以将多个 Action 构成一个 DAG 图（有向无环图）模式进行运行，实现多级依赖任务的调度。

Oozie 可以用 Fork 和 Join 节点进行多任务并行处理，同时 Fork 和 Join 节点必须同时出现，缺一不可。Fork 节点可以把任务切分成多个并行任务，Join 节点则会合并多个并行任务，执行流程如图 8-9 所示。

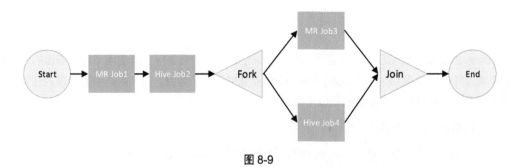

图 8-9

2. 架构分析

Oozie Server 主要由 3 大核心组件组成：Workflow、Coordinator 和 Bundle。其中，Workflow 是最基本服务组件。

这 3 大核心组件的关系是：Bundle 包含多个 Coordinator，每个 Coordinator 包含一个 Workflow，Workflow 定义具体的 Action 动作。它们的关系如图 8-10 所示。

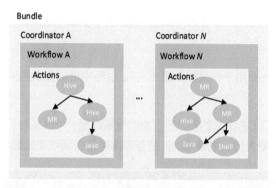

图 8-10

- Workflow：用于定义和执行一个特定顺序的工作流任务。
- Coordinator：属于 Workflow 的协调器，按照指定频率周期性地触发 Workflow 的执行。
- Bundle：主要负责管理 Coordinator。

Oozie 的整体架构需要依赖这 3 大核心组件，如图 8-11 所示。

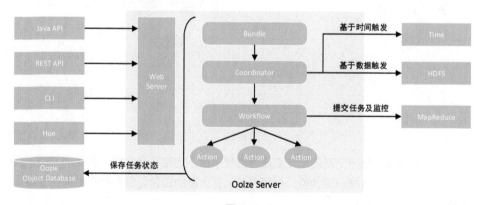

图 8-11

- Oozie 支持用 Java API、REST API、CLI、Hue 等方式提交工作流任务，产生的数据保存在 Oozie Object Database 中。
- Coordinator 协调器能够监控基于时间的触发器，以及 HDFS 上基于数据的触发器。

- Workflow 负责提交具体任务,以及监控任务的运行状态。

8.3.4 DolphinScheduler 的原理及架构分析

DolphinScheduler(原 EasyScheduler)是由中国易观公司开源的一款分布式、去中心化、易扩展的可视化 DAG 工作流任务调度平台。该平台致力于解决数据处理流程中错综复杂的依赖关系,使调度系统在数据处理流程中"开箱即用"。

DolphinScheduler 于 2021 年 3 月 18 日正式成为 Apache 顶级项目,中文名为"海豚调度"。

1. 原理分析

DolphinScheduler 主要用于解决数据研发 ETL 过程中错综复杂的依赖关系、不能直观监控任务健康状态等问题。

DolphinScheduler 以 DAG 流的方式将 Task 组装起来,可以实时监控任务的运行状态,同时支持重试、从指定节点恢复失败、暂停及 Kill 任务等操作,页面效果如图 8-12 所示。

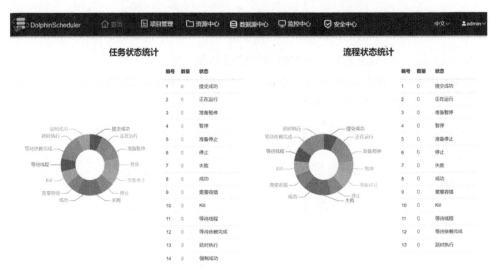

图 8-12

DolphinScheduler 是一个新的工作流任务调度平台,比较符合中国人的使用习惯,目前在分布式任务调度系统领域也占据一定地位,在国内已经有大量的知名企业和科研机构在使用。它主要具备以下特点。

- 高可靠性:去中心化的多 Master 和多 Worker 服务对等架构,避免单 Master 压力过大,另外采用任务缓冲队列来避免过载。
- 简单易用:提供了 DAG 监控界面,所有流程的定义都是可视化的,通过拖拽任务来定制

DAG，通过 API 方式与第三方系统集成，支持一键部署。
- 丰富的使用场景：支持多租户，支持暂停恢复操作。紧密贴合大数据生态，支持 Spark、Hive、MR、Python、Sub_process、Shell 等近 20 种任务类型。
- 高扩展性：支持自定义任务类型，调度器使用分布式调度，调度能力随集群线性增长，Master 和 Worker 支持动态上下线。

2. 架构分析

（1）核心架构。

DolphinScheduler 的核心架构主要由 MasterServer、WorkerServer、Registry、Alert、API 和 UI 这些组件组成，如图 8-13 所示。

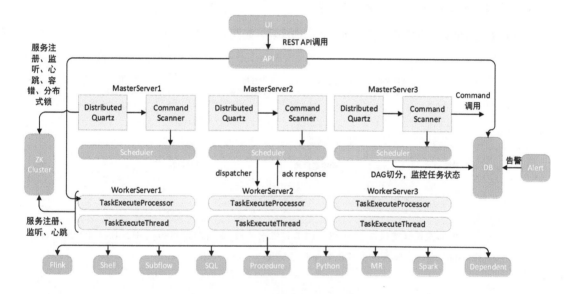

图 8-13

- MasterServer：采用分布式无中心设计理念，主要负责 DAG 任务切分、任务提交监控，并监听其他 MasterServer 和 WorkerServer 的健康状态。
- WorkerServer：也采用分布式无中心设计理念，支持自定义任务插件，主要负责任务的执行和提供日志服务。
- Registry：注册中心，使用插件化实现，默认支持 Zookeeper。系统中的 MasterServer 和 WorkerServer 通过注册中心进行集群管理和容错。另外，系统还基于注册中心提供事件监听和分布式锁。
- Alert：提供告警相关功能，仅支持单机服务，支持自定义告警插件。

- API：主要负责处理前端 UI 层的请求，该服务通过 REST API 统一对外提供请求服务。
- UI：提供系统的各种可视化操作界面。

（2）运行模式。

DolphinScheduler 主要支持以下 3 种运行模式。

- 单机模式（Standalone）：不需要额外部署第三方依赖组件，直接运行即可，内置支持 H2 Database 和 Zookeeper Testing Server。
- 伪集群模式（Pseudo-Cluster）：需要依赖数据库（PostgreSQL 或 MySQL）和注册中心（ZooKeeper）环境。
- 集群模式（Cluster）：基础依赖环境同伪集群模式，唯一的区别是伪集群模式针对的是一台机器，而集群模式针对的是多台机器。

对于这 3 种模式，在实际工作中应该如何选择呢？如图 8-14 所示。

图 8-14

单机模式仅建议在 20 个以下的工作流中使用，因为其采用的是 H2 数据库、Zookeeper Testing Server，任务过多可能会导致不稳定。

8.4 Azkaban 快速上手

8.4.1 安装 Azkaban

安装 Azkaban 相对来说会比较麻烦，因为官方没有直接提供二进制安装包，只提供了源码包。

要安装 Azkaban，需要先到官网下载源码，然后在 Linux 环境中进行编译。整个编译过程非常慢，因为在编译时需要连接到国外网站下载第三方依赖包。

在本书配套资源包中提供了一个编译好的 Azkaban 二进制安装包。为了简化 Azakan 的安装过程，建议在学习阶段使用 Azkaban 的 Solo 模式即可。

(1)将编译好的 azkaban-solo-server-0.1.0-SNAPSHOT.tar.gz 安装包上传到 bigdata04 的"/data/soft"目录下。

```
[root@bigdata04 soft]# ll azkaban-solo-server-0.1.0-SNAPSHOT.tar.gz
-rw-r--r--. 1 root root 23761074 Aug 28  2019
azkaban-solo-server-0.1.0-SNAPSHOT.tar.gz
```

(2)解压缩 Azkaban 安装包。

```
[root@bigdata04 soft]# tar -zxvf azkaban-solo-server-0.1.0-SNAPSHOT.tar.gz
```

(3)修改 Azkaban 的时区。

bigdata04 机器在创建时已经将时区指定为上海时区,此时需要保证 Azkaban 的时区和 bigdata04 机器的时区是一致的。

```
[root@bigdata04 azkaban-solo-server-0.1.0-SNAPSHOT]# cd conf/
[root@bigdata04 conf]# vi azkaban.properties
...
default.timezone.id=Asia/Shanghai
...
```

(4)启动 Azkaban。

```
[root@bigdata04 azkaban-solo-server-0.1.0-SNAPSHOT]#
bin/azkaban-solo-start.sh
```

(5)访问 Azkaban 的 Web 界面。

在 Azkaban 启动成功后,会启动一个 Web 服务,监听的端口是 8081,所以需要访问的地址为"http://bigdata04:8081",页面效果如图 8-15 所示。用户名和密码默认都是 azkaban,单击"Login"按钮可以进入。

图 8-15

如果显示如图 8-16 所示界面,则说明 Azkaban 安装成功了。

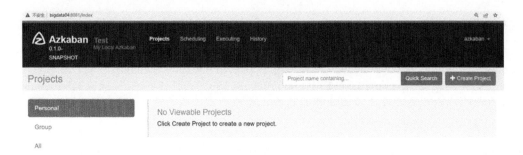

图 8-16

（6）停止 Azkaban。

如果不需要使用 Azkaban 了，则可以使用 Azkaban 提供的脚本停止服务。

[root@bigdata04 azkaban-solo-server-0.1.0-SNAPSHOT]# bin/azkaban-solo-shutdown.sh

8.4.2 【实战】配置一个定时执行的独立任务

下面在 Azkaban 中配置一个定时执行的独立任务。

1. 在 Azkaban 中创建一个 Project

（1）在 Aakaban 的页面中单击"Create Project"按钮，指定项目名称为 test，如图 8-17 所示。

图 8-17

（2）创建后的效果如图 8-18 所示。

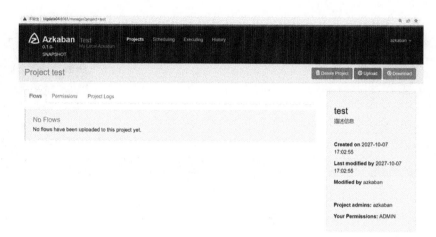

图 8-18

2. 在本地创建任务文件

在本地 Windows 系统中创建一个任务文件 hello.job，文件内容如下：

```
# hello.job
type=command
command=echo "Hello World!"
```

说明如下。

- 以#号开头的内容是注释。
- type：任务类型。type 后面的 command 表示这个任务执行的是一个 Shell 命令。
- command：在这里指定任务中要执行的具体 Shell 命令。

将 hello.job 文件添加到一个 ZIP 压缩文件中，例如：hello.zip，效果如图 8-19 所示。

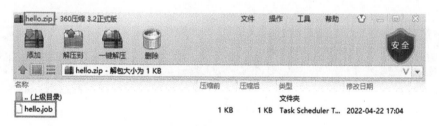

图 8-19

3. 向 test 项目中提交任务

将 hello.zip 压缩包上传到前面创建的 test 项目中，如图 8-20 所示。

图 8-20

任务上传之后的效果如图 8-21 所示。

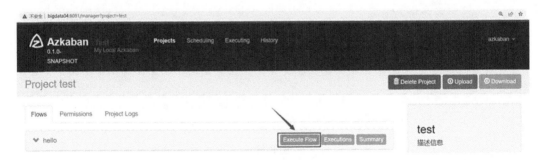

图 8-21

4. 手动执行任务

此时在 test 项目中包含了 hello 这个任务，单击"Execute Flow"按钮可以执行任务，如图 8-22、图 8-23 和图 8-24 所示。

图 8-22

图 8-23

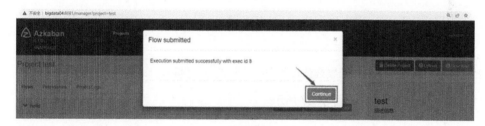

图 8-24

5. 查看任务执行情况

进入任务执行列表，可以查看任务执行的详细日志，如图 8-25 和图 8-26 所示。

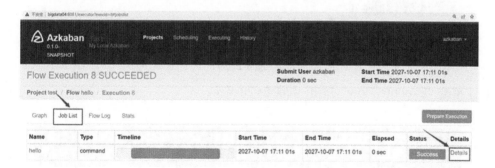

图 8-25

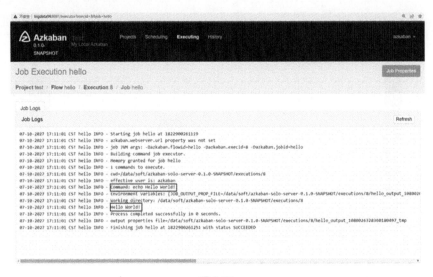

图 8-26

6. 设置任务定时执行

上面是手工执行的任务，如果要让任务自动定时执行，则可以以下这样配置。

（1）进入 test 项目中，如图 8-27 所示。

图 8-27

（2）单击"Execute Flow"按钮，如图 8-28 所示。

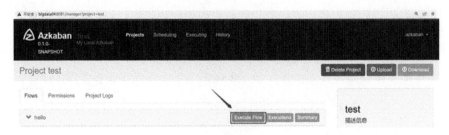

图 8-28

（3）单击"Schedule"按钮，开始配置定时信息，如图 8-29、图 8-30 和图 8-31 所示。

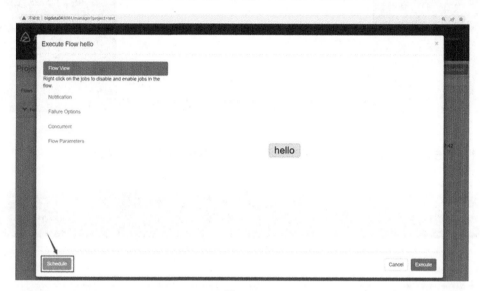

图 8-29

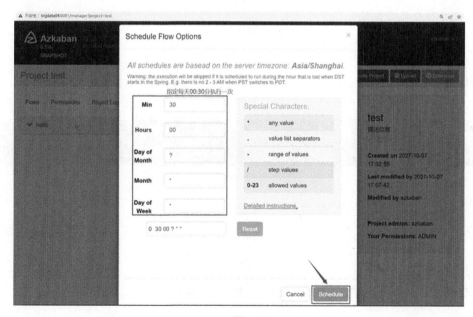

图 8-30

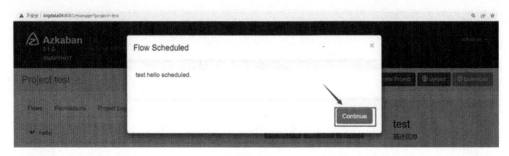

图 8-31

（4）单击 Scheduling 列表可以看到配置好的定时任务，如图 8-32 所示。

图 8-32

7. 查看定时任务的执行情况

后期如果想查看这个定时任务的执行情况，则单击"hello"链接，如图 8-33 所示。

图 8-33

单击"Executions"查看任务的执行列表，如图 8-34 所示。

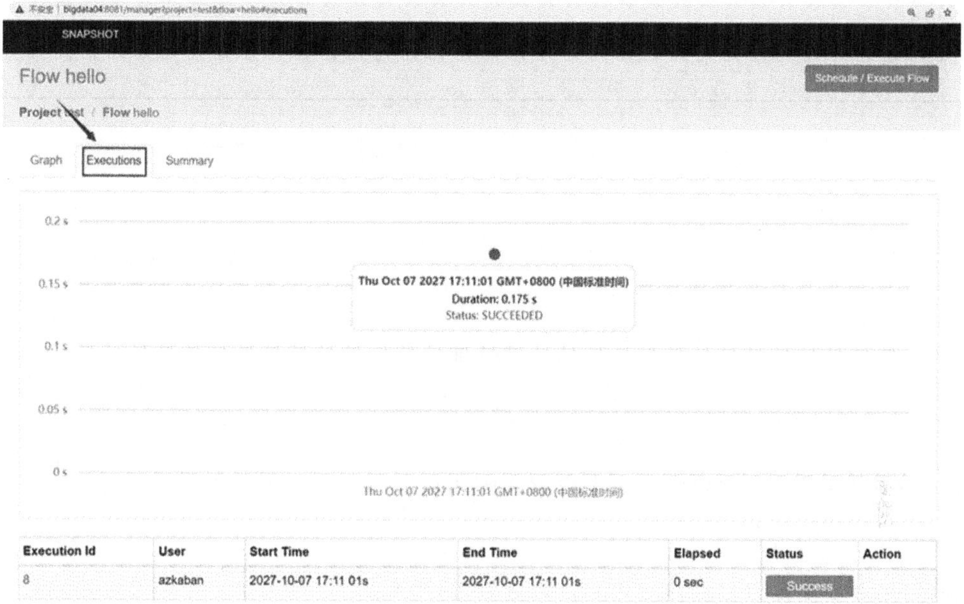

图 8-34

如果想查看任务某一次的执行情况,则单击 "Execution Id" 列下的内容,如图 8-35 和图 8-36 所示。

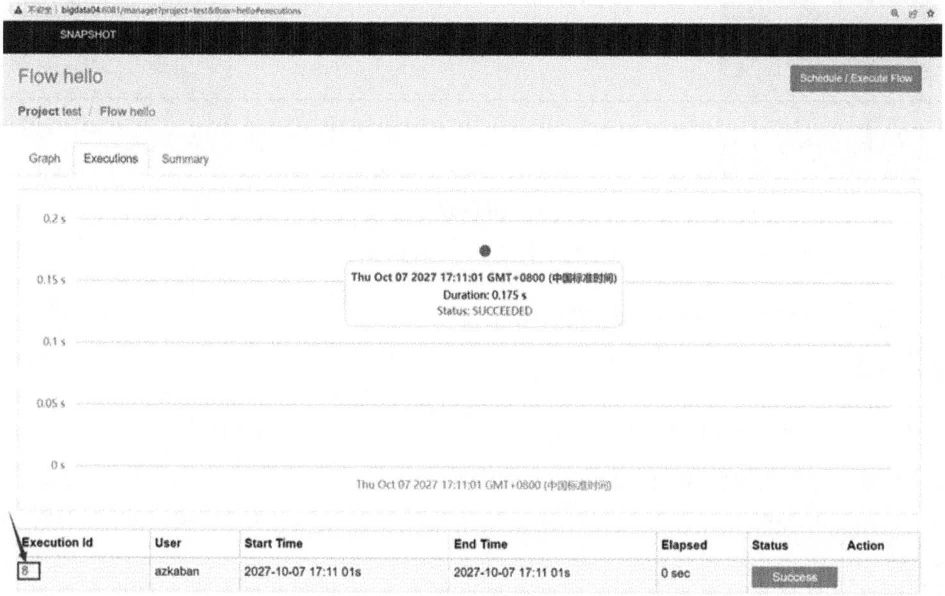

图 8-35

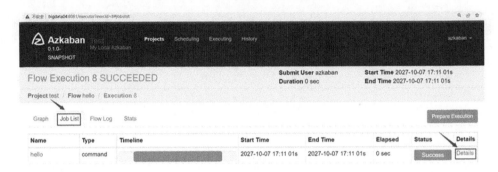

图 8-36

8.4.3 【实战】配置一个带有多级依赖的任务

接下来在 Azkaban 中配置一个带有多级依赖的任务。

1. 在 Azkaban 中创建一个 Project

指定 Project 的名称为 depen_test，如图 8-37 所示。

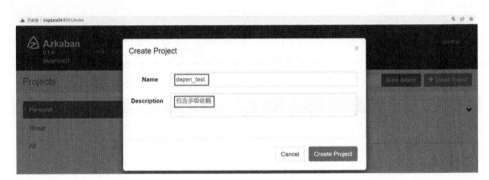

图 8-37

2. 在本地创建带依赖的任务文件

（1）创建一个任务文件 first.job，文件内容如下：

```
# first.job
type=command
command=echo "Hello First!"
```

（2）创建一个任务文件 second.job，文件内容如下：

```
# second.job
type=command
dependencies=first
command=echo "Hello Second!"
```

> 在 second.job 中，通过 dependencies 属性指定了多个任务之间的依赖关系，后面的 first 表示依赖的任务的文件名称。

（3）将这两个 Job 文件打成 first_second.zip 压缩包，如图 8-38 所示。

图 8-38

3. 向 depen_test 项目中上传任务

将 first_second.zip 压缩包上传到前面创建的 depen_test 项目中，如图 8-39 所示。

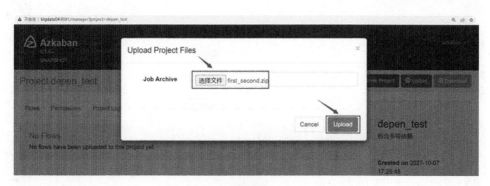

图 8-39

上传成功之后可以看到任务之间的依赖关系（单击"Execute Flow"按钮也可以看到任务之间的依赖关系），如图 8-40 所示。

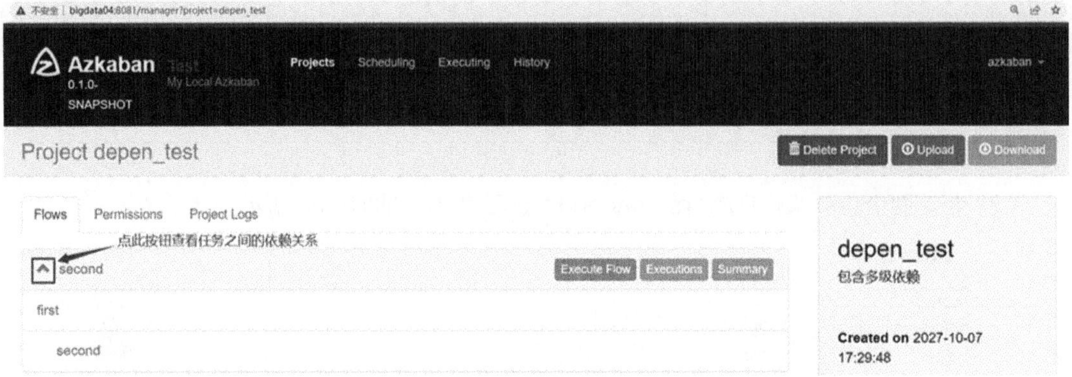

图 8-40

4. 手动执行多级依赖任务

单击"Execute"按钮执行多级依赖任务,如图 8-41 所示。

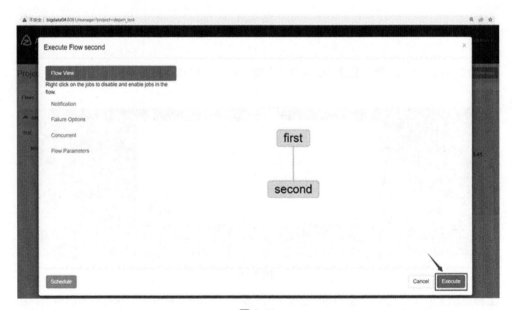

图 8-41

在"Job List"中可以看到该项目中两个子任务的执行顺序和执行状态等信息,如图 8-42 所示。

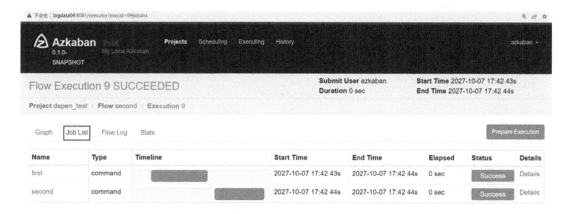

图 8-42

这就是 Azkaban 中一个带有多级依赖任务的执行流程，如果要配置为自动定时执行，则参考前面独立任务的定时配置。

8.5 【实战】Azkaban 在数据仓库中的应用

在企业中构建离线数据仓库时，由于任务数量较多，并且很多任务之间都有依赖关系，所以需要深度使用分布式任务调度系统。

这里以 Azkaban 为例，针对离线数据仓库中的电商 GMV 指标统计进行演示。电商 GMV 指标的整个计算流程比较复杂，涉及多个子任务，不同子任务使用的计算工具也不一样，大致流程如图 8-43 所示。

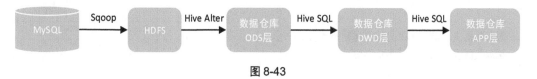

图 8-43

说明如下。

- MySQL → HDFS 需要使用 Sqoop 命令。
- HDFS → 数据仓库 ODS 层需要使用 Hive 的 Alter 命令。
- 数据仓库 ODS 层 → 数据仓库 DWD 层需要使用 Hive SQL。
- 数据仓库 DWD 层 → 数据仓库 APP 层需要使用 Hive SQL。

下面针对这个需求来开发对应的 Azkaban Job 文件。多个 Job 的流程如图 8-44 所示。

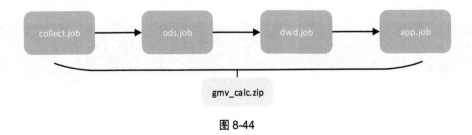

图 8-44

8.5.1 创建 Job 文件并进行压缩

1. 创建 collect.job 文件

在 collect.job 中使用 Sqoop 命令将 MySQL 中的数据导入 HDFS，文件内容如下：

```
# collect.job
# 将 MySQL 中的数据导入 HDFS
type=command
command=sh /data/soft/warehouse_job/collect_mysql.sh
```

在 collect.job 中需要使用到 collect_mysql.sh 这个脚本。这个脚本里面是 Sqoop 的采集数据命令，脚本内容如下：

```
# 每天凌晨执行一次

# 默认获取昨天的日期，也支持传参指定一个日期
if [ "z$1" = "z" ]
then
    dt=`date +%Y%m%d --date="1 days ago"`
else
    dt=$1
fi

# 转换日期格式，将 20260201 转换为 2026-02-01
dt_new=`date +%Y-%m-%d --date="${dt}"`

# Hive SQL 语句
user_order_sql="select order_id,order_date,user_id,order_money,order_type,order_status,pay_id,update_time from user_order where order_date >= '${dt_new} 00:00:00' and order_date <= '${dt_new} 23:59:59'"

# 路径前缀
path_prefix="hdfs://bigdata01:9000/data/ods"

# 输出路径
user_order_path="${path_prefix}/user_order/${dt}"
```

```bash
# 采集数据
echo "开始采集..."
echo "采集表: user_order"
sh /data/soft/warehouse_job/sqoop_collect_data_util.sh "${user_order_sql}" "${user_order_path}"
echo "结束采集..."
```

在 collect_mysql.sh 脚本中，还需要用到 sqoop_collect_data_util.sh 脚本，脚本内容如下：

```bash
#!/bin/bash
# 将MySQL中的数据导入HDFS
if [ $# != 2 ]
then
    echo "参数异常: sqoop_collect_data_util.sh <sql> <hdfs_path>"
    exit 100
fi

# 查询数据SQL
# 例如: select id,name from user where id >1
sql=$1

# 导入HDFS的路径
hdfs_path=$2

sqoop import \
--connect jdbc:mysql://192.168.182.1:3306/mall?serverTimezone=UTC \
--username root \
--password admin \
--target-dir "${hdfs_path}" \
--delete-target-dir \
--num-mappers 1 \
--fields-terminated-by '\t' \
--query '"${sql}"' and $CONDITIONS' \
--null-string '\\N' \
--null-non-string '\\N'
```

2. 创建 ods.job 文件

在 ods.job 中，使用 Hive 的 Alter 命令将 HDFS 中的数据关联到数据仓库 ODS 层的 Hive 外部表中，文件内容如下：

```
# ods.job
# 关联ODS层的数据
type=command
dependencies=collect
```

```
command=sh /data/soft/warehouse_job/ods_mall_add_partition.sh
```

在 ods.job 中，需要使用到 ods_mall_add_partition.sh 这个脚本。这个脚本中是向 Hive 外部表中添加分区的命令，脚本内容如下：

```bash
#!/bin/bash
# 给 ODS 层的表添加分区，这个脚本每天执行一次
# 每天凌晨添加昨天的分区，添加完分区之后再执行后面的计算脚本

# 默认获取昨天的日期，也支持传参指定一个日期
if [ "z$1" = "z" ]
then
    dt=`date +%Y%m%d --date="1 days ago"`
else
    dt=$1
fi

sh /data/soft/warehouse_job/add_partition.sh ods_mall.ods_user_order ${dt} ${dt}
```

在 ods_mall_add_partition.sh 脚本中还需要用到 add_partition.sh 脚本。add_partition.sh 脚本的内容如下：

```bash
#!/bin/bash
# 给外部分区表添加分区
# 接收 3 个参数
#1：表名
#2：分区字段 dt 的值：格式 20260101
#3：分区路径(相对路径或者绝对路径都可以)

if [ $# != 3 ]
then
    echo "参数异常: add_partition.sh <tabkle_name> <dt> <path>"
    exit 100
fi

table_name=$1
dt=$2
path=$3

hive -e "
alter table ${table_name} add if not exists partition(dt='${dt}') location '${path}';
"
```

3. 创建 dwd.job 文件

在 dwd.job 文件中使用 Hive SQL 将数据仓库 ODS 层中清洗之后的结果数据添加到 DWD 层的 Hive 外部表中。文件内容如下：

```
# dwd.job
# 生成DWD层的数据
type=command
dependencies=ods
command=sh /data/soft/warehouse_job/dwd_mall_add_partition.sh
```

在 dwd.job 文件中需要使用到 dwd_mall_add_partition.sh 这个脚本。这个脚本中是向 Hive 外部表的指定分区中添加数据的命令。脚本内容如下：

```
#!/bin/bash
# 基于ODS层的表进行清洗，将清洗之后的数据添加到DWD层对应表的对应分区中
# 每天凌晨执行一次

# 默认获取昨天的日期，也支持传参指定一个日期
if [ "z$1" = "z" ]
then
    dt=`date +%Y%m%d --date="1 days ago"`
else
    dt=$1
fi

hive -e "
insert overwrite table dwd_mall.dwd_user_order partition(dt='${dt}')  select
  order_id,
  order_date,
  user_id,
  order_money,
  order_type,
  order_status,
  pay_id,
  update_time
from ods_mall.ods_user_order
where dt = '${dt}' and order_id is not null;
"
```

4. 创建 app.job 文件

在 app.job 文件中，使用 Hive SQL 对数据仓库 DWD 层中的数据进行统计，并将最终结果添加到 APP 层的 Hive 外部表中。文件内容如下：

```
# app.job
# 生成 APP 层的数据
type=command
dependencies=dwd
command=sh /data/soft/warehouse_job/app_mall_add_partition.sh
```

在 app.job 中，需要使用到 app_mall_add_partition.sh 这个脚本。这个脚本中是向 Hive 外部表的指定分区中添加数据的命令。脚本内容如下：

```
#!/bin/bash
# 需求：电商 GMV
# 每天凌晨执行一次

# 默认获取昨天的日期，也支持传参指定一个日期
if [ "z$1" = "z" ]
then
    dt=`date +%Y%m%d --date="1 days ago"`
else
    dt=$1
fi

hive -e "
insert overwrite table app_mall.app_gmv partition(dt='${dt}') select sum(order_money) as gmv
from dwd_mall.dwd_user_order
where dt = '${dt}';
"
```

5. 将前面生成的 4 个 Job 文件压缩成 gmv_calc.zip

压缩后的效果如图 8-45 所示。

图 8-45

8.5.2 在 Azkaban 中创建项目并上传 gmv_calc.zip

在 Azkaban 中创建项目 gmv_calc，如图 8-46 所示。

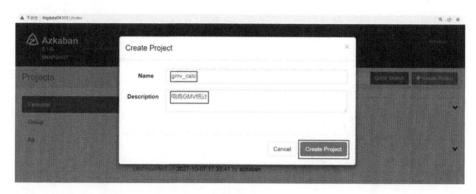

图 8-46

上传 gmv_calc.zip，最终效果如图 8-47 所示。

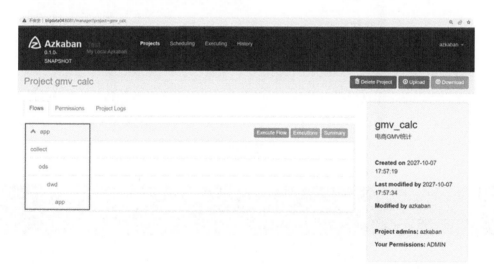

图 8-47

8.5.3 给 Azkaban 中的任务设置定时执行

 在正常情况下，任务需要设置为每日凌晨 1 点左右执行，但是在这里为了能快速看到效果，建议根据服务器当前时间来设置。

（1）获取当前 Azkaban 所在服务器的时间。

```
[root@bigdata04 ~]# date
Thu Oct  7 18:02:28 CST 2027
```

（2）此时可以设置 18:05 开始执行，如图 8-48 和图 8-49 所示。

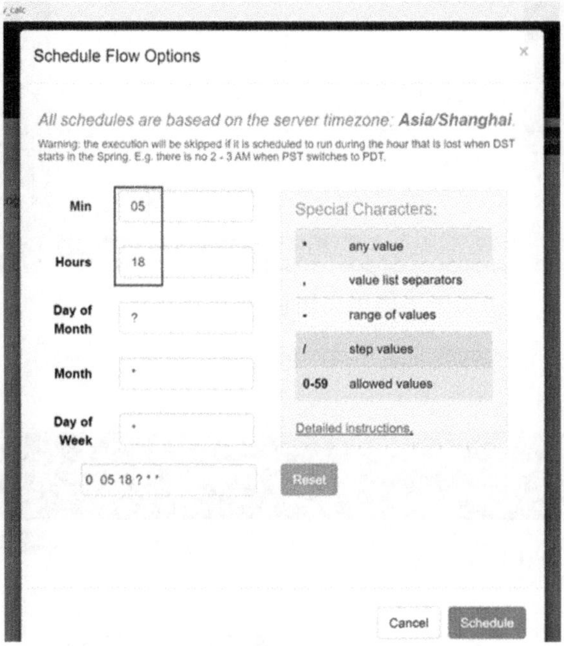

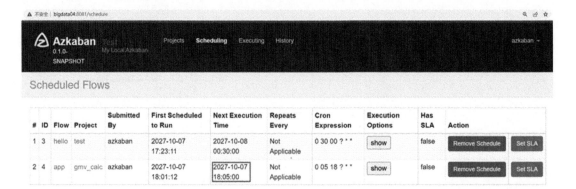

图 8-48

图 8-49

（3）到达指定的时间后，进去查看任务执行的详情信息，如图 8-50 所示。

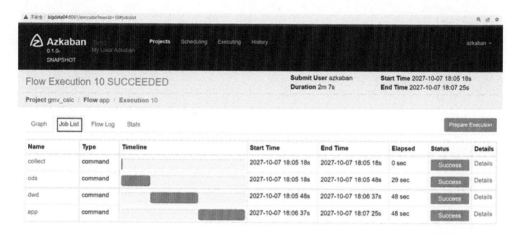

图 8-50

上面就是 Azkaban 在离线数据仓库中的实际应用。针对数据仓库中的多个计算需求，可以组装多个 Azkaban Job 定时地调度执行。

第 9 章 分布式资源管理

9.1 分布式资源管理

在传统的 IT 领域中，企业的服务器资源（内存、CPU 等）是有限的，也是固定的。但是，服务器的应用场景却是灵活多变的。例如，今天临时上线了一个系统，需要占用几台服务器；过了几天，需要把这个系统下线，把这几台服务器清理出来。

在大数据时代到来之前，服务器资源的变更对应的是系统的上线和下线，这些变动是有限的。随着大数据时代的到来，临时任务的需求量大增，这些任务往往需要大量的服务器资源。如果此时还依赖运维人员人工对接服务器资源的变更，显然是不现实的。因此，分布式资源管理系统应运而生，常见的包括 YARN、Kubernetes 和 Mesos，它们的典型应用领域如图 9-1 所示。

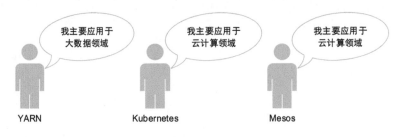

图 9-1

本书介绍大数据生态圈中常用的分布式资源管理系统——YARN。

9.2 YARN 的原理及架构分析

YARN 是 Hadoop 2.x 版本中引入的分布式资源管理系统,主要用于解决 Hadoop 1.x 架构中集群资源管理和数据计算耦合在一起导致的修复维护成本越来越高的问题。

1. 原理分析

YARN 是一个通用的分布式资源管理系统,可为上层应用提供统一的资源管理和调度,它为集群利用率和资源统一管理带来了巨大好处。

(1) YARN 产生的背景。

在 Hadoop 1.x 架构中只有 HDFS 和 MapReduce(MR1)组件,此时 MR1 负责集群资源管理和数据计算。

在 Hadoop 2.x 架构中,除 HDFS 和 MapReduce(MR2)组件外,还增加了 YARN 这个组件。此时,MR2 组件只负责数据计算,集群资源管理的功能由 YARN 来负责。相当于:

$$MR1 = MR2 + YARN$$

Hadoop 1.x 架构中的 MR1 组件本身存在以下问题(在 MR1 中存在 JobTracker 和 TaskTracker 组件)。

- JobTracker 存在单点故障问题:如果 Hadoop 集群的 JobTracker 宕机,则整个分布式集群都不能使用了。
- JobTracker 承受的访问压力比较大,影响系统的稳定性和扩展性。
- MR1 只支持 MapReduce,不支持 Storm、Spark 和 Flink 这些计算引擎。

Hadoop 2.x 架构中引入了 YARN 组件,YARN 组件是基于 MR1 组件演化而来的。YARN 组件的核心思想是:将 MR1 组件中 JobTracker 的资源管理和作业调度两个功能分开,分别由 ResourceManager 和 ApplicationMaster 进程来实现。

- ResourceManager 进程:负责整个集群的资源管理和调度。
- ApplicationMaster 进程:负责应用程序相关的事务,例如任务调度、任务监控等。

YARN 使得多种计算引擎可以运行在一个集群当中,便于管理和资源利用。目前,YARN 可以支持 MapReduce、Spark 和 Flink,如图 9-2 所示。

 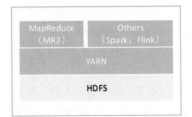

图 9-2

 Storm 不支持在 YARN 上执行，是因为 Storm 没有实现 ApplicationMaster 的规则。

（2）YARN 的特点。

YARN 采用了分层的集群框架，它解决了 MR1 的一系列缺陷，具有以下几种优势。

- 具有向后兼容性：用户在 MR1 上运行的作业，无须进行任何修改即可运行在 YARN 上。
- 对于资源的表示以"内存"为单位，比之前以"剩余的 Slot 数量"为单位更合理。
- YARN 作为平台提供者，可以支持多种计算引擎的运行，进一步巩固了 Hadoop 的地位。
- YARN 和计算引擎是解耦的，计算引擎升级更容易。

2. 架构分析

YARN 架构中主要包括 ResourceManager 和 NodeManager 组件，如图 9-3 所示。

- 在 NodeManager 组件内会产生 Container 容器。
- MapReduce 任务在运行期间产生的具体子任务会运行在 Container 容器中。

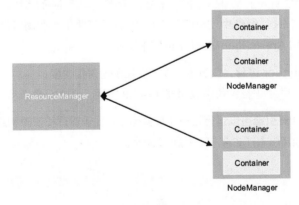

图 9-3

说明如下。

- ResourceManager：YARN 集群的主节点，可以支持 1 个或者 2 个，主要负责集群资源的分配和管理。
- NodeManager：YARN 集群的从节点，可以支持 1 个或者多个，主要负责当前机器资源的管理。
- Container：对任务运行环境进行抽象，封装了 CPU 和内存资源、环境变量、启动命令等任务运行信息。YARN 会为每个子任务分配一个 Container，子任务只能使用该 Container 中描述的资源。

YARN 主要负责管理集群中的 CPU 和内存资源。

NodeManager 节点在启动时，会自动向 ResourceManager 节点注册，将当前节点上的可用 CPU 和内存信息注册进去。这样所有的 NodeManager 注册完成后，ResourceManager 就知道目前集群的资源总量了，如图 9-4 所示。

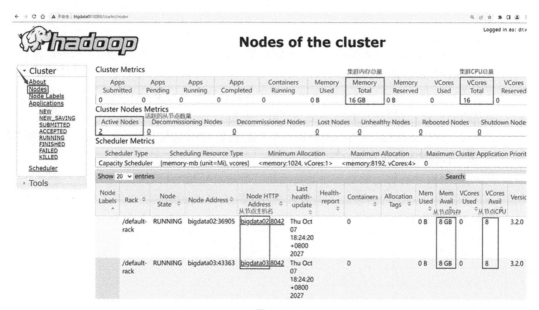

图 9-4

在 YARN 中可以支持 2 个 ResourceManager，这样就避免单点故障的问题，保证了 YARN 的高可用，如图 9-5 所示。

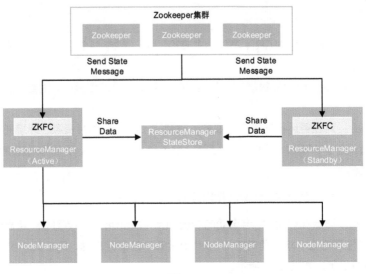

图 9-5

说明如下。

- ResourceManager（Active）：处于活跃状态的 ResourceManager，它会正常履行 ResourceManager 的职责。
- ResourceManager（Standby）：处于备用状态的 ResourceManager，它会等待 Active 状态的 ResourceManager 出现故障时进行接管。
- ZKFC：作为 ResourceManager 的一个进程服务，负责监控 ResourceManager 的健康状况，并定期向 Zookeeper 集群发送心跳。
- RMStateStore：ResourceManager 通过 RMStateStore（支持基于内存的、基于文件系统的和基于 Zookeeper 的，此处默认使用基于 Zookeeper 的）来存储内部数据、主要应用数据和标识等。

9.3　YARN 中的资源调度器

在实际工作中会遇到类似这样的场景：小明同学向集群中提交了一个任务，该任务把集群中 99% 的资源都占用了；其他同事再提交的任务就会处于等待状态，获取不到足够的资源，无法执行。

单纯对集群增加资源解决不了根本问题。理论上来说，集群资源再多也会遇到这种场景。

如果这时有一个非常紧急的线上任务需要执行，应该怎么办？唯一的解决方案就是：将这个消耗资源的任务"杀死"，释放资源。这样虽然解决了问题，但是也不是长久之计，在工作中会遇到很多类似的问题，不可能每次都去"杀死"任务。

要从源头解决这种问题，则需要给 YARN 选择一个合适的资源调度器。

YARN 中支持 3 种调度器：FIFO Scheduler、Capacity Scheduler 和 Fair Scheduler，如图 9-6 所示。

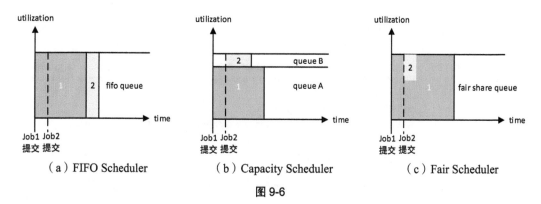

图 9-6

说明如下。

- FIFO Scheduler（先进先出调度器）：按照"先进先出"的策略调度任务，所有的任务在提交之后都是排队的。如果提交的任务申请不到足够的资源，则需要等前面的任务执行结束释放了足够资源再执行。这种逻辑在某些场景下是不合理的：有一些任务的优先级比较高，希望任务提交上去之后立刻就被执行。

- Capacity Scheduler（容量调度器）：FIFO Scheduler 的多队列版本，表示先把集群中的整块资源按照一定的用途被划分成多个队列，每个队列的资源是相互独立的，每个队列中的任务还是按照"先进先出"的策略。例如，在 queue A 中运行普通的离线任务，在 queue B 中运行优先级比较高的实时任务。

- Fair Scheduler（公平调度器）：支持多个队列，每个队列可以配置一定的资源，每个队列中的任务共享其所在队列的所有资源。假设，小明同学向队列中提交了 1 个任务，这个任务默认占用整个队列的资源；当再提交第 2 个任务后，第 1 个任务会释放出其一部分资源给第 2 个任务使用。

在实际工作中，建议使用 Capacity Scheduler 调度器。从 Hadoop 2.x 版本开始，Capacity Scheduler 已经是 YARN 集群的默认调度器了。这个调度器中默认只有一个 default 队列，如图 9-7 所示。

图 9-7

9.4 【实战】配置和使用 YARN 多资源队列

为了满足企业合理利用大数据集群中的资源,需要将离线任务和实时任务进行隔离。因此,需要在 YARN 中将资源划分为以下 2 个队列。

- Offline 队列:在此队列中运行离线任务。
- Online 队列:在此队列中运行实时任务。

在实际工作中,一般我们先将资源划分成 offline 队列和 online 队列,随着集群规模的扩大和业务需求的增加,又增加了多个队列,再对集群资源做更细致的划分。

下面向 YARN 集群中增加 offline 队列和 online 队列。

(1)修改集群中的 capacity-scheduler.xml 配置文件。

capacity-scheduler.xml 配置文件在 Hadoop 集群安装目录的"etc/Hadoop"目录下。

首先,在 bigdata01 上进行修改。

```
[root@bigdata01 hadoop]# vi capacity-scheduler.xml
 <property>
   <name>yarn.scheduler.capacity.root.queues</name>
```

```xml
    <value>default,online,offline</value>
    <description>队列列表,多个队列之间使用逗号分隔</description>
</property>
<property>
    <name>yarn.scheduler.capacity.root.default.capacity</name>
    <value>70</value>
    <description>default 队列 70%</description>
</property>
<property>
    <name>yarn.scheduler.capacity.root.online.capacity</name>
    <value>10</value>
    <description>online 队列 10%</description>
</property>
<property>
    <name>yarn.scheduler.capacity.root.offline.capacity</name>
    <value>20</value>
    <description>offline 队列 20%</description>
</property>
<property>
    <name>yarn.scheduler.capacity.root.default.maximum-capacity</name>
    <value>70</value>
    <description>default 队列可使用的资源上限</description>
</property>
<property>
    <name>yarn.scheduler.capacity.root.online.maximum-capacity</name>
    <value>10</value>
    <description>online 队列可使用的资源上限</description>
</property>
<property>
    <name>yarn.scheduler.capacity.root.offline.maximum-capacity</name>
    <value>20</value>
    <description>offline 队列可使用的资源上限</description>
</property>
```

这里的 default 队列是默认队列,必须保留。额外增加了 offline 队列和 online 队列。这 3 个队列的资源比例为 7∶1∶2。

然后,把修改好的配置文件同步到另外两个节点上。

```
[root@bigdata01 hadoop]# scp -rq capacity-scheduler.xml
bigdata02:/data/soft/hadoop-3.2.0/etc/hadoop/
[root@bigdata01 hadoop]# scp -rq capacity-scheduler.xml
bigdata03:/data/soft/hadoop-3.2.0/etc/hadoop/
```

（2）重启集群。

修改配置之后，需要重启集群才能生效。

```
[root@bigdata01 hadoop-3.2.0]# sbin/stop-all.sh
[root@bigdata01 hadoop-3.2.0]# sbin/start-all.sh
```

（3）验证效果。

进入 YARN 的 Web 界面，查看最新的队列信息，如图 9-8 所示。

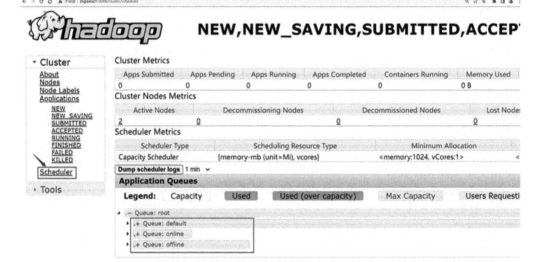

图 9-8

（4）向指定队列提交任务。

将使用 MapReduce 开发的 WordCount 代码提交到 offline 队列中。

在对 MapReduce 程序手工指定资源队列时，需要修改已有代码。对于 Spark、Flink 程序，不需要修改已有代码，直接通过对应的参数指定队列名称即可。

WordCountJobQueue 的核心代码如下：

```
public class WordCountJobQueue {
    /**
     * Map 阶段
     */
    public static class MyMapper extends Mapper<LongWritable,
Text,Text,LongWritable>{
```

```java
        Logger logger = LoggerFactory.getLogger(MyMapper.class);
        /**
         * 需要实现map函数
         * 这个map函数就是可以接收<k1,v1>, 产生<k2,v2>
         * @param k1
         * @param v1
         * @param context
         * @throws IOException
         * @throws InterruptedException
         */
        @Override
        protected void map(LongWritable k1, Text v1, Context context)
                throws IOException, InterruptedException {
            //k1代表的是每一行数据的行首偏移量, v1代表的是每一行内容
            //对获取的每一行数据进行拆分, 拆分出单词
            String[] words = v1.toString().split(" ");
            //迭代拆分出来的单词
            for (String word : words) {
                //把迭代后的单词封装成<k2,v2>的形式
                Text k2 = new Text(word);
                LongWritable v2 = new LongWritable(1L);
                //把<k2,v2>写出去
                context.write(k2,v2);
            }
        }
    }

    /**
     * Reduce阶段
     */
    public static class MyReducer extends
Reducer<Text,LongWritable,Text,LongWritable>{
        Logger logger = LoggerFactory.getLogger(MyReducer.class);
        /**
         *对<k2,{v2...}>的数据进行累加求和, 并最终把数据转化为k3、v3写出去
         * @param k2
         * @param v2s
         * @param context
         * @throws IOException
         * @throws InterruptedException
         */
        @Override
        protected void reduce(Text k2, Iterable<LongWritable> v2s, Context context)
```

```java
            throws IOException, InterruptedException {
        //创建一个 sum 变量用于保存 v2s 的和
        long sum = 0L;
        //对 v2s 中的数据进行累加求和
        for(LongWritable v2: v2s){
            sum += v2.get();
        }
        //组装 k3 和 v3
        Text k3 = k2;
        LongWritable v3 = new LongWritable(sum);
        // 把结果写出去
        context.write(k3,v3);
    }
}

/**
 * 组装: Job = Map + Reduce
 */
public static void main(String[] args) {
    try{

        //指定Job需要的配置参数
        Configuration conf = new Configuration();
        //解析命令行中-D后面传递过来的参数，添加到conf中
        String[] remainingArgs = new GenericOptionsParser(conf, args).getRemainingArgs();

        //创建一个Job
        Job job = Job.getInstance(conf);
        job.setJarByClass(WordCountJobQueue.class);

        //指定输入路径（可以是文件，也可以是目录）
        FileInputFormat.setInputPaths(job,new Path(remainingArgs[0]));
        //指定输出路径（只能指定一个不存在的目录）
        FileOutputFormat.setOutputPath(job,new Path(remainingArgs[1]));

        //指定 map 相关的代码
        job.setMapperClass(MyMapper.class);
        //指定 k2 的类型
        job.setMapOutputKeyClass(Text.class);
        //指定 v2 的类型
        job.setMapOutputValueClass(LongWritable.class);
```

```
            //指定reduce相关的代码
            job.setReducerClass(MyReducer.class);
            //指定k3的类型
            job.setOutputKeyClass(Text.class);
            //指定v3的类型
            job.setOutputValueClass(LongWritable.class);

            //提交Job
            job.waitForCompletion(true);
        }catch(Exception e){
            e.printStackTrace();
        }
    }
}
```

编译打包,上传到服务器,向集群中提交任务。

```
[root@bigdata01 hadoop-3.2.0]# hadoop jar
db_hadoop-1.0-SNAPSHOT-jar-with-dependencies.jar xuwei.WordCountJobQueue
-Dmapreduce.job.queuename=offline /test/hello.txt /outqueue
```

到 YARN 中查看任务所在的队列,如图 9-9 所示。

| application_1588048997843_0001 | root | db_hadoop-1.0-SNAPSHOT-jar-with-dependencies.jar | MAPREDUCE | offline | 0 | Tue Apr 28 13:07:45 +0800 2020 | Tue Apr 28 13:07:46 +0800 2020 | Tue Apr 28 13:08:09 +0800 2020 | FINISHED |

图 9-9

第 10 章 大数据平台搭建工具

10.1 如何快速搭建大数据平台

企业如果想从传统的数据处理转型到大数据处理，首先要做就是搭建一个稳定可靠的大数据平台。

一个完整的大数据平台需要包含数据采集、数据存储、数据计算、数据分析、集群监控等功能，这就意味着其中需要包含 Flume、Kafka、Hadoop、Hive、HBase、Spark、Flink 等组件，这些组件需要部署到上百台甚至上千台机器中。

如果依靠运维人员单独安装每一个组件，则工作量比较大，而且需要考虑版本之间的匹配问题及各种冲突问题，并且后期集群维护工作也会给运维人员造成很大的压力。

于是，国外一些厂商就对大数据中的组件进行了封装，提供了一体化的大数据平台，利用它可以快速安装大数据组件。目前业内最常见的是 HDP 和 CDH。

- HDP：全称是 Hortonworks Data Platform。它由 Hortonworks 公司基于 Apache Hadoop 进行了封装，借助于 Ambari 工具提供界面化安装和管理，并且集成了大数据中的常见组件，可以提供一站式集群管理。HDP 属于开源版免费大数据平台，没有提供商业化服务。
- CDH：全称是 Cloudera Distribution Including Apache Hadoop。它由 Cloudera 公司基于 Apache Hadoop 进行了商业化，借助于 Cloudera Manager 工具提供界面化安装和管理，并且集成了大数据中的常见组件，可以提供一站式集群管理。CDH 属于商业化收费大数据平台，默认可以试用 30 天。之后，如果想继续使用高级功能及商业化服务，则需要付费购买授权；如果只使用基础功能，则可以继续免费使用。

> 使用 CDH 和 HDP 搭建的大数据集群,和使用 Apache 官方安装包搭建的大数据集群在使用层面是一样的,只是安装方式不一样而已。

Cloudera 公司在 2018 年 10 月份收购了 Hortonworks,之后推出了新一代的大数据平台产品 CDP(Cloudera Data Center)。CDP 的版本号延续了之前 CDH 的版本号。从 7.0 版本开始,CDP 支持 Private Cloud(私有云)和 Hybrid Cloud(混合云)。

CDP 将 HDP 和 CDH 中比较优秀的组件进行了整合,并且增加了一些新的组件。三者的关系如图 10-1 所示。

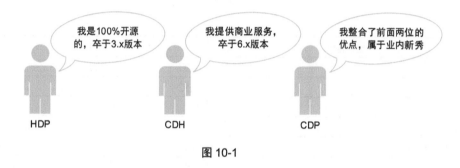

图 10-1

> Cloudera 公司宣布将对现有的 CDH 和 HDP 平台提供技术支持直至 2022 年 1 月,后期将不再继续支持。

10.2 了解常见的大数据平台工具

10.2.1 大数据平台工具 HDP

目前 HDP 最新版本是 3.1.5,主要包括 Hadoop、Hive、HBase 等核心组件,其整体架构如图 10-2 所示。图 10-2 来自于官网,其中未列出所有的组件。

HDP 3.1.5 核心组件的版本见表 10-1。

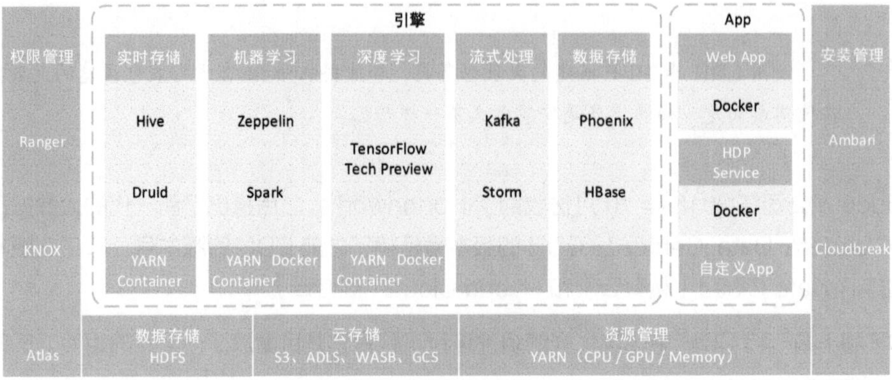

图 10-2

表 10-1

组件名称	组件版本
Atlas	2.0.0
Druid	0.12.1
Hadoop	3.1.1
HBase	2.1.6
Hive	3.1.0
Kafka	2.0.0
Oozie	4.3.1
Phoenix	5.0.0
Ranger	1.2.0
Spark	2.3.2
Sqoop	1.4.7
Storm	1.2.1
Tez	0.9.1
Zeppelin	0.8.0
ZooKeeper	3.4.6

Flume、Impala、Hue 等常用组件没有被集成在 HDP 中，需要单独安装。

10.2.2 大数据平台工具 CDH

目前 CDH 最新版本是 6.3.4，主要包括 Hadoop、Hive、HBase 等核心组件，其整体架构如

图 10-3 来自于官网,其中未列出所有的组件。

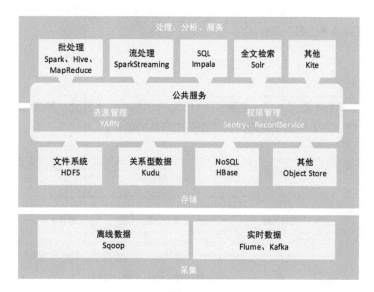

图 10-3

CDH 6.3.4 核心组件的版本号见表 10-2。

表 10-2

组件名称	组件版本
Avro	1.8.2
Flume	1.9.0
Hadoop	3.0.0
HBase	2.1.4
Hive	2.1.1
Hue	4.4.0
Impala	3.2.0
Kafka	2.2.1
Kudu	1.10.0
Solr	7.4.0
Oozie	5.1.0
Spark	2.4.0
SparkStreaming	2.4.0
Sqoop	1.4.7
ZooKeeper	3.4.5

如果需要获取 CDH 的详细安装部署文档,请关注本书作者的公众号"大数据 1024",发送关键字"CDH"获取。

10.2.3 大数据平台工具 CDP

目前 CDP 的最新版本是 7.1.7,主要包括 Hadoop、Hive、HBase 等核心组件,其整体架构如图 10-4 所示。图 10-4 来自于官网,其中未列出所有的组件。

图 10-4

CDP 7.1.7 核心组件的版本号见表 10-3。

表 10-3

组件名称	组件版本
Atlas	2.1.0
Avro	1.8.2
Hadoop	3.1.1
HBase	2.2.3
Hive	3.1.3
Hue	4.5.0
Impala	3.4.0
Kafka	2.5.0
Kudu	1.15.0
Ozone	1.1.0

续表

组件名称	组件版本
Oozie	5.1.0
Phoenix	5.1.1
Ranger	2.1.0
Solr	8.4.1
Spark	2.4.7
Sqoop	1.4.7
Tez	0.9.1
Zeppelin	0.8.2
ZooKeeper	3.5.5

架构篇

第 11 章
数据仓库架构演进之路

11.1 什么是数据仓库

数据仓库（Data Warehouse）是包含企业各个业务线数据的集合，主要用于支撑企业管理人员的决策。它主要具备以下特性。

1. 面向主题

主题就是类型的意思。

传统数据库主要是为应用程序进行数据处理，未必按照主题存储数据。数据仓库侧重于数据分析工作，基本上都按照主题存储数据。

例如：传统农贸市场与超市的区别：传统农贸市场中蔬菜和水果（数据）是按照商贩（应用程序）去归类（存储）的，而超市中是按照蔬菜和水果的类型（主题）去归类的。

2. 集成

传统数据库通常与某些特定的应用相关，数据库之间相互独立。

数据仓库中的数据，是在对分散的数据库数据进行抽取、清理、加工和汇总之后得到的，必须消除源数据中的不一致性，以保证数据仓库中的数据是整个企业中全局一致的数据。

3. 稳定

这里的稳定是指相对稳定。

传统数据库中的数据通常是实时更新的，数据随业务需求及时发生变化。

数据仓库中的数据主要是供企业决策分析使用的，所涉及的数据操作主要是查询。某个数据一旦进入数据仓库,一般情况下将被长期保留。即数据仓库中一般有大量的查询操作,但几乎没有修改和删除操作。

4. 随时间变化

传统数据库主要关心当前某个时间段内的数据。数据仓库中的数据通常包含历史信息,记录了企业从过去某一个时间点到当时时间点的信息,通过这些信息可以对企业的发展历程和未来趋势做分析和预测。

11.2 为什么需要数据仓库

1. 出现的问题

在工作中,程序员经常会遇到这样的场景:产品经理过来说,老王啊,你来看一下,为什么这个数据指标在不同报表中的统计结果是不一样的呢?

例如,对于平台中的用户下单数据,基本上都会在客户端和服务端分别记录。

- 当用户通过网页或者 App 下单时会触发一个埋点,埋点会上报这份数据,最终系统会把用户下单数据记录下来,这份数据被称为"客户端记录的数据"。
- 服务端也会在数据库中维护一份用户的下单数据,这份数据被称为"服务端数据"。

老王在做报表时,如果想要按照"秒"级别或者"分钟"级别进行实时计算,统计出用户消费金额的曲线图,则一般会使用实时上报过来的"客户端记录的数据",使用起来比较方便。但是,"客户端记录的数据"在准确度上可能会存在一些问题(例如丢失数据)。所以,基于这份数据进行统计可能会存在偏差,不过偏差不会很大,如果只是希望大致了解当天用户消费总金额的实时情况,其实这样做是没有什么问题的。

如果要按照"天"级别汇总每天用户的消费总金额(这对数据的实时性没什么要求,但对数据的准确度有很高要求),则一般会使用数据库中的数据(即上面说的"服务端数据"),因为:数据库是有事务的,并且在统计时也可以排除掉用户退款数据,这样统计出来的才是这一天用户真正的消费总金额。

产品经理反馈的数据指标结果不一致,大概率是因为不同报表使用了不同的数据源,当然也有可能是由于计算逻辑不一致所导致的(不同的报表是由不同需求人员提出来的,指标的计算逻辑可能会存在一些差异)。即出现这种问题是因为数据不统一、计算流程不统一。

后来,老王经过追踪发现,在统计这个指标时,两个报表使用的底层数据不是同一份,一个使用的是客户端记录的数据,另一个使用的是服务端数据,所以导致统计的结果有偏差。

2. 解决之道

通过构建企业级数据仓库，可以对企业中的所有数据进行整合，为企业各个部门提供统一、规范的数据出口。这样大家在使用数据时，不需要每次都到各种地方去找数据，所有人都使用相同的基础数据，这样计算出来的结果肯定是相同的。

一个完善合理的数据仓库，对于企业整体的数据管理是意义重大的。数据仓库是整个大数据系统中的重要一环：更高层次的数据分析、数据挖掘等工作都会基于数据仓库进行。如果底层基础数据都没有规划好，那么层的数据分析及数据挖掘都会受影响。就像是盖房子，如果地基没有打牢，那盖出来的房子肯定是摇摇欲坠的。所以说，数据仓库对于一个中大型企业而言是至关重要的。

如果是刚起步的创业型公司，产品也是刚上线，这时花费大量的时间去建设数据仓库是没有太大意义的，这时讲究的是快速迭代。只有数据规模上来了，数据仓库才是有意义的，并且也是必不可少的。

11.3 数据仓库的基础知识

要构建一个合格的数据仓库，则必须了解下面这些数据仓库的基础知识。

11.3.1 事实表和维度表

从业务层面，可以将数据库中的表划分为事实表和维度表。

- 事实表：保存了大量业务数据的表，或保存了一些真实行为数据的表。例如，销售商品所产生的订单数据如图 11-1 所示。
- 维度表：其中存放的是某些维度的数据。维度指的是一个对象的属性或者特征，例如时间维度、地理区域维度、年龄维度，如图 11-2 所示。

订单表
订单ID
用户ID
订单金额
订单类型
订单状态
支付状态

图 11-1

时间维度
日期ID
日期
周几
上/中/下旬
是否周末
是否假期

图 11-2

商品维度
商品ID
商品名称
商品种类
商品价格
商品描述
商品类目

事实表和维度表是人为定义的,没有严格的限定。在某些场景下,一个表既可以是事实表,也可以是维度表。

11.3.2 数据库三范式

其实严格意义上来讲,关系型数据库的范式有多种,常见的包括下面这些。

第一范式(1NF)

第一范式要求数据库表中的每一列都是不可分割的原子数据项。

在数据库中有一个存储学生信息的表,具体的内容见表 11-1。

表 11-1

学生 ID	姓名	性别	地址
001	小明	男	北京市朝阳区望京街 10 号

表 11-1 中"地址"字段显然不符合第一范式,因为该字段的内容可以被拆分为"省份+城市+街道信息"。

为了让表 11-1 满足第一范式,可以按表 11-2 这样拆分。

表 11-2

学生 ID	姓名	性别	省份	城市	街道
001	小明	男	北京市	朝阳区	望京街 10 号

第二范式(2NF)

第二范式要求,在第一范式的基础上,数据库表中的每一列都和主键相关,不能只和主键的某一部分相关(针对联合主键而言)。即一个表中只能保存一种类型的数据,不可以把多种类型的数据保存在同一张表中。

在数据库中有一个存储学生成绩相关信息的表,具体的内容见表 11-3。

表 11-3

学生 ID	班级	班主任	课程	分数
001	计科 1	张三	2001	98

表 11-3 中存储的除学生的班级信息外,还有学生的考试成绩信息。这种表结构设计是符合第一范式的,但不符合第二范式——数据库表中并不是每一列都和主键相关。

为了让表 11-3 符合第二范式,可以将其拆分成两个表:一个表中存储学生的班级信息,见表

11-4；另一个表中存储学生的考试成绩信息，见表 11-5。

表 11-4

学生 ID	班级	班主任
001	计科 1	张三

表 11-5

学生 ID	课程	分数
001	2001	98

第三范式（3NF）

第三范式要求,一个数据库表中不包含已在其他表中包含的非主键字段。即如果表中的某些字段信息能够被推导出来，那不应该单独设计一个字段来存放这样的信息（能用外键 JOIN 操作来实现就用外键 JOIN 操作来实现）。

对于表 11-4 和表 11-5，如果想符合第三范式，则需要进一步拆分为 3 个表，见表 11-6、表 11-7 和表 11-8。

表 11-6

学生 ID	班级
001	计科 1

表 11-7

班级	班主任
计科 1	张三

表 11-8

学生 ID	课程	分数
001	2001	98

这样这些表就都符合数据库的第三范式了。

11.3.3 数据仓库建模方式

数据仓库建模可以使用多种方式。

1. ER 实体模型

ER 实体模型其实就是满足数据库第三范式的模型。它是数据库设计的理论基础，当前几乎所有的 OLTP 系统设计都采用 ER 实体模型来建模。

> Bill Inom 提出的数仓理论推荐采用 ER 关系模型进行建模，不过不推荐在实际工作中使用。

2. 维度建模模型

在 Ralph Kimball 提出的数仓理论中提出了维度建模：将数据仓库中的表划分为事实表和维度表，基于事实表和维度表进行维度建模。

3. Data Vault 模型

Data Vault 模型是在 ER 实体模型的基础上衍生而来的，此模型的设计初衷是为了有效地组织基础数据层，使之易扩展、能灵活应对业务的变化。它还强调历史性、可追溯性和原子性，不要求对数据进行过度的一致性处理，所以说它并非针对分析场景而设计。

4. Anchor 模型

Anchor 模型是对 Data Vault 模型做了更近一步的规范化处理，初衷是为了设计高度可扩展的模型，其核心思想是"所有的扩张只添加而不修改"，于是利用该模型设计出来的基本都是 K-V 结构的模型。

> 维度建模是企业构建数据仓库时最常使用的方式，因此在本书中只重点分析这种建模模型。

11.3.4 维度建模模型

维度建模模型分为星型模型和雪花模型。

- 星型模型：一般采用降维操作，利用冗余来避免模型过于复杂，提高易用性和分析效率，如图 11-3 所示。

图 11-3

- 雪花模型：维度表的设计更加规范，一般符合数据库第三范式，如图 11-4 所示。

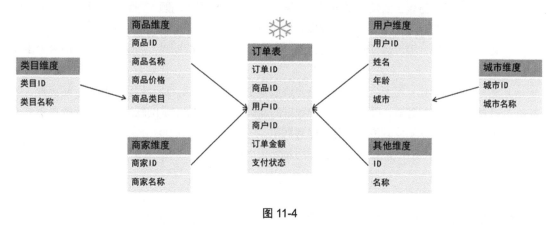

图 11-4

下面对比雪花模型和星型模型。

- 数据冗余层面：雪花模型符合业务逻辑设计，采用数据库第三范式设计，能有效降低数据冗余。星型模型的维度表设计不符合数据库第三范式，反规范化，维度表之间不会直接相关，牺牲了部分存储空间。
- 查询性能层面：雪花模型由于存在维度间的关联，采用数据库第三范式降低数据冗余，通常在使用过程中需要连接更多的维度表，所以导致查询性能偏低。星型模型违反数据库第三范式，采用降维的操作将维度整合，以存储空间为代价有效降低维度表连接数，查询性能比较高。

在实际工作中，构建数据仓库大多采用星型模型，因为数据仓库主要是侧重于数据分析，对数据的查询性能要求比较高。

在实际工作中，应尽可能多构建一些宽表，提前把多种有关联的维度数据整合到一张表中，后期使用时就不需要多表关联了，比较方便，且性能也较高。

11.4 数据仓库分层

在构建数据仓库过程中，通常需要对数据进行分层处理。业务不同，每个分层中数据的处理手段也不同。对数据进行分层的主要原因是：希望在管理数据时，能够对数据有一个更加清晰的掌控。

详细来讲，数据仓库分层主要有以下这些原因。

- 清晰的数据结构：每一个分层的数据都有其作用域，这样在使用数据时能够更加方便地进行定位和理解。

- 数据血缘追踪：可以简单这样理解，数据仓库最终给业务方呈现的是一个可以直接使用的业务表，但该业务表会依赖很多源表。如果某一个源表出现了问题，则需要快速、准确地定位问题，并清楚其危害范围。数据仓库分层可以很好地解决这个问题。
- 减少重复开发：通过数据分层，在开发一些通用的中间层数据时，能够很大程度地减少重复开发。
- 复杂问题简单化：将一个复杂的任务分解成多个步骤来完成，每一层只处理单一的步骤，比较简单，也容易理解，而且便于维护数据的准确性。当数据出现问题后，不需要修复所有的数据，只需要从有问题的步骤开始修复即可。
- 屏蔽业务的影响：不需要修改业务即可重新接入数据。

11.4.1 数据分层设计

数据仓库一般分为 4 层，如图 11-5 所示。

图 11-5

说明如下。

- ODS 层：全称为 Operation Data Store（原始数据层）。该层对从数据源采集的原始数据进行原样存储。
- DWD 层：全称为 Data Warehouse Detail（明细数据层）。该层对 ODS 层的数据进行清洗，主要解决一些数据质量问题。
- DWS 层：全称为 Data Warehouse Service（服务数据层）。该层对 DWD 层的数据进行轻度汇总，生成一系列的中间表，提升公共指标的复用性，减少重复加工，并构建出一些宽表供给后续的业务查询。
- APP 层：全称为 Application（应用数据层）。DWD、DWS 层的数据统计结果会存储在 APP 层。APP 层的数据可以直接对外提供查询，不过一般会把 APP 层的数据导出到 MySQL 中供 BI 系统使用，提供报表展示、数据监控及其他功能。

DWD 层在对 ODS 层的数据进行清洗时，一般需要遵循以下原则。

- 数据唯一性校验：通过数据采集工具采集的数据会存在重复的可能性。

- 数据完整性校验：采集工具采集的数据可能会出现缺失字段的情况。对于缺失字段的数据，可以选择直接丢掉。如果可以确定是哪一列缺失，则可以进行补全，在补全时可以使用上一条数据的相同列或者下一条数据的相同列。
- 数据合法性校验：如果在数字列中出现了 NULL、- 之类的异常值，则可以将其全部替换为某个特殊值（0 或者-1），这需要根据具体的业务场景而定。对于某些字段还需要校验数据的合法性，例如用户的年龄不能是负数。

11.4.2 数据仓库命名规范

在基于 Hive 构建数据仓库时，如何体现数据仓库的层次结构呢？

- 对于数据仓库的每一层，都在 Hive 中创建一个数据库，数据库的名称使用每一层的标识符。例如：对于 ODS 层，可以在 Hive 中创建数据库"ods"，把 ODS 层的表都放到这个数据库中，方便使用和管理。
- 对于数据仓库中的表名，在创建时可以使用每一层的标识符开头。例如，对于用户数据，可以在数据库"ods"中创建表"ods_user"，这样方便后期使用，只要看到以"ods"开头的表名就知道这个表在哪一层。
- 对于数据仓库中一些临时表，可以在创建表名时以"_tmp"结尾。
- 对于数据仓库中一些备份表，可以在创建表名时以"_bak"结尾。

11.5 数据仓库架构设计

一个完整的企业级数据仓库系统，通常包括数据源、数据存储与管理和数据访问，如图 11-6 所示。

图 11-6

数据源部分包括企业中的各种日志数据、业务数据及一些文档数据。将基于这些数据构建数据仓库。

数据仓库构建好了后，可以为多种业务提供数据支撑，例如，数据报表、OLAP 数据分析、用户画像、数据挖掘都需要使用数据仓库中的数据。

在实际工作中，数据仓库还可以细分为离线数据仓库和实时数据仓库。

11.5.1 离线数据仓库架构

离线数据仓库需要借助于 Flume、Sqoop、HDFS、Hive 等技术组件，通过定时任务每天拉取增量数据，然后创建各个业务不同维度的数据，对外提供"T+1"的数据服务，数据延迟度较高，整体架构如图 11-7 所示。

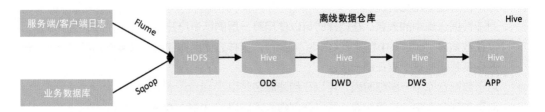

图 11-7

在离线数据仓库架构中，常见的就是使用 Hive 进行构建，并对数据进行分层处理。当然，也可以使用 Imapala 进一步提高 Hive 的计算性能。

对于 Hive SQL 无法直接处理的复杂业务逻辑，则可以考虑自定义 SQL 函数来解决，或者用 MapReduce、Spark 代码来解决。

11.5.2 实时数据仓库架构

为了适应业务快速迭代的特点，帮助企业及时分析用户行为，进一步挖掘用户价值，需要建设实时数据仓库。

实时数据仓库的构建需要借助于 Flume、Maxwell/Canal、Kafka、Redis、HBase、Flink、ClickHouse 等技术组件。

在实时数据仓库架构中，常见的就是使用 Flink 提供的实时数据计算功能，产生的实时数据在 Kafka 中实时流动，最终结果写入 ClickHouse 这种实时 OLAP 引擎中。

目前，主流的实时数据仓库架构有：Lambda 架构和 Kappa 架构。二者的主要区别见表 11-9。

表 11-9

比较项	业内使用	灵活性	容错性	成熟度	迁移成本	批/流处理代码
Lambda 架构	高	高	高	高	低	2 套
Kappa 架构	低	低	低	低	高	1 套

1. Lambda 架构

为了快速计算一些实时指标，通常会在已有离线数据仓库上新增一个实时数据计算链路来构建实时数据仓库。这种架构目前是比较成熟、稳定的。其唯一的缺点是：需要单独维护两套代码（离线数据仓库的代码和实时数据仓库的代码），在实际使用中可能会出现数据不一致的情况。

实时数据仓库可以实现"秒"级别或者"分钟"级别的数据延迟，其整体架构如图 11-8 所示。

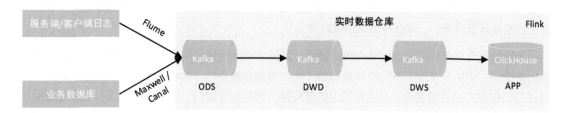

图 11-8

实时数据仓库中引入了类似于离线数据仓库的分层理念，主要是为了提高模型的复用率，同时也要考虑易用性、一致性及计算成本。

 实时数据仓库的分层可以结合需求尽量简化，因为分层越多数据的延迟度就越高。

2. Kappa 架构

Kappa 架构只关心实时计算，数据以流的方式写入 Kafka，然后通过 Flink 将实时的计算结果保存到 ClickHouse 这种实时 OLAP 引擎中。

Kappa 架构是在 Lambda 架构的基础上简化了离线数据仓库的内容，实现了批流一体化数据仓库，其整体架构如图 11-9 所示。

Flink SQL 提供的"Hive 数仓同步"功能为批流一体化数据仓库的实现提供了底层技术支持，所有的数据加工逻辑由 Flink SQL 以实时计算模式执行。在数据写入端会自动将在 ODS、DWD 和 DWS 层已经加工好的数据实时回流到 Hive 表中，这样就不需要再单独维护离线计算任务了。

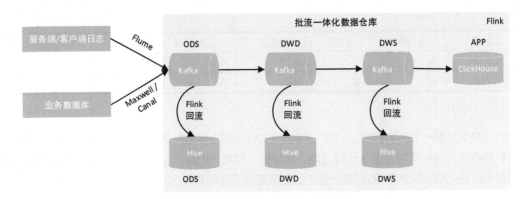

图 11-9

对比传统的"离线 + 实时数据仓库"架构，基于 Flink 的批流一体化数据仓库架构可以保证计算口径与处理逻辑统一，降低开发和运维成本。

传统数据仓库架构需要维护两套数据管道，其最大的问题是：需要保持两套数据管道的处理逻辑的等价性。但由于使用了不同的计算引擎（例如离线处理使用 Hive，实时处理使用 Flink），所以 SQL 往往不能直接套用，存在代码上的差异性。时间长了以后，离线处理和实时处理逻辑很可能会完全偏离（有些公司可能会存在两个团队分别去维护离线数据仓库和实时数据仓库，人力和物力成本非常高）。

Flink 支持"Hive 数仓同步"功能后，实时处理结果可以实时回流到 Hive 表中，离线处理的计算层可以完全去掉，处理逻辑由 Flink SQL 统一维护。离线层只需要使用回流的 ODS、DWD 和 DWS 层的表做进一步的即席查询即可。

第 12 章 数据中台架构演进之路

12.1 什么是中台

中台是从 2019 年开始"火"起来的一个概念。这个概念最早是因为阿里巴巴集团在 2015 年提出的"大中台，小前台"战略而开始传播的。

中台的灵感来源于一家芬兰的公司 Supercell，这是一家仅有 300 名员工，却接连推出爆款游戏的游戏公司。这家看似不大的公司，设置了一个强大的技术平台，以支持众多的小团队进行游戏研发。这样一来每个团队就可以专心创新，不用担心基础却又至关重要的技术支撑问题。

在传统 IT 时代，无论项目如何复杂，都可以分为"前台"和"后台"两部分，简单明了。每一个业务线负责维护自己的"前台"和"后台"，如图 12-1 所示。

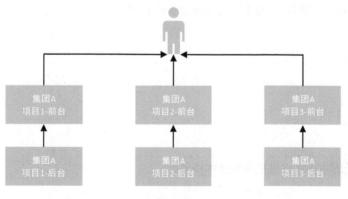

图 12-1

这里的"前台"不仅仅包含前端页面，还包含提供的各种服务；这里的"后台"指的是底层的服务，例如提取出的一些工具服务。

如果项目的发展相对稳定，并不需要像快速迭代和试错，那这种架构没有什么问题。

发展到现在的互联网时代，传统的"前台 + 后台"这种架构是存在一些问题的——产品线之间会存在一些重复的内容，如图 12-2 所示。

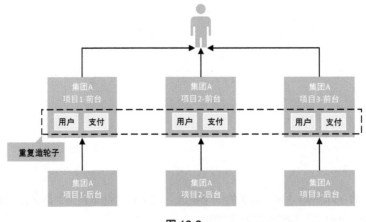

图 12-2

图 12-2 中的用户模块和支付模块，每一个产品线都需要，如果每一个产品线都开发 1 套，这样就会有 3 套用户模块和支付模块。对于集团公司而言，这就属于"重复造轮子"，存在资源浪费。如果后期又增加了新的产品线，则要重新开发用户模块和支付模块。

为了提高开发效率，此时就有必要抽取出一个中间组织，为所有的产品线提供一些公共资源，这个中间组织就是中台。

中台是一个大而全的概念，基于中台延伸出了多个方向：

- 技术中台。
- 移动中台。
- 业务中台。
- 数据中台。
- 研发中台。
- 组织中台。

图 12-3 所示是某大型企业的中台技术栈全景。

图 12-3

12.2 什么是数据中台

在目前中台的多个方向中,数据中台是最为火热的,因为数据可以直接为企业决策提供支持,可以直接产生价值。

目前业内针对数据中台的定义有很多,不同的人有不同的理解。

通俗来讲,数据中台是指利用大数据技术对海量数据统一进行采集、计算和存储,并对外提供数据服务。

数据中台的主要作用是:对企业内部的所有数据进行统一处理形成标准化数据,挖掘出对企业最有价值的数据,构建企业数据资产库,对内对外提供一致的、高可用的大数据服务。

数据中台不是单纯的技术叠加,不是一个技术化的大数据平台,二者有本质区别。

大数据平台更关心技术层面的事情,包括研发效率、平台的大数据处理能力等,针对的往往是技术人员。

而数据中台的核心是数据服务能力,它不仅面向技术人员,还面向多个部门的业务人员。

图 12-4 展示了某企业引入数据中台前后架构的变化。

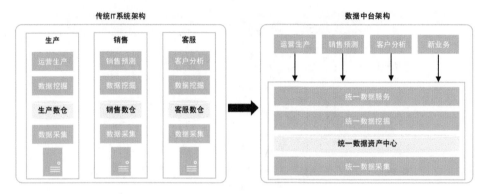

图 12-4

12.3 数据中台演进过程

数据中台是根据时代的发展和企业的需求一步步演进而来的。

1. 数据库阶段

最开始是数据库阶段,主要是 OLTP(联机事务处理)的需求。

在这个阶段,互联网黄页才刚刚出现,数据来源大部分还是传统商业的 ERP/CRM 的结构化数据,数据量并不大(GB 级别),简单的数据库就能满足需求。

2. 数据仓库阶段

随着用户规模的增加,数据量也随之增加,此时分析需求的比重越来越大了,于是就进入数据处理的第二个阶段——数据仓库阶段。

这个阶段,数据仓库主要支持的是 BI 和报表需求。

 这里所说的数据仓库指的是基于传统数据库技术构建的数据仓库,并不是基于大数据技术构建的数据仓库。

3. 数据平台阶段

随着数据量越来越大,从 TB 级别进入 PB 级别,原来的技术架构无法支撑海量数据处理,这时就进入数据处理的第三个阶段——数据平台阶段。

这个阶段解决的还是 BI 和报表需求,但主要是在解决底层的技术问题,即数据库架构设计的问题。

传统的单机数据库架构无法满足海量数据的存储和计算需求，因此需要引入扩展性更好的集群技术架构，以 Hadoop 为代表的大数据平台解决方案可以提供更好的并行处理和扩展能力。

4. 数据中台阶段

数据中台阶段主要是通过系统来处理 OLTP 和 OLAP 需求，强调数据业务化能力。

这个阶段的特征是数据量呈现指数级增长，从 PB 迈向 EB 级别。2015 年之后，IOT（物联网）发展起来了，带动了视频、图像、声音数据的增长。

5G 技术的发展会进一步放大视频、图像、声音数据的重要性。要使用这些数据，光有算法不行，还需要有云服务来存储和处理这些数据，以及打通其他领域的数据，最终赋能业务，这样数据才算产生了真正的价值。

12.4 数据中台架构

数据中台屏蔽了底层存储计算平台的技术复杂性，降低了对技术人才的要求和数据的使用成本，提高了数据使用的便捷性。

一个常规的数据中台整体架构如图 12-5 所示。

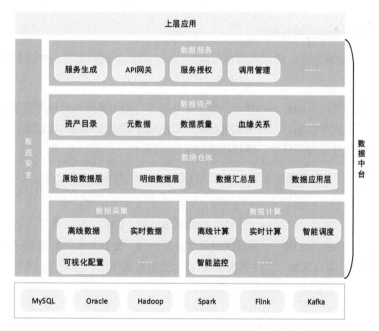

图 12-5

说明如下。

- 数据采集：该模块是数据的入口，数据中台本身不生产数据，所有的数据都来源于业务系统、数据库和日志等，这些数据本来是分散在不同的业务系统中的，难以综合利用，很难产生业务价值，所以需要采集汇总起来。
- 数据计算：该模块中集成了一整套的数据计算分析工具。通过数据采集模块采集到的数据都是原始数据，没有经过加工处理，无法直接使用，所以需要通过数据计算模块，按照一定的业务逻辑对数据进行加工处理，形成有价值的数据。
- 数据仓库：通过数据采集和数据计算模块，数据中台就具备了构建数据仓库的基本能力，需要将采集的全域数据按照数据仓库的规范进行构建，便于后期使用。
- 数据资产：通过数据仓库构建的数据是比较偏向于技术的，业务人员不好理解。数据资产模块是按照业务人员更好理解的方式将数据对外展现。
- 数据服务：该模块主要是将数据变为一种服务，通过服务让数据参与到业务中，激活整个数据中台。数据服务模块是最终体现数据中台价值的模块。
- 数据安全：该模块主要用于对数据中台的数据提供权限控制，保证数据安全。

为了更加通俗易懂的理解数据中台架构，在这里将数据中台的功能总结为四个字：采、存、通、用。

12.4.1 采

"采"是指采集企业中的所有数据。

随着互联网、移动互联网、物联网等技术的兴起，企业的业务形态开始变得多元化，数据的产生形式也变得多样化。

- 从数据采集形式可以划分为：埋点采集、硬件采集、爬虫采集、数据库采集和日志采集。
- 从数据组织形式可以划分为：结构化数据、半结构化数据和非结构化数据。
- 从数据的时效性可以划分为：离线数据和实时数据。

在采集这些数据时，需要借助于 Flume、Filebeat、Logstash、Sqoop、Canal、DataX 等工具。

如果采集工具无法完美支持企业中的复杂数据采集场景，则可以对采集工具进行二次开发。最好以可视化配置的方式提供给用户，屏蔽底层工具的复杂性，支持常见的数据源采集（关系型数据库、NoSQL 数据库、消息队列、文件系统等），并且支持增量同步、全量同步等同步方式。

12.4.2 存

"存"是指将采集过来的数据按需存储。

将数据采集过来之后，就需要考虑数据存储了。从存储形式可以将数据大致分为两种：静态数据和动态数据。

- 静态数据：这种类型的数据基本上会存储在 HDFS、S3 等分布式文件系统中，主要应用于离线大数据分析场景。
- 动态数据：这种类型的数据基本上会存储在 HBase、Redis 等 NoSQL 数据库中，主要应用于海量数据随机读写场景。

12.4.3　通

"通"是指对数据进行加工计算，打通企业中各个业务线之间的数据。

数据计算可以分为以下两块。

- 离线计算：以 MapReduce、Spark 为代表的离线计算引擎。
- 实时计算：以 Storm、SparkStreaming、Flink 为代表的实时计算引擎，目前主要以 Flink 为主。

对于这些计算引擎，如果每一个分析需求都需要开发对应代码，则对使用人员就太不友好了，特别是对于一些业务人员，他们只会写 SQL 代码。所以这时就需要开发一套基于 SQL 的一站式开发平台，底层引擎可以使用 Spark 或 Flink，支持离线数据计算和实时数据计算，这样就可以让用户彻底摆脱掉繁重的底层代码开发工作，提高工作效率。

12.4.4　用

"用"是指对数据的管理和使用。

数据自身是没有价值的，只有结合具体的业务场景去使用才能让其发挥价值。

数据的管理主要包括元标准管理、标签管理、模型管理、元数据管理、质量管理等，以保证数据的合理化和规范化，充分发挥数据的价值。

在使用数据时需要做好数据安全管理，因为这里会涉及海量用户的隐私数据。

最终以 API 接口的形式将安全、有价值的数据快速方便地提供给上层应用使用。

数据中台其实可以这样理解：它负责采集企业全域数据，然后存储起来，接着通过加工计算打通数据之间的关系，最后以 API 的形式对外提供数据服务。

第 13 章 典型行业大数据架构分析

前面我们已经详细介绍了各种技术,并且串插讲解了不少架构。本章我们跳出技术细节来看几个行业大数据架构图,看看自己对着这些图是不是可以想到很多技术细节。

13.1 直播大数据平台架构分析

图 13-1 所示是某海外直播项目的大数据平台架构。

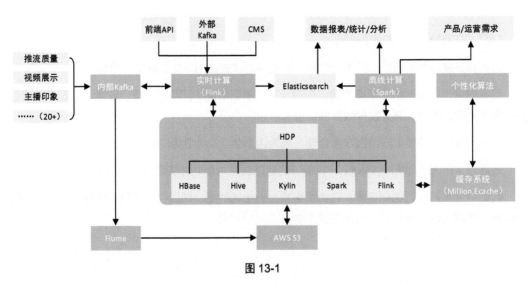

图 13-1

说明如下。

- 在海量数据存储层面使用的是 AWS(亚马逊)的 S3 分布式文件存储系统,没有使用 HDFS。因为这个直播项目是在海外运营,使用 S3 会便于和其他业务线进行数据交互,也可以减少公司内部的集群运维压力。
- 通过企业内部自研的轻量级采集工具将推流质量、视频展示、主播印象等类型数据实时采集到内部 Kafka 中。在这个架构中还用到了外部 Kafka,因为直播间内的聊天功能采用的是第三方服务,所以需要通过外部 Kafka 获取实时的直播间聊天信息。
- 实时计算模块的数据来源主要包括内部 Kafka、前端 API、外部 Kafka、CMS 等,实时计算的结果数据基本上是存储在 Elasticsearch 中,最终将其接入报表平台实现数据展现。
- 离线计算模块一般是读取 S3 中的数据,主要是为了实现报表统计,以及满足产品人员/运营人员的一些需求。
- 个性化算法模块计算的结果主要保存在 Million(其实就是一个 Redis 集群)中,方便服务端快速读取数据。

13.2 电商大数据平台架构分析

图 13-2 所示是某大型电商项目的大数据平台架构。

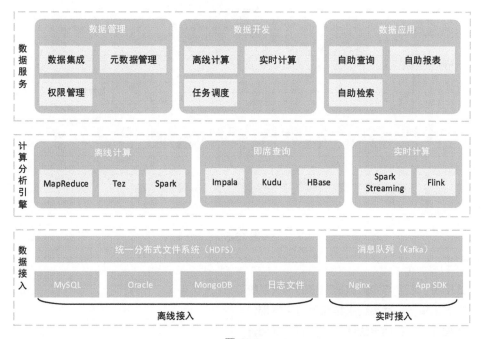

图 13-2

说明如下。

- 数据接入：通过离线接入和实时接入的方式将需要用到的所有业务数据、日志数据采集到对应的存储系统中（HDFS 和 Kafka）。
- 计算分析引擎：提供离线计算、即席查询、实时计算等底层核心技术支撑。
- 数据服务：根据业务需求对数据进行统一管理，并且进行计算分析，最终对外提供自助数据使用服务。

13.3　金融大数据平台架构分析

图 13-3 所示是某金融项目的大数据平台架构。

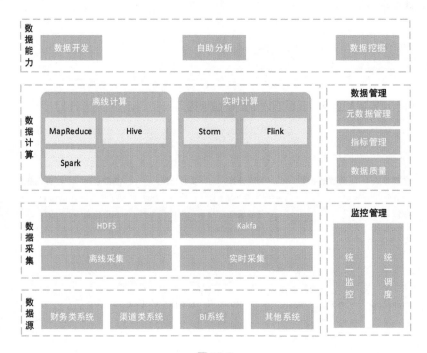

图 13-3

说明如下。

- 数据源：包含与金融数据对接的相关系统。
- 数据采集：包括离线采集和实时采集部分。
- 数据计算：包括离线计算和实时计算部分。

- 监控管理：实现统一任务调度和资源监控。
- 数据管理：通过对元数据、指标、数据质量进行管理，保证数据的可用性。
- 数据能力：统一提供数据开发、自助数据分析、数据挖掘等能力。

13.4 交通大数据平台架构分析

图 13-4 所示是某个交通项目的大数据平台架构。

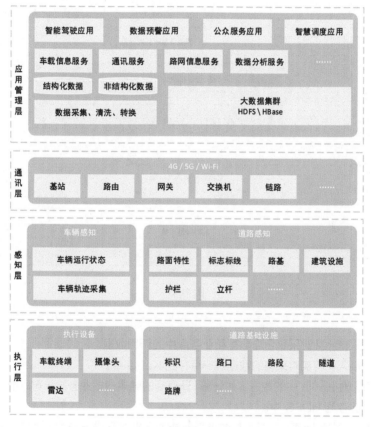

图 13-4

说明如下。

- 执行层、感知层、通讯层：这几个属于底层基础组件，通过传感器上报路况信息。
- 应用管理层：包含大数据中的数据采集、存储和计算环节。将生成的结构化数据和非结构化数据对外提供服务，最终赋能应用。

13.5 游戏大数据平台架构分析

图 13-5 所示是某个游戏项目的大数据平台架构。

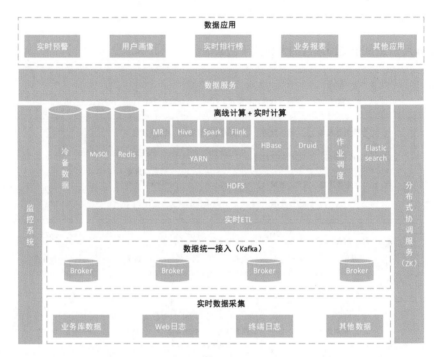

图 13-5

说明如下。

- 实时数据采集：实时采集日志数据和业务库中的新增数据。
- 数据统一接入：将实时采集的数据统一保存到 Kafka 中。
- 实时 ETL：对 Kafka 中的数据实时计算，计算后的结果根据业务需求可以继续回流到 Kafka 中，或者保存到 HDFS 中。
- 离线计算 + 实时计算：根据实际的业务需求对数据进行进一步的多维度关联计算分析，计算的结果可以保存到 HBase 或者 Druid 中，并借助调度系统实现离线任务定时调度。
- 监控系统：监控整个链路中服务的运行状态，以及数据的增长变化情况。
- 分布式协调服务：作为整个大数据平台的基础组件提供分布式基础服务。
- 数据服务：将计算后的结果数据以 API 的形式对外提供服务。
- 数据应用：基于已有的数据并结合具体的业务需求实现上层应用。